普通高等学校“十三五”规划教材

工业机器人技术基础

朴松昊　谭庆吉　汤承江　孙福才　编著

中国铁道出版社
CHINA RAILWAY PUBLISHING HOUSE

内 容 简 介

本书是一本理论与实用技术兼顾的关于工业机器人技术的入门教材，主要内容包括机器人的发展概况、工业机器人的结构、工业机器人的运动学及动力学、工业机器人的环境感觉技术、工业机器人的控制、工业机器人的编程、工业机器人应用、工业机器人与人工智能、机器人新技术等。书中以工业机器人四大品牌为例，系统地讲述了工业机器人各大组成部分及其应用。

本书取材新颖，通过大量的图片和实例，对工业机器人的基本概况、机械结构、传感器应用、控制系统原理、示教编程方法等方面进行较全面的讲解，并注重学生实践能力的培养。通过学习，读者可对工业机器人有总体认识和全面了解。

本书适合作为普通高等学校机电一体化、机械、电气工程、自动化等专业的教材，也可作为高职院校工业机器人技术、机电一体化技术、电气自动化技术等专业教材或有关工程技术人员的参考书。

图书在版编目(CIP)数据

工业机器人技术基础/朴松昊等编著.—北京:中国铁道出版社,2018.6
普通高等学校"十三五"规划教材
ISBN 978-7-113-24364-7

Ⅰ.①工… Ⅱ.①朴… Ⅲ.①工业机器人-高等学校-教材 Ⅳ.①TP242.2

中国版本图书馆CIP数据核字(2018)第054798号

书　　名：工业机器人技术基础
作　　者：朴松昊　谭庆吉　汤承江　孙福才　编著

策　　划：潘星泉　　**读者热线：**(010) 63550836
责任编辑：潘星泉　彭立辉
封面设计：刘　颖
责任校对：张玉华
责任印制：郭向伟

出版发行：中国铁道出版社（100054，北京市西城区右安门西街8号）
网　　址：http://www.tdpress.com/51eds/
印　　刷：三河市航远印刷有限公司
版　　次：2018年6月第1版　2018年6月第1次印刷
开　　本：787 mm×1 092 mm　1/16　**印张：**19.5　**字数：**460千
书　　号：ISBN 978-7-113-24364-7
定　　价：56.00元

前 言

因为智造，思想注入力量！因为智造，文明相互需要！因为智造，世界因此改变。

21世纪以来，工业机器人在我国得到了高速发展。随着《中国制造2025》的提出，我国制造业向智能制造方向转型已是大势所趋。智能制造是《中国制造2025》的核心，工业机器人是智能制造腾飞的重要基础。2016年，智能制造热潮来势迅猛，这既是“工业4.0”热潮的中国化，又是《中国制造2025》推进过程中最大的热点。

国内机器人产业所表现出来的爆发性发展态势，对具有安全和熟练使用工业机器人技能的作业人员有大量需求。工业机器人的操作、维护、保养等必须由经过培训的专业人员来实施，然而，国内院校及培训机构因场地，软硬件设施、课程体系设置及配套教材等原因无法有效开展培训，即使一些机器人厂商提供相关培训，多数也存在品牌针对性过强、推广力度不够、配套设施不足等短板，难以达成系统而实用的培训效果，加之厂家后期设备技术支持不及时、收费高等问题，促使该领域人才供需失衡的矛盾日益凸显。因此，依据当前社会对工业机器人示教、调试、操作人才的迫切需求形势，编写一本以操作为主、兼顾基本理论的工业机器人实用教材或参考书就显得尤为重要。

本书以世界著名的工业机器人四巨头ABB、KUKA、FANUC和YASKAWA为主要对象，着重围绕工业机器人操作与应用的基本共性问题展开。在论述上深入浅出，偏重于基本概念和基本规律，既不停留在表面现象，也不追求烦琐的操作细节，说明问题即可；在内容选择上与时俱进，尽量反映国内外近年来在工业机器人理论研究和生产应用方面的最新成果；在结构编排上循序渐进，遵循读者认知规律，坚持趣味导学原则，通过典型实例解说，达到理论和实际的有机结合。在本书的最后一章，集结了机器人科技的最新研究成果，读者能从中理解机器人的科技核心，以及机器人科技的多样化应用。

本书由哈尔滨工业大学机器人研究中心主任朴松昊、黑龙江高校机器人协会秘书长谭庆吉、黑龙江八一农垦大学汤承江、东北林业大学孙福才编著。具体编写分工如下：

朴松昊负责编著第1～3章，谭庆吉负责编著第4章和第5章，汤承江负责编著第6章，孙福才负责编著第7章，全书由朴松昊负责统稿、定稿。

本书在编写过程中，参阅了国内外许多专家的相关著作，在此一并表示感谢。

由于时间仓促，编者水平有限，书中难免存在疏漏和不足之处，敬请读者批评指正。

编　者

2018年2月

目 录

第1章

机器人的发展史

机器人形象和机器人一词，最早出现在科幻和文学作品中。1920年，一名捷克斯洛伐克作家发表了一部名为《罗萨姆的万能机器人》的剧本，剧中叙述了一个叫罗萨姆的公司把机器人作为人类生产的工业品推向市场，让它充当劳动力代替人类劳动的故事。作者根据小说中 Robota（捷克语，原意为“劳役、苦工”）和 Robotnik（波兰语，原意为“工人”），创造出“机器人”这个词。

1.1 古今中外的机器人传说与幻想

机器人问世已有几十年，但对机器人的定义仍然仁者见仁，智者见智，没有一个统一的意见。原因之一是机器人还在发展，新的机型、新的功能不断涌现。根本原因主要是因为机器人涉及了人的概念，成为一个难以回答的哲学问题。就像机器人一词最早诞生于科幻小说中一样，人们对机器人充满了幻想。也许正是由于机器人定义的模糊，才给了人们充分的想象和创造空间。

在1967年日本召开的第一届机器人学术会议上，人们提出了两个有代表性的定义。一是森政弘与合田周平提出的：“机器人是一种具有移动性、个体性、智能性、通用性、半机械半人性、自动性、奴隶性等7个特征的柔性机器”。从这一定义出发，森政弘又提出了用自动性、智能性、个体性、半机械半人性、作业性、通用性、信息性、柔性、有限性、移动性等10个特性来表示机器人的形象；另一个是加藤一郎提出的具有如下3个条件的机器，称为机器人：

（1）具有脑、手、脚等三要素的个体。

（2）具有非接触传感器（用眼、耳接受远方信息）和接触传感器。

（3）具有平衡觉和固有觉的传感器。该定义强调了机器人应当仿人的含义，即它靠手进行作业，靠脚实现移动，由脑来完成统一指挥的作用。非接触传感器和接触传感器相当于人的五官，使机器人能够识别外界环境，而平衡觉和固有觉则是机器人感知本身状态所不可缺少的传感器。这里描述的不是工业机器人而是自主机器人。

1987年国际标准化组织对工业机器人进行了定义：工业机器人是一种具有自动控制的操作和移动功能，能完成各种作业的可编程操作机。

1988 年法国的埃斯皮奥将机器人定义为：机器人学是指设计能根据传感器信息实现预先规划好的作业系统，并以此系统的使用方法作为研究对象。

目前关于对机器人行为的描述中，以科幻小说家以撒·艾西莫夫（见图 1-1）在小说《我，机器人》中所订立的："机器人三定律"最为著名。艾西莫夫为机器人提出的三条"定律"，程序上规定所有机器人必须遵守：

图 1-1　以撒·艾西莫夫

（1）机器人不得伤害人类，且确保人类不受伤害。

（2）在不违背第一法则的前提下，机器人必须服从人类的命令。

（3）在不违背第一及第二法则的前提下，机器人必须保护自己。

"机器人三定律"的目的是为了保护人类不受伤害，但艾西莫夫在小说中也探讨了在不违反三定律的前提下伤害人类的可能性，甚至在小说中不断地挑战这三定律，在看起来完美的定律中找到许多漏洞。在现实中，"三定律"成为机械伦理学的基础，目前的机械制造业都遵循这三条定律。

现在，具体介绍一下机器人的发展历史。工业机器人的最早研究可追溯到第二次世界大战后不久。在 20 世纪 40 年代后期，橡树岭和阿尔贡国家实验室（美国）就已开始实施计划，研制遥控式机械手，用于搬运放射性材料。这些系统是"主从"型的，用于准确地"模仿"操作员手和臂的动作。主机械手由使用者进行导引做一连串动作，而从机械手尽可能准确地模仿主机械手的动作，后来用机械耦合主从机械手的动作加入力的反馈，使操作员能够感觉到从机械手及其环境之间产生的力。50 年代中期，机械手中的机械耦合被液压装置所取代，如通用电气公司的"巧手人"机器人和通用制造厂的"怪物"I 型机器人。1954 年乔治·德沃尔（见图 1-2）提出了"通用重复操作机器人"的方案，并在 1961 年获得了专利。

1958 年，被誉为"工业机器人之父"的约瑟夫·恩格尔伯格（见图 1-3）创建了世界上第一家机器人公司——Unimation（Universal Automation）公司，并参与设计了第一台 Unimate机器人。这是一台用于压铸的五轴液压驱动机器人，手臂的控制由一台计算机完成。它采用了分离式固体数控元件，并装有存储信息的磁鼓，能够记忆完成 180 个工作步骤。与此同时，另一家美国公司——AMF 公司也开始研制工业机器人，即 Versatran 机器人。它主要用于机器之间的物料运输、采用液压驱动。该机器人的手臂可以绕底座回转，沿

图 1-2　乔治·德沃尔

图 1-3　约瑟夫·恩格尔伯格

垂直方向升降，也可以沿半径方向伸缩。一般认为 Unimate 和 Versatran 机器人是世界上最早的工业机器人，如图 1-4 所示。可以说，60 年代和 70 年代是机器人发展最快、最好的时期，这期间的各项研究发明有效地推动了机器人技术的发展和推广。

(a) Unimate机器人

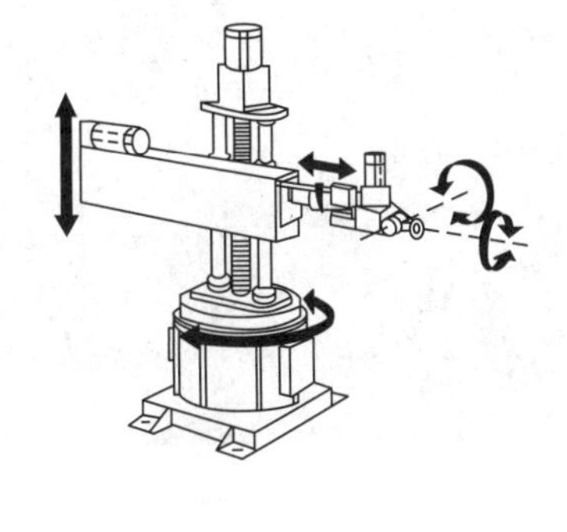

(b) Versatran机器人

图 1-4　世界上最早工业机器人 Unimate 和 Versatran

1965 年，美国约翰·霍普金斯大学研制出"有感觉"机器人 Beast，如图 1-5 所示。

1968 年，美国斯坦福研究所研发出机器人 Shakry，这是世界上第一台智能机器人，如图 1-6 所示。

图 1-5　机器人 Beast

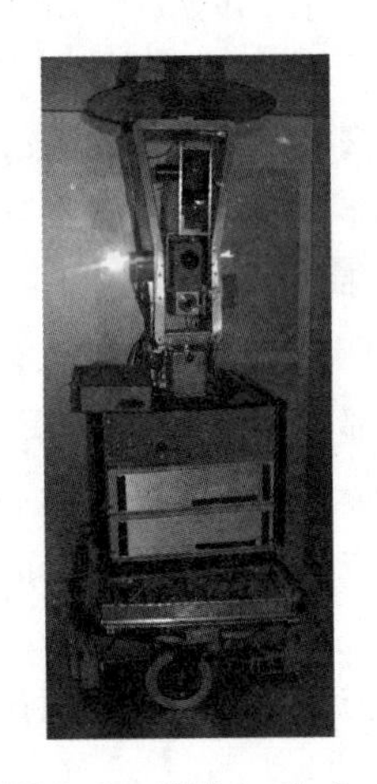

图 1-6　机器人 Shakry

1969 年，日本早稻田大学研发出第一台以双脚走路的机器人。

1979 年 Unimation 公司推出了 PUMA 系列工业机器人，如图 1-7 所示。它是全电动驱动、关节式结构、多 CPU 二级微机控制、采用 VAL 专用语言，可配置视觉、触觉的力觉感受器的、技术较为先进的机器人。同年，日本山梨大学的牧野洋研制出具有平面关节的 SCARA 型机器人，如图 1-8 所示。20 世纪 70 年代，出现了更多的机器人商品，并在工业生产中逐步推广应用。随着计算机科学技术、控制技术和人工智能的发展，机器人的研究开发，无论就水平和规模而言都得到迅速发展。据国外统计，到 1980 年全世界约有 2 万余台机器人在工业中应用。

图 1-7　PUMA 机器人

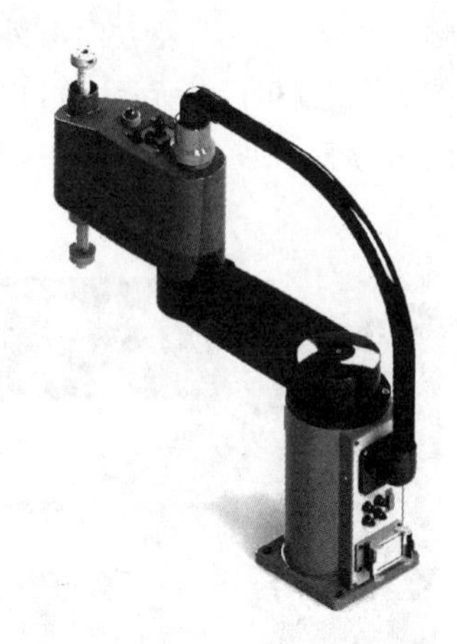

图 1-8　SCARA 型机器人

1979 年，日本 NACHI（不二越）公司研制出世界首台电动机驱动多关节焊接机器人。

1980 年，日本迅速普及工业机器人，这一年被称为“机器人元年”。

1981 年，美国 PaR Systems 公司研制出了世界首台直角坐标龙门式机器人。

1983 年，日本 DAIHEN（国内称为 OTC 或欧希地）公司研发世界首台具有示教编程功能的焊接机器人。同年，美国著名的 Westinghouse Electric Corporation（西屋电气公司，又译威斯汀豪斯公司）并购了 Unimation 公司，随后，又将其并入了瑞士 Staubli（史陶比尔）公司。

1984 年，美国 Adept Technology（娴熟技术）公司研制出了世界首台电动机直接驱动、无传齿轮和铰链的 SCARA 机器人和 Adept One。

1985 年，联邦德国 KUKA（库卡）公司研制出了世界首台具有 3 个平移自由度和 3 个转动自由度的 Z 型 6 自由度机器人。

1988 年，总部位于瑞典的 ASEA 公司和总部位于瑞士的 BBC（布朗勃法瑞）公司合并，成立了集团总部位于瑞士苏黎世的 ABB 公司。

1991 年，日本 DAIHEN（欧希地）公司研发了世界首个多工业机器人协同作业的夹具焊接系统。

1992 年，瑞士 Demaurex 公司研制出了世界首台采用三轴并联结构（Parallel）的包装机器人 Delta。

1998 年，ABB 公司在 Delta 机器人的基础上，研制出了 Flex Picker 柔性手指，该机器人装备有识别物体的图像处理系统，每分钟能够拾取 120 个物体。同时，还研发了 Robot Studio 机器人离线编程和仿真软件。

2004 年，日本 YASKAWA（安川）公司推出了 NX100 机器人控制系统，该系统最大可控制 4 通道、38 轴。

2005 年，日本 YASKAWA（安川）公司推出了新一代、双腕 7 轴工业机器人。

2006 年，意大利 COMAU（柯马，菲亚特成员、著名的数控机床生产企业）公司推出了首款 WiTP 无线示教器。

2008 年；日本 FANUC（发那科）公司、YASKAWA（安川）公司的工业机器人累计销量相继突破 20 万台，成为日本工业机器人累计销量最大的企业。

2009 年，ABB 公司研制出全球精度最高、速度最快的六轴小型机器人 IRB120。

2011 年，ABB 公司研制出全球最快的码垛机器人 IRB460。

2013 年，日本 NACHI（不二越）公司研制出了世界最快的轻量机器人 MZ07。同年，Google 公司开始大规模并购机器人公司，至今已相继并购了 Autofuss、Boston、Dynamics（波士顿动力）、Redwood Robotics、Schaft（日）、Nest Labs、Spree、Savioke 等多家公司。

2014 年，ABB 公司研制出世界上首台真正实现人机协作的机器人 YuMi，同年，德国 REIS（徕斯）公司并入 KUKA（库卡）公司。

我国在机器人研究方面相对西方国家和日本来说起步较晚。但我们所取得的成就仍是不容轻视的。我国从 20 世纪 80 年代开始涉足机器人领域的研究和应用。

1986 年，我国开展了“七五”机器人攻关计划。1987 年，我国的“863”高技术计划将机器人方面的研究开发列入其中。目前，我国从事机器人研究和应用开发的主要是高校及有关科研院所等。最初我国在机器人技术方面研究的主要目的是跟踪国际先进的机器人技术。随后，我国在机器人技术及应用方面取得了很大的成就，主要研究成果有：哈尔滨工业大学研制的两足步行机器人，北京自动化研究所 1993 年研制的喷涂机器人，1995 年完成的高压水切割机器人，沈阳自动化研究所研制完成的有缆深潜 300 m 机器人、无缆深潜机器人、遥控移动作业机器人。

我国在仿人形机器人方面，也取得很大的进展。例如，中国国防科学技术大学经过 10 年的努力，于 2000 年成功地研制出我国第一个仿人形机器人——先行者，其身高 140 cm，重 20 kg，如图 1-9 所示。它有与人类似的躯体、头部、眼睛、双臂和双足，可以步行，也有一定的语言功能。它每秒走一步到两步，但步行质量较高：既可在平地上稳步向前，还可自如地转弯、上坡；既可以在已知的环境中步行，还可以在小偏差、不确定的环境中行走。

2016 年中国科学技术大学正式发布了一款名为“佳佳”的机器人，如图 1-10 所示。机器人“佳佳”初步具备了人机对话理解、面部微表情、口型及躯体动作匹配、大范围动态环境自主定位导航和云服务等功能。

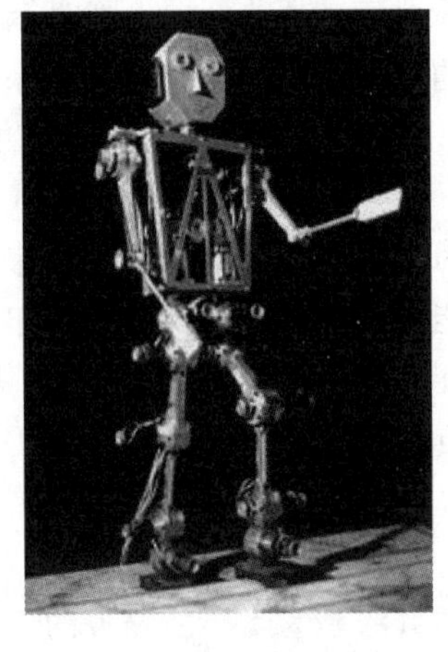

图 1-9　先行者机器人

图 1-10　机器人佳佳

可以说机器人技术的发展速度还是比较快的。原来只能在科幻小说和电影中看到的机器人现在可以说已经离我们越来越近。那么在未来，机器人的发展趋势到底会是怎样的呢？

智能化可以说是机器人未来的发展方向，智能机器人是具有感知、思维和行动功能的机器，是机构学、自动控制、计算机、人工智能、微电子学、光学、通信技术、传感技术、仿生学等多种学科和技术的综合成果。智能机器人可获取、处理和识别多种信息，自主地完成较为复杂的操作任务，比一般的工业机器人具有更大的灵活性、机动性和更广泛的应用领域。

对于未来意识化智能机器人很可能的几大发展趋势，这里概括性地分析如下：

(1) 语言交流功能越来越完美：智能机器人，既然已经被赋予“人”的特殊含义，那当然需要有比较完美的语言功能，这样就能与人类进行一定的，甚至完美的语言交流，所以机器人语言功能的完善是一个非常重要的环节。对于未来智能机器人的语言交流功能会越来越完美化，是一个必然性趋势，在人类的完美设计程序下，它们能轻松地掌握多个国家的语言，远高于人类的学习能力。另外，机器人还具有进行自我语言词汇重组的能力，就是当人类与之交流时，若遇到语言包程序中没有的语句或词汇时，可以自动地用相关的或相近意思词组，按句子的结构重组成一句新句子来回答，这也相当于类似人类的学习能力和逻辑能力，是一种意识化的表现。

(2) 各种动作的完美化：机器人的动作是相对于模仿人类动作来设计的，人类能做的动作是极其多样化的，招手、握手、走、跑、跳等，都是人类的惯用动作。现代智能机器人虽然也能模仿人的部分动作，不过相对是有点僵化的感觉，或者动作是比较缓慢的。未来机器人将以更灵活的类似人类的关节和仿真人造肌肉，使其动作更像人类，模仿人的所有动作，甚至做得更有形将成为可能。还有可能做出一些普通人很难做出的动作，如平地翻跟斗，倒立等。

(3) 外形越来越酷似人类：科学家们研制越来越高级的智能机器人，主要是以人类自身形体为参照对象的。自然先有一个很仿真的人形外表是首要前提，在这一方面日本应该是相对领先的，国内也是非常优秀的。当几近完美的人造皮肤、人造头发、人造五管等恰到好处地遮盖于金属内在的机器人身上，站在那里再配以人类的完美化正统手势时，这样从远处乍一看，会真的误以为是一个大活人。当走近时，细看才发现原来只是个机器人。对于未来机器人，仿真程度很有可能达到即使近在咫尺细看它的外在，也只会把它当成人类，很难分辨是机器人，这种状况就如美国科幻大片《终结者》中的机器人物造型具有极致完美的人类外表。

(4) 逻辑分析能力越来越强：对于智能机器人为了完美化模仿人类，未来科学家会不断地赋予它许多逻辑分析程序功能，这也相当于是智能的表现。例如，自行重组相应词汇成新的句子是逻辑能力的完美表现形式，若自身能量不足，可以自行充电，而不需要主人帮助，那是一种意识表现。总之，逻辑分析有助于机器人自身完成许多工作，在不需要人类帮助的同时，还可以尽量地帮助人类完成一些任务，甚至是比较复杂化的任务。在一定层面上讲，机器人有较强的逻辑分析能力，是利大于弊的。

(5) 具备越来越多样化功能：人类制造机器人的目的是为人类所服务的，所以就会尽可能地把它变成多功能化。例如，在家庭中，机器人可以成为保姆，会帮你扫地、吸尘，可以做你的聊天朋友，还可以为你看护小孩。到外面时，机器人可以帮你搬一些重物，或提一些东西，甚至还能当你的私人保镖。另外，未来高级智能机器人还会具备多样化的变形功能，例如，从人形状态变成一辆豪华的汽车也是有可能的，这似乎是真正意义上的变形金刚。它载着你到处驶驰于你想去的任何地方的比较理想的设想，在未来都是有可能实现的。

机器人的产生是社会科学技术发展的必然阶段，是社会经济发展到一定程度的产物，在经历了从初级到现在的成长过程后，随着科学技术的进一步发展及各种技术进一步的相互融合，机器人技术的发展前景将更加光明。

1.2　十分钟读懂机器人

近年来，机器人题材的电影愈发火爆，如《钢铁侠》《变形金刚》和《我的机器人女友》等非常受欢迎。那么问题摆在眼前，钢筋铁骨的钢铁侠是如何奔跑和飞翔的？铁骨铮铮的机器人女汉子是如何露出那天使般的笑容的？机器人可以实现运动和思考的机理是什么？机器人是如何听、说、读、写的？

要真正读懂机器人，首先需要了解机器人学的学科分类。机器人学科内主要包括机械工程、自动控制和人工智能 3 个领域。其中，机械工程是机器人学的基础。根据机器人的作用和目标，设计并制造出合理的机械结构，构造出机器人的“骨骼和肌肉”。

机械和控制两个领域主要通过设计机器人的机械结构和机构中各个关节的控制方法，解决机器人本体运动的问题。机器人的本体部件主要包括：机械臂、末端执行器、驱动器、传感器、控制器。

机械臂是机器人的主体部分，由连杆、活动关节和其他结构部件组成。如果没有其他部件，仅机械臂本身并不能被称作机器人。常见的仿人机器人一般是由头部、躯干、两手、双足等构成的多连杆机构，它的运动学和力学的数学处理方法与工业机械手有许多共同之处，包括正运动学、逆运动学、动力学等问题。但是，机器人还有一些更复杂的要求，如仿人机器人在执行推桌子、跳舞、爬楼梯等任务时，非常注重身体的平衡。

末端执行器就是连接在机械手最后一个关节上的部件，它相当于机器人的“手指”，一般用来抓取物体，与其他机构连接并执行需要的任务。一般来说，机器人手部都备有能连接专用末端执行器的接口，这些末端执行器是为某种用途专门设计的。通常来说，末端执行器的动作是由机器人控制器直接控制，或者将机器人控制器的信号传至末端执行器自身的控制装置。

驱动器就是机械手的“肌肉”，如果把连杆以及关节想象为机器人的骨骼，那么驱动器就起肌肉的作用，它通过移动或者转动连杆来改变机器人的构型。驱动器必须有足够的功率对连杆进行加减速并带动负载，同时，驱动器自身必须轻便、经济、准确、可靠。机器人的驱动通常有电动、液压和气动 3 种方式。由于电动方式具有控制方便、精度高、结构紧凑等优点，目前大多数中小型机器人采用的都是电动方式，包括交流伺服电动机、步进电动机、舵机等；液压方式具有出力大的优点，通常大型工业机器人多采用液压方式驱动；部分末端执行器和气动肌肉等采用气动形式。

传感器是用来收集机器人内部状态的信息或用来与外部环境进行通信的部件，类似于人的各个感知器官。像人一样，机器人控制器需要知道每个连杆的位置才能知道机器人的总体构型。人即使在完全黑暗中也会知道胳膊和腿在哪里，这是因为肌腱内的中枢神经系统中的神经传感器将信息反馈给了人的大脑。大脑利用这些信息来测定肌肉伸缩程度，进而确定胳膊和腿的当前状态。机器人同样也如此。机器人常常配有许多外部传感器，例如视觉系统、触觉传感器、语言合成器等，使机器人与外界进行通信。

机器人的控制器就相当于人的神经系统，传感器将获取到的数据传送至控制器，控制器经过计算后输出控制指令控制驱动器的运动。假如机器人要从箱柜中取出一个零件，要求它的第一关节为 35°，如果第一关节尚未达到这一角度，控制器就会发出一个信号到驱动器（输送电流到电动机、输送气体到气缸，或者发送信号到液压缸的伺服阀），促使执行机构运动，然后通过关节上的反馈传感器测量关节角度的变化，当关节达到预定角度时，停止发送控制信号。对于更复杂的机器人，机器人的运动速度和力也由控制器控制。

机器人有了筋骨之后，还需要一个神经系统来指挥机器人身体来完成，例如，走路抬手这类底层动作。也就是说，机器人有了可以执行运动的身体之后，还需要一个灵魂。塑造灵魂就是人工智能科学的目标。

作为机器人的大脑和灵魂——人工智能学，并不局限于机器人局部机构的运动，如抓取、驾驶等，而是着眼于高级智能目标，如识别人体动作、语音合成、自动导航和建立地图、躲避障碍物和自动驾驶、双足机器人步态下的平衡等。它包括算法设计和传感器感知等研究方向，主要解决机器人怎么思考的问题。

一个智能机器人系统的工作原理，简单来说，就是机器人通过感知系统（传感器系统，包括彩色照相机、深度照相机、麦克风阵列、压力传感器、加速度传感器等）感知到环境信息（如障碍物和目标位置），机器人的计算机系统上的人工智能算法通过对这一系列环境信息的处理，给出高级目标指令（如向目标位置运动，抓取目标物体，避开障碍物等），控制系统将此类高级目标指令逐级解析给出每一个机械关节上的控制量（如关节的运动速度和转角、加速度等），关节的驱动器（如电动机、液压驱动器等）收到这些控制量后，在全身规划系统的控制下，每个关节分别完成各自的运动目标位置，智能机器人就可以动起来。以机器人步态规划为例，机器人站在一个台阶前，台阶和地板的位置信息通过深度照相机等设备传入机器人的计算机中，通过人工智能算法解算出台阶和地板表面法向量和安全边界区等参数，通过和加速度传感器（陀螺仪等）提供的重力方向比较，计算出可以踩踏的区域。智能算法再根据机器人当前位置和目标位置，计算出一条最优化的脚步路线，算出脚步路线后就可以把脚步路径输出给控制器。控制器会根据每一个脚步点的位置和关节参数，应用逆运动学计算出机器人每一个关节的控制曲线，最终将控制量输出到各个关节，机器人就开始像人一样自主运动。当然，这只是一个最简单的例子，在实际情况中，人工智能模块（AI）还要考虑很多问题，如视觉系统得到地面信息后，需要视觉算法来计算这些表面的纹理特征，估算摩擦因数，提取最大局部平面，估算机器人脚不打滑的最大斜面等，当机器人处于有移动障碍物的可变环境中时，如果运动的障碍物出现在机器人视角之外，就需要借助机器人听觉来定位看不见的障碍物位置。更重要的还需要考虑双足机器人如何保持单脚支撑时候的平衡，如通过摆动双臂、弯腰等动作来移动机器人的重心，使重心保持在“零力矩支撑域”内，实现人类小脑的功能。如果考虑动力学情况，即变加速情况下的双足平衡问题（如奔跑），就需要更复杂的人工智能算法。很多工厂里大量使用的固定基座机器人是没有传感器和感知系统的，他们直接获取人们预先编辑好的控制量频繁重复特定操作动作，不能被称为智能机器人。有些机构，如美国机器人学会不把他们归类为机器人。

从机器人的构成来讲，上述智能系统的实现最重要的指令模块就是机器人的大脑，可以笼统地将它分为两部分：处理器和软件。处理器用来计算机器人关节的运动，确定每个关节应该移动多少或者多远才能达到预定的速度和位置，并且监督控制器与传感器协调动作。处理器通常就是一台计算机，只不过是一种专用计算机，它也需要拥有操作系统、程序和像监视器那样的外国设备等，同时在许多方面也具有与个人计算机处理器同样的功能和局限。

用于机器人的软件大致分为三块：第一块是操作系统，用来操作计算机；第二块是机器人软件，它根据机器人的运动方程计算每个关节的必要动作，然后将这些信息传送到控制器，这些软件有多种级别，即从机器语言到现代机器人使用的高等语言不等；第三块是例行程序集合和应用程序，他们是为了使用机器人外围设备而开发的（例如视觉通用程序），或者是为了执行特定任务而开发的。

小　　结

机器人的诞生和机器人学的建立及发展，是 20 世纪自动控制领域最具说服力的成就，也是 20 世纪人类科学技术进步的重大成果。现在全世界已经有 100 万台机器人，销售额每年增加 20%以上，机器人技术和工业得到了前所未有的发展。机器人技术是现代科学与技术交叉和综合的体现，先进机器人的发展代表着国家综合科技实力和水平，因此目前许多国家都已经把机器人技术列入本国 21 世纪高科技发展计划。随着机器人应用领域的不断扩大，机器人已从传统的制造业进入人类的工作和生活领域。另外，随着需求范围的扩大，机器人结构和形态的发展呈现多样化。高端系统具有明显的仿生和智能特征，其性能不断提高，功能不断扩展和完善；各种机器人系统逐步向具有更高智能和更密切与人类社会融合的方向发展。

第 2 章

工业机器人入门

自工业革命以来，人力劳动已逐渐被机械所取代，而这种变革为人类社会创造了巨大的财富，极大地推动了人类社会的进步。在人力成本，原料成本不断上涨的今天，作为第三次工业革命的继续，自动化已成为一种趋势。工业机器人作为第三次工业革命的一大堆手，彻底改变了工业生产的模式，让工业发展上升了一个档次。

如今，机器人代工已成为了一种潮流。中国科学院沈阳自动化研究所研究员、机器人技术国家工程研究中心副主任曲道奎预测，中国工业机器人几年内或将迎来井喷式发展，而非简单的线性增长，这种井喷式增长，与我国人口和经济现状密切相关。过去我们曾依靠地廉而充沛的人力资源，将中国发展为世界最大的制造业大国。但随着用工成本的增长，“人才红利”取代“人口红利”，成为“中国制造”向“中国智造”奠定坚实的基础。

机器人的投产使用，可将目前的人力资源转移到具备更高附加值的岗位上。这也符合将我国“人口红利”转为“人才红利”的大目标。机器人将取代许多简单繁重甚至危险的低端劳动岗位，同时又将创造许多更需创新精神的高端技术的职位，使人从生产线上大量解放出来。

随着工业机器人的迅猛发展，其应用会适时蔓延到“中国制造”的每一个工厂、每一条生产线、每一个工序、每一个工位。

2.1 工业机器人的定义

各国科学家从不同角度出发给出的具有代表性的工业机器人定义：

美国机器人协会（RIA）将工业机器人定义为：“一种用于移动各种材料、零件、工具或者专用装置的，通过程序动作来执行各种任务的，并具有编程能力的多功能操作机”。

日本机器人协会（JIRA）提出：“工业机器人是一种带有储存器件和末端操作器的通用机械，它能够通过自动化的动作代替人类劳动”。

我国将工业机器人定义为：“一种自动化的机器，所不同的是这种机器具备一些与人或者生物相似的智能能力，如感知能力和协调能力，是一种具有高度灵活性的自动化机器”。

国际标准组织（ISO）定义为：“工业机器人是一种能自动控制，可重复编程，多功能、多自由度的操作机，能搬运材料、工件或操持工具来完成各种作业”。目前国际上大都遵循 ISO 所下的定义。

由以上定义不难发现，工业机器人具有 4 个显著特点：

（1）具有特定的机械机构，其动作具有类似于人或其他生物的某些器官（肢体、感受等）。

（2）具有通用性，可从事多种工作，科灵活改变动作程序。

（3）具有不同程度的只能，如记忆、感知、推理、决策、学习等。

（4）具有独立性，完整的机器人系统在工作中可以不依赖人的干预。

2.2　为何发展工业机器人

在普通增购工业机器人的背后，各国有着不尽相同的原因，最为典型的就是缺少劳动力的日本。而我国也有很多理由应用工业机器人：机器人可以提高能效，执行连训练有素的工人都不能胜任的复杂操作和高危任务；其固有的精确性和可重复性，可确保生产的每件产品均具备较高的品质和一致性；平均故障间隔达 60 000 h 以上。而最重要的原因在于人口和经济基本条件的转变：中国劳动适龄人口正在减少，造成劳动力成本螺旋式上升如图 2-1 所示。可以预计，不久的未来，现在“以人为主导”的生产模式，将变为“以机器人为主导”的制造模式。

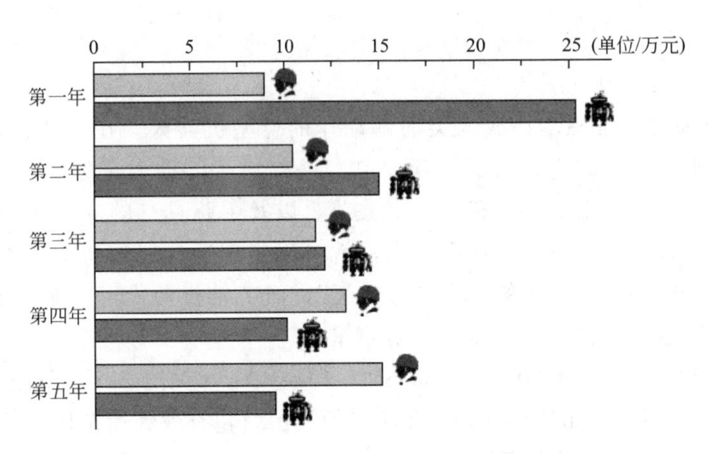

图 2-1　使用机器人与普通工人的年均成本比较

2.3　工业机器人发展概况

机器人技术作为 20 世纪人类最伟大的发明之一，自 20 世纪 60 年代初问世以来，从简单机器人到智能机器人，机器人技术的发展已取得长足进步。从近几年推出的产品来看，工业机器人技术正向智能化、模块化和系统化方向发展，其发展趋势主要为：结构的模块化和可重构化；控制技术的可开放化、PC 化和网络化；伺服驱动技术的数字化和分散化；多传感器融合技术的实用化；工作环境设计的优化和柔性化等。

2005 年，日本 YASKAWA 推出能够从事此前由人类完成组装及搬运作业的产业机器人 MOTOMAN-DA20 和 MOTOMAN-IA20，如图 2-2 所示。DA20 是一款仿造人类上半身的构造上配备 2 个 6 轴驱动臂型“双臂”机器人。上半身构造物本身也具有绕垂直轴旋转的关节，尺寸与“成年男性大体相同”，可直接配置在此前人类进行作业的场所。因为可实现接近人类两臂的动作及构造，因此可以稳定地搬运工件，还可以从事紧固螺母以及部件的组装和插入等作业。另外，与协调控制 2 个臂型机器人相比，设置面积更小。单臂负重能力为 20 kg，双臂可最大搬运 40 kg 的工件。

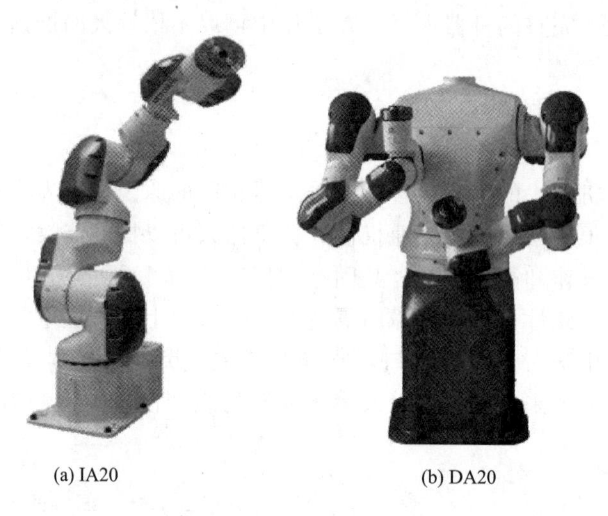

(a) IA20　　(b) DA20

图 2-2　YASKAWA 机器人

IA20 是一款通过 7 轴驱动在线人类肘部动作的臂型机器人。在产业机器人中，也是全球首次实现 7 轴驱动，因此更加接近人类动作。一般来说，人类手臂具有 7～8 轴的关节。此前的 6 轴机器人，可在线手臂具有的 3 个关节，以及手腕具有的 3 个关节。而 IA20 则进一步增加了肘部具有的 1 个关节，这样一来，就可以实现通过肘部折叠成伸出手臂的动作。6 轴机器人由于动作上的制约，胸部成“为死区”，而 7 轴机器人可将胸部作为动作区域来使用，另外还可实施绕开靠近机身障碍物的动作。

2010 年意大利柯马（COMAU）宣布 SMART5 PAL（见图 2-3）研制成功，该机器人专为码垛作业设计，采用新的控制单元 C5G 和无线示教，有效载荷范围为 180～260 kg。作业半径 3.1 m，同时共享机器人家族的中空腕技术和机械配置选项；该机器人符合人体工程学，采用一流的碳纤维杆，整体轻量化设计，线速度高，能有效减少和优化时间节拍。该机器人能满足一般工业部门客户的高质量要求，主要应用在装载/卸载、多个产品拾取、堆垛和高速操作等场合。

同年，德国 KUKA 公司的机器人产品——气体保护焊接专家 KR 5 arc HW（Hollow Writst）（见图 2-4），赢得了全球著名的红点奖，并且获得了“Red Dot：优中之优”杰出设计奖。其机械臂和机械手上有一个 50 mm 宽的通孔，在机器人改变方向时随意甩动，即可敷设抗扭转软管组件，也可用于可无限转动的气体软管组件。对用户来说，这不仅提高了构建的可接近性，保证了对整套软管的最佳保护，而且离线编程也得到了简化。

图 2-3　COMAU 码垛机器人 SMART5 PAL

图 2-4　KUKA 焊接机器人 KR5 arc HW

日本 FANUC 公司也推出过 Robot M-3iA 装配机器人。M3iA 可采用 4 轴或 6 轴模式，具有独特的平行连接结构，并且还具备轻巧便携的特点，承重极限为 6 kg，如图 2-5 所示。此外，M-3iA 在同等机器人（1 350 mm×500 mm）中的工作行程最大。6 轴模式下的 M-3iA 具备一个三轴手腕用于处理复杂的生产线任务，该项技术已申请专利。3 轴手腕灵活度极高，能够自如地从各个角度拾取和插入部件，还能按要求转拧零件，几乎可与手工媲美。4 轴模式下的 M-3iA 具备一个单轴手腕，可用于简单快速的拾取操作。另外，手腕的中控设计使电缆可在内部缠绕，大大降低了电缆的损耗。

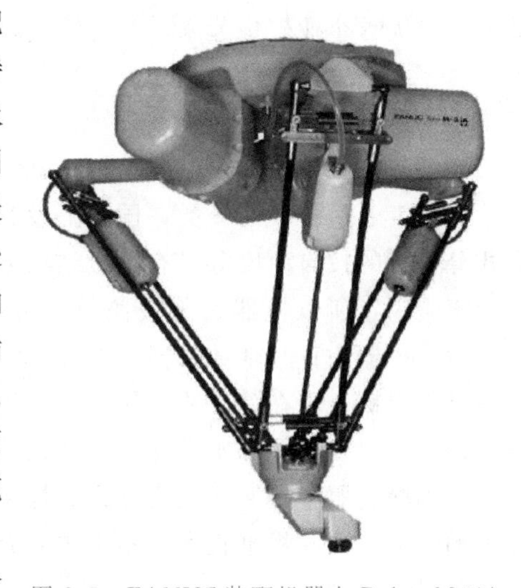

图 2-5　FANUC 装配机器人 Robot M-3iA

国际工业机器人技术日趋成熟，基本沿着两个路径发展；一是模仿认得手臂，实现多维运动，在应用上比较典型的是点焊、弧焊机器人；而是模仿人的下肢运动，实现物料输送、传递等搬运工能，例如搬运机器人。机器人研发水平最高的是日本、美国与欧洲国家。日本在工业机器人领域研发实力非常强，全球曾一度有 60％的工业机器人都来自日本；美国则在特种机器人研发方面全球领先。他们在发展工业机器人方面各有千秋：

（1）日本模式：各司其职，分层面完成交钥匙工程。机器人制造以开发新型机器人和批量生产优质产品为主要目标，并由其子公司或社会上的工程公司来设计制造各行业所需要的机器人成套系统。

（2）欧洲模式：一揽子交钥匙工程。即机器人的生产和用户所需要的系统设计制造，全部由机器人制造商自己完成。

（3）美国模式：采购与成套设计相结合。基本上不生产普通的工业机器人，企业需要和机器人通常有工程公司进口，再自行设计、制造配套的外围设备。

我国在机器人领域的发展尚处于起步阶段，应以“美国模式”着手，在条件成熟后逐步向“日本模式”靠近。整体而言，与国外进口机器人相比，国产工业机器人在精度、速度等方面不如进口同类产品，特别是在关键核心技术上还没有取得应用突破。具体现状如下：

(1) 低端技术水平有待改善。机器人制造包括整机制造、控制系统、伺服电动机与驱动器、减速器等方面，其中控制系统和减速器的核心技术仍有国外企业掌握，国内企业只能发挥“组装”优势，即将已接近成品的各部分模块组合到一起。然而，许多零部件的缺失使得国内企业在拓展产业链条方面颇受掣肘，高昂的进口费用也极易威胁企业的生存状况。

(2) 产业链条亟待充实与规范。与其他高端装备制造领域的情况不同，机器人制造主要集中在民营企业，产能规模自然不能比拟航空航天产业，研发成果也无法在有利平台得到展现。主流的工业机器人领域，配套产业及设备的集群效应才是机器人制造的关键。只有具备完善的产业链条，盈利空间才能得到提升。

我国今后对领先水平的追赶必是漫长的过程，资金投入、联盟高校、培养人才，缺一不可。相关部门对机器人产业的引导应从产业特点进行考虑，尽早形成企业集群，或以产业园的方式将优秀企业聚拢起来，为进军高端技术奠定基础。

2.4 工业机器人的分类

关于工业机器人的分类，国际上没有制定统一的标准，有的按负载重量分，有的按控制方式分，有的按自由度分，有的按结构分，有的按应用领域分。例如，机器人首先在制造业大规模应用，所以机器人曾被简单地分为两类：用于汽车、IT、机床等制造业的机器人，称为工业机器人；其他的机器人，称为特种机器人。随着机器人应用的日益广泛，这种分类显得过于粗糙。现在除工业领域之外，机器人技术已经广泛地应用于农业、建筑、医疗、服务、娱乐，以及空间和水下探索等多领域。依据具体应用领域的不同，工业机器人又可分为物流、码垛、服务等搬运型机器人和焊接、车铣、修磨、注塑等加工型机器人等。可见，机器人的分类方法和标准很多。本书主要介绍以下 2 种工业机器人分类法。

1. 专业分类法

专业分类法通常是机器人设计、制造和使用厂家技术人员所使用的分类方法，其技术性比较强，专业外人士较少使用。目前，专业分类可按机器人的控制系统技术水平、机械结构形态和运动控制方式 3 种进行分类。

(1) 按机器人的技术水平划分，可分为以下 3 种。

① 示教再现机器人：第一代工业机器人是示教再现型。这类机器人能够按照人类预先示教的轨迹、行为、顺序和速度重复作业。示教可以由操作员手把手地进行操作，利用示教器上的开关或按键来控制机器人一步一步地运动，机器人自动记录，然后重复。目前，在工业现场应用的机器人大多数与第一代。

② 感知机器人：第二代工业机器人具有环境感知装置，能在一定程度上直营环境的变化，目前已进入应用阶段。以焊接机器人为例，机器人焊接的过程一般是通过示教方式给出机器人的运动曲线，机器人携带焊枪沿着该曲线进行焊接。这就要求工件的一致性要好，即

工件被焊接位置必须十分准确。否则，机器人携带焊枪沿所走的曲线会使焊缝位置会有偏差。第二代工业机器人（应用与焊接作业时）采用焊缝跟踪技术，通过传感器感知焊缝的位置，在通过反馈控制，机器人就能够自动跟踪焊缝，从而对示教的位置进行修正。即使实际焊缝相对于原始设置的位置有变化，机器人仍然可以很好地完成焊接工作。类似的技术正越来越多地应用与工业机器人。

③ 智能机器人：第三代工业机器人成为智能机器人，具有发现问题，并且能自主地解决问题的能力，尚处于实验研究阶段。作为发展目标，这类机器人具有多种传感器，不仅可以感知自身的状态，比如所处位置、自身的故障情况等，而且能够感知外部环境的状态，如自动发现路况、测出协作机器人的相对位置、相互作用的力等。更为重要的是，能够根据获得的信息，进行逻辑推理、判断决策，在变化的内部状态与变化的外部环境中，自主地决定自身的行为，这类机器人具有高度的适应性和自治能力。尽管经过多年来的不懈研究，人们研制了很多各具特点的实验装置，提出大量新思想、新方法，但现在工业机器人的自适应技术还是有十分有限的。

按机器人的技术水平分类如表 2-1 所示。

表 2-1　按机器人的技术水平分类

分类名称	含　义
操作型机器人（Manipulator）	一种能自动控制、可重复编程、多功能、具有几个自由度的操作机器人，可固定在某处或可移动、用于工业自动化系统中
顺控型机器人（Sequenced Robot）	按要求的顺序及条件对机械动作依次进行控制的机器人
示教再现型机器人（Playback Robot）	一种按示教编程输入工作程序、自动进行工作的机器人
数控型机器人（Numerically Controlled（NC）Robot）	通过数值，语言等示教其顺序、条件、位置及其他信息，根据这些信息进行作业的机器人
智能机器人（Intelligent Robot ）	由人工智能决定行动的机器人
感觉控制型机器人（Sensory Controlled Robot ）	具有适应控制功能的机器人。所谓适应控制是指适应环境变化控制等特性，以满足所需要的条件

（2）按机械结构形态划分，可分为以下 4 种。

工业机器人的机械配置形式多种多样，典型机器人的机构运动特征是用其坐标特征来描述的。按基本动作机构，工业机器人通常可以分为直角坐标机器人、柱面坐标机器人、球面坐标机器人和关节型机器人等类型，如表 2-2 所示。

表 2-2　按机器人结构形态分类

分类名称	含　义
直角坐标型机器人（Cartesian Coordinate Robot）	机器人的手臂具有 3 个直线运动关节，并按直角坐标形式动作的机器人
圆柱坐标型机器人（Cylindrical Coordinate Robot）	机器人手臂具有一个旋转运动和两个直线运动关节，并按圆柱坐标形式动作的机器人
球（极）坐标型机器人（Polar Coordinate Robot）	机器人的手臂具有两个旋转运动和一个直线运动关节，并按球坐标形式动作的机器人
关节型机器人（Articulated Robot）	机器人手臂具有 3 个旋转运动关节，并作类似人的上肢关节动作的机器人

① 直角坐标机器人：具有空间上相互垂直的多个直线移动轴（通常 3 个，见图 2-6），通过直角坐方向的 3 个独立自由度确定其首部的空间位置，其动作空间为一个长方体。直角坐标机器人结构简单，定位精度高，空间轨迹易于求解；但其动作范围相对较小，设备的空间因数较低，实现相同的动作空间要求时，机体本身的体积较大。

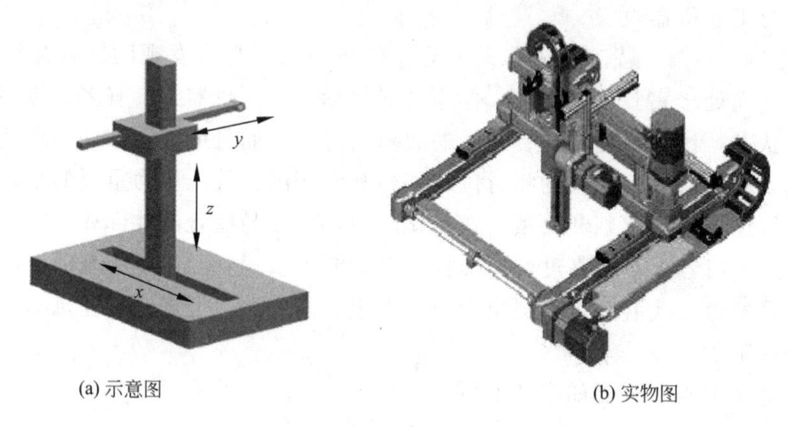

(a) 示意图　　(b) 实物图

图 2-6　直角坐标系机器人

② 柱面坐标机器人：柱面坐标机器人的空间位置结构主要由旋转基座、垂直移动和水平移动轴构成（见图 2-7），具有一个回旋个两个平移自由度，其动作空间呈圆柱体。这种机器人结构简单、刚性好，但缺点是在机器人的动作范围内，必须有沿轴线前后方向的移动空间，空间利用率较低。著名的 Versatran 机器人就是典型的柱面坐标机器人。

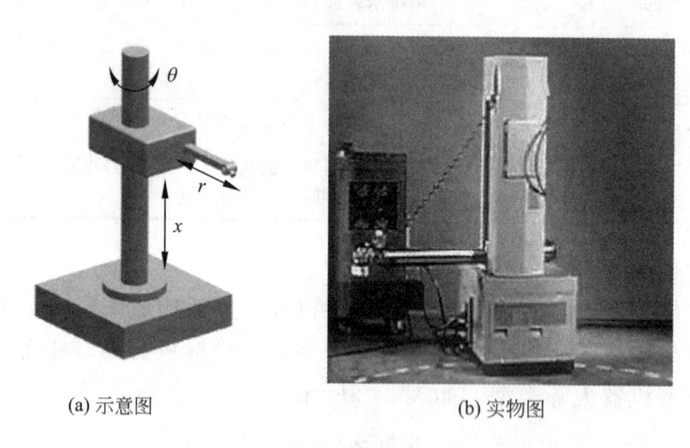

(a) 示意图　　(b) 实物图

图 2-7　柱面坐标机器人

③ 球面坐标机器人：如图 2-8 所示，其空间位置分别由旋转，摆动和平移 3 个自由度确定，动作空间形成球面的一部分。其机械手能够前后伸缩移动、在垂直平面上摆动，以及绕底在水平面上转动。著名的 Unimate 机器人就是这种类型的机器人。其特点是结构紧凑，所占空间体积小于直角坐标和柱面坐标机器人，但仍大于多关节型机器人。

④ 多关节型机器人：由多个旋转和摆动机构结合而成。这类机器人结构紧凑、工作空间大、动作最接近人的动作，对涂装、装配、焊接等多种作业都有良好的适用性，应用范围越来越广。不少著名的机器人都采用了这种形式，其摆动方向主要有铅垂方向和水平方向两

种，因此这类机器人又分为垂直多关节机器人和水平多关节机器人。例如，美国 Unimation 公司 20 世纪 70 年代末推出的机器人 PUMA 就是一种垂直多关节机器人，而日本山梨大学研制的机器人 SCARA 则是一种典型的水平多关节机器人。目前世界工业界装机最多的工业机器人是 SCARA 型 4 轴机器人和串联关节型垂直 6 轴机器人。

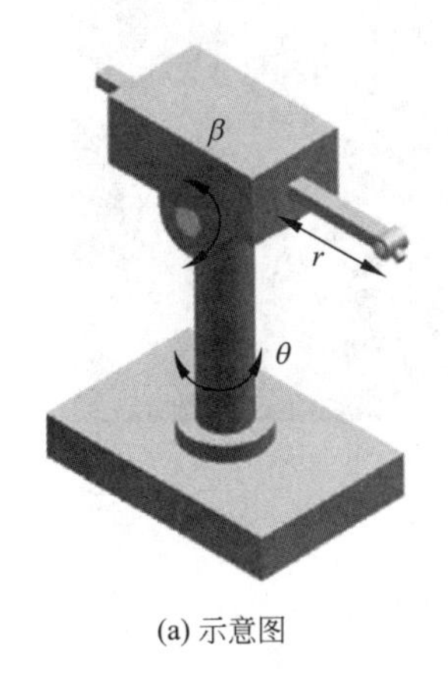

(a) 示意图

(b) 实物图

图 2-8　球面坐标机器人

● 垂直多关节机器人（见图 2-9）模拟了人类的手臂功能，由垂直与地面的腰部旋转轴（相当于大臂旋转的肩部转轴）、带动小臂旋转的肘部旋转轴以及小臂前端的手腕等构成。手腕通常由 2～3 个自由度构成。其动作空间近似一个球体，所以也称为多关节机球面机器人。其优点是可以自由地实现三维空间的各种姿势，可以生成各种复杂形状的轨迹。相对机器人的安装面积，其动作范很宽。缺点是结构刚度较低，动作的绝对位置精度较低。

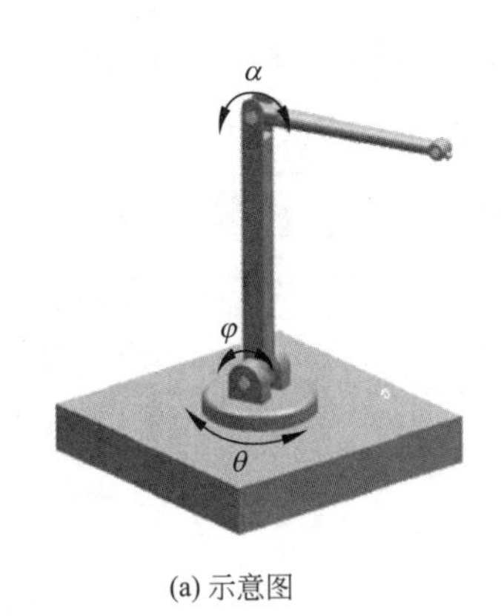

(a) 示意图

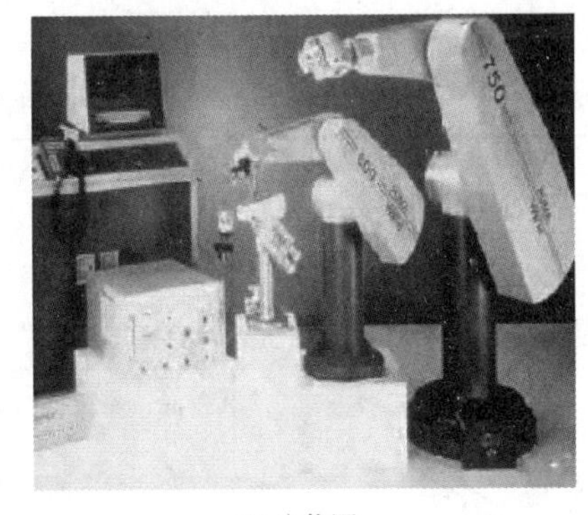

(b) 实物图

图 2-9　垂直多关节机器人

● 水平多关节机器人（见图 2-10）在结构上具有串联配置的两个能够在水平面内旋转的手臂，其自由度可以根据用途选择 2～4 个，动作空间为一圆柱体。水平多关节机器人的优点是在垂直方向上的刚性好，能方便地实现二维平面上的动作，在装配作业中得到普遍应用。

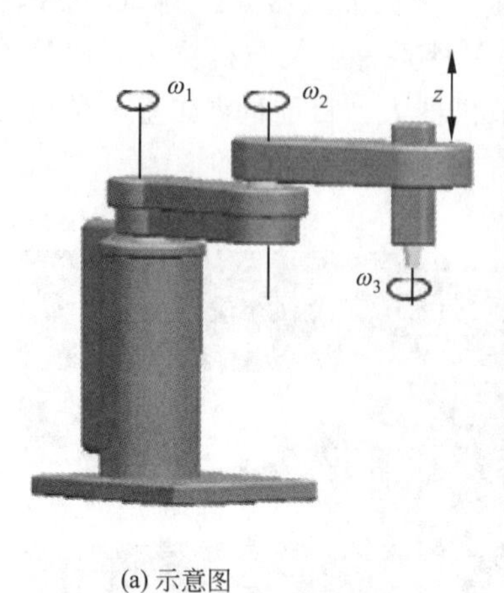

(a) 示意图

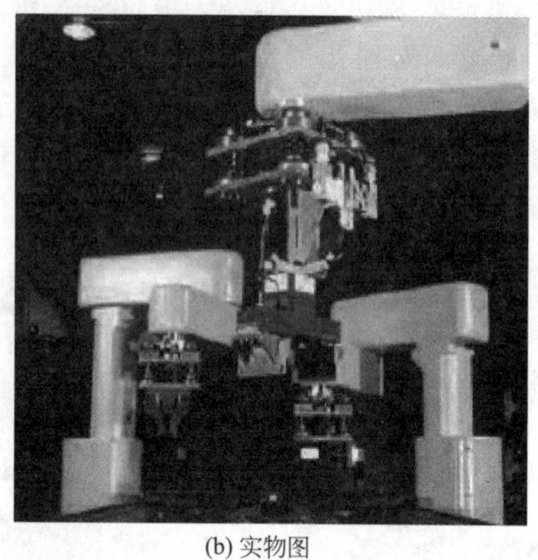
(b) 实物图

图 2-10 水平多关节机器人

按工业机器人末端执行器定位方式的不同，操作机的运动常采用 5 种坐标形式，如表 2-3 所示。

表 2-3 工业机器人的 5 种坐标形式

直角坐标	即笛卡儿坐标，机器人的运动由 3 个相互垂直的直线运动来实现
圆柱坐标	机器人的运动由两个移动和一个转动来实现
球坐标	机器人的运动由一个移动和两个转动来实现
关节坐标	机器人的运动由 3 个转动来实现
水平关节坐标	即 SCARA 机器人，由 3 个在平面上的转动和一个平移运动副构成

机器人的结构根据坐标形式的不同而有所不同，其主要结构形式和特点如表 2-4 所示。

表 2-4 机器人的主要结构形式和特点

类型	图例	特点
直角坐标型机器人		这类机器人在空间 3 个互相垂直的方向 X、Y、Z 上作移动运动，运动是独立的。其控制简单，易达到高精度，但操作灵活性差，运动速度较低，操作范围较小
圆柱坐标型机器人		这类机器人在水平转台上装有立柱，水平臂可沿立柱上下运动并可在水平方向伸缩。其操作范围较大，运动速度较高，但随着水平臂沿水平方向伸长，其线位移分辨率越来越低

续表

类　型	图　例	特　点
球坐标型机器人		也称极坐标型机器人，工作臂不仅可绕垂直轴旋转，还可绕水平轴俯仰运动，且能沿着手臂轴线作伸缩运动。其操作臂圆柱坐标型更为灵活，但旋转关节反映在末端执行器上的线位移分辨率是一个变量
关节坐标型机器人		这类机器人由多个关节连接的机座、大臂、小臂、和手腕等构成，大小臂既可在垂直于机座的平面运动，也可实现绕垂直轴的转动，其操作灵活性最好，运动速度较高，操作范围大，但精度受手臂姿态的影响，实现高精度运动较困难
水平坐标关节型机器人		SCARA（Selective Compliance Assembly Robot Arm，选择顺应性装配器手臂）是一种圆柱坐标型的特殊类型工作机器人。1978 年，日本山梨大学牧野洋发明 SCARA，该机器人具有 4 个轴和 4 个运动自由度（包括 X、Y、Z 方向的平动自由度和绕 Z 轴的转动自由度）。该系列的操作手在其动作空间的 4 个方向具有有限刚度，而在剩下的其余两个方向上具有无限大刚度。SCARA 系统在 X、Y 方向上具有顺从性，而在 Z 轴方向具有良好的刚度，磁特性特别适合于装备工作，SCARA 的另一个特点是其串接的两杆结构类似人的手臂，可以伸进有限空间中作业然后收回，适合于搬动和取放物件，如集成电路板等

（3）按运动控制方式分类：

根据机器人的控制方式，一般可分为顺序控制型、轨迹控制型、远程控制型、智能控制型等。顺序控制型又称点位控制型，这种机器人只需要规定动作次序和移动速度，而不需要考虑移动轨迹；轨迹控制型需要同时控制移动轨迹和移动速度，可用于焊接、喷涂等连续移动作业；远程控制型可实现无线遥控，它多用于特定行业、如军事机器人、空间机器人、水下机器人等；智能控制型机器人就是前述的第三代机器人，多用于服务、军事等行业，这种机器人目前尚处于实验和研究阶段。

2. 应用分类法

应用分类法是根据机器人应用环境（用途）进行分类的大众分类方法，其定义通俗，易为公众接受。

应用分类的方法同样多样。例如，日本分为工业机器人和智能机器人两类；我国分为工业机器人和特种机器人两类等。然而，由于对机器人的智能性判别缺乏科学、严格的标准，加上工业机器人和特种机器人的界线较难划分，在通常情况下，公众较易接受的是参照国际机器人联合会（IFR）的分类方法，将机器人分为工业机器人和服务机器人两类；如果进一步细分，目前常用的机器人基本上可分为图 2-11 所示的几类。

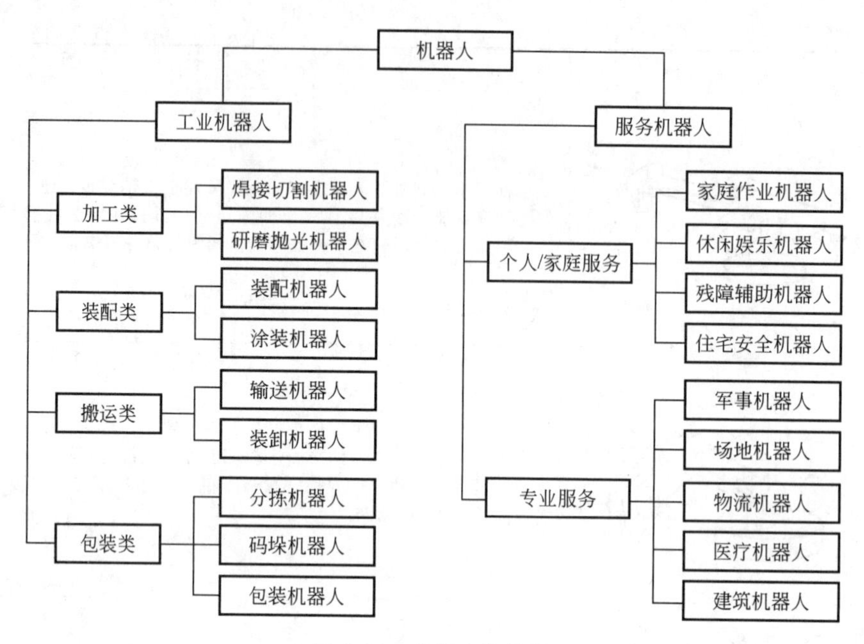

图 2-11 机器人的分类

自 1969 年，美国通用汽车公司用 21 台工业机器人组成了焊接轿车车身的自动生产线以后，各工业发达国家都非常重视研制和应用工业机器人。目前，国际著名的工业机器人生产厂家主要有日本的 FANUC（发那科）、YASKAWA（安川）、KAWASAKI（川崎）、NACHI（不二越）、DAIHEN（国内称 OTC 或欧希地）、PANA-SONIC（松下），瑞士的 ABB，德国的 KUKA（库卡）和 REIS（徕斯，现为 KUKA 成员）、Carl-Cloos（卡尔-布鲁斯），意大利的 COMAU（柯马），奥地利的 IGM（艾捷默）等，此外，韩国的 HYUDAI（现代）等公司近年来的发展速度也比较快。就工业机器人的产量而言，FANUC、YASKAWA、ABB、KUKA 最大，4 家公司是目前国际著名的工业机器人代表性企业，其产品规格齐全、生产量大，也是我国目前工业机器人的主要供应商。这些国际著名的工业机器人生产企业通常都有较长的产品研发生产历史，积累了丰富的产品研发制造经验。KAWASAKI、NACHI、ABB 是全球从事工业机器人研发生产最早的企业，它们都在 20 世纪 60 年代末就开始研发生产工业机器人；FANUC、KUKA 等公司在 20 世纪 70 年代中期进入工业机器人研发生产行列；而 YASKAWA（安川）、DAIHEN（欧希地）等公司则在 20 世纪 70 年代末就开始研发生产工业机器人。

目前国内也涌现了一批工业机器人厂商，这些厂商中既有像沈阳新松这样的国内机器人技术的引领者，也有像南京埃斯顿、广州数控这些伺服、数控系统厂商。当今世界工业机器人集中使用在汽车领域，主要进行搬运、码垛、焊接、涂装和装配等复杂作业。为此本节着重介绍这几类工业机器人的应用情况。

（1）机器人搬运。搬运作业是指一种设备握持工件，从一个加工到另一个加工为止。搬运机器人可安装不同的末端执行器（如机械手爪、真空吸盘、电磁吸盘等）以完成各种不同形状和状态的工件搬运，大大减轻了人类繁重的体力劳动。通过编程控制，可以让多台机器人配合各个不同设备的工作时间，实现流水线作业的最优化。搬运机器人具有定位准确，工作节拍可调，工作空间大，性能优良，运行平稳可靠，维修方便等特点。目前世界上使用的搬运机器人已超过 10 万台，广泛应用于机床上下料、自动装配流水线、码垛搬运、集装箱等的自动搬运。机器人搬运如图 2-12 所示。

(2) 机器人码垛。机器人码垛是机电一体化高新技术产品，如图 2-13 所示。它可满足中低产量的生产需要，也可按照要求的编组方式和层数，完成对料袋、胶块、箱体等各种产品的码垛。机器人代替人工搬运、码垛，生产上能迅速提高企业的生产效率和产量，同时能减少人工搬运造成的错误；机器人码垛可全天候作业，由此每年能节约大量的人力资源成本，达到减员增效。码垛机器人广泛应用于化工、饮料、食品、啤酒、塑料等生产企业，对纸箱、袋装、罐装、啤酒箱、瓶装等各种形状的包装成品都适用。

图 2-12　机器人搬运

图 2-13　机器人码垛

(3) 机器人焊接。机器人焊接是目前最大的工业机器人应用领域（如工程机械、汽车制造、电力建设、钢结构等），它能在恶劣的环境下连续工作并能提供稳定的焊接质量，提高了工作效率，减轻了工人的劳动强度，采用机器人焊接是焊接自动化的革命性进步，它突破了焊接自动化（焊接专机）的传统方式，开拓了一种柔性自动化生产方式，实现了在一条焊接机器人生产线上同时自动生产若干种焊件，如图 2-14 所示。

图 2-14　机器人焊接

(4) 机器人涂装。机器人涂装工作站或生产线充分利用了机器人灵活、稳定、高效的特点，适用于生产量大、产品型号多、表面形状不规则的工件外表面涂装，广泛应用于汽车、汽车零配件（如发动机、保险杠、变速器、弹簧、板簧、塑料件、驾驶室等）、铁路（如客车、机车、油罐车等）、家电（如电视机、电冰箱、洗衣机、计算机、手机等外壳）、建材（如卫生陶瓷）、机械（如电动机减速器）等专业，如图 2-15 所示。

(5) 机器人装配。装配机器人（见图 2-16）是柔性自动化系统的核心装备，末端执行器为适应不同的装配对象而设计成各种“手爪”传感系统，用于获取装配机器人与环境和装配对象之间相互作用的信息。与一般工业机器人相比，装配机器人具有精度高、柔顺性好、工作范围小、能与其他系统配套使用等特点，主要应用于各种电器的制造行业及流水线产品的组装作业，具有高效、精确、可不间断工作的特点。

图 2-15　机器人涂装

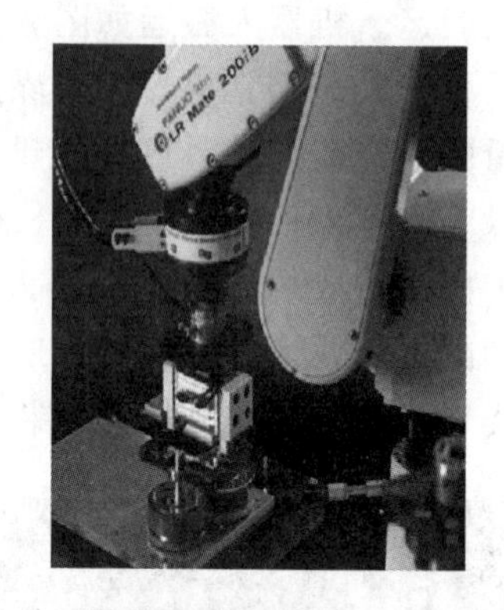

图 2-16　机器人装配

综上所述，在工业生产中应用机器人，可以方便迅速地改变作业内容或方式，以满足生产要求的变化。例如，改变涂装位置，变更装配部件或位置等。随着对工业生产线柔性的要求越来越高，对各种机器人的需求也会越来越强烈。

从机器人诞生到20世纪80年代初，机器人技术经历了一个长期缓慢的发展过程。到了90年代，随着计算机技术、微电子技术、网络技术等快速发展，机器人技术也得到了飞速发展。除了工业机器人水平不断提高之外，各种用于非制造业的现金机器人系统也有了长足的进展。目前，国际机器人界都在加大科研力度，进行机器人共性技术的研究，并朝着智能化和多样化方向发展。机器人技术发展的重点方面如表 2-5 所示。

表 2-5　机器人技术发展的重点方面

工业机器人结构的优化设计技术	探索新的高强度轻质材料。进一步提高负载/自比重，同时机构向着模块化、可重构方向发展。通过有限元分析、模态分析及方针设计等现代设计方法的运用，机器人已实现了优化设计，以德国 KUKA 公司为代表的机器人公司，已将机器人并联平行四边形结构改为开链结构，扩展了机器人的工作范围，加之轻质铝合金材料的应用，大大提高了机器人的性能。此外，采用先进的 RV 减速器及交流伺服电动机，使机器人几乎成为免维护系统
并联机器人	采用并联机构，利用机器人技术，实现高精度测量及加工，这是机器人技术向数控技术的拓展，为将来实现机器人和数控技术一体化奠定了基础。意大利 COMAU 公司、日本 FANUC 等公司已开发出了此类产品
机器人控制技术	控制系统的性能进一步提高，已由过去控制标准的 6 轴机器人发展到现在能控制 21 轴甚至 27 轴，并实现了软件伺服和全数字控制。人机界面更加友好，基于图形操作的界面也已问世，编程方式仍以示教编程为主，但在某些领域的离线编程已实现实用化，微软开发出了 Microsoft Robotics Studio，以期提供廉价的开发平台，让机器人开发者能够轻易地把软件和硬件整合到机器人的设计中，重点研究开放式、模块化控制系统、人机界面更加友好，语言图形编程界面正在研制当中，机器人控制器标准化和网络化，以及基于 PC 及的网络式控制器已成为研究热点。编程技术除进一步提高在线编程的可操作性之外，离线编程的实用化将成为研究重点
多传感系统	为进一步提高机器人的智能和适应性，多种传感器的使用是其解决问题的关键。其研究热点在于有效可行的多传感器融合算法，特别是在非线性及非平稳、非正太分布的情形下的多传感器融合算法。另一问题就是传感器系统的实用化

续表

小型化	机器人的结构灵巧，控制系统越来越小，二者正朝着一体化方向发展
机器人遥控及远程监控技术	机器人半自主技术，多机器人和操作者之间的协调控制，通过网络建立大范围内的机器人遥控系统，再有延时的情况下，建立预先显示遥控等，日本 YASLAWA 和德国 KUKA 公司的最新机器人控制器已实现了与 Canbus、Profibus 总线及一些网络的连接，使机器人由过去的独立应用向网络化应用迈进了一大步，也使机器人由过去的专用设备向标准化设备发展
虚拟机器人技术	基于多传感器、多媒体和虚拟现实以及临场感知技术，实现机器人的虚拟遥控操作和人机交互
多智能体控制技术	这是目前机器人研究的一个崭新领域。主要对多智能体的群体体系结构，相互间的通信与磋商机理、感知与学习方法，建模和规则、群体行为控制等方面进行研究
微型小型机器人技术	微小型机器人技术的研究主要集中在系统结构、运动方式、控制方法、传感技术、通信技术以及行走技术等方面
软机器人技术	主要用于医疗、护理、休闲和娱乐场合。传统机器人设计未考虑与紧密共处，因此其结构材料多维金属或硬性材料，软机器人技术要求其结构、控制方式和所用传感器系统在机器人意外地与环境或人碰撞时是安全的，机器人对人是友好的
仿人和仿生技术	这是机器人技术发展的最高境界，目前仅在某些方面进行一些基础研究
可靠性	由于微电子技术的快速发展和大规模集成电路的应用，使机器人系统的可靠性有了很大提高。过去机器人系统的可靠性 MTBF 一般为几千小时，现在已达到 5 万小时，几乎可以满足任何场合的需求

2.5　工业机器人的数理基础

为了控制工业机器人（机械臂 ）的运动，首先需要在机器人中建立相应的坐标关系。在工业机器人中（机械臂），描述机器人关节运动的坐标系称为关节坐标系，描述机器人末端位置和姿态的坐标系称为笛卡儿坐标系。机器人运动学主要研究机器人各个坐标系之间的运动关系，是机器人进行运动控制的基础。

机器人运动学研究包含两类问题：一类是由关节坐标系的坐标到机器人的末端位置与姿态之间的映射，即正向问题；另一类是由机器人的末端的位置与姿态到机器人关节坐标系的坐标之间的映射，即逆向问题。显然，正向问题的解简单且唯一，逆向问题的解是复杂的，而且具有多解性。这给问题求解带来困难，往往需要一些技巧和经验。

目前，工业机器人（机械臂）主要考虑的是关节运动学和动力学的控制问题。然而，移动机器人是一个独立的自动化系统，它相对于环境整体的移动，其工作空间定义了在移动机器人的环境中，它能实现的可能姿态的范围。由于移动机器人独立和移动的本质，没有一个直接的办法可以瞬时测量出移动机器人的位置，而必须随时将机器人的运动集成，以间接获取机器人的位置。因此，移动机器人主要考虑的是质点运动学和动力学控制问题。从机械和数学本质上来说，它们是不同的。

2.5.1　位置和姿态的表示

研究操作机器人的运动，不仅涉及机械手本身，而且涉及各物体间以及物体与机械手的关系。因此，需要讨论的齐次坐标及其变换，用来表达这些关系，需要用位置矢量、平面和坐标系等概念来描述物体（如零件、工具或机械手）间的关系。首先，建立这些概念及其表示法。

1. 位置描述

一旦建立了一个坐标系，就能够用某个 3×1 位置矢量来确定该空间内任意一点的位置。对于直角坐标系 $\{A\}$，空间任一点 p 的位置可用 3×1 的列矢量 $^{A}\boldsymbol{p}$ 表示。其中，p_x、p_y、p_z 是点 p 在坐标系 $\{A\}$ 中的 3 个坐标分量。$^{A}\boldsymbol{p}$ 的上标 A 代表参考坐标系 $\{A\}$。称 $^{A}\boldsymbol{p}$ 为位置矢量，如图 2-17 所示。

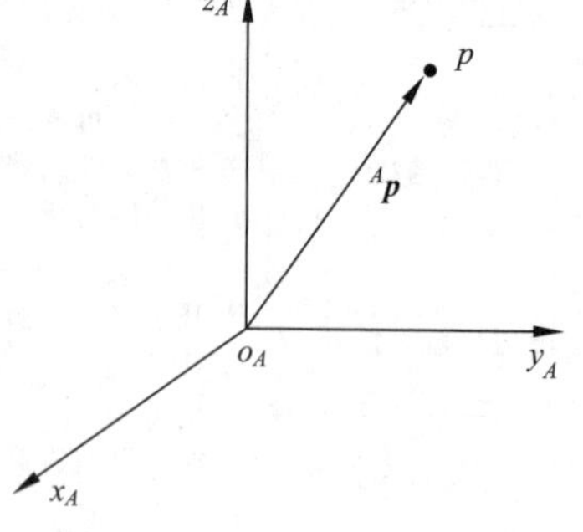

图 2-17　位置表示

$$^{A}\boldsymbol{p}=\begin{bmatrix}p_x\\p_y\\p_z\end{bmatrix} \tag{2.1}$$

2. 方位描述

为了描述机器人的运动状况，不仅要确定机器人某关节和末端执行器的位置，而且需要确定机器人的姿态。机器人的姿态可以通过固接与此机器人的坐标系来描述。例如，为了确定机器人拇关节 B 的姿态，设置一直角坐标系 $\{B\}$ 与此关节固接，用坐标系 $\{B\}$ 的 3 个单位主矢量 Bx、By、Bz，相对于参考坐标系 $\{A\}$ 的方向余弦组成的 3×3 矩阵来表示此关节 B 相对于坐标系 $\{A\}$ 的姿态，即

$$^{A}_{B}\boldsymbol{R}=[^{A}_{B}\boldsymbol{x}\quad ^{A}_{B}\boldsymbol{y}\quad ^{A}_{B}\boldsymbol{z}]=\begin{bmatrix}r_{11}&r_{12}&r_{13}\\r_{21}&r_{22}&r_{23}\\r_{31}&r_{32}&r_{33}\end{bmatrix}=\begin{bmatrix}\cos\alpha_x&\cos\alpha_y&\cos\alpha_z\\\cos\beta_x&\cos\beta_y&\cos\beta_z\\\cos\gamma_x&\cos\gamma_y&\cos\gamma_z\end{bmatrix} \tag{2.2}$$

以 $^{A}_{B}\boldsymbol{R}$ 称为旋转矩阵。式中，上标 A 代表参考坐标系 $\{A\}$，下标 B 代表被描述的坐标系 $\{B\}$。$^{A}_{B}\boldsymbol{R}$ 共有 9 个元素，但只有 3 个是独立的。由于 $^{A}_{B}\boldsymbol{R}$ 的 3 个列矢量 $\boldsymbol{ABX}$、$\boldsymbol{ABY}$、$\boldsymbol{ABZ}$ 都是单位矢量，且双双相互垂直，因而他的 9 个元素满足 6 个约束条件（正交条件）：可见，旋转矩阵 $^{A}_{B}\boldsymbol{R}$ 是正交的，并且满足条件

$$^{A}\boldsymbol{x}_B\cdot{}^{A}\boldsymbol{x}_B={}^{A}\boldsymbol{y}_B\cdot{}^{A}\boldsymbol{y}_B={}^{A}\boldsymbol{z}_B\cdot{}^{A}\boldsymbol{z}_B=1 \tag{2.3}$$

$$^{A}\boldsymbol{x}_B\cdot{}^{A}\boldsymbol{y}_B={}^{A}\boldsymbol{y}_B\cdot{}^{A}\boldsymbol{z}_B={}^{A}\boldsymbol{z}_B\cdot{}^{A}\boldsymbol{x}_B=0 \tag{2.4}$$

$$^{A}_{B}\boldsymbol{R}^{-1}={}^{A}_{B}\boldsymbol{R}^{\mathrm{T}};\quad |^{A}_{B}\boldsymbol{R}|=1 \tag{2.5}$$

式中，上标 T 表示转置。

对应于轴 x，y 或 z 作转角为 θ 的旋转变换，其旋转矩阵分别为：

$$\boldsymbol{R}(x,\theta)=\begin{bmatrix}1&0&0\\0&c\theta&-s\theta\\0&s\theta&c\theta\end{bmatrix} \tag{2.6}$$

$$\boldsymbol{R}(y,\theta)=\begin{bmatrix}c\theta&0&s\theta\\0&1&0\\-s\theta&0&c\theta\end{bmatrix} \tag{2.7}$$

$$\boldsymbol{R}(z,\theta)=\begin{bmatrix} c\theta & -s\theta & 0 \\ s\theta & c\theta & 0 \\ 0 & 0 & 1 \end{bmatrix} \tag{2.8}$$

式中，s 表示 sin，c 表示 cos，以后将一律采用此约定。

图 2-18 表示一物体（这里为抓手）的方位。此物体与坐标系 $\{B\}$ 固接，并相对于参考坐标系 $\{A\}$ 运动。

3. 位姿描述

上面已经讨论了采用位置矢量描述点的位置，而用旋转矩阵描述物体的方位。要完全描述刚体 B 在空间的位姿（位置和姿态），通常将物体 B 与某一坐标系 $\{B\}$ 相固接。$\{B\}$ 的坐标原点一般选在物体 B 的特征点上，如质心等。相对参考系 $\{A\}$，坐标系 $\{B\}$ 的原点位置和坐标轴的方位，分别由位置矢量和旋转矩阵描述。这样，刚体 B 的位姿可由坐标系 $\{B\}$ 来描述，即有

$$\{B\}=\{{}^{A}_{B}\boldsymbol{R}\,{}^{A}_{B}\boldsymbol{p}\} \tag{2.9}$$

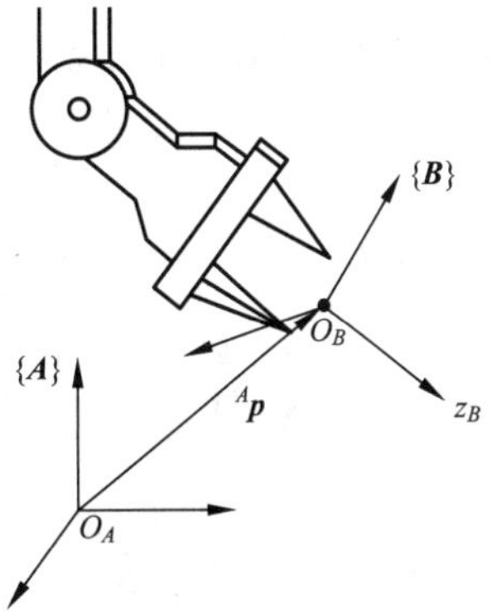

图 2-18　方位表式

当表示位置时，式（2. 9）中的旋转矩阵以 ${}^{A}_{B}\boldsymbol{R}=\boldsymbol{I}$（单位矩阵）；当表示方位时，式（2.9）中的位置矢量 ${}^{A}_{B}\boldsymbol{p}=\boldsymbol{0}$。

2.5.2　工业机器人坐标变换

空间中任意点 p 在不同坐标系中的描述是不同的。为了阐明从一个坐标系的描述到另一个坐标系的描述关系，需要讨论这种变换的数学问题。

1. 平移坐标变换

设坐标系 $\{B\}$ 与 $\{A\}$ 具有相同的姿态，但 $\{B\}$ 坐标系的原点与 $\{A\}$ 的原点不重合。用位置矢量 ${}^{A}_{B}\boldsymbol{p}$ 描述 $\{B\}$ 相对于 $\{A\}$ 的位置，称 ${}^{A}_{B}\boldsymbol{p}$ 为 $\{B\}$ 相对于 $\{A\}$ 的平移矢量，如图 2-19 所示。如果点 p 在坐标系 $\{B\}$ 中的位置为 ${}^{B}\boldsymbol{p}$，那么相对于坐标系 $\{A\}$ 的位置矢量 ${}^{A}\boldsymbol{p}$ 由矢量相加可得

$${}^{A}\boldsymbol{p}={}^{B}\boldsymbol{p}+{}^{A}_{B}\boldsymbol{p} \tag{2.10}$$

式（2.10）即为坐标平移方程。

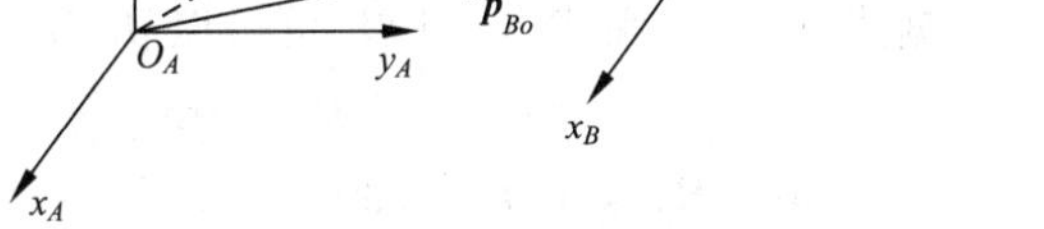

图 2-19　平移变换

2. 旋转坐标变

设坐标系 $\{B\}$ 与 $\{A\}$ 有共同的坐标原点，但两者姿态不同，如图 2-20 所示。用旋转矩阵 ${}^{A}_{B}\boldsymbol{p}$ 描述 $\{B\}$ 与 $\{A\}$ 的姿态。同一点 p 在两个坐标系 $\{A\}$ 和 $\{B\}$ 中的描述 ${}^{A}\boldsymbol{p}$ 和 ${}^{B}\boldsymbol{p}$ 具有如下变换关系：

$${}^{A}\boldsymbol{p}={}^{A}_{B}\boldsymbol{R}\,{}^{B}\boldsymbol{p} \tag{2.11}$$

式（2.11）称为坐标旋转方程。

一般可以类似地用 ${}^{B}_{A}\boldsymbol{R}$ 描述坐标系 $\{A\}$ 相对于 $\{B\}$ 的方位。${}^{A}_{B}\boldsymbol{R}$ 和 ${}^{B}_{A}\boldsymbol{R}$ 都是正交矩阵，

两者互逆。根据正交矩阵的性质（2.5）可得：

$$ {}_A^B\boldsymbol{R} = {}_B^A\boldsymbol{R}^{-1} = {}_B^A\boldsymbol{R}^{\mathrm{T}} \tag{2.12}$$

对于最一般的情形：坐标系 $\{B\}$ 的原点与 $\{A\}$ 的原点不重合，$\{B\}$ 的方位与 $\{A\}$ 的方位也不相同。用位置矢量描述 $\{B\}$ 的坐标原点相对于 $\{A\}$ 的位置；用旋转矩阵描述 $\{B\}$ 相对于 $\{A\}$ 的方位，如图 2-21 所示。对于任一点 f 在两坐标系 $\{A\}$ 和 $\{B\}$ 中的描述 ${}^A\boldsymbol{p}$ 和 ${}^B\boldsymbol{p}$ 具有以下变换关系：

$$ {}^A\boldsymbol{p} = {}_B^A\boldsymbol{R}\,{}^B\boldsymbol{p} + {}^A\boldsymbol{p}_{Bo} \tag{2.13}$$

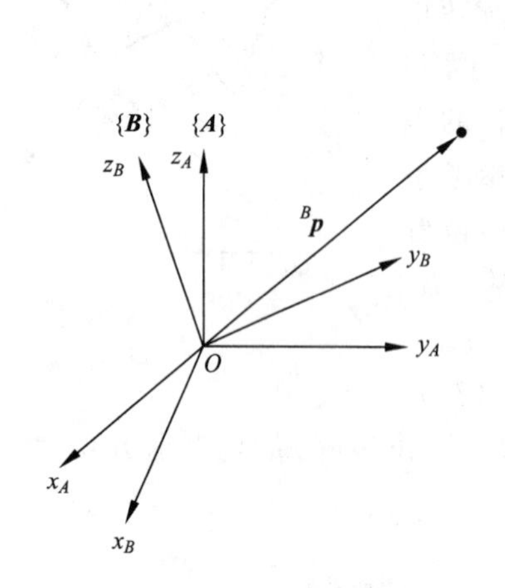

图 2-20　旋转变换

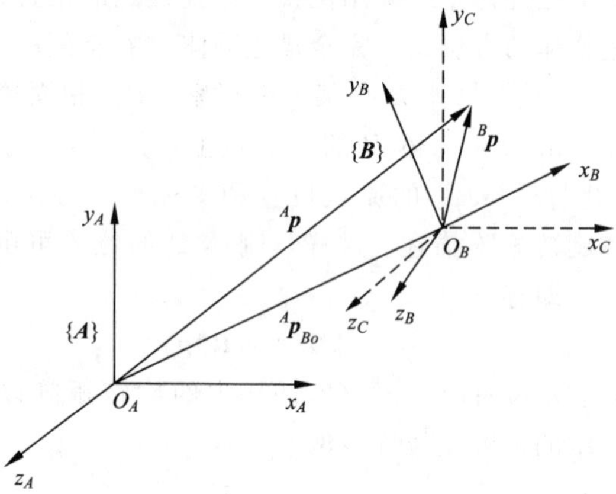

图 2-21　复合变换

可把式（2.13）看成坐标旋转和坐标平移的复合变换。实际上，规定一个过渡坐标系 $\{C\}$，使 $\{C\}$ 的坐标原点与 $\{B\}$ 的原点重合，而 $\{C\}$ 的方位与 $\{A\}$ 的相同。据式（2.11）可得向过渡坐标系的变换。

由式（2.13），则得：${}^C\boldsymbol{p} = {}_B^C\boldsymbol{R}\,{}^B\boldsymbol{p} = {}_B^A\boldsymbol{R}\,{}^B\boldsymbol{p}$

【例 2.1】 已知坐标系 $\{B\}$ 的初始位姿与 $\{A\}$ 重合，首先 ${}^A\boldsymbol{p} = {}^C\boldsymbol{p} + {}^A\boldsymbol{p}_{Co} = {}_B^A\boldsymbol{R}\,{}^B\boldsymbol{p} + {}^A\boldsymbol{p}_{Bo}$，$\{B\}$ 相对于坐标系 $\{A\}$ 的 z_A 轴转 30°，再沿 $\{A\}$ 的 x_A 轴移动 12 单位，并沿 $\{A\}$ 的；y_A 轴移动 6 单位。求位置矢量和旋转矩阵。假设点 p 在坐标系 $\{B\}$ 的描述为 ${}^B\boldsymbol{p} = [3,\ 7,\ 0]^{\mathrm{T}}$，求它在坐标系 $\{A\}$ 中的描述 ${}^A\boldsymbol{p}$。

据式（2.8）和式（2.1），可得以 ${}_B^A\boldsymbol{R}$ 和分别为 ${}^A\boldsymbol{p}_{Bo}$ 分别为：

$$ {}_B^A\boldsymbol{R} = \boldsymbol{R}(z,30°) = \begin{bmatrix} c30° & -s30° & 0 \\ s30° & c30° & 0 \\ 0 & 0 & 1 \end{bmatrix} = \begin{bmatrix} 0.866 & -0.5 & 0 \\ 0.5 & 0.866 & 0 \\ 0 & 0 & 1 \end{bmatrix};\quad {}^A\boldsymbol{p}_{Bo} = \begin{bmatrix} 12 \\ 6 \\ 0 \end{bmatrix}$$

由式（2.13），则得：

$$ {}^A\boldsymbol{p} = {}_B^A\boldsymbol{R}\,{}^B\boldsymbol{p} + {}^A\boldsymbol{p}_{Bo} = \begin{bmatrix} -0.902 \\ 7.562 \\ 0 \end{bmatrix} + \begin{bmatrix} 12 \\ 6 \\ 0 \end{bmatrix} = \begin{bmatrix} 11.098 \\ 13.562 \\ 0 \end{bmatrix}$$

3. 物体的变换和变换方程

已知一直角坐标系中的某点坐标，那么该点在另一直角坐标系中的坐标可通过齐次坐标变换求得。

（1）齐次变换

变换式（2.13）可以将其表示成等价的齐次变换形式：

$$\begin{bmatrix} {}^{A}\boldsymbol{p} \\ 1 \end{bmatrix} = \left[\begin{array}{c:c} {}_{B}^{A}\boldsymbol{R} & {}^{A}\boldsymbol{p}_{Bo} \\ \hdashline 0 & 1 \end{array}\right] \begin{bmatrix} {}^{B}\boldsymbol{p} \\ \hdashline 1 \end{bmatrix} \tag{2.14}$$

其中，4×1 的列向量表示三维空间的点，称为点的齐次坐标，仍然记为或 ${}^{A}\boldsymbol{p}$ 或 ${}^{B}\boldsymbol{p}$。可把式（2.14）写成矩阵形式：

$$ {}^{A}\boldsymbol{p} = {}_{B}^{A}\boldsymbol{T}\, {}^{B}\boldsymbol{p} \tag{2.15}$$

式中，齐次坐标 ${}^{A}\boldsymbol{p}$ 和 ${}^{B}\boldsymbol{p}$ 是 4×1 的列矢量，与式（2.13）中的维数不同，加入了第 4 个元素 1。齐次变换矩阵 ${}_{B}^{A}\boldsymbol{T}$ 是 4×4 的方阵，具有如下形式：

$$ {}_{B}^{A}\boldsymbol{T} = \left[\begin{array}{c:c} {}_{B}^{A}\boldsymbol{R} & {}^{A}\boldsymbol{p}_{Bo} \\ \hdashline 0 & 1 \end{array}\right] \tag{2.16}$$

${}_{B}^{A}\boldsymbol{T}$ 综合地表示了平移变换和旋转变换。变换式（2.13）和式（2.16）是等价的，实质上，式（2.14）可写成：

$$ {}^{A}\boldsymbol{p} = {}_{B}^{A}\boldsymbol{R}\, {}^{B}\boldsymbol{p} + {}^{A}\boldsymbol{p}_{Bo}; \qquad 1=1 $$

位置矢量 ${}^{A}\boldsymbol{p}$ 和 ${}^{B}\boldsymbol{p}$ 到底是 3×1 的直角坐标还是 4×1 的齐次坐标，要根据上下文关系而定。

试用齐次变换方法求解例 2.1 中的 ${}^{A}\boldsymbol{p}$。

由例 2.1 求得的旋转矩阵和位置矢量，可以得到齐次变换矩阵：

$$ {}_{B}^{A}\boldsymbol{T} = \left[\begin{array}{c:c} {}_{B}^{A}\boldsymbol{R} & {}^{A}\boldsymbol{p}_{Bo} \\ \hdashline 0 & 1 \end{array}\right] = \left[\begin{array}{ccc:c} 0.866 & -0.5 & 0 & 12 \\ 0.5 & 0.866 & 0 & 6 \\ 0 & 0 & 1 & 0 \\ \hdashline 0 & 0 & 0 & 1 \end{array}\right] $$

代入齐次变换式（2. 15）得：

$$ {}^{A}\boldsymbol{p} = \left[\begin{array}{ccc:c} 0.866 & -0.5 & 0 & 12 \\ 0.5 & 0.866 & 0 & 6 \\ 0 & 0 & 1 & 0 \\ \hdashline 0 & 0 & 0 & 1 \end{array}\right] \begin{bmatrix} 3 \\ 7 \\ 0 \\ 1 \end{bmatrix} = \begin{bmatrix} 11.098 \\ 13.562 \\ 0 \\ \hdashline 1 \end{bmatrix} $$

即为用齐次坐标描述的点 $\boldsymbol{p}$ 的位置。

至此，可得空间某点 $\boldsymbol{p}$ 的直角坐标描述和齐次坐标描述分别为：

$$ \boldsymbol{p} = \begin{bmatrix} x \\ y \\ z \end{bmatrix} = \begin{bmatrix} x \\ y \\ z \\ 1 \end{bmatrix} = \begin{bmatrix} wx \\ wy \\ wz \\ w \end{bmatrix} $$

式中，w 为非零常数，是一坐标比例系数。

坐标原点的矢量，即零矢量表示为 $[0, 0, 0, 1]^{\mathrm{T}}$。矢量 $[0, 0, 0, 0]^{\mathrm{T}}$ 是没有定义的。具有形如 $[a, b, c, 0]$ 的矢量表示无限远矢量，用来表示无限远的矢量，用来表示方向，即用 [1，0，0，0]，[0，0，1，0] 分别表示 x，y 轴和 z 轴的方向。

我们规定两矢量的点积：

$$\boldsymbol{a}\cdot\boldsymbol{b}=a_xb_x+a_yb_y+a_zb_z \tag{2.17}$$

为一标量，而两矢量的交积为另一个与此两相乘矢量所决定的平面垂直的矢量：

$$\boldsymbol{a}\times\boldsymbol{b}=(a_yb_z-a_zb_y)\boldsymbol{i}+(a_zb_x-a_xb_z)\boldsymbol{j}+(a_xb_y-a_yb_x)\boldsymbol{k} \tag{2.18}$$

或者用下列行列式来表示：

$$\boldsymbol{a}\times\boldsymbol{b}=\begin{vmatrix}\boldsymbol{i} & \boldsymbol{j} & \boldsymbol{k}\\ a_x & a_y & a_z\\ b_x & b_y & b_z\end{vmatrix} \tag{2.19}$$

（2）平移齐次坐标变换

空间某点由矢量 $a\boldsymbol{i}+b\boldsymbol{j}+c\boldsymbol{k}$ 描述。其中 $\boldsymbol{i}$、$\boldsymbol{j}$、$\boldsymbol{k}$ 为轴 x、y、z 上的单位矢量。此点可用平移齐次交换表示为：

$$\textbf{Trans}(a,\ b,\ c)=\begin{bmatrix}1 & 0 & 0 & a\\ 0 & 1 & 0 & b\\ 0 & 0 & 1 & c\\ 0 & 0 & 0 & 1\end{bmatrix} \tag{2.20}$$

其中，**Trans** 表示平移变换。

对已知矢量 $\boldsymbol{u}=[x,\ y,\ z,\ w]^{\mathrm{T}}$ 进行平移变换所得的矢量 $\boldsymbol{v}$ 为 $\boldsymbol{u}$

$$\boldsymbol{v}=\begin{bmatrix}1 & 0 & 0 & a\\ 0 & 1 & 0 & b\\ 0 & 0 & 1 & c\\ 0 & 0 & 0 & 1\end{bmatrix}\begin{bmatrix}x\\ y\\ z\\ w\end{bmatrix}=\begin{bmatrix}x+aw\\ y+bw\\ z+cw\\ w\end{bmatrix}=\begin{bmatrix}x/w+a\\ y/w+b\\ z/w+c\\ 1\end{bmatrix} \tag{2.21}$$

即可把此变换看作矢量 $(x/w)\boldsymbol{i}+(y/w)\boldsymbol{j}+(z/w)\boldsymbol{k}$ 与矢量 $a\boldsymbol{i}+b\boldsymbol{j}+c\boldsymbol{k}$ 之和。

用非零常数乘以变换矩阵的每个元素，不改变该变换矩阵的特性。

【例 2.2】 作为例子，考虑矢量 $2\boldsymbol{i}+3\boldsymbol{j}+2\boldsymbol{k}$ 被矢量 $4\boldsymbol{i}-3\boldsymbol{j}+7\boldsymbol{k}$ 平移变换得到的新的点矢量：

$$\begin{bmatrix}1 & 0 & 0 & 4\\ 0 & 1 & 0 & -3\\ 0 & 0 & 1 & 7\\ 0 & 0 & 0 & 1\end{bmatrix}\begin{bmatrix}2\\ 3\\ 2\\ 1\end{bmatrix}=\begin{bmatrix}6\\ 0\\ 9\\ 1\end{bmatrix}$$

如果用 -5 乘以此变换矩阵，用 2 乘以被平移变换的矢量，则得：

$$\begin{bmatrix}-5 & 0 & 0 & -20\\ 0 & -5 & 0 & 15\\ 0 & 0 & -5 & -35\\ 0 & 0 & 0 & -5\end{bmatrix}\begin{bmatrix}4\\ 6\\ 4\\ 2\end{bmatrix}=\begin{bmatrix}-60\\ 0\\ -90\\ -10\end{bmatrix}$$

它与矢量 $[6,\ 0,\ 9,\ 1]^{\mathrm{T}}$ 相对应，与乘以常数前的点矢量一样。

（3）旋转齐次坐标变换

对应于轴 x、y、z 作转角为 θ 的旋转变换，分别可得：

$$\mathbf{Rot}(x,\theta)=\begin{bmatrix}1 & 0 & 0 & 0\\ 0 & c\theta & -s\theta & 0\\ 0 & s\theta & c\theta & 0\\ 0 & 0 & 0 & 1\end{bmatrix} \tag{2.22}$$

$$\mathbf{Rot}(y,\theta)=\begin{bmatrix}c\theta & 0 & s\theta & 0\\ 0 & 1 & 0 & 0\\ -s\theta & 0 & c\theta & 0\\ 0 & 0 & 0 & 1\end{bmatrix} \tag{2.23}$$

$$\mathbf{Rot}(z,\theta)=\begin{bmatrix}c\theta & -s\theta & 0 & 0\\ s\theta & c\theta & 0 & 0\\ 0 & 0 & 1 & 0\\ 0 & 0 & 0 & 1\end{bmatrix} \tag{2.24}$$

式中，**Rot** 表示旋转变换。下面举例说明这种旋转变换。

【例 2.3】 已知点 $\boldsymbol{u}=7\boldsymbol{i}+3\boldsymbol{j}+2\boldsymbol{k}$，对它进行绕轴 $\boldsymbol{j}$ 轴旋转 90°的变换后可得：

$$\boldsymbol{v}=\begin{bmatrix}0 & -1 & 0 & 0\\ 1 & 0 & 0 & 0\\ 0 & 0 & 1 & 0\\ 0 & 0 & 0 & 1\end{bmatrix}\begin{bmatrix}7\\ 3\\ 2\\ 1\end{bmatrix}=\begin{bmatrix}-3\\ 7\\ 2\\ 1\end{bmatrix}$$

图 2-22（a）表示旋转变换前后点矢量在坐标系中的位置。从图 2-21 可见，点 w 绕 z 轴旋转 90° 至点 V。如果点 v 绕 y 轴旋转 90°，即得点 w，这一变换也可从图 2-22（a）看出，并可由式（2.23）求出：

$$\boldsymbol{w}=\begin{bmatrix}0 & 0 & 1 & 0\\ 0 & 1 & 0 & 0\\ -1 & 0 & 0 & 0\\ 0 & 0 & 0 & 1\end{bmatrix}\begin{bmatrix}-3\\ 7\\ 2\\ 1\end{bmatrix}=\begin{bmatrix}2\\ 7\\ 3\\ 1\end{bmatrix}$$

如果把上述两个旋转变换 $\boldsymbol{w}=\mathbf{Rot}(z,\ 90)u$ 与 $\boldsymbol{w}=\mathbf{Rot}(y;\ 90)v$ 组合在一起，那么可得：

$$\boldsymbol{w}=\mathbf{Rot}(z,\ 90)\mathbf{Rot}(y,\ 90)u \tag{2.25}$$

因为

$$\mathbf{Rot}(y,\ 90)\mathbf{Rot}(z,\ 90)=\begin{bmatrix}0 & 0 & 1 & 0\\ 1 & 0 & 0 & 0\\ 0 & 1 & 0 & 0\\ 0 & 0 & 0 & 1\end{bmatrix} \tag{2.26}$$

所以可得：

$$\boldsymbol{w}=\begin{bmatrix}0 & 0 & 1 & 0\\ 1 & 0 & 0 & 0\\ 0 & 1 & 0 & 0\\ 0 & 0 & 0 & 1\end{bmatrix}\begin{bmatrix}7\\ 3\\ 2\\ 1\end{bmatrix}=\begin{bmatrix}2\\ 7\\ 3\\ 1\end{bmatrix}$$

所得结果与前一样。

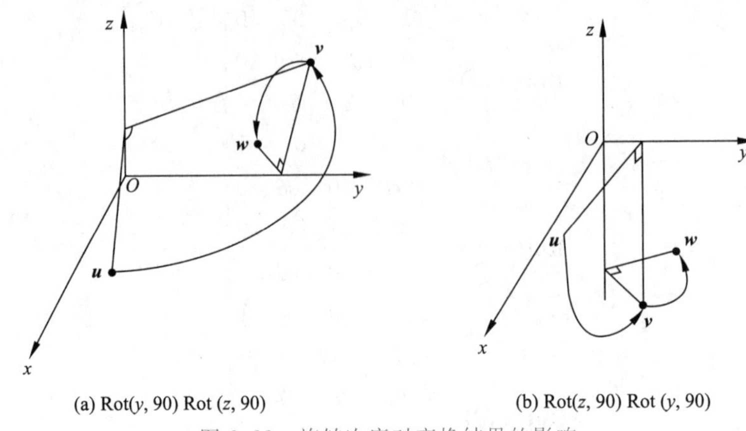

(a) Rot(y, 90) Rot (z, 90)　　(b) Rot(z, 90) Rot (y, 90)

图 2-22　旋转次序对变换结果的影响

如果改变旋转次序，首先使绕轴旋转 90°，就会使 **v** 变换至与 **w** 不同的位置，如图 2-22（b）所示。通过计算也可得出结果。矩阵的乘法不具有交换性质，即变换矩阵的左乘和右乘的运动解释是不同的：变换顺序“从右向左”，指明运动是相对固定坐标系而言的；变换顺序“从左向右”，指明运动是相对运动坐标系而言的。

【例 2.4】 下面举例说明把旋转变换与平移变换结合起来的情况。如果在图 2-22（a）旋转变换的基础上，再进行平移交换 $4\boldsymbol{i}-3\boldsymbol{j}+7\boldsymbol{k}$，那么据式（2.20）和式（2.26）可求得：

$$\mathbf{Trans}(4,-3,7)\mathbf{Rot}(y,90)\mathbf{Rot}(z,90)=\begin{bmatrix}0&0&1&4\\1&0&0&-3\\0&1&0&7\\0&0&0&1\end{bmatrix}$$

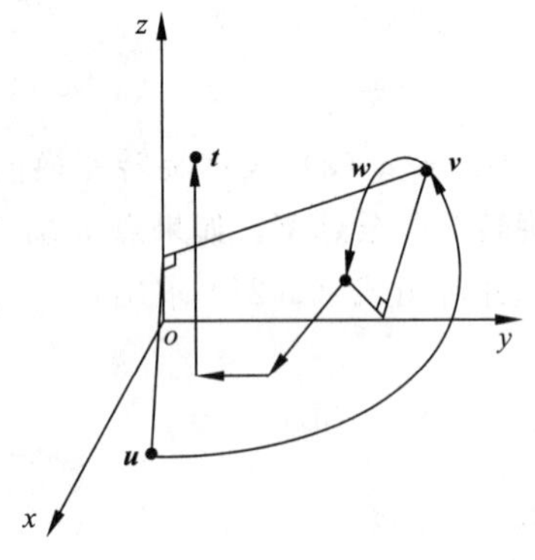

图 2-23　平移变换与旋转变换的组合

于是有：

$\boldsymbol{t}=\mathbf{Trans}(4,-3,7)\mathbf{Rot}(3;,90)\mathbf{Rot}(z,90)w=[6,4,10,1]^{\mathrm{T}}$ 这一变换结果如图 2-23 所示。

4. 物体的变换及逆变换

（1）物体位置描述：

可以用描述空间一点的变换方法来描述物体在空间的位置和方向。例如，图 2-24（a）所示物体可由固定该物体的坐标系内的 6 个点来表示。

如果首先让物体绕 z 轴旋转 90°，接着绕 y 轴旋转 90°，再沿：x 轴方向平移 4 个单位，那么，可用下式描述这一变换：

$$\boldsymbol{T}=\mathbf{Trans}(4,0,0)\mathbf{Rot}(y,90)\mathbf{Rot}(z,90)=\begin{bmatrix}0&0&1&4\\1&0&0&0\\0&1&0&0\\0&0&0&1\end{bmatrix}$$

这个变换矩阵表示对原参考坐标系重合的坐标系进行旋转和平移操作。可对上述楔形物体的 6 个点变换如图 2-24（b）所示。

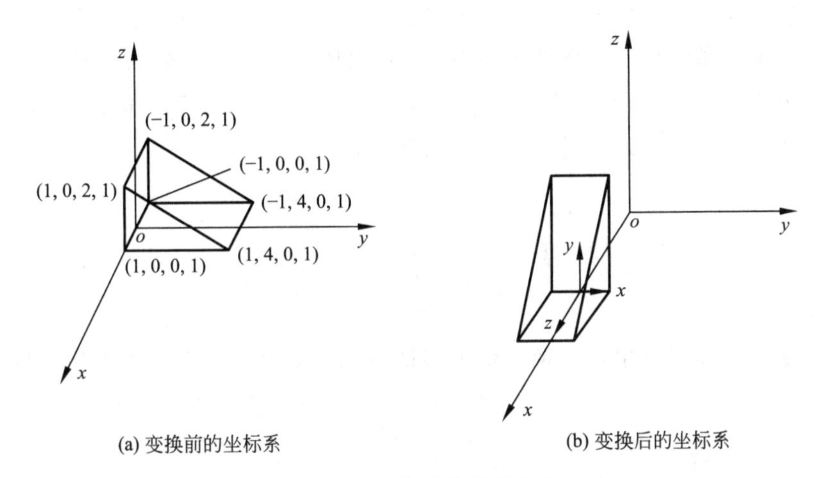

(a) 变换前的坐标系　　(b) 变换后的坐标系

图 2-24　对楔形物体的变换

(2) 齐次变换的逆变换：

给定坐标系 $\{A\}$、$\{B\}$ 和 $\{C\}$，若已知 $\{B\}$ 相对 $\{A\}$ 的描述为 ${}_B^A\boldsymbol{T}$，$\{C\}$ 相对 $\{B\}$ 的描述为 ${}_C^B\boldsymbol{T}$，则：

$$ {}^B\boldsymbol{p} = {}_C^B\boldsymbol{T}\,{}^C\boldsymbol{p} \tag{2.27} $$

$$ {}^A\boldsymbol{p} = {}_B^A\boldsymbol{T}\,{}^B\boldsymbol{p} = {}_B^A\boldsymbol{T}\,{}_C^B\boldsymbol{T}\,{}^C\boldsymbol{p} \tag{2.28} $$

定义复合变换

$$ {}_C^A\boldsymbol{T} = {}_B^A\boldsymbol{T}\,{}_C^B\boldsymbol{T} \tag{2.29} $$

表示 $\{C\}$ 相对于 $\{A\}$ 的描述。据式 (2.6) 可得：

$$ {}_C^A\boldsymbol{T} = {}_B^A\boldsymbol{T}\,{}_C^B\boldsymbol{T} = \begin{bmatrix} {}_B^A\boldsymbol{R} & {}^A\boldsymbol{p}_{Bo} \\ 0 & 1 \end{bmatrix} = \begin{bmatrix} {}_C^B\boldsymbol{R} & {}^B\boldsymbol{p}_{Co} \\ 0 & 1 \end{bmatrix} = \begin{bmatrix} {}_B^A\boldsymbol{R}\,{}_C^B\boldsymbol{R} & {}_B^A\boldsymbol{R}\,{}^B\boldsymbol{p}_{Co} + {}^A\boldsymbol{p}_{Bo} \\ 0 & 1 \end{bmatrix} \tag{2.30} $$

从坐标系 $\{B\}$ 相对坐标系 $\{A\}$ 的描述 ${}_B^A\boldsymbol{T}$，求得 $\{A\}$ 相对于 $\{B\}$ 的描述 ${}_A^B\boldsymbol{T}$，是齐次变换求逆问题．一种求解方法是直接对 4×4 的齐次变换矩阵求逆 ${}_B^A\boldsymbol{T}$；另一种是利用齐次变换矩阵的特点，简化矩阵求逆运算。下面首先讨论变换矩阵求逆方法。

对于给定的 ${}_B^A\boldsymbol{T}$，求 ${}_A^B\boldsymbol{T}$，等价于给定的 ${}_B^A\boldsymbol{R}$ 和 ${}^A\boldsymbol{p}_{Bo}$，计算 ${}_A^B\boldsymbol{R}$ 和 ${}^B\boldsymbol{p}_{Ao}$，利用旋转特性的正交性，可得：

$$ {}_A^B\boldsymbol{R} = {}_B^A\boldsymbol{R}^{-1} = {}_B^A\boldsymbol{R}^{\mathrm{T}} \tag{2.31} $$

再据式 (2.13)，求原点 ${}^A\boldsymbol{p}_{Bo}$ 在坐标系 $\{B\}$ 中的描述

$$ {}^B({}^A\boldsymbol{p}_{Bo}) = ({}_A^B\boldsymbol{R})({}^A\boldsymbol{p}_{Bo}) + {}^B\boldsymbol{p}_{Ao} \tag{2.32} $$

${}^B({}^A\boldsymbol{p}_{Bo})$ 表示 $\{B\}$ 的原点相对于 $\{B\}$ 的描述，为 $\boldsymbol{O}$ 矢量，因而上式为 0，可得：

$$ {}^B\boldsymbol{p}_{Ao} = (-{}_A^B\boldsymbol{R})({}^A\boldsymbol{p}_{Bo}) = (-{}_B^A\boldsymbol{R})({}^{\mathrm{T}}\boldsymbol{p}_{Bo}) \tag{2.33} $$

综上分析，并据式 (2.31) 和式 (2.33) 经推算可得

$$ {}_A^B\boldsymbol{T} = \begin{bmatrix} {}_B^A\boldsymbol{R}^{\mathrm{T}} & (-{}_B^A\boldsymbol{R})({}^{\mathrm{T}}\boldsymbol{p}_{Bo}) \\ 0 & 1 \end{bmatrix} \tag{2.34} $$

式中，${}_A^B\boldsymbol{T} = {}_B^A\boldsymbol{T}^{-1}$；式 (2. 34) 提供了一种求解齐次变换逆矩阵的简便方法。

下面讨论直接对 4×4 齐次变换矩阵的求逆方法。

实际上，逆变换是由被变换了的坐标系变回为原坐标系的一种变换，也就是参考坐标系对于被变换了的坐标系的描述。图 2-24（b）所示物体，其参考坐标系相对于被变换了的坐标系来说，坐标轴 1、7 和 2 分别为 $[0, 0, 1, 0]^T$、$[1, 0, 0, 0]^T$ 和 $[0, 1, 0, 0]^T$，而其原点为 $[0, 0, -4, 1]^T$。于是，可得逆变换为：

$$\boldsymbol{T}^{-1}=\begin{bmatrix}0&1&0&0\\0&0&1&0\\1&0&0&-4\\0&0&0&1\end{bmatrix}$$

用变换 $\boldsymbol{T}$ 乘此逆变换而得到单位变换，就能够证明此逆变换确是变换 $\boldsymbol{T}$ 的逆变换：

$$\boldsymbol{T}^{-1}\boldsymbol{T}=\begin{bmatrix}0&1&0&0\\0&0&1&0\\1&0&0&-4\\0&0&0&1\end{bmatrix}\begin{bmatrix}0&0&1&4\\1&0&0&0\\0&1&0&0\\0&0&0&1\end{bmatrix}=\begin{bmatrix}1&0&0&0\\0&1&0&0\\0&0&1&0\\0&0&0&1\end{bmatrix}$$

一般情况下，已知变换了的各元：

$$\boldsymbol{T}=\begin{bmatrix}n_x&o_x&a_x&p_x\\n_y&o_y&a_y&p_y\\n_z&o_z&a_z&p_z\\0&0&0&1\end{bmatrix} \tag{2.35}$$

则其逆变换为：

$$\boldsymbol{T}^{-1}=\begin{bmatrix}n_x&n_y&n_z&-\boldsymbol{p}\cdot\boldsymbol{n}\\o_x&o_y&o_z&-\boldsymbol{p}\cdot\boldsymbol{o}\\a_x&a_y&a_z&-\boldsymbol{p}\cdot\boldsymbol{a}\\0&0&0&1\end{bmatrix} \tag{2.36}$$

（3）变换方程初步：

必须建立机器人各连杆之间、机器人与周围环境之间的运动关系，用于描述机器人的操作。要规定各种坐标系来描述机器人与环境的相对位姿关系。在图 2-25（a）中，$\{B\}$ 代表基 坐标系，$\{T\}$ 是工具系，$\{S\}$ 是工作站系，$\{G\}$ 是目标系，它们之间的位姿关系可用相应的齐次变换来描述：

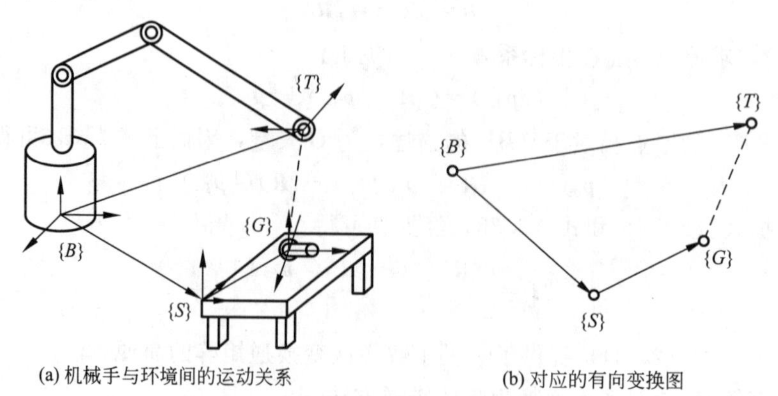

图 2-25　变换方程及其有向变换图

${}^{B}_{S}T$ 表示工作站系 {S} 相对于基坐标系 {B} 的位姿；${}^{S}_{G}T$ 表示目标系 {G} 相对于 {S} 的位姿；${}^{B}_{T}T$ 表示工具系 {T} 相对于基坐标系 {B} 的位姿。

对物体进行操作时，工具系 {T} 相对目标系 {G} 的位姿${}^{G}_{T}\boldsymbol{T}$ 直接影响操作效果。它是机器人控制和规划的目标，它与其他变换之间的关系可用空间尺寸链（有向变换图）来表示，如图 2-24（b）所示。工具系 {T} 相对于基坐标系 {B} 的描述可用下列变换矩阵的乘积来表示：

$$ {}^{B}_{T}\boldsymbol{T}={}^{B}_{S}\boldsymbol{T}{}^{S}_{G}\boldsymbol{T}{}^{G}_{T}\boldsymbol{T} \tag{2.37}$$

建立起这样的矩阵变换方程后，当上述矩阵变换中只有一个变换未知时，就可以将这一未知的变换表示为其他已知变换的乘积的形式。对于图 2-25 所示的场景，如要求目标系 {G} 工具系 {T} 的位姿${}^{T}_{G}\boldsymbol{T}$ 则可在式（2.37）两边同时左乘${}^{B}_{T}\boldsymbol{T}$ 的逆变换${}^{B}_{T}\boldsymbol{T}^{-1}$，以及同时右乘${}^{T}_{G}\boldsymbol{T}$，得到：

$$ {}^{T}_{G}\boldsymbol{T}={}^{B}_{T}\boldsymbol{T}^{-1}{}^{B}_{S}\boldsymbol{T}{}^{S}_{G}\boldsymbol{T} \tag{2.38}$$

（4）通用旋转变换

在前面研究了绕轴 x、y 和 z 旋转的旋转变换矩阵。现在来研究最一般的情况，即研究某个绕着从原点出发的任一矢量（轴）/旋转 0 角度时的旋转矩阵。

设想 $\boldsymbol{f}$ 为坐标系 {C} 的 z 轴上的单位矢量，即：

$$\boldsymbol{C}=\begin{bmatrix} n_x & o_x & a_x & 0 \\ n_y & o_y & a_y & 0 \\ n_z & o_z & a_z & 0 \\ 0 & 0 & 0 & 1 \end{bmatrix} \tag{2.39}$$

$$\boldsymbol{f}=a_x\boldsymbol{i}+a_y\boldsymbol{j}+a_z\boldsymbol{k} \tag{2.40}$$

于是，绕矢量 $\boldsymbol{f}$ 旋转等价于绕坐标系 {C} 的 z 轴旋转，既有：

$$\mathbf{Rot}(\boldsymbol{f},\theta)=\mathbf{Rot}(c,\theta) \tag{2.41}$$

如果已知以参考坐标描述的坐标系 {r}，那么能够求得以坐标系 {C} 描述的另一坐标系 {S}，因为

$$\boldsymbol{T}=\boldsymbol{CS} \tag{2.42}$$

式中，$\boldsymbol{S}$ 表示 r 相对于坐标系 {C} 的位置。对 $\boldsymbol{S}$ 求解得：

$$\boldsymbol{S}=\boldsymbol{C}^{-1}\boldsymbol{T} \tag{2.43}$$

$\boldsymbol{T}$ 绕 $\boldsymbol{f}$ 旋转等价于 $\boldsymbol{S}$ 绕坐标系 {C} 的 z 轴旋转：

$$\mathbf{Rot}(\boldsymbol{f},\theta)\boldsymbol{T}=\boldsymbol{C}\mathbf{Rot}(z,\theta)\boldsymbol{S}$$

$$\mathbf{Rot}(\boldsymbol{f},\theta)\boldsymbol{T}=\boldsymbol{C}\mathbf{Rot}(z,\theta)\boldsymbol{C}^{-1}\boldsymbol{T}$$

于是可得：

$$\mathbf{Rot}(\boldsymbol{f},\theta)=\boldsymbol{C}\mathbf{Rot}(z,\theta)\boldsymbol{C}^{-1} \tag{2.44}$$

因为 $\boldsymbol{f}$ 为坐标系 {C} 的 z 轴，所以对式（2.44）加以扩展可以发现 $\mathbf{Rot}(z,\theta)\boldsymbol{C}^{-1}$ 仅仅是 f 的函数，因为

$$\boldsymbol{C}\mathbf{Rot}(z,\theta)\boldsymbol{C}^{-1}=\begin{bmatrix} n_x & o_x & a_x & 0 \\ n_y & o_y & a_y & 0 \\ n_z & o_z & a_z & 0 \\ 0 & 0 & 0 & 1 \end{bmatrix}\begin{bmatrix} c\theta & -s\theta & 0 & 0 \\ s\theta & c\theta & 0 & 0 \\ 0 & 0 & 1 & 0 \\ 0 & 0 & 0 & 1 \end{bmatrix}\begin{bmatrix} n_x & n_y & n_z & 0 \\ o_x & o_y & o_z & 0 \\ a_x & a_y & a_z & 0 \\ 0 & 0 & 0 & 1 \end{bmatrix}$$

$$=\begin{bmatrix} n_x & o_x & a_x & 0 \\ n_y & o_y & a_y & 0 \\ n_z & o_z & a_z & 0 \\ 0 & 0 & 0 & 1 \end{bmatrix}\begin{bmatrix} n_x c\theta-o_x c\theta & n_y c\theta-o_y s\theta & n_z c\theta-o_z s\theta & 0 \\ n_x s\theta+o_x c\theta & n_y s\theta+o_y c\theta & n_z s\theta+o_z c\theta & 0 \\ a_x & a_y & a_z & 0 \\ 0 & 0 & 0 & 1 \end{bmatrix}$$

$$=\begin{bmatrix} n_x n_x c\theta-n_x o_x s\theta+n_x o_x s\theta+o_x o_x c\theta+a_x a_x & n_x n_y c\theta-n_z o_y s\theta+n_y o_x s\theta+o_y o_x c\theta+a_x a_y & n_x n_z c\theta-n_x o_z s\theta+n_z o_x s\theta+o_z o_x c\theta+a_x a_z & 0 \\ n_y n_x c\theta-n_y o_x s\theta+n_x o_y s\theta+o_y o_x c\theta+a_y a_x & n_y n_y c\theta-n_y o_y s\theta+n_y o_y s\theta+o_y o_y c\theta+a_y a_y & n_y n_z c\theta-n_y o_z s\theta+n_z o_y s\theta+o_z o_y c\theta+a_y a_z & 0 \\ n_z n_x c\theta-n_z o_x s\theta+n_x o_z s\theta+o_z o_x c\theta+a_z a_x & n_z n_y c\theta-n_z o_y s\theta+n_y o_z s\theta+o_y o_z c\theta+a_z a_y & n_z n_z c\theta-n_z o_z s\theta+n_z o_z s\theta+o_z o_z c\theta+a_z a_z & 0 \\ 0 & 0 & 0 & 1 \end{bmatrix} \tag{2.45}$$

根据正交矢量点积、矢量自乘、单位矢量和相似矩阵特征值等性质，并令 $z=a$，$\text{vers}\theta=1-c\theta$，$\boldsymbol{f}=z$ 对式（2.45）进行化简（请读者自行推算）可得：

$$\mathbf{Rot}(\boldsymbol{f},\theta)=\begin{bmatrix} f_x f_x \text{vers}\theta+c\theta & f_y f_x \text{vers}\theta-f_z s\theta & f_z f_x \text{vers}\theta+f_y s\theta & 0 \\ f_x f_y \text{vers}\theta+f_z s\theta & f_y f_y \text{vers}\theta+c\theta & f_z f_y \text{vers}\theta-f_x s\theta & 0 \\ f_x f_z \text{vers}\theta-f_y s\theta & f_y f_z \text{vers}\theta+f_x s\theta & f_z f_z \text{vers}\theta+c\theta & 0 \\ 0 & 0 & 0 & 1 \end{bmatrix} \tag{2.46}$$

这是一个重要的结果。

从上述通用旋转变换公式，能够求得各个基本旋转变换。例如，当 $f_x=1$，$f_y=0$ 和 $f_z=0$ 时，$\mathbf{Rot}(\boldsymbol{f},\ \theta)$ 即为 $\mathbf{Rot}(x,\ 0)$。若把这些数值代入（2.46），即可得：

$$\mathbf{Rot}(x,\theta)=\begin{bmatrix} 1 & 0 & 0 & 0 \\ 0 & c\theta & -s\theta & 0 \\ 0 & s\theta & c\theta & 0 \\ 0 & 0 & 0 & 1 \end{bmatrix}$$

与式（2.22）一致。

2.6 工业机器人的运动学

1. 运动学基本问题

机器人运动学是从几何或机构的角度描述和研究机器人的运动特性，而不考虑引起这些运动的力或力矩的作用，这其中有两个基本问题：

（1）运动学正问题：对一给定的机器人操作机，已知各关节角矢量，求末端执行器相对于参考坐标系的位姿，称为正向运动学（运动学正解），如图 2-26（a）所示。机器人示教时，机器人控制器即逐点进行运动学正解计算。

（2）运动学逆问题：对一给定的机器人操作机，已知末端执行器在参考坐标系中的初始位姿和目标（期望）位姿，求末端执行器从初始位姿运动到目标位姿的过程中各关节角矢量，称为逆向运动学（运动学逆解），如图 2-26（b）所示。机器人再现时，机器人控制器即逐点进行运动学逆解运算，并将角矢量分解到操作机各关节。

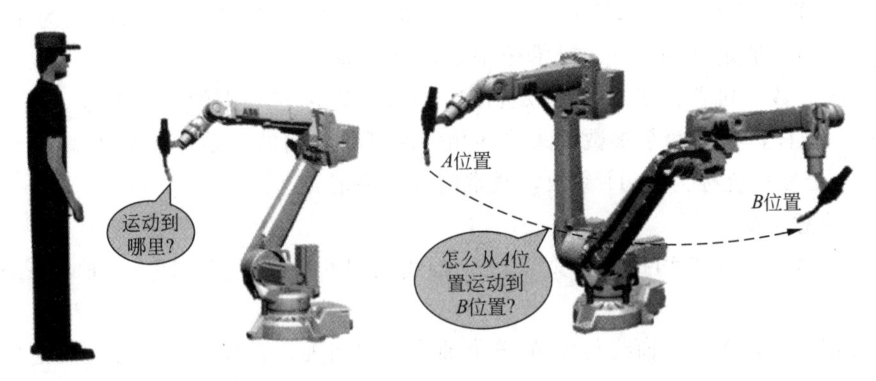

图 2-26　运动学基本问题

2. 机器人运动方程

机器人运动方程表达的是机器人各关节变量空间和末端执行器位姿之间的关系。下面以 D-H 表示法为例说明机器人运动方程的建立方法。

（1）D-H 连杆模型。机器人机械臂可以看成一个开链式多连杆机构，这些关节可以是滑动的或转动的，它们按照一定的顺序放置在空间中。建立机器人的 D-H 连杆模型即对每一个连杆建立一个坐标系并进行编号：将机器人基座记为连杆 0，第一个可动连杆记为连杆 1，依此类推，末端执行器记为连杆 n；将连杆 I-1 与连杆 1 之间的关节记为关节 I（1＝1，2，…，n）；将基座的坐标系设为参考坐标系｛x_0，y_0，z_0｝，连杆 I 的坐标系为｛x_1，y_1，z_1｝，依此类推，末端执行器的坐标系为｛x_n，y_n，z_n｝，如图 2-27 所示。

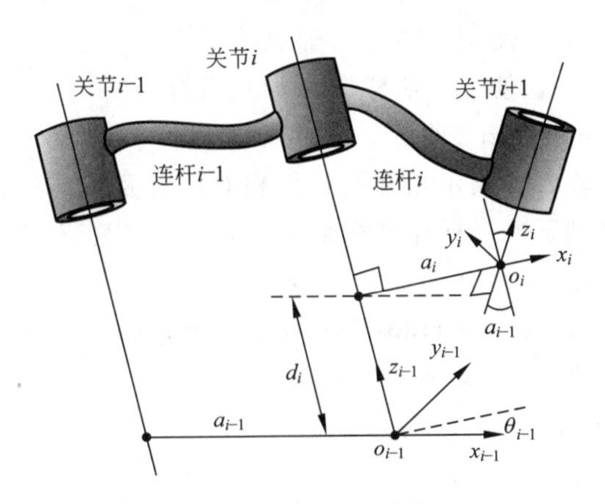

图 2-27　广义连杆结构图

① 坐标系 $\{x_i, y_i, z_i\}$ 的 z_i 轴是关节轴线，对于旋转关节，z_i 轴是沿旋转轴线的方向，而对于移动关节，z_i 轴是沿直线运动的方向。

② 坐标系 $\{x_i, y_i, z_i\}$ 的 x_i 轴是定义在 z_{i-1}轴与 z_i 轴的公垂线方向上。

③ 坐标系 $\{x_i, y_i, z_i\}$ 的 y_i 轴是根据右手定则确定的。

在建立机器人杆件坐标系时，首先在每一个连杆 i 的起始关节 i 上建立坐标轴 z_{i-1}，z_{i-1}轴正方向在两个方向上任选其一，但所有 z 轴要保持一致，通常选取向上为 z_{i-1}轴正方向；x_i 轴正方向一般定义为由 z_{i-1}轴沿公垂线指向 z 轴。

(2) D–H 参数。机器人机械臂可以看成由一系列连接在一起的连杆组成。用参数 a_i 和 α_i 来描述一个连杆，另外两个参数用来描述相邻两杆件之间的关系，如图 2-26 所示。将 a_i、α_i、d_i 和 θ_i 4 个参数统称为 D–H 参数，通常制成表格形式。

D–H 参数意义如下：

① 连杆长度 a_i：关节均打线与关节 $i+1$ 轴线之间的最短距离，即 z_{i-1}轴与 z_i 轴的公垂线长度。

② 连杆扭角 α_i：关节 i 轴线与关节 $i+1$ 轴线的空间夹角，即 z_{i-1}轴与 z_i 轴之间的夹角。

③ 连杆偏距 d_i：两相邻公垂线之间的相对位置，即公垂线 a_{i-1}与 a_i 在 z_{i-1}轴方向上的偏移距离。

④ 关节角 θ_i：两相邻公垂线之间的空间夹角，即公垂线 a_{i-1}与 a_i；之间的夹角。

特别说明：

① 由于基座和末端杆件只有一个关节，规定其长度为零。

② 对于一端为旋转关节，一端为移动关节的杆件，其长度也规定为零。

③ 规定基座和末端杆件的连杆扭角为零。

④ a_i 和 θ_i 逆时针旋转为正，顺时针旋转为负。

(3) 正运动学方程。各个关节的坐标系建立好后，根据下列步骤来建立连杆 i 与连杆 $i-1$ 的相对关系。按照下列 4 个标准步骤运动即可将图 2-26 中的坐标系 $\{x_{i-1}, y_{i-1}, z_{i-1}\}$ 移动到下一个坐标系 $\{x_i, y_i, z_i\}$。

① 绕 z_{i-1}轴旋转 θ_i 角，使 x_{i-1}轴与 x_i 轴共面且平行。

② 沿 z_{i-1}轴平移距离 d_i，使 x_{i-1}轴与 x_i 轴共线。

③ 沿 x_{i-1}轴平移距离 a_i，使 x_{i-1}轴与 x_i 轴原点重合。

④ 绕 x_{i-1}轴旋转 a_i 角，使 z_{i-1}轴与 z_i 轴共线。

利用齐次坐标变换矩阵，可表示相邻两杆件相对位置及方向的关系，称为 **A** 矩阵。它将当前的杆件坐标系变换到下一个杆件坐标系上。关节 i 与关节 $i+1$ 之间的变换矩阵可表示为

$$
{}^{i-1}\boldsymbol{T}_i=\boldsymbol{A}_i=\mathbf{Rot}(z_{n-1},\theta_n)\times\mathbf{Trans}(0,0,d_n)\times\mathbf{Trans}(a_n,0,0)\times\mathbf{Rot}(x_n,\alpha_n)=
\begin{bmatrix}
c\theta_n & -s\theta_n c\alpha_n & s\theta_n s\alpha_n & a_n c\theta_n \\
s\theta_n & c\theta_n c\alpha_n & -c\theta_n c\alpha_n & a_n s\theta_n \\
0 & s\alpha_n & c\alpha_n & d_n \\
0 & 0 & 0 & 1
\end{bmatrix}
$$

在机器人的基座上，可以从第一个关节开始变换到第二个关节，直至到末端执行器，则

机器人的基座与末端执行器之间的总变换为

$$ {}^{R}\boldsymbol{T}_{H}={}^{R}\boldsymbol{T}_{1}\cdot{}^{1}\boldsymbol{T}_{2}\cdot\cdots\cdot{}^{n-1}\boldsymbol{T}_{n}=\boldsymbol{A}_{1}\cdot\boldsymbol{A}_{2}\cdot\cdots\cdot\boldsymbol{A}_{n} \quad (2.47\ 运动学正方程) $$

其中，n 是关节数。对于六自由度的工业机器人则有 6 个 $\boldsymbol{A}$ 矩阵。${}^{R}\boldsymbol{T}_{H}$ 表示基坐标系所描述的末端执行器坐标系：

$$ {}^{R}\boldsymbol{T}_{H}=\begin{bmatrix} n_x & o_x & a_x & p_x \\ n_y & o_y & a_y & p_y \\ n_z & o_z & a_z & p_z \\ 0 & 0 & 0 & 1 \end{bmatrix} $$

（4）运动学求逆解。逆向运动学是已知机器人的目标位姿参数（矩阵），求解各关节参数（矩阵）的过程。根据式（2.47 运动学正方程）两端矩阵元素对应相等，可求出相应的运动参数。求解方法有 3 种：代数法、几何法和数值解析法。前两种方法是基于给出封闭解，它们适用于存在封闭逆解的机器人。关于机器人是否存在封闭逆解，对一般具有 3～6 个关节的机器人，有以下充分条件：①有 3 个相邻关节轴相互平行：②有 3 个相邻关节轴交于一点。只要满足上述一个条件，就存在封闭逆解。数值解析法由于只给出数值，无须满足上述条件，是一种通用的逆问题求解方法，但计算工作量大，目前尚难满足实时控制的要求。

2.7　工业机器人的动力学

工业机器人是一种主动机械装置，原则上它的每个自由度都具有单独传动特性。机械臂运动是一种多变量的、非线性的自动控制系统，也是一个复杂的动力学祸合系统。

机器人的动力学是从速度、加速度和受力上来分析机器人的运动特性。动力学也有两个基本问题：

1. 动力学正问题

对一给定的机器人操作机，已知各关节的作用力或力矩，求各关节的位移、速度和加速度，求得的机器人手腕的运动轨迹，称为运动学正问题。

2. 动力学逆问题

对于给定的机器人操作机，已知机器人手腕的运动轨迹，即各关节的位移、速度和加速度，求各关节所需要的驱动力或力矩，称为运动学逆问题。

分析机器人操作的动态数学模型有两种基本的方法：牛顿-欧拉法和拉格朗日法。牛顿-欧拉法需要从运动学出发求得加速度，并消去各内作用力：拉格朗日法是基于能量平衡，只需要知道速度而不必求内作用力。

小　　结

工业机器人是一种能自动定位控制并可重新编程予以变动的多功能机器。它有多个自由度，可用来搬运材料、零件和握持工具，以完成各种不同的作业。

工业机器人的发展过程可分为三代：第一代为示教再现型机器人，它可以按照预先设置的程序，自主完成规定动作或操作，当前工业中应用最多；第二代为感知机器人，有力觉、触觉和视觉等，它具有对某些外界信息进行反馈调整的能力，目前已进入应用阶段；第三代为智能机器人，尚处于实验研究阶段。

工业机器人对于新兴产业的发展和传统产业的转型都起着非常重要的作用。目前工业机器人在生产中的应用范围越来越广，受市场需求等原因的趋势，也将直接推动机器人产业的快速发展。

工业机器人操作机可以看成一个开链式多连杆机构，在操作机器人时，其末端执行器必须处于要求的位姿，而这些位姿是由机器人若干关节的运动所合成的。机器人运动学解决的是机器人各关节变量空间和末端执行器位姿之间的关系。

机器人产业发展主要有3个驱动力。首先，任何行业，危险的工作岗位人类都是不愿意做的，而且有些岗位也不应甚至不能由人来完成，这是机器人诞生的原因。第二，需要保持产品生产的一致性。工人生产可以达到一致性，但需要加大管理成本的投入。更好的选择就是使用机器人，一旦设置好就无须管理，能保持质量的高度一致性。第三提高生产效益。为保证连续生产，在人工短缺的情况下，使用机器人代替人工。对于机器人代替人工，除人力成本（降低）、人力贡献（降低）以及新型定制化生产（的出现）等因素之外，更多的是全球制造业正处于再次升级阶段，即制造业自动化转型升级，高度的自动化生产将是今后的发展趋势。

第 3 章

工业机器人的组成

自工业革命以来，人力劳动已逐渐被机械所取代，而这种变革为人类社会创造了巨大的财富，极大地推动了机器人的发展。人们更多的可能想到那些具有人类形态、拟人化的机器人。但事实上，除部分场所中的服务机器人外，大多数机器人都不具有基本的人类形态，更多的是以机械手的形式存在，这点在工业机器人身上表现明显。

本章将从用户的角度出发，简明扼要地对工业机器人系统的机械结构、技术参数、机械核心部件等内容进行深入具体的介绍，为下一步手动操作工业机器人做好技术准备。

机器人市场潜力巨大，随着人力成本的上升和高级技工的缺乏，越来越多的企业开始注重设备更新，增加自动化的工业机器人。“如果机器能做的事就让机器去做，人类应该从事富有创造性的活动。”50 多年前，自动化技术的先驱者欧姆龙公司提出了这一口号。如今，这一梦想正逐步变为现实，但其效应可能是多方面的。众所周知，中国机器人产业在单体与核心零部件仍然落后于日、美、韩等发达国家。虽然中国机器人产业经过几十年的发展，但关键零部件仍依赖进口。整个机器人产业链主要分为上游核心零部件（主要是机器人三大核心零部件——伺服电动机、减速器和控制系统，相当于机器人的“大脑”）、中游机器人本体（机器人的“本体”）和下游系统集成商（国内 95%的企业都集中在这个环节上）3 个层面。

减速器用来将电动机的高速运转降低至机器人适用的速度，占机器人的成本的 30%以上。全球 75%的市场被日本两家企业占据，纳博特斯克（Nabtesco）生产的 RV 减速器约占 60%，哈默纳科（Harmonica）生产的谐波减速器约占 15%。目前，国内还没有能够规模化且性能可靠的精密减速器生产企业，南京绿生产的谐波减速器接近国外水平。精密减速器成为制约降低国产工业机器人成本的第一因素。

相对于减速器，伺服电动机和控制系统市场未形成主要厂商垄断现象，而且几大国际厂商在中国也建立了分工厂，供应充足，产品价格相对合理。伺服电动机的主流供应商有日系的松下、安川和欧美的倍福、伦茨等，中国的汇川技术、广州数控等公司也占据一定的市场份额。控制系统的主流供应商包括美国的 Delta Tau 和 Gail、英国的 TRIO 和中国的固高、步进等公司。

3.1 工业机器人的系统组成

3.1.1 工业机器人及系统

一台工业机器人一般由机器人本体、控制装置和驱动单元三部分构成。工业机器人具有和人手臂相似的动作功能，是可在空间抓放物体或进行其他操作的机械装置。有些机器人还带有操作机构移动的机械装置——移动机构和行走机构。工业机器人的构成和实物如图 3-1 所示，相关说明如表 3-1 所示。机器人系统除包括机器人的各构成部分外，还包括机器人进行作业所要求的外围设备，如焊接机器人的变位机。

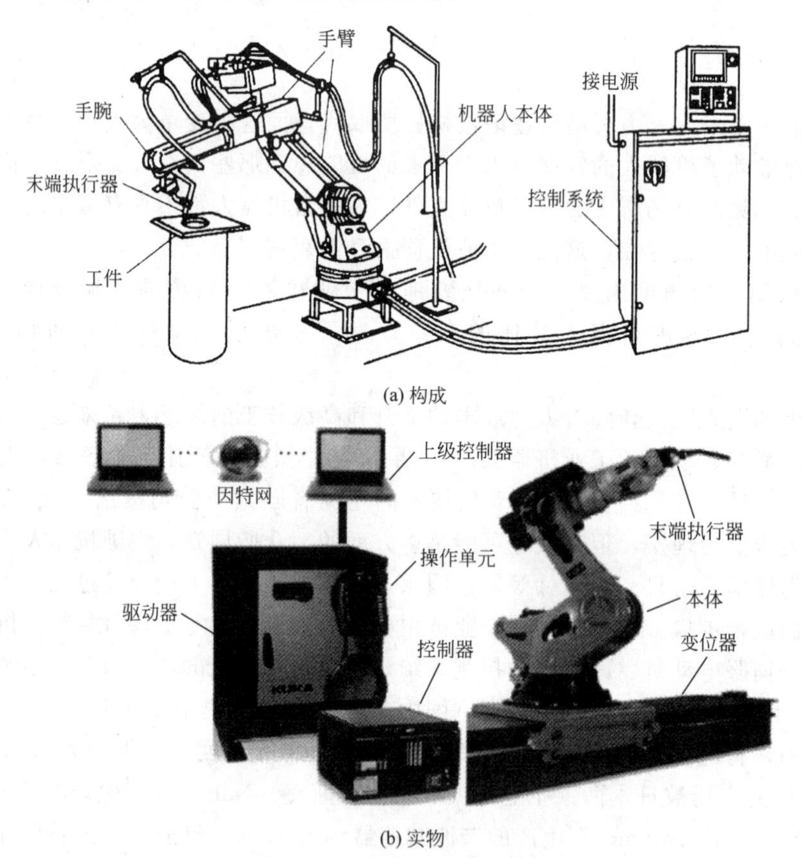

图 3-1 工业机器人的构成和实物

表 3-1 工业机器人的构成

构成		说明
工业机器人本体	机座	工业机器人机构中相对固定，并承受相应力的基础部件
	手臂	由机器人本体的动力关节和连接杆件等构成，用于支撑和调整手腕和末端执行器位置的部件（手臂又称主轴）
	手腕	支撑和调整末端执行器姿态的部件
	末端执行器	工业机器人直接执行工作的装置（如夹持器、工具和传感器等）
	机械接口	与末端执行器相连接的机械连接界面

续表

构　成		说　明
控制装置		由人操作启动、停机及示教机器人的一种装置。机器人控制装置由计算机控制系统、伺服驱动系统、电源装置及操作装置（如操作面板、显示器、示教盒和操纵杆等）组成
驱动单元	驱动器	将电能或流体能等转换成机械能的动力装置。按动力源的类别可分为电动驱动、液压驱动和气压驱动三类
	减速器	所采用的传动减速机构与一般的机械传动机构相类似，常用的有谐波齿轮减速器、摆线针轮减速器、蜗杆减速器、滚珠丝杠、链条、同步齿形带、钢带及钢丝等
	检测元件	检测机器人自身运动状态的元件，包括位置传感器（位移和角度）、速度传感器、加速度传感器及平衡传感器等

3.1.2　工业机器人本体

工业机器人本体又称操作机，是用来完成各种作业的执行机构，包括机械部件及安装在机械部件上的驱动电动机、传感器等。工业机器人本体的重要特征是在三维空间运动的空间机构，这也是其区别于数控机床的原因。空间机构（包括并联机构、串联机构及串联并联混合机构）大多由低副机构组成。常见的低副机构有转动副（R-Revolute joint ）/移动副或棱柱副（P-Prismatic joint）、螺旋副（H-Helix joint）、圆柱副（C-Cylindri-cal joint）、平面副（E-Plane joint）、球面副（S-Spherical joint）及虎克铰（Hooke joint）和通用关节常用的运动副如图 3-2 所示。转动副（R）、移动副（P）和螺旋副（H）是最基本的低副机构，其自由度 $d=1$。为了分析方便，当运动副的自由度数大于 1 时，将运动副用单自由度的移动副等效合成。各种低副机构的自由度 d 和用多个单自由度等效的形式如表 3-2 所示。

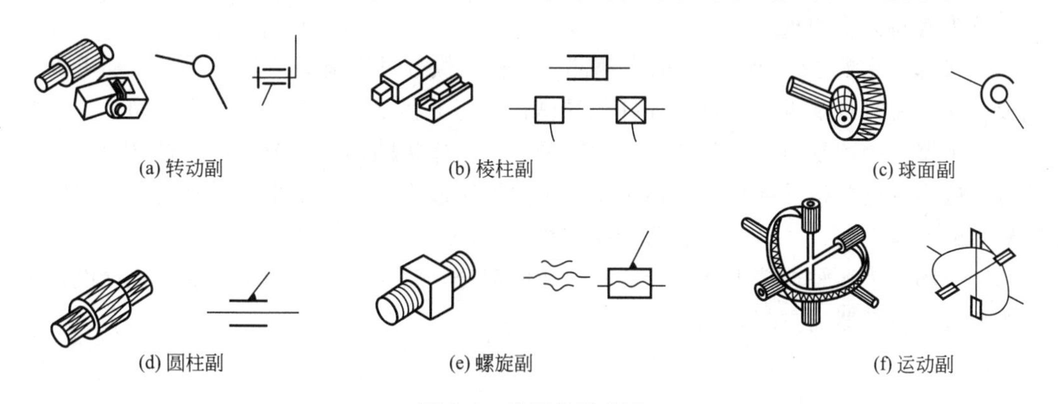

(a) 转动副　(b) 棱柱副　(c) 球面副

(d) 圆柱副　(e) 螺旋副　(f) 运动副

图 3-2　常用的运动副

表 3-2　低副机构的自由度和约束度

项　目	转动副	棱柱副	螺旋副	圆柱副	平面副	球面副	通用关节
自由度（d）	1	1	1	2	3	3	2
等效的单自由度关节				PR	PPR	RRR	RRR

串联结构是杆之间串联。形成一个开运动链，除了两段的杆只能和前或后连接外，每一个杆和前面及后面的杆通过关节连接在一起。所采用的关节为转动和移动两种，前者称为旋

转副，后者称为棱柱关节，工业机器人本体的功能类似人臂。

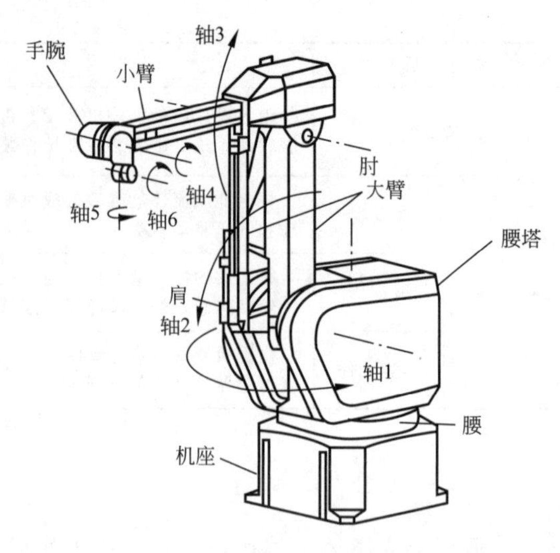

图 3-3　P100 工业机器人的构造

操作机（或机器人本体）是工业机器人的机械主体，是用来完成各种作业的执行机构。它主要由机械臂、驱动装置、传动单元及内部传感器等组成。由于机器人需要实现快速而频繁的启停、精确地到位和运动，因此必须采用位置、速度和加速度闭环控制。图 3-3 所示为 P100 六自由度关节型工业机器人的基本构造。为适应不同的用途，机器人最后一个轴的机械接口通常连接法兰，可接装不同的机械操作装置（习惯上称执行器），如夹紧爪、吸盘、焊枪等。

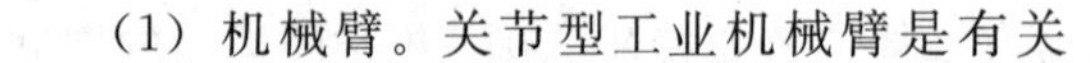

（1）机械臂。关节型工业机械臂是有关节连在一起的许多机械连杆的集合体。它本质是一个拟人手臂的空间开链式结构，一端固定在基座上，另一端可自由运动。关节通常是关节和旋转关节。移动关节允许连杆作直线移动，旋转关节仅允许连杆之间发生旋转运动。由关节-连杆结构所构成的机械臂大体可分为基座、腰部、臂部、（大臂和小臂）和手腕 4 部分，由 4 个独立旋转“关节”（腰关节、肩关节、肘关节和腕关节）串联组成。它们可在各个方向运动，这些运动就是机器人在“做工”。

（2）机座。机座是机器人的基础部分，起支撑作用。整个执行机构和驱动装置都安装在基座上。对固定式机器人，直接连接在地面基础上；对移动式机器人，则安装在移动机构上，可分为有轨无轨两种。

（3）腰部。腰部是机器人手臂的支撑部分。根据执行机构坐标系的不同，腰部可以与基座制成一体。有时腰部也可以通过导杆或导槽在基座上移动，从而增大工作空间。

（4）手臂。手臂是连接机身和手腕的部分，由操作机的动力关节和连接杆件等构成。它是执行结构中的主要运动部件，也称主轴，主要用于改变手腕和末端执行器的空间位置，满足机器人的作业空间，并将各种载荷传递到机座。

（5）手腕。手腕是连接末端执行器和手臂的部分，将作业载荷递到臂部，也称次轴主要用于改变末端执行器的空间姿态。

3.1.3　常用的机械附件

工业机器人常用的机械附件主要有变位器、末端执行器两大类。变位器主要用于机器人整体移动或协同作业，它既可选配机器人生产厂家的标准部件，也可由用户根据需要设计、制作；末端执行器是安装在机器人手部的操作机构，它与机器人的作业要求、作业对象密切相关，一般需要由机器人制造厂和用户共同设计与制造。

1. 变位器

变位器（见图 3-4）是用于机器人或工件整体移动，进行协同作业的附加装置，它可根据需要选配。

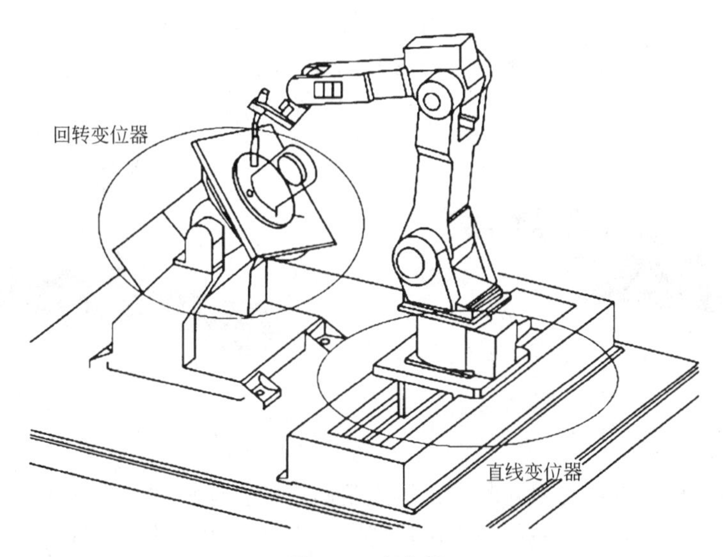

图 3-4　变位器

通过选配变位器，可增加机器人的自由度和作业空间；此外，还可实现作业对象或其他机器人的协同运动，增强机器人的功能和作业能力。简单机器人系统的变位器一般由机器人控制器进行控制，多机器人复杂系统的变位器需要由上级控制器进行集中控制。根据用途，机器人变位器可分为通用型和专用型两类。专用型变位器一般用于作业对象的移动，其结构各异、种类较多。通用型变位器既可用于机器人移动，也可用于作业对象移动，它是机器人常用的附件。根据运动特性，通用型变位器可分为回转变位器、直线变位器两类，根据控制轴数又可分为单轴、双轴、3 轴变位器。

（1）回转变位器：通用型回转变位器与数控机床的回转工作台类似，常用的有图 3-5 所示的单轴和双轴两类（4 种）。

(a) 单轴立式

(b) 单轴卧式

(c) 双轴L形

(d) 双轴A形

图 3-5　通用回转变位器

单轴变位器可用于机器人或作业对象的垂直（立式）或水平（卧式）360°回转，配置单轴变位器后，机器人可以增加 1 个自由度。双轴变位器可实现一个方向的 360°回转和另一方向的局部摆动，其结构有 L 形和 A 形两种。配置双轴变位器后，机器人可以增加 2 个自由度。此外，在焊接机器人上，还经常使用图 3-6 所示的 3 轴 R 形回转变位器，这种变位器有 2 个水平（卧式）360°回转轴和 1 个垂直方向（立式）回转轴，可用于回转类工件的多方位焊接或工件的自动交换。

（2）直线变位器：通用型回转变位器与数控机床的移动工作台类似，图 3-7 所示的水平引动直线变位器较常用，但也有垂直方向移动的变位器和双轴十字运动变位器。

图 3-6　3 轴 R 形回转变位器

图 3-7　水平引动移动直线变位器

2. 末端执行器

末端执行器又称工具，它是安装在机器人手腕上的操作机构。末端执行器与机器人的作业要求、作业对象密切相关，一般需要由机器人制造厂和用户共同设计与制造。例如，用于装配、搬运、包装的机器人则需要配置图 3-8 所示的吸盘、手爪等用来抓取零件、物品的夹持器；而加工类机器人需要配置如图 3-9 所示的用于焊接、切割、打磨等加工的焊枪、铣头、磨头等各种工具或刀具。

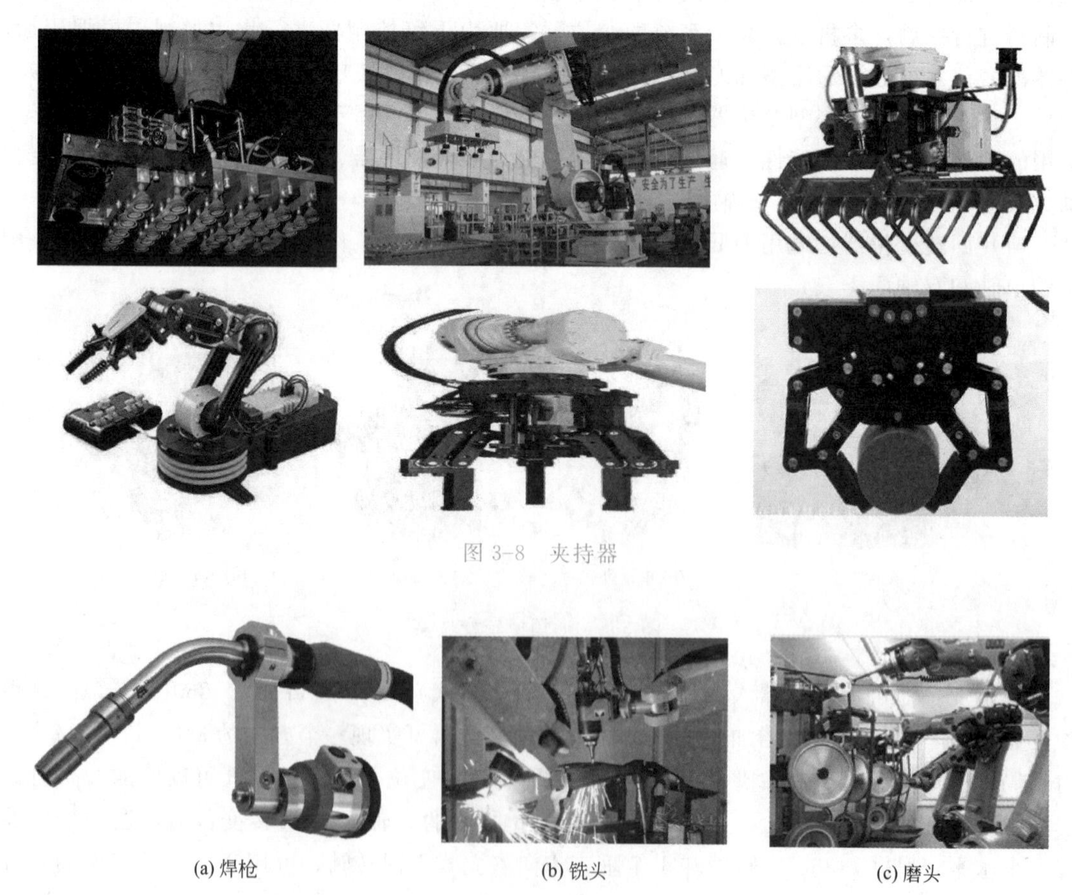

图 3-8　夹持器

(a) 焊枪　(b) 铣头　(c) 磨头

图 3-9　工具或刀具

3.1.4　电气控制系统

1. 控制器

控制器是用于控制机器人坐标轴位置和运动轨迹的装置，输出运动轴的插补脉冲，其功能与数控系统（CNC）非常类似。控制器常用的结构图有工业计算机和 PLC 两种，如图 3-10 所示。

(a) 工业计算机型

(b) PLC型

图 3-10　机器人控制器

工业计算机（又称工业 PC）型机器人控制器的主机和通用计算机并无本质区别，但机器人控制器需要增加传感器、驱动器接口等硬件，这种控制器的兼容性好、软件安装方便、网络通信容易。PLC（可编程控制器）型控制器以类似 PLC 的 CPU 模块作为中央处理器，然后通过选配各种 PLC 功能模块，如测量模块、轴控制模块等，来实现对机器人的控制，这种控制器配置灵活，模块通用性好、可靠性高。

机器人控制器的基本功能如表 3-3 所示。

表 3-3　机器人控制器的基本功能

功　　能	说　　明
记忆功能	作业顺序、运动路径、运动方式、运动速度等与生产工艺有关的信息
示教功能	离线编程，在线示教。在线示教包括示教盒和导引示教两种
与外围设备联系功能	输入/输出接口、通信接口、网络接口、同步接口
坐标设置功能	关节、绝对、工具 3 个坐标系
人机接口	显示屏、操作面板、示教盒
传感器接口	位置检测、视觉、触觉、力觉等
位置伺服功能	机器人多轴联动，云顶控制，速度、加速度控制，动态补偿等
故障诊断安全保护功能	运动时系统状态监视，故障状态下的安全保护和故障诊断

2. 操作单元（示教器）

工业机器人的现场编程一般通过示教操作实现，对操作单元的移动性能和手动性能的要求较高，但其显示功能一般不及数控系统，因此，机器人的操作单元以手持式为主，其常见形式如图 3-11 所示。

图 3-11（a）为传统的操作单元，它由显示器和按键组成，操作者可以通过输入命令进行所需的操作，其使用简单，但是显示器较小。这种操作单元多用于早期的工业机器人操作

和编程。

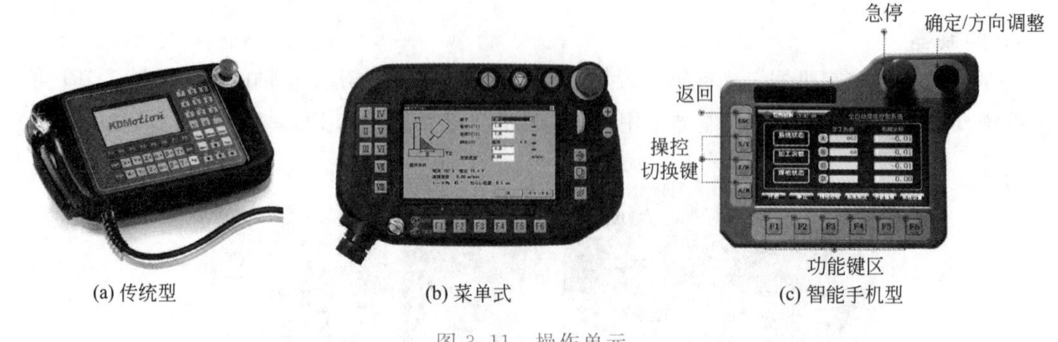

(a) 传统型　　(b) 菜单式　　(c) 智能手机型

图 3-11　操作单元

图 3-11（b）为目前常用的莱单式操作单元，它由显示器和操作菜单键组成，操作者可过操作菜单选择需要的操作。这种操作单元的显示器大．目前使用较普遍，但部分操作不及传统单元简便直观。

图 3-11（c）为智能手机型操作单元，它使用了目前智能手机同样的触摸屏和图标界面，这种操作单元的最大优点是可直接通过 Wi-Fi 连接控制器和网络，从而省略了操作单元和控制器间的连接电缆。智能手机型操作单元使用灵活、方便，是适合网络环境下使用的新型操作单元。

3. 驱动器

驱动器实际上是用于控制器的插补脉冲功率放大的装置，实现驱动电动机位置、速度、转矩控制，驱动器通常安装在控制柜内。驱动器的形式决定于驱动电动机的类型，伺服电动机需要配套伺服驱动器，步进电动机则需要使用步进驱动器。机器人目前常用的驱动器以交流伺服驱动器为主，它有集成式、模块式和独立型 3 种基本结构形式。集成式驱动器的全部驱动模块集成一体，电源模块可以独立或集成，这种驱动器的结构紧凑、生产成本低，是目前使用较为广泛的结构形式。模块式驱动器的电源模块为公用，驱动模块独立，驱动器需要统一安装。集成式、模块式驱动器控制轴间的关联性强，但调试、维修和更换相对比较麻烦。独立型驱动器的电源和驱动电路集成一体，每一轴的驱动器可独立安装和使用，因此，其安装使用灵活、通用性好，调试、维修和更换也较方便。

4. 上级控制器

上级控制器是用于机器人系统协同控制、管理的附加设备，它既可用于机器人与机器人、机器人与变位器的协同作业控制，也可用于机器人与数控机床、机器人与其他机电一体化设备的集中控制。此外，还可用于机器人的调试、编程。

对于一般的机器人编程、调试和网络连接操作，上级控制器一般直接使用计算机或工作站。当机器人和数控机床结合，组成柔性加工单元（FMC）时，上级控制器的功能一般直接由数控机床配套的数控系统（CNC）承担，机器人可在 CNC 的统一控制下协调工作。在自动生产线等自动化设备上，上级控制器的功能一般直接由生产线控制用的 PLC 承担，机器人可在 PLC 的统一控制下协调工作。

3.2　工业机器人的结构形态

从运动学原理上说，绝大多数机器人的本体都是由若干关节（Joint）和连杆（Link）组成的运动链。根据关节间的连接形式，多关节工业机器人的典型结构形态主要有垂直串联、水平串联（或 SCARA）和并联三大类。

3.2.1　垂直串联型

1. 基本结构与特点

垂直串联（Vertical Articulated）是工业机器人最常用的结构形式，可用于加工、搬运、装配、包装等各种场合。

垂直串联结构机器人的本体部分，一般由 5～7 个关节在垂直方向依次串联而成，典型结构为图 3-12 所示的 6 关节串联。为了便于区分，在机器人上，通常将能够在四象限进行 360°或接近 360°回转的旋转轴，称为回转轴（Roll）；将只能在三象限进行小于 270°回转的旋转轴，称摆动轴（Bend）。图 3-12 所示的 6 轴垂直串联结构的机器人可以模拟人类从腰部到手腕的运动。其 6 个运动轴分别为腰部回转轴（Axis1）、下臂摆动轴（Axis2）、上臂摆动轴（Axis3）、腕回转轴（Axis4）、腕弯曲轴（Axis5）、手回转轴（Axis6）。垂直串联结构机器人的末端执行器的作业点运动，由手臂和手腕、手的运动合成。6 轴典型结构机器人的手臂部分有腰、肩、肘 3 个关节，它用来改变手腕基准点（参考点）的位置，称为定位机构；手腕部分有腕回转、弯曲和手回转 3 个关节，它用来改变末端执行器的姿态，称为定向机构。在垂直串联结构的机器人中，回转轴称为腰关节，它可使得机器人中除基座外的所有后端部件，绕固定基座的垂直轴线，进行四象限 360°或接近 360°回转，以改变机器人的作业方向。摆动轴称为肩关节，它可使机器人下臂及后端部件进行垂直方向的偏摆，实现参考点的前后运动。摆动轴称为肘关节，它可使机器人上臂及后端部件，进行水平方向的偏摆，实现参考点的上下运动（俯仰）。腕回转轴、腕弯曲轴、手回转轴通称腕关节，用来改变末端执行器的姿态。回转轴用于机器人手腕及后端部件的四象限、360°或接近 360°回转运动；弯曲轴用于手部及末端执行器的上下或前后、左右摆动运动；手回转轴可实现末端执行器的四象限、360°或接近 360°回转运动。6 轴垂直串联结构机器人通过以上定位机构和定向机构的串联，较好地实现了三维空间内的任意位置和姿态控制，它对于各种作业都有良好的适应性，因此，可用于加工、搬运、装配、包装等各种场合。

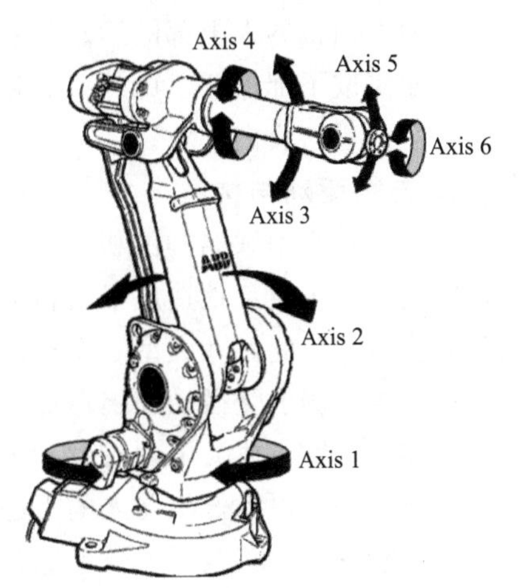

图 3-12　6 轴典型结构

但是，6 轴垂直串联结构机器人也存在固有的缺点。首先，末端执行器在笛卡儿坐标系上的三维运动（x、y、z 轴），需要通过多个回转、摆动轴的运动合成，且运动轨迹不具备唯一性，x、y、z 轴的坐标计算和运动控制比较复杂，加上 x、y、z 轴位置无法直接检测，因此，要实现高精度的位置控制非常困难。第二，由于结构所限，这种机器人存在运动干涉区域，限制了作业范围。第三，在图 3-12 所示的典型结构上，所有轴的运动驱动机构都安装在相应的关节部位，机器人上部的质量大、重心高，高速运动时的稳定性较差，承载能力也受到一定的限制等。

2. 简化结构

机器人末端执行器的姿态与作业对象和要求有关，在部分作业场合，有时可以省略 1～2 个运动轴，简化 4～5 轴垂直串联机器人；或者以直线轴代替回转摆动轴。例如，对于以水平面作业为主的大型机器人，可省略腕回转轴，直接采用 5 轴结构；对于搬运、码垛作业的重载机器人，可采用 4 轴结构，省略腰回转轴和腕回转轴，直接通过手回转轴来实现执行器的回转运动，以简化结构、增加刚性、方便控制等。例如，机器人对位置精度的要求较高，则可通过上下、左右运动的直线轴 y、z 来代替腰部回转轴和下臂摆动轴，使得上下、左右运动的位置控制更简单，定位精度更高，操作编程更直观和方便。

3. 7 轴结构

6 轴垂直串联结构的机器人，由于结构限制，作业时存在运动干涉区域，使得部分区域的作业无法进行。为此，工业机器人生产厂家又研发了图 3-13 所示的 7 轴垂直串联结构的机器人。7 轴垂直串联结构的机器人在 6 轴机器人的基础上，增加了下臂回转轴（Lower Arm Rotation，LR），使得手臂部分的定位机构扩大到腰回转、下臂摆动、下臂回转、上臂摆动 4 个关节，手腕基准点（参考点）的定位更加灵活。

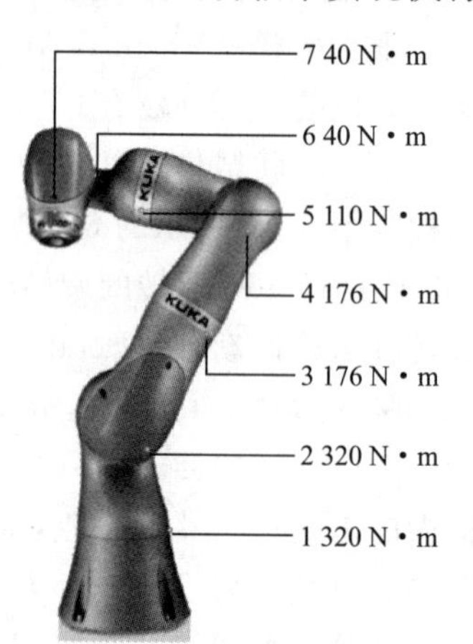

图 3-13　7 轴典型结构

例如，当机器人上部的运动受到限制时，它仍然能够通过下臂的回转，避让上部的干涉区，从而完成下部作业。此外，它还可在正面运动受到限制时，通过下臂的回转，避让正面的干涉区，进行反向作业。

4. 连杆驱动结构

在 6 轴垂直串联结构的机器人上，所有轴的运动驱动机构都依次安装在相应的关节部位，因此，不可避免地造成了机器人上部质量大、重心高，从而影响到高速运动时的稳定性和负载能力。为此，在大型、重载的搬运、码垛机器人上，经常采用平行四边形连杆机构，来驱动机器人的上臂摆动和腕弯曲。采用平行四边形连杆机构驱动方式后，不仅可以通过连杆机构加长力臂，放大电动机驱动力矩、提高负载能力，而且还可以将相应的驱动机构安装位置移至腰部，以降低机器人的重心，增加运动稳定性。采用平行四边形连杆机构驱动的机器人结构刚性高、负载能力强，它是大型、重载搬运机器人的常用结构形式。

3.2.2　水平串联型

1. 基本结构与特点

水平串联结构机器人是日本山梨大学在 1978 年发明的一种机器人结构形式，又称平面关节型机器人（Selective Compliance Assembly Robot Arm，SCARA）结构。这种机器人为

3C 行业的电子元器件安装等操作而研制，适合于中小型零件的平面装配、焊接或搬运等作业。用于 3C 行业的水平串联结构机器人，具有结构紧凑、质量轻等特点，因此，其本体一般采用平放或壁挂两种安装方式。水平串联结构机器人一般有 3 个臂和 4 个控制轴。机器人的 3 个手臂依次沿水平方向串联延伸布置，各关节的轴线相互平行，每一臂都可绕垂直轴线回转。垂直轴 z 用于 3 个手臂的整体升降。为了减轻升降部件质量、提高快速性，也有部分机器人使用手腕升降结构。采用手腕升降结构的机器人增加了 z 轴升降行程，减轻了升降运动部件质量，提高了手臂刚性和负载能力，故可用于机械产品的平面搬运和部件装配作业。总体而言，水平串联结构的机器人具有结构简单、控制容易，垂直方向定位精度高、运动速度快等优点，但其作业局限性较大，因此，多用于 3C 行业的电子元器件安装、小型机械部件装配等轻载、高速平面装配和搬运作业。

2. 变形结构

水平串联结构机器人的变形结构主要有图 3-14 所示的两种。图 3-14（a）所示的机器人增加了 y 向直线运动轴，使 y 向运动更直观、范围更大、更容易控制。图 3-14（b）所示的机器人同时具有手腕升降轴 w 和手臂升降轴 z，其垂直方向的升降作业更灵活。在部分机器人上，有时还采用图 3-15 所示的摆动臂升降结构，这种机器人实际上采用了垂直串联结构机器人和水平串联结构机器人结构的组合，如果再增加腕弯曲轴，也可以视为垂直串联结构机器人的壁挂形式。

(a) 增加y轴

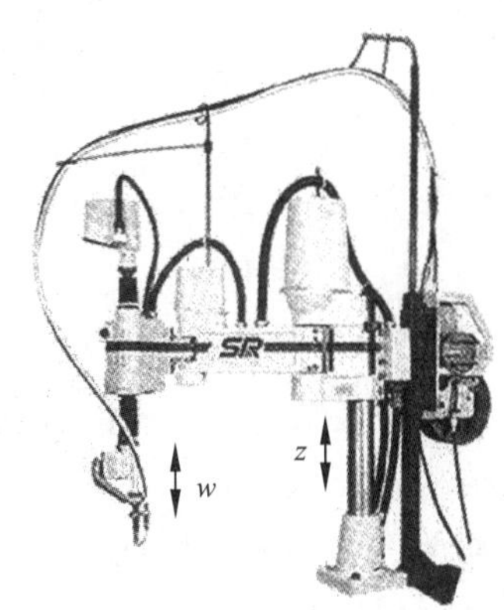

(b) 增加w轴

图 3-14　基本结构变形

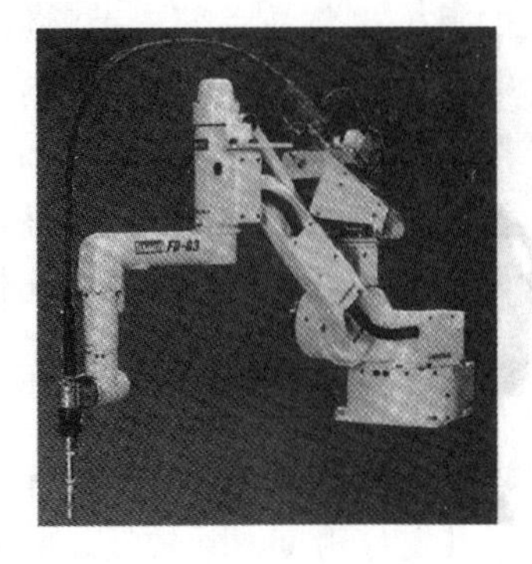

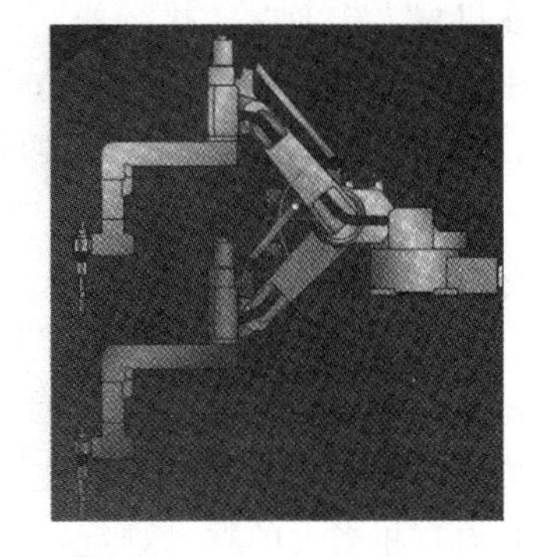

图 3-15　摆动臂升降机器人

3.2.3 并联型

1. 基本结构

并联结构机器人是用于电子电工、食品药品等行业装配、包装、搬运的高速、轻载机器人。并联结构是工业机器人的一种新颖结构，它由瑞士 Demaurex 公司在 1992 年率先应用于包装机器人上。并联结构机器人的外形和运动原理如图 3-16 所示。这种机器人一般采用悬挂式布置，其基座上置，手腕通过空间均布的 3 根并联连杆支撑。并联结构机器人可通过控制连杆的摆动角，实现手腕在一定圆柱空间内的定位；在此基础上，可通过图 3-17 所示手腕上的 1～3 轴回转和摆动，增加自由度。

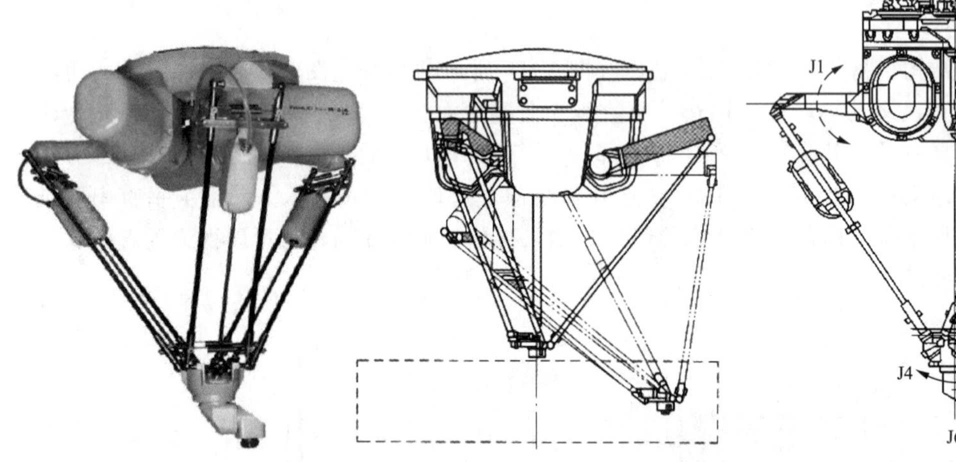

图 3-16 并联结构机器人

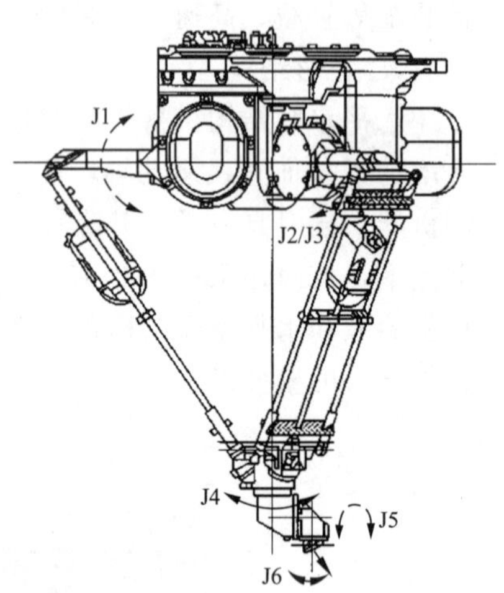

图 3-17 手腕运动轴

2. 结构特点

并联结构和前述的串联结构有本质的区别，它是工业机器人结构发展史上的一次重大变革。在传统的串联结构机器人上，从基座至末端执行器，需要经过腰部、下臂、上臂、手腕、手部等多级运动部件的串联。因此，当腰部回转时，安装在腰部上的下臂、上臂、手腕、手部等都必须进行相应的空间移动；当下臂运动时，安装在下臂上的上臂、手腕、手部等也必须进行相应的空间移动等；即后置部件必然随同前置轴一起运动，这无疑增加了前置轴运动部件的质量。

另一方面，在机器人作业时，执行器上所受的反力也将从手部、手腕依次传递到上臂、下臂、腰部、基座上，即末端执行器的受力也将串联传递至前端。因此，前端构件在设计时不但要考虑负担后端构件的重力，而且还要承受作业反力，为了保证刚性和精度，每部分的构件都要有足够的体积和质量。由此可见，串联结构的机器人，必然存在移动部件质量大、系统刚度低等固有缺陷。并联结构的机器人手腕和基座采用的是 3 根并联连杆连接，手部受力可由 3 根连杆均匀分摊，每根连杆只承受拉力或压力，不承受弯矩或转矩，因此，这种结构理论上具有刚度高、质量轻、结构简单、制造方便等特点。

但是，并联结构的机器人所需要的安装空间较大，机器人在笛卡儿坐标系上的定位控制与位置检测等方面均有相当大的技术难度，因此，其定位精度通常较低。并联结构同样在数控机床上得到应用，实用型产品已在 1994 年的美国芝加哥世界制造技术博览会（IMTS94）上展出，目前已有多家机床生产厂家推出了实用化的产品。但是，由于数控机床对位置精度的要求较高，因此，一般需要采用“直线轴＋并联轴”的混合式结构，其 $x/y/z$ 轴的定位通过直线轴实现；并联连杆只用来控制主轴头倾斜与偏摆，并需要通过伺服电动机直接控制伸缩，以提高结构刚性和位置精度；其结构与机器人有所不同。

3.3　工业机器人的技术参数

机器人的技术指标反映了机器人的适用范围和工作性能，是选择、使用机器人必须考虑的问题。尽管各机器人厂商所提供的技术指标不完全一样，机器人的结构、用途以及用户的要求也不尽相同，但其主要技术指标一般均为：自由度、工作空间、额定负载、最大工作速度和工作精度等。表 3-4 所示为工业机器人行业四大巨头的市场典型热销产品的主要技术参数。

表 3-4　工业机器人行业四巨头的典型热销产品参数

FANUC M-10iA	机械结构	6 轴垂直多关节型	最大速度	J1	210（°）/s
	最大负载	10 kg		J2	190（°）/s
	工作半径	1 420 mm		J3	210（°）/s
	重复精度	±0.08 mm		J4	400（°）/s
	安装方式	落地式、倒置式		J5	400（°）/s
	本体质量	130 kg		J6	600（°）/s
动作范围	J1	340（°）	动作范围	J4	380（°）/s
	J2	250（°）		J5	380（°）/s
	J3	445（°）		J6	720（°）/s
YASKAWAMA1400	机械结构	6 轴垂直多关节型	最大速度	S 轴	220（°）/s
	最大负载	3 kg		L 轴	220（°）/s
	工作半径	1 434 mm		U 轴	220（°）/s
	重复精度	±0.08 mm		R 轴	410（°）/s
	安装方式	落地式、倒置式		B 轴	410（°）/s
	本体质量	130 kg		T 轴	610（°）/s
动作范围	S 轴	−170°～＋170°	动作范围	R 轴	−150°～＋150°
	L 轴	−90°～＋155°		B 轴	−45°～＋180°
	U 轴	−175°～＋190°		T 轴	−200°～＋200°

续表

ABB IRB 1520	机械机构	6 轴垂直多关节型	最大速度	轴 1	130 (°) /s
	最大负载	4 kg		轴 2	140 (°) /s
	工作半径	1 500 mm		轴 3	140 (°) /s
	重复精度	±0.05 mm		轴 4	320 (°) /s
	安装方式	落地式、倒置式		轴 5	380 (°) /s
	本体质量	170 kg		轴 6	460 (°) /s
动作范围	轴 1	±170°	动作范围	轴 4	±155°
	轴 2	−90°～+155°		轴 5	−90°～+135°
	轴 3	−100°～+80°		轴 6	±200°
KUKA KR5 arc	机械结构	6 轴垂直多关节型	最大速度	A1	154 (°) /s
	最大负载	5 kg		A2	154 (°) /s
	工作半径	1 441 mm		A3	228 (°) /s
	重复精度	±0.04 mm		A4	343 (°) /s
	安装方式	落地式、倒置式		A5	384 (°) /s
	本体质量	127 kg		A6	721 (°) /s
动作范围	A1	±155°	动作范围	A4	±350°
	A2	−180°～+65°		A5	±130°
	A3	−15°～+158°		A6	±350°

3.3.1 自由度

自由度指物体能够对坐标系进行的独立运动的数目，末端执行器的动作不包括在内。通常作为机器人的技术指标，反应机器人动作的灵活性，可用轴的直线运动、摆动或旋转动作的数目来表示。采用空间开链连杆机构的机器人，因每个关节运动副仅有一个自由度，所以机器人的自由度数就等于它的关节数。由于具有 6 个旋转关节的铰接开链式机器人从运动学上已被证明能以最小的结构尺寸获取最大的工作空间，并且能以较高的位置精度和最优的路径到达指定位置，因而关节机器人在工业领域得到广泛应用。目前，焊接和涂装作业机器人多为 6 或 7 自由度，而搬运、码垛和配装机器人多为 4～6 自由度。

3.3.2 额定负载

额定负载也称持重，指正常操作条件下，作用于机器人手腕末端，且不会使机器人性能降低的最大载荷。目前使用的工业机器人负载范围为 0.5～800 kg。

3.3.3 工作精度

机器人的工作精度主要指定位精度和重复定位精度。定位精度（也称绝对精度）是指机器人末端执行器实际到达位置与目标位置之间的差异。重复定位精度（简称重复精度）是指机器人重复定位期末段执行器于同一目标位置的能力。工业机器人具有绝对精度低、重复精度高等特点。一般而言，工业机器人的绝对精度比重复精度低一到两个数量级，造成这种情况的主要原因是机器人控制系统根据机器人的运动学模型来确定机器人末端执行器的位置，然而这个理论上的模型和实际机器人的物理模型存在一定的误差。产生误差的因素主要有机器人本身的制造误差、工件加工误差以及机器人与工件的定位误差等。目前，工业机器人的重复精度可达±0.01～±0.5 mm。根据作业任务和末端持重的不同，机器人的重复精度亦要求不同，如表 3-5 所示。

表 3-5　工业机器人典型行业应用的工作精度

作业任务	额定负载/kg	重复定位精度/mm
搬运	5～200	±0.2～±0.5
码垛	50～800	±0.5
点焊	50～350	±0.2～±0.3
弧焊	3～20	±0.08～±0.1
涂装	5～20	±0.2～±0.5
装配	2～5	±0.02～±0.03
	6～10	±0.06～±0.08
	10～20	±0.06～±0.1

3.3.4　工作空间

工作空间也称工作范围、工作行程。工业机器人在执行任务时，其手腕参考点所能掠过的空间，常用图形表示，如图 3-18 所示。由于工作范围的形状和大小反映了机器人工作能力的大小，因而它对机器人的应用十分重要。工作范围不仅与机器人各连杆的尺寸有关，还

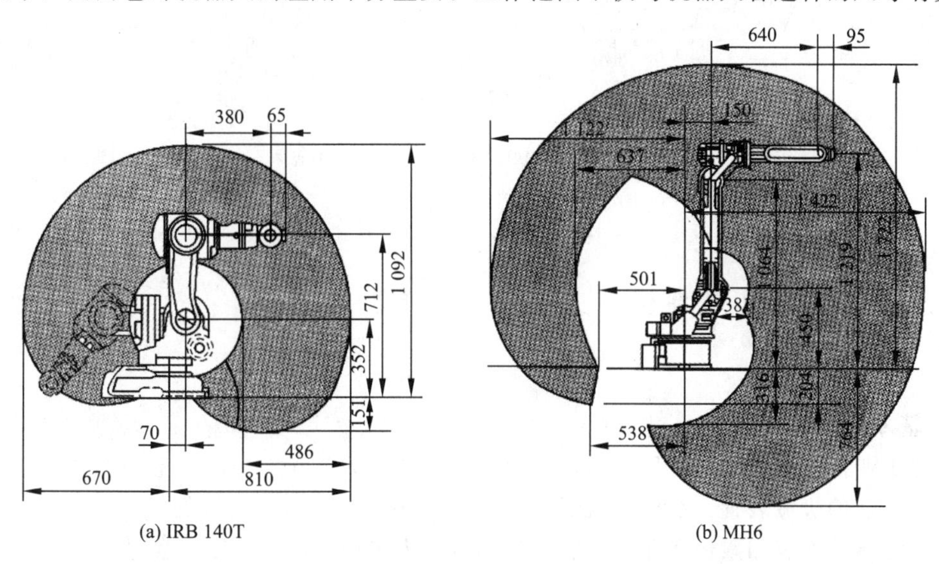

(a) IRB 140T　　(b) MH6

图 3-18　6 轴通用机器人的作业空间

与机器人的总体结构有关。为能真实反映机器人的特征参数，厂家所给出的工作范围一般指不安装末端执行器时可以到达的区域。应特别注意的是，再装上末端执行器后，需要同时保证工具姿态，实际的可达空间会比厂家给出的要小一层，需要认真地用比例作图法或模型法核算一下，以判断是否满足实际需要。目前，单体工作机器人的工作半径可达 3.5 mm 左右。

3.3.5 最大工作速度

最大工作速度指在各轴联动情况下，机器人手腕中心所能达到的最大线速度。这在生产中是影响生产效率的重要指标，因生产厂家不同而标注不同，一般都会在技术参数中加以说明。很明显，最大工作速度越高，生产效率也就越高，然而，工作速度越高，对机器人最大加速度的要求也就越高。

除上述五项技术指标外，还应注意机器人控制方式、驱动方式、安装方式、存储容量、插补功能、语言装换、自诊断及自保护、安全保障功能等。

3.3.6 机器人安装方式

机器人的安装方式与结构有关。一般而言，直角坐标型机器人大都采用底面（Floor）安装，并联结构的机器人则采用倒置安装；水平串联结构的多关节型机器人可采用底面和壁挂（Wall）安装；而垂直串联结构的多关节机器人除了常规的底面（Floor）安装方式外，还可根据实际需要，选择壁挂式（Wall）、框架式（Shelf）、倾斜式（Tilted）、倒置式（Inverted）等安装方式。图 3-19 所示为机器人常用的安装方式。

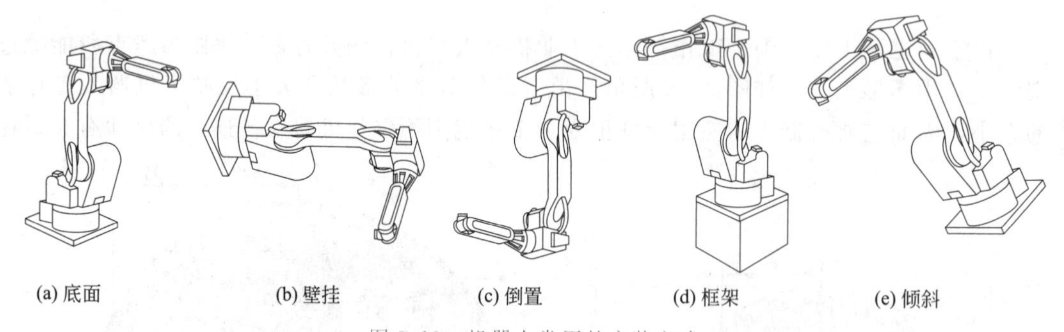

图 3-19 机器人常用的安装方式

3.4 工业机器人的机械结构

3.4.1 本体的结构形式

1. 基本说明

虽然工业机器人的形态各异，但其本体都是由若干关节和连杆通过不同的结构设计和机械连接所组成的机械装置。在工业机器人中，水平串联 SCARA 结构的机器人多用于 3C 行业的电子元器件安装和搬运作业；并联结构的机器人多用于电子电工、食品药品等行业的装配和搬运。这两种结构的机器人大多属于高速、轻载工业机器人，其规格相对较少。机械传动系统以同步带（水平串联 SCARA 结构）和摆动（并联结构）为主，形式单一，维修、调整较容易。

垂直串联是工业机器人最典型的结构，它被广泛用于加工、搬运、装配、包装机器人。垂直串联工业机器人的形式多样、结构复杂，维修、调整相对困难。垂直串联结构机器人的各个关节和连杆依次串联，机器人的每一个自由度都需要由一台伺服电动机驱动。因此，如将机器人的本体结构进行分解，它便是由若干台伺服电动机经过减速器减速后驱动运动部件的机械运动机构的叠加和组合。

2. 基本结构

常用的小规格、轻量级垂直串联的 6 轴关节型工业机器人的基本结构如图 3-20 所示。这种结构的机器人的所有伺服驱动电动机、减速器及其他机械传动部件均安装于内部，机器人外形简洁、防护性能好，机械传动结构简单、传动链短、传动精度高、刚性好，因此，被广泛用于中小型加工、搬运、装配、包装机器人，是小规格、轻量级工业机器人的典型结构。

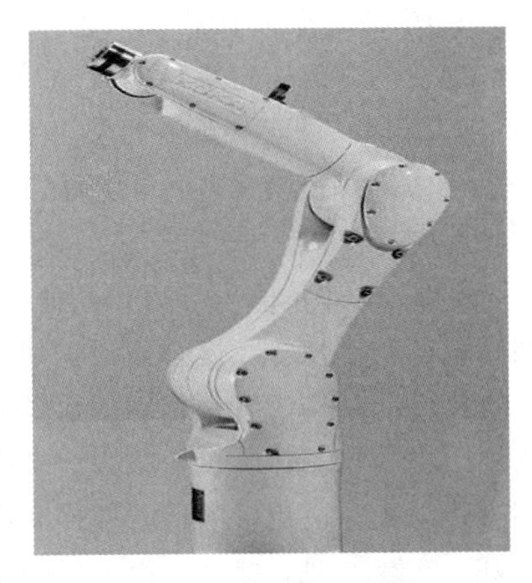

图 3-20　6 轴关节型机器人的基本结构

机器人本体的内部结构如图 3-21 所示，机器人的运动主要包括整体回转（腰关节）、下臂摆动（肩关节）、上臂摆动（肘关节）及手腕运动。

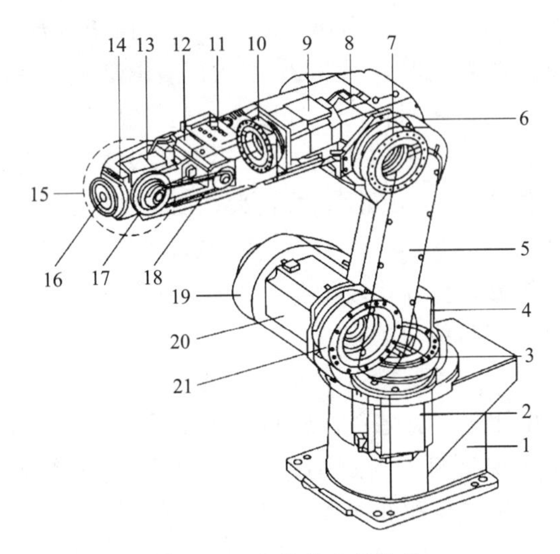

图 3-21　本体的内部结构

1—基座；2—腰关节；5—下臂；6—肘关节；11—上臂；15—腕关节；16—连接法兰；18—同步带；19—肩关节；2、8、9、12、13、20—伺服电动机；3、7、10、14、17、21—减速器

机器人每一关节的运动都需要有相应的电动机驱动，交流伺服电动机是目前工业机器人最常用的驱动电动机。交流伺服电动机是一种用于机电一体化设备控制的通用电动机，具有恒转矩输出特性，小功率的最高转速一般为 3 000～6 000 r/min，额定输出转矩通常在 30 N・m 以下。然而，机器人的关节回转和摆动的负载惯量大，最大回转速度低（通常为 25～100 r/min），加减速时的最大输出转矩（动载荷）需要达到几百甚至几万牛・米，故要求驱动系统具有低

速、大转矩输出特性。因此，在机器人上，几乎所有轴的伺服驱动电动机都必须配套结构紧凑、传动效率高、减速比大、承载能力强的 RV 减速器或谐波减速器，以降低转速和提高输出转矩。减速器是机器人的核心部件，图 3-20 所示的 6 轴机器人上，每一驱动轴也都安装有 1 套减速器。

在图 3-20 所示的机器人上，手回转的伺服电动机 13 和减速器 14 直接安装在手部工具安装法兰的后侧，这种结构传动简单、直接，但它会增加手部的体积和质量，并影响手的灵活性。因此，目前已较多地采用手回转伺服电动机和减速器安装在上臂内部，然后通过同步带、伞齿轮等传动部件传送至手部的结构形式。

3. 主要特点

图 3-20 所示的机器人，其所有关节的伺服电动机、减速器等驱动部件都安装在各自的回转或摆动部位，除腕弯曲摆动使用了同步带外，其他关节的驱动均无中间传动部件，故称为直接传动结构。直接传动的机器人，传动系统结构简单、层次清晰，各关节无相互牵连，它不但可简化本体的机械结构、减少零部件、降低生产制造成本、方便安装调试，而且还可缩短传动链，避免中间传动部件间隙、刚度对系统刚度、精度的影响，因此，其精度高、刚性好，安装方便。此外，由于机器人的所有伺服电动机、减速器都安装在本体内部，机器人的外形简洁，整体防护性能好，安装运输也非常方便。

机器人采用直接传动也存在明显的缺点。首先，由于伺服电动机、减速器都需要安装在关节部位，手腕、手臂内部需要有足够的安装空间，关节的外形、质量必然较大，导致机器人的上臂质量大、整体重心高，不利于高速运动。其次，由于后置关节的驱动部件需要跟随前置关节一起运动，例如，腕弯曲时，图 3-20 中的伺服电动机 12 需要带动手回转的伺服电动机 13 和减速器 14 一起运动；腕回转时，伺服电动机 9 需要带动腕弯曲伺服电动机 12 和减速器 17 以及手回转伺服电动机 13 和减速器 14 一起运动等，为了保证手腕、上臂等构件有足够的刚性，其运动部件的质量和惯性必然较大，加重了伺服电动机及减速器的负载。但是，由于机器人的内部空间小、散热条件差，它又限制了伺服电动机和减速器的规格，加上电动机和减速器的检测、维修、保养均较困难，因此，它一般用于承载能力 10 kg 以下、作业范围 1 m 以内的小规格、轻量级机器人。

连杆驱动结构用于大型零件重载搬运、码垛的机器人，由于负载的质量和惯性大，驱动系统必须能提供足够大的输出转矩，才能驱动机器人运动，故需要配套大规格的伺服驱动电动机和减速器。此外，为了保证机器人运动稳定、可靠，还需要降低重心、增强结构稳定性，并保证机械结构件有足够的体积和刚性，因此，一般不能采用直接传动结构。

图 3-22 所示为 6 轴大型、重载搬运和码垛机器人的常用结构。大型机器人的上、下臂和手腕的摆动一般采用平行四边形连杆机构进行驱动，其上、下臂摆动的驱动机构安装在机器人的腰部；手腕弯曲的驱动机构安装在上臂的摆动部位；全部驱动电动机和减速器均为外置；它可以较好地解决上述直接传动结构所存在的传动系统安装空间小、散热差，伺服电动机和减速器检测、维修、保养困难等问题。

采用平行四边形连杆机构驱动，不仅可以加长上、下臂和手腕弯曲的驱动力臂、放大驱动力矩，同时，由于驱动机构安装位置下移，也可降低机器人重心、提高运动稳定性，因此，它较好地解决直接传动所存在的上臂质量大、重心高，高速运动稳定性差的问题。

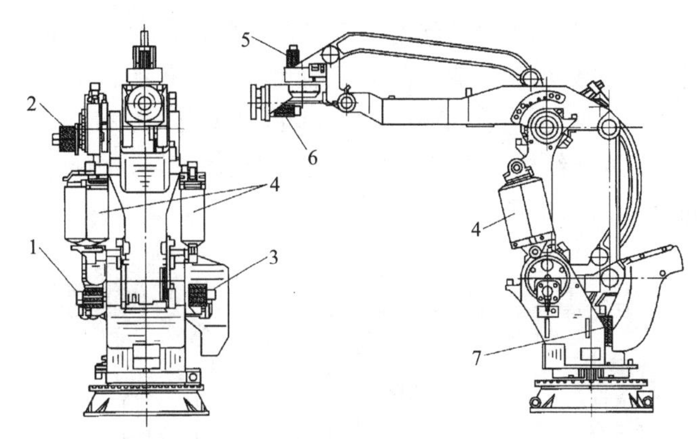

图 3-22　6 轴大型、重载搬运和码垛机器人的常用结构

1—下臂摆动电动机；2—腕弯曲电动机；3—上臂摆动电动机；4—平衡缸；
5—腕回转电动机；6—手回转电动机；7—腰部回转电动机

采用平行四边形连杆机构驱动的机器人刚性好、运动稳定、负载能力强，但是，其传动链长、传动间隙较大，定位精度较低，因此，适合于承载能力超过 100 kg、定位精度要求不高的大型、重载搬运、码垛机器人。

平行四边形的连杆的运动可直接使用滚珠丝杠等直线运动部件驱动；为了提高重载稳定性，机器人的上、下臂通常需要配置液压（或气动）平衡系统。

对于作业要求固定的大型机器人，有时也采用图 3-23 所示的 5 轴结构，这种机器人结构特点是，除手回转驱动机构外，其他轴的驱动机构全部布置在腰部，因此，其稳定性更好但由于机器人的手腕不能回转，故适合于平面搬运、码垛作业。

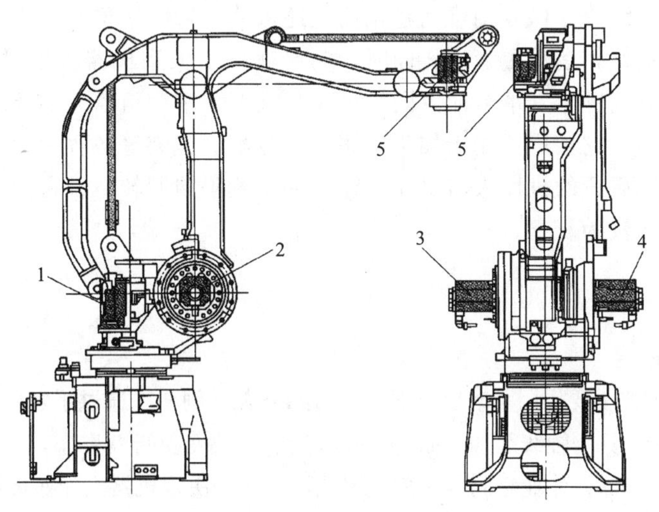

图 3-23　5 轴大型机器人的结构

1—腰部回转电动机；2—下臂摆动电动机；3—上臂摆动电动机；
4—腕弯曲电动机；5—手回转电动机

4. 手腕后驱结构

大型机器人较好地解决了上臂质量大、整体重心高，驱动电动机和减速器安装内部空间小、散热差，检测、维修、保养困难的问题，但机器人的体积大、质量大；特别是上臂和手腕的结构松散，因此，一般只用于作业空间敞开的大型、重载平面搬运、码垛机器人。

为了提高机器人的作业性能，便于在作业空间受限的情况下进行全方位作业，绝大多数机器人都要求其上臂具有紧凑的结构，并能使手腕在上臂整体回转，为此，经常采用图 3-24 所示的手腕伺服电动机后置的结构形式。

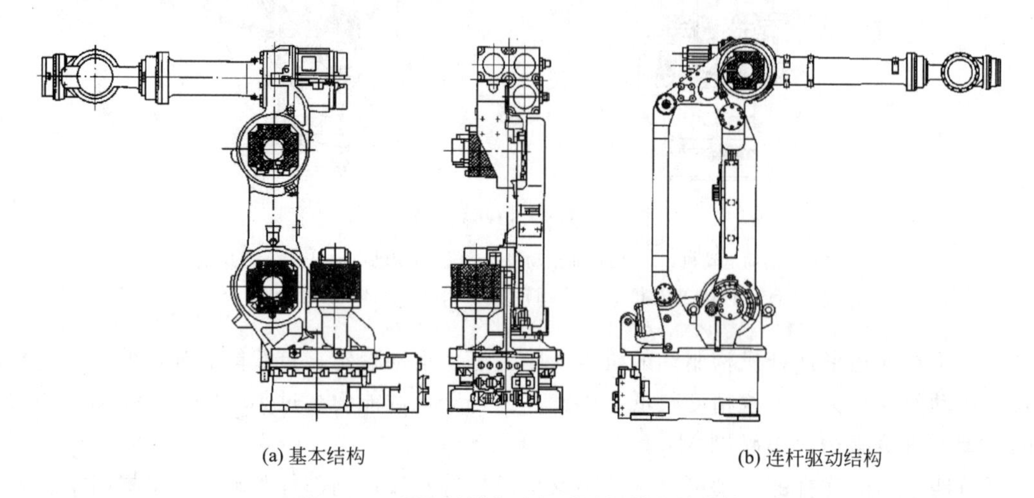

(a) 基本结构　　(b) 连杆驱动结构

图 3-24　手腕伺服电动机后置机器人的结构

采用手腕伺服电动机后置结构的机器人，其手腕回转、腕弯曲和手回转驱动的伺服电动机全部安装在上臂的后部，伺服电动机通过安装在上臂内部的传动轴，将动力传递至手腕前端，这样不仅解决了图 3-21 所示的直接传动结构所存在的伺服电动机和减速器安装空间小、散热差，以及检测、维修、保养困难问题，而且还可使上臂的结构紧凑、重心后移（下移），上臂的重力平衡性更好，运动更稳定。同时，它又解决了大型机器人上臂和手腕结构松散、手腕不能整体回转等问题，其承载能力同样可满足大型、重载机器人的要求。因此，这也是一种常用的典型结构，它被广泛用于加工、搬运、装配、包装等各种用途的机器人。

手腕伺服电动机后置的机器人需要在上臂内部布置手腕回转、腕弯曲和手扭转驱动的传动部件，其内部结构较为复杂。

3.4.2　手腕结构

1. 组成与功能

工业机器人的手腕主要作用是改变末端执行器的姿态，例如，通过手腕的回转和弯曲，来保证刀具、焊枪等加工工具的轴线与加工面垂直等。当然，改变执行器姿态，也可起到减小定位机构运动干涉区、扩大机器人作业空间等作用。因此，手腕是决定机器人作业灵活性的关键部件。

工业机器人的手腕一般由腕部和手部组成。腕部用来连接上臂和手部；手部用来安装末端执行器。机器人腕部的回转和输出机构通常与上臂同轴安装，因此，也可以视为上臂的延长部件。

如前所述，机器人的参考点三维空间定位，主要由机身上的腰回转和上下臂摆动机构实现；为了能够对末端执行器的姿态进行 6 自由度的完全控制，机器人手腕通常需要有 3 个回转（Roll）或摆动（Bend）自由度。这 3 个自由度可以根据机器人不同的作业要求，通过如下方式进行组合。

2. 结构形式

为了实现手腕的 3 自由度控制，工业机器人手腕常用的结构形式有图 3-25 所示的几种。图中将能够在四象限进行 360°或接近 360°回转的旋转轴，称为回转轴，简称 R 型轴；将只能在三象限进行 270°以下回转的旋转轴，称摆动轴，简称 B 型轴。

图 3-25（a）所示为 3 个回转轴组成的手腕，称为 3R 结构。3R 结构的手腕多采用伞齿轮传动，3 个回转轴的回转范围通常不受限制，其结构紧凑、动作灵活，它可最大限度地改变执行器的姿态。但是，由于手腕上的 3 个回转轴中心线相互不垂直，增加了控制的难度，因此，在通用工业机器人使用相对较少。图 3-25（b）为“摆动轴＋摆动轴＋回转轴”或“摆动轴＋回转轴＋回转轴”组成的手腕，称为 BBR 或 BRR 结构。BBR 和 BRR 结构的手腕回转中心线相互垂直，并和三维空间的坐标轴一一对应，其操作简单、控制容易。但是，这种结构的手腕外形通常较大、结构相对松散，因此，多用于大型、重载的工业机器人。在机器人作业要求固定时，BBR 结构的手腕也经常被简化为 BR 结构的 2 自由度手腕。

图 3-25（c）所示为“回转轴＋摆动轴＋回转轴”组成的手腕，称为 RBR 结构。RBR 结构的手腕回转中心线同样相互垂直，并和三维空间的坐标轴一一对应，其操作简单、控制容易，且结构紧凑、动作灵活，它是目前工业机器人最常用的手腕结构。RBR 结构的手腕，其手腕回转的伺服电动机基本上都安装在上臂后侧，但腕弯曲和手回转的电动机有前驱和后驱两种安装形式。前驱结构的多用于中小规格机器人，本节将对其进行介绍；后驱结构可用于各种规格机器人，具体将在后续进行介绍。

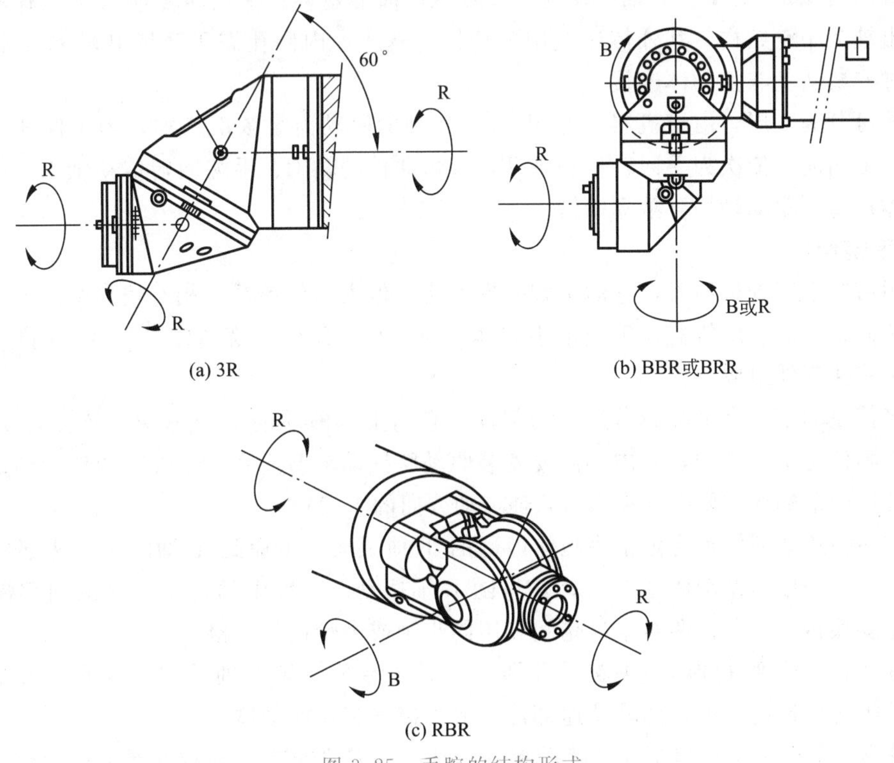

图 3-25　手腕的结构形式

3.4.3 后驱手腕结构

1. 上臂结构基本特点

后驱手腕同样是工业机器人的典型结构。所谓“后驱手腕”是指驱动手腕回转、腕弯曲和手回转运动的R、B、T轴伺服电动机，全部安装在机器人的上臂后端。

机器人采用后驱手腕结构，不仅可解决前述基本结构所存在的伺服电动机和减速器安装空间小，散热差，检测、维修、保养困难等问题，提高手腕运动的驱动力矩，而且还能使上臂的结构紧凑、整体重心后移（下移），改善上臂的作业灵活性和重力平衡性，使上臂运动更稳定。此外，由于伺服电动机后置，就机器人本身来说，手腕回转关节以后就无须进行电气连接，手腕回转轴R理论上可以无限旋转。因此，被广泛用于加工、搬运、装配、包装等多种用途的机器人，也是机器人目前最常用的结构。

但是，采用后驱手腕结构的机器人，由于驱动手腕回转、腕弯曲和手回转的伺服电动机均安装在上臂后部，在结构上需要通过上臂内部的传动轴，将动力依次传递至前端手腕；在手腕上，则需要将传动轴输出，转换为驱动相应关节回转运动的动力，其机械传动系统相对较复杂、传动链长、传动刚性相对较差，故不宜用于需要进行高精度定位的机器人。

2. 上臂结构

后驱手腕的工业机器人上臂一般由同步带轮、安装法兰、上臂体、R轴减速器、B轴、T轴组成。为了将上臂后部的R、B、T轴伺服电动机动力传递到前端手腕。采用后驱手腕结构的机器人，其上臂为中空结构。

上臂的后端是R、B、T轴传动的同步带轮；前端安装有手腕回转轴R的减速器，减速器的输出轴为中空结构，其外侧法兰用来连接手腕体，内侧孔需要穿越B轴和T轴；上臂体可通过安装法兰与摆动体连接。

上臂可分为4层，由于机器人的T、B、R轴的驱动力矩依次增加，为了保证传动系统的刚性，由内向外依次为手回转传动轴T，腕弯曲传动轴B、手腕回转传动轴R，最外侧为上臂壳体；每一驱动轴均可独立回转。

3. 手腕组成

采用后驱手腕的机器人，它的手腕外形紧凑，但内部传动系统相对较复杂。

一般而言，后驱的机器人手腕由手腕体、B轴驱动部件、摆动体、T轴中间传动部件、T轴回转减速部件组成。

手腕体是驱动整个手腕回转运动的部件，它与上臂前端的R轴减速器连接，实现R轴回转。手腕体为中空结构，其内部需要安装驱动腕摆动轴B、手回转轴T的传动轴及支承部件；手腕体的前端还需要有变换B、T轴传动方向的伞齿轮。

T轴中间传动部件是将位于手腕体内部的T轴驱动力传递到T轴回转减速部件的中间传动装置，它一般与摆动体连为一体，可随B轴摆动。T轴中间传动部件的内部需要有两对伞齿轮变换传动方向；两对伞齿轮间可用同步带或齿轮进行连接。

T轴回转减速部件和前驱手腕无区别，内部主要安装有T轴谐波减速器、末端执行器安装法兰等主要传动部件，回转减速部件一般直接安装在摆动体上。

B轴驱动部件是实现腕摆动的传动部件，其内部需要安装B轴减速器及伞齿轮等传动部件。腕摆动时，B 轴减速器的输出轴将带动摆动体，以及与摆动体连接的 T 轴传动部件，T 轴回转减速部件进行摆动运动。

3.4.4　RRR/BRR 手腕结构

采用 RRR 或 BRR 结构手腕的机器人，其手腕上的 3 个运动轴 R、B、T 依次为回转轴、回转轴、回转轴，或摆动轴、回转轴、回转轴。手腕外观如图 3-26 所示。RRR 结构的手腕有 3 个回转轴，其回转范围通常不受限制，手腕结构紧凑、动作灵活；但 3 个回转轴中心线相互不垂直，控制难度相对较大。BRR 结构的手腕由 1 个摆动轴和 2 个回转轴组成，其回转中心线相互垂直，并和三维空间的坐标轴一一对应，其操作简单、控制容易，但手腕的外形较大、结构相对松散，故多用于大型、重载的工业机器人。RRR 或 BRR 结构手腕的共同点是，手腕的 B、T 轴均为 360°回转轴，因此，其前端 B、T 轴的结构基本相同。RRR 手腕的 R 轴同样为 360°回转轴，其结构与后驱 RBR 手腕的 R 轴基本一致。BRR 结构手腕的 R 轴为摆动轴，其结构则类似于后驱 RBR 手腕的 B 轴。

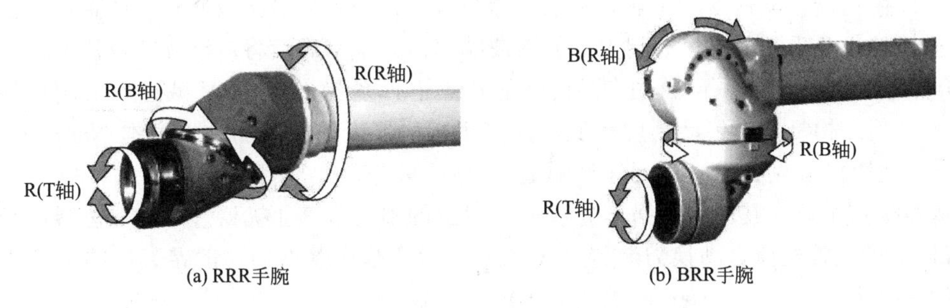

(a) RRR手腕　　(b) BRR手腕

图 3-26　RRR/BRR 手腕结构

3.4.5　常用基础件

1. 机械核心部件

通过前述对工业机器人结构的分析可知，尽管工业机器人的形态各异，但它们都是由若干关节和连杆，通过不同的结构设计和机械连接所组成的机械装置。基本构件结构简单、传动系统组成类似、核心部件种类单一，是工业机器人机械部件组成和结构的基本特点。因此，就机械结构而言，工业机器人与数控机床、FMC、FMS 等自动化加工设备相比，实际上只是一种小型、简单的机电一体化设备。从工业机器人使用和维修的角度考虑，机身、手臂体、手腕体等部件大都是支承、连接机械传动部件的普通零件，它们仅对机器人的外形、刚性等有一定的影响。这些零件的结构简单、加工制造容易，且在机器人正常使用过程中不存在运动和磨损，部件损坏的可能性较小，实际上很少需要维护和维修。

在工业机器人的机械部件中，减速器、轴承、同步带、滚珠丝杠、直线导轨等传动部件，直接决定了机器人运动速度、定位精度、承载能力等关键技术指标的核心部件。它们的结构大都比较复杂，加工制造难度大，而且存在运动和磨损。因此，是工业机器人机械维护、修理的主要对象。

工业机器人的机械核心部件制造需要有特殊的工艺和加工、检测设备，目前一般都由专业生产厂家进行标准化生产，机器人生产厂家只需要根据机器人的性能要求，选购相应的标准产品。机械核心通常都为运动部件，为了保证其工作可靠，维护显得十分重要；此外，在工业机器人使用过程中，如果出现机械核心部件的损坏，则需要对其进行整体更换、重新安装及调整。因此，机械核心部件的安装与维护是工业机器人生产制造、使用、维护维修的重要内容，本书将对此进行详细介绍。

2. 减速器

在工业机器人的机械核心部件中，减速器是工业机器人所有回转运动关节都必须使用的关键部件。基本上，减速器的输出转速、传动精度、输出转矩和刚性，实际上就是工业机器人对应运动轴的运动速度、定位精度、承载能力。因此，工业机器人对减速器的要求非常高，传统的普通齿轮减速器、行星齿轮减速器、摆线针轮减速器等都不能满足工业机器人高精度、大比例减速的要求。为此，它需要使用专门设计的特殊减速器。

工业机器人目前使用的减速器基本上只有谐波减速器和 RV 减速器两种。谐波减速器是谐波齿轮传动装置的简称，这种减速器的结构简单、传动精度高、安装方便，但输出转矩相对较小，故多用于机器人的手腕驱动。日本 Harmonic Drive System（哈默纳科）公司是全球最早研发生产谐波减速器的企业和目前全球最大、最著名的谐波减速器生产企业，世界著名的工业机器人几乎都使用该公司生产的谐波减速器。本书后续将对谐波减速器的结构原理以及 Harmonic Drive System 公司产品的性能特点进行系统介绍。RV 减速器的刚性好、输出转矩大，但结构复杂、传动精度较低，故多用于机器人的机身驱动。日本 Nabtesco Corporation（纳博特斯克公司）既是 RV 减速器的发明者，又是目前全球最大、技术领先的 RV 减速器生产企业，其产品占据了全球 60%以上的多关节工业机器人 RV 减速器市场和日本 80%以上的数控机床自动换刀装置（ATC）的 RV 减速器市场，世界著名的工业机器人几乎都使用 Nabtesco Corporation 生产的 RV 减速器。

3. 通用基础件

除了减速器外，工业机器人的机械传动系统同样需要使用轴承、同步传动带、滚珠丝杠、直线导轨等机电一体化设备通用的基础部件。

轴承是支撑机械旋转体的基本部件，几乎任何机电设备都需要使用。工业机器人所使用的轴承除了常规的球轴承、圆柱滚子轴承、圆锥滚子轴承外，还较多地使用交叉滚子轴承(Cross Roller Bearing，CRB)。

交叉滚子轴承是一种滚柱呈 90°交叉排列、内圈或外圈分割的特殊结构轴承，它与一般轴承相比，具有体积小、精度高、刚性好、可同时承受径向和双向轴向载荷等优点，而且安装简单、调整方便，因此，特别适合于工业机器人、谐波减速器、数控机床回转工作台等设备或部件，它是工业机器人使用最广泛的基础传动部件。同步带传动无转差、速比恒定、传动平稳、吸振性好、噪声小，而且无须润滑、使用灵活，因此，是工业机器人常用的传动部件。滚珠丝杠具有传动效率高、运动灵敏平稳、定位精度高、精度保持性好、维护简单等优点，是机电一体化设备直线运动系统使用最广泛的传动部件。工业机器人的直线运动轴几乎都需要采用滚珠丝杠传动。直线滚动导轨的灵敏性好、精度高、使用简单，是高速、高精度设备最常用的直线导向部件，工业机器人的直线运动轴同样广泛使用直线滚动导轨。

3.5　工业机器人的谐波减速器

工业机器人所有核心零部件中，本体占 22%、伺服系统占 25%、减速器占 38%、控制系统占 10%，其他约占 5%。所以精密减速机是最关键的，为什么工业机器人需要减速器？工业机器人在执行工作时一般是做重复的动作，因此为保证工业机器人在生产中能够可靠有序地完成工序任务并确保工艺质量，需要对工业机器人的定位精度和重复定位精度有较高的要求。使用 RV 减速器或谐波减速器就可以提高和确保工业机器人的精度。

3.5.1　谐波减速器结构原理及产品

1. 技术起源

谐波减速器是谐波齿轮传动装置的俗称。谐波齿轮传动装置实际上既可用于减速，也可用于升速，但由于其传动比很大（通常为 50～160），因此，在工业机器人、数控机床等产品上应用时，一般较少用于升速，故习惯上称为谐波减速器。

谐波齿轮传动装置是美国著名发明家 C. W. Musser 在 1955 年发明的一种特殊的齿轮传动装置，最初称为变形波发生器。该技术在 1957 年获得美国的发明专利；1960 年，美国 United Shoe Machinery 公司（简称 USM 公司）率先研制出样机。

1964 年，日本的株式会社长谷川齿车（Hasegawa Gear Works，Ltd.）和美国 USM 公司合作，开始对其进行产业化研究和生产，并将产品定名为谐波齿轮传动装置。1970 年，日本长谷川齿车和美国 USM 公司合资，在东京成立了 Harmonic Drive 公司；1979 年，公司更名为现在的 Harmonic Drive System 公司。

日本的 Harmonic Drive System 公司是著名的谐波减速器生产企业，其产量占全世界总产量的 15%左右。世界著名的工业机器人几乎都使用 Harmonic Drive System 公司生产的谐波减速器。

2. 基本结构

谐波减速器的基本结构如图 3-27 所示，它主要由刚轮、柔轮、谐波发生器 3 个基本部件构成。刚轮、柔轮、谐波发生器 3 个基本部件，可任意固定其中的 1 个，其余 2 个部件中的一个连接输入轴（主动输入），另一个即可作为输出（从动），实现减速或增速。

图 3-27　谐波减速器的基本结构

（1）刚轮。刚轮是一个圆周上加工有连接孔的刚性内齿圈，其齿数比柔轮略多（一般多 2 个或 4 个）。当刚轮固定、柔轮旋转时，刚轮的连接孔用来连接壳体；当柔轮固定、刚轮旋转时，连接孔可用来连接输出轴。

为了减小体积，在薄形、超薄形或微型谐波减速器上，刚轮有时和减速器的 CRB 设计成一体，构成谐波减速器单元。

（2）柔轮。柔轮是一个可产生较大变形的薄壁金属弹性体，它既可以被制成水杯形，也可被制成本章后述的礼帽形、薄饼形等其他形状。弹性体与刚轮啮合的部位为薄壁外齿圈；水杯形柔轮的底部是加工有连接孔的圆盘；外齿圈和底部间利用弹性膜片连接。当刚轮固定、柔轮旋转时，底部安装孔可用来连接输出轴；当柔轮固定、刚轮旋转时，底部安装孔可用来固定柔轮。

（3）谐波发生器。谐波发生器一般由凸轮和滚珠轴承构成。谐波发生器的内侧是一个椭圆形的凸轮，凸轮的外圆上套有一个能够产生弹性变形的薄壁滚珠轴承，轴承的内圈固定在凸轮上，外圈与柔轮内侧接触。凸轮装人轴承内圈后，轴承将产生弹性变形，而成为椭圆形。谐波发生器装入柔轮后，它又可迫使柔轮的外齿圈部位变成椭圆形；使椭圆长轴附近的柔轮齿与刚轮齿完全啮合，短轴附近的柔轮齿与刚轮齿完全脱开。当凸轮连接输入轴旋转时，柔轮齿与刚轮齿的啮合位置可不断变化。

3. 变速原理

谐波减速器的变速原理如图 3-28 所示。

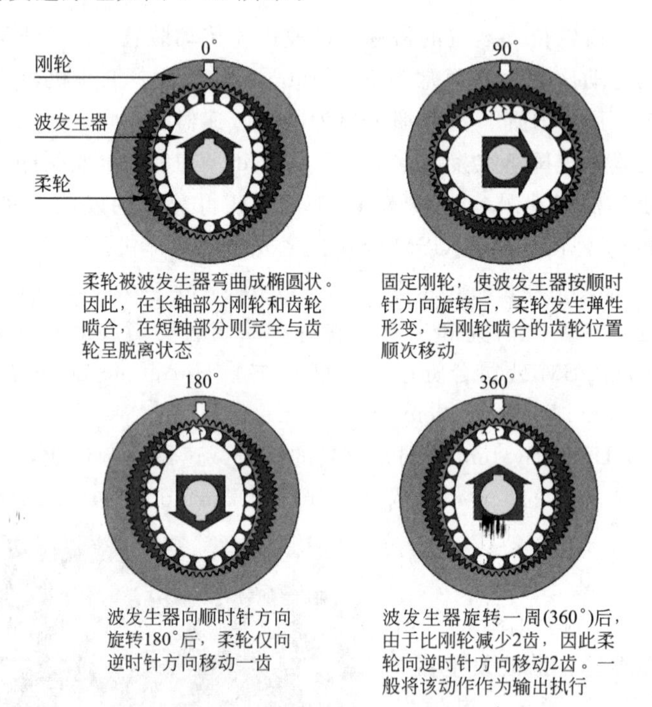

图 3-28　谐波减速器变速原理

假设旋转开始时刻，谐波发生器椭圆长轴位于 0°位置，这时，柔轮基准齿和刚轮 0°位置的齿完全啮合。当谐波发生器在输入轴的驱动下产生顺时针旋转时，椭圆长轴也将顺时针回转，使柔轮和刚轮啮合的齿也顺时针转移。假设谐波减速器的刚轮固定、柔轮可旋转，由于柔轮的齿形和刚轮完全相同，但齿数少于刚轮（如相差 2 个齿），当椭圆长轴的啮合位置到达刚轮 −90°位置时，由于柔轮、刚轮所转过的齿数必须相同，故柔轮转过的角度将大于刚轮；如果刚轮和柔轮的齿差为 2 个齿，柔轮上的基准齿将逆时针偏离刚轮 0°基准位置 0.5 个齿。当椭圆长轴的啮合位置到达刚轮 −180°位置时，柔轮上的基准齿将逆时针偏离刚轮 0°基准位置 1 个齿；而当椭圆长轴绕柔轮回转一周后，柔轮的基准齿将逆时针偏离刚轮 0°位置一个齿差（2 个齿）。

（1）减速原理：当刚轮固定、谐波发生器连接输入轴、柔轮连接输出轴时，如谐波发生器绕柔轮顺时针旋转 1 转（−360°），柔轮将相对于固定的刚轮逆时针一转过一个齿差（2 个齿）。因此，假设谐波减速器的柔轮齿数为 Z_f、刚轮齿数为 Z_c；柔轮输出和谐波发生器输入间的传动比为

$$i_1=\frac{Z_c-Z_f}{Z_f}$$

同样，如谐波减速器的柔轮固定、刚轮可旋转，当谐波发生器绕柔轮顺时针旋转 1 转（−360°）时，由于柔轮与刚轮所啮合的齿数必须相同，而柔轮又被固定，因此，将使刚轮的基准齿顺时针偏离柔轮一个齿差，其偏移的角度为

$$\theta=\frac{Z_c-Z_f}{Z_f}\times 360°$$

因此，当柔轮固定、谐波发生器连接输入轴、刚轮作为输出轴时，其传动比为

$$i_2=\frac{Z_c-Z_f}{Z_c}$$

这就是谐波齿轮传动装置的减速原理。

（2）增速原理：如果谐波减速器的刚轮被固定、柔轮连接输入轴、谐波发生器作为输出轴，则柔轮旋转时，将迫使谐波发生器的椭圆长轴快速回转，起到增速的作用。同样，当谐波减速器的柔轮被固定、刚轮连接输入轴、谐波发生器作为输出轴时，刚轮的回转也可迫使谐波发生器的椭圆长轴快速回转，起到增速的作用。这就是谐波齿轮传动装置的增速原理。

4. 传动比

利用不同的安装形式，谐波齿轮传动装置（杯形）可有图 3-29 所示的 7 种不同使用方法，图 3-29（a）～图 3-29（c）用于减速；图 3-29（d）～图 3-29（f）用于增速；图 3-29（g）用于差动。如果用正、负号代表转向，并定义谐波传动装置的基本减速比 R 为

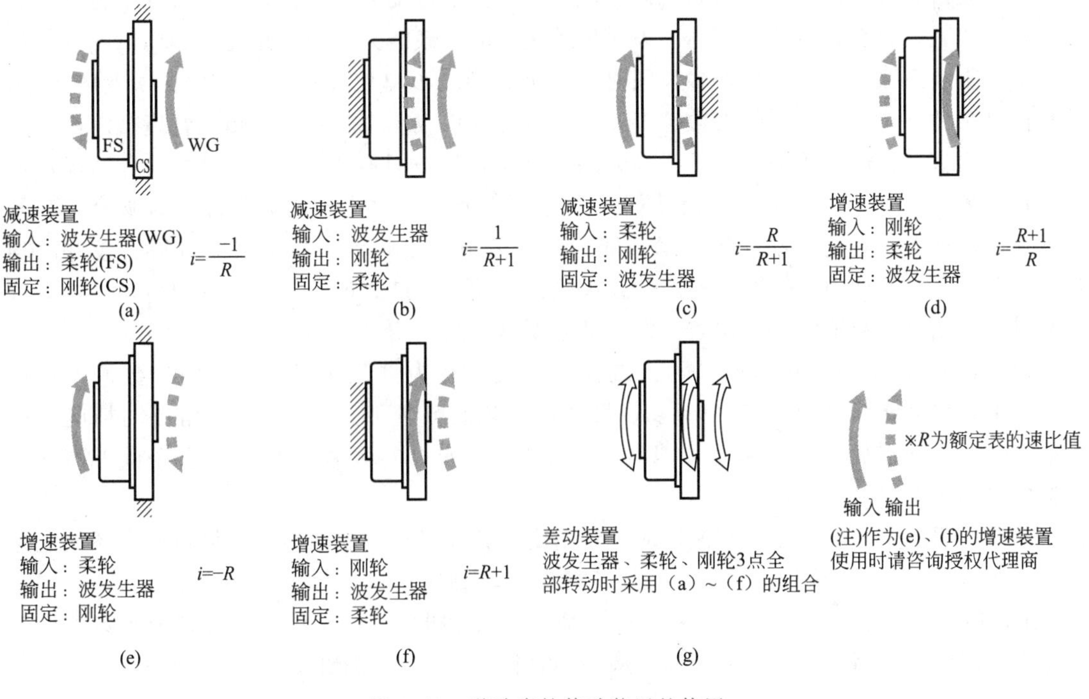

图 3-29　谐波齿轮传动装置的使用

$$R=\frac{Z_f}{Z_c-Z_f}$$

对于图 3-29（a），其输出转速/输入转速（传动比）为

$$i=\frac{-(Z_c-Z_f)}{Z_f}=\frac{-1}{R}$$

对于图 3-29（b），其传动比为

$$i=\frac{Z_c-Z_f}{Z_c}=\frac{1}{R+1}$$

对于图 3-29（c），其传动比为

$$i=\frac{Z_f}{Z_c}=\frac{R}{R+1}$$

对于图 3-29（d），其传动比为

$$i=\frac{Z_c}{Z_f}=\frac{R+1}{R}$$

对于图 3-29（e），其传动比为

$$i=\frac{-Z_f}{Z_c-Z_f}=-R$$

对于图 3-29（f），其传动比为

$$i=\frac{Z_c}{Z_c-Z_f}=R+1$$

在谐波齿轮传动装置生产厂家的样本上，一般只给出基本减速比 R，用户使用时，可根据实际安装情况，按照上面的方法计算对应的传动比。

5. 主要特点

由谐波齿轮传动装置的结构和原理可见，它与其他传动装置相比，主要有以下特点。

（1）承载能力强，传动精度高。齿轮传动装置的承载能力、传动精度与其同时啮合的齿数（称为重叠系数）密切相关，多齿同时啮合可起到减小单位面积载荷、均化误差的作用，故在同等条件下，同时啮合的齿数越多，传动装置的承载能力就越强，传动精度就越高。

一般而言，普通直齿圆柱渐开线齿轮的同时啮合齿数只有 1～2 对，同时啮合的齿数通常只占总齿数的 2%～7%。谐波齿轮传动装置有两个 180°对称方向的部位同时啮合，其同时啮合齿数远多于齿轮传动，故其承载能力强，齿距误差和累积齿距误差可得到较好的均化。因此，它与部件制造精度相同的普通齿轮传动相比，谐波齿轮传动装置的传动误差大致只有普通齿轮传动装置的 1/4 左右，即传动精度可提高 4 倍。

以 Harmonic Drive System 公司谐波齿轮传动装置为例，其同时啮合的齿数最大可达 30%以上；最大转矩可达 4 470 N·m，最高输入转速可达 14 000 r/min；角传动精度可达 1.5×10^{-4} rad，滞后误差可达 2.9×10^{-4} rad≈1′。这些指标基本上代表了当今世界谐波减速器的最高水准。

需要说明的是，虽然谐波减速器的传动精度比其他减速器要高很多，但目前它还只能达到角分级（2.9×10^{-4} rad≈1″），它与数控机床回转轴所要求的角秒级（4.85×10^{-6} rad≈1″）定位精度比较，仍存在很大差距，这也是目前工业机器人的定位精度普遍低于数控机床的主要原因之一。因此，谐波减速器一般不能直接用于数控机床的回转轴驱动和定位。

(2) 传动比大，传动效率较高。在传统的单级传动装置上，普通齿轮传动的推荐传动比一般为 8～10、传动效率为 0.9～0.98；行星齿轮传动的推荐传动比为 2.8～12.5、齿差为 1 的行星齿轮传动效率大致为 0.85～0.9；蜗轮、蜗杆传动装置的推荐传动比为 8～80、传动效率大致为 0.4～0.95；摆线针轮传动的推荐传动比为 11～87、传动效率大致为 0.9～0.95。而谐波齿轮传动的推荐传动比为 50～160，若需要还可选择 30～320；传动效率与减速比、负载、温度等因素有关，正常使用时大致为 0.65～0.96。

(3) 结构简单，体积小，质量轻，使用寿命长。谐波齿轮传动装置只有 3 个基本部件，它与传动比相同的普通齿轮传动比较，其零件数可减少 50%左右，体积、质量大约只有 1/3。此外，由于谐波齿轮传动装置的柔轮齿在传动过程中进行的是均匀的径向移动，齿间的相对滑移速度一般只有普通渐开线齿轮传动的 1%；加上同时啮合的齿数多、轮齿单位面积的载荷小、运动无冲击，因此，齿的磨损较小，传动装置使用寿命可长达 7 000～10 000 h。

(4) 传动平稳，无冲击，噪声小。谐波齿轮传动装置可通过特殊的齿形设计，使得柔轮和刚轮的啮合、退出过程实现连续渐进、渐出，啮合时的齿面滑移速度小，且无突变，因此，其传动平稳，啮合无冲击，运行噪声小。

(5) 安装调整方便。谐波齿轮传动装置只有刚轮、柔轮、谐波发生器 3 个基本部件，三者为同轴安装；刚轮、柔轮、谐波发生器可按部件的形式提供（称为部件型谐波减速器），由用户根据自己的需要，自由选择变速方式和安装方式，并直接在整机装配现场组装，其安装十分灵活、方便。此外，谐波齿轮传动装置的柔轮和刚轮啮合间隙，可通过微量改变谐波发生器的外径调整，甚至可做到无侧隙啮合，因此，其传动间隙通常非常小。

但是，谐波齿轮传动装置需要用高强度、高弹性的特种材料制作，特别是柔轮、谐波发生器的轴承，它不但需要在承受较大交变载荷的情况下不断变形，而且为了减小磨损，材料还必须要有很高的硬度，因而，它对材料的材质、抗疲劳强度及加工精度、热处理的要求均很高，制造工艺较复杂。截至目前，除了 Harmonic Drive System 公司外，全球能够真正实现产业化生产谐波减速器的厂家还不多。

3.5.2 谐波减速回转执行器

机电一体化集成是工业自动化的技术发展方向。为了进一步简化谐波减速器的结构、缩小体积、方便使用，Harmonic Drive System 等公司在传统的谐波减速器基础上，推出了新一代的谐波减速器/伺服电动机集成一体化的回转执行器产品，代表了机电一体化技术在谐波减速器领域的发展方向。

回转执行器如图 3-30 所示，可直接与交流伺服驱动器连接，在驱动器的控制下，直接对负载的转矩、速度和位置进行控制。

回转执行器是用于回转运动控制的新型机电一体化集成驱动装置，它将传统的驱动电动机和谐波减速器集成为一体，可直接替代传统由伺服电动机和减速器组成的回转减速传动系统。与传统减速系统相比，回转执行器的机械传动部件大大减少、传动精度更高、结构刚性更好、体积更小、使用更方便。

Harmonic Drive System 回转执行器的结构原理如图 3-31 所示，它是由交流伺服驱动电动机、谐波减速器、CRB、位置/速度检测编码器等部件组成的机电一体化回转减速单元，可以直接用于工业机器人的回转轴驱动。

图 3-30　回转执行器

图 3-31　回转执行器结构原理图

回转执行器的谐波传动装置一般采用刚轮固定、柔轮输出、谐波发生器输入的减速设计方案。执行器的输出采用了可直接驱动负载的高刚性、高精度 CRB；CRB 内圈的内部与谐波减速器的柔轮连接，外部有连接输出轴的连接法兰；CRB 外圈和壳体连接为一体，构成了单元的外壳。谐波减速器的刚轮固定在壳体上，谐波发生器和交流伺服电动机的转子设计成一体，伺服电动机的定子、位置/速度检测编码器安装在壳体上，因此，当电动机旋转时，可在输出轴连接法兰上得到可直接驱动负载的减速输出。

回转执行器省略了传统谐波减速系统所需要的伺服电动机和谐波发生器间、柔轮和输出轴间的机械连接件，其结构刚性好、传动精度高、整体结构紧凑、安装容易、使用方便，真正实现了机电一体化。

回转执行器需要综合应用谐波减速器、交流伺服电动机、精密位置/速度检测编码器等多项技术，不仅产品本身需要进行机电一体化整体设计，而且还必须有与之配套的交流伺服驱动器，目前只有 Harmonic Drive System 公司等少数厂家能够生产。

3.5.3　哈默纳科产品与性能

日本的 Harmonic Drive System（哈默纳科）公司是著名的谐波减速器生产企业，其产品规格齐全，产量占全世界总产量的 15％左右，世界著名的工业机器人几乎都使用该公司的产品。

Harmonic Drive System 谐波减速器不但是工业机器人的典型配套产品，而且也代表了当今世界谐波减速器的最高水准；其他大多数谐波减速器生产厂家，基本上都仿照其生产。鉴于不同类型的谐波减速器在工业机器人上都有应用，本节将对 Harmonic Drive System 公司谐波减速器产品进行系统的介绍。

1. 产品简况

由于工业机器人的生产时间不同，它所配套的谐波减速器结构、型号、性能有所区别，其中，Harmonic Drive System 公司代表性的产品主要有以下几类：

(1) CS 系列。CS 系列谐波减速器是 Harmonic Drive System 公司在 1981 年研发的产品，在早期的工业机器人上使用较广，该产品目前已停止生产，早期的工业机器人需要更换减速器时，一般由后期的 CSS 系列或 CSF 系列产品进行替代。

(2) CSS 系列。CSS 系列是 Harmonic Drive System 公司在 1988 年研发的产品，在 20 世纪 90 年代生产的工业机器人上使用较广。CSS 系列产品采用了该公司研发的 IH 齿形，减速器的刚性、强度和使用寿命，比 CS 系列提高了 2 倍以上。CSS 系列产品目前也已停止生产，工业机器人需要更换时，一般由 CSF 系列产品替代。

(3) CSF 系列。CSF 系列是 Harmonic Drive System 公司在 1991 年研发的产品，是当前工业机器人广泛使用的通用型产品。CSF 系列减速器采用了小型化设计，其轴向尺寸为 CS 系列的 1/2、整体厚度为 CS 系列的 3/5；最大转矩比 CS 系列提高了 2 倍；安装、调整性能也得到了大幅度改善。

(4) CSG 系列。CSG 系列是 Harmonic Drive System 公司在 1999 年研发的产品，该系列为大容量、高可靠性产品。CSG 系列产品的结构、外形与同规格的 CSF 系列产品完全一致，但其性能更好，减速器的最大转矩在 CSF 系列基础上提高了 30%；使用寿命从 7 000 h 提高到 10 000 h。

(5) CSD 系列。CSD 系列是 Harmonic Drive System 公司在 2001 年研发的产品，该系列产品采用了轻量化、超薄型设计，整体厚度只有同规格的早期 CS 系列的 1/3 和 CFS 系列标准产品的 1/2；质量比 CSF/CSG 系列减轻了 30%。

以上是 Harmonic Drive System 公司谐波减速器发展的主要情况，实际产品目前仍在不断改进和完善中。例如，对于生产、销售的 CSF 系列通用型产品，在 2000 年补充了 CSF-8/11 规格、2002 年增加了 CSF-5* 规格、2006 年增加了 CSF-3* 规格，等等。这些产品的强度、刚度比早期的产品提高了 2 倍，使用寿命提高了 8 倍。

除了以上产品外，Harmonic Drive System 公司还有相位调整型谐波减速器、机电一体化集成的回转执行器，以及直线执行器直接驱动电动机等其他相关产品，有关内容可参见 Harmonic Drive System 公司的样本或网站。

2. 产品分类

根据产品的结构形式，工业机器人常用的 Harmonic Drive System 谐波减速器总体可分为图 3-32 所示的部件型、单元型、简易单元型、齿轮箱型、微型五大类；部分产品还可根据柔轮的形状，分水杯形、礼帽形、薄饼形等不同的类别。

(1) 部件型。部件型谐波减速器只提供刚轮、柔轮、谐波发生器 3 个基本部件；用户可根据自己的要求，自由选择变速方式和安装方式，并在工业机器人的装配现场进行组装。根据柔轮形状，Harmonic Drive System 部件型谐波减速器又可分为水杯形、礼帽形、薄饼形三大类，及通用系列、高转矩系列、超薄系列 3 个系列。部件型谐波减速器的规格齐全、产品的使用灵活、安装方便、价格低，它是目前工业机器人广泛使用的产品。

(2) 单元型。单元型谐波减速器带有外壳和 CRB，减速器的刚轮、柔轮、谐波发生器、壳体、CRB 被整体设计成统一的单元；减速器带有输入/输出连接法兰或轴，输出采用高刚性、精密 CRB 支承，可直接驱动负载。根据柔轮形状，单元型谐波减速器分为水杯形和礼帽形两类，谐波发生器的输入可选择标准轴孔、中空轴、实心轴（轴输入）等；其中的 LW 轻量系列、CSG-2 UK 高转矩密封系列为最新产品。单元型谐波减速器使用简单、安装方便，由于减速器的安装在生产厂家已完成，故传动精度高；它也是目前工业机器人常用的产品之一。

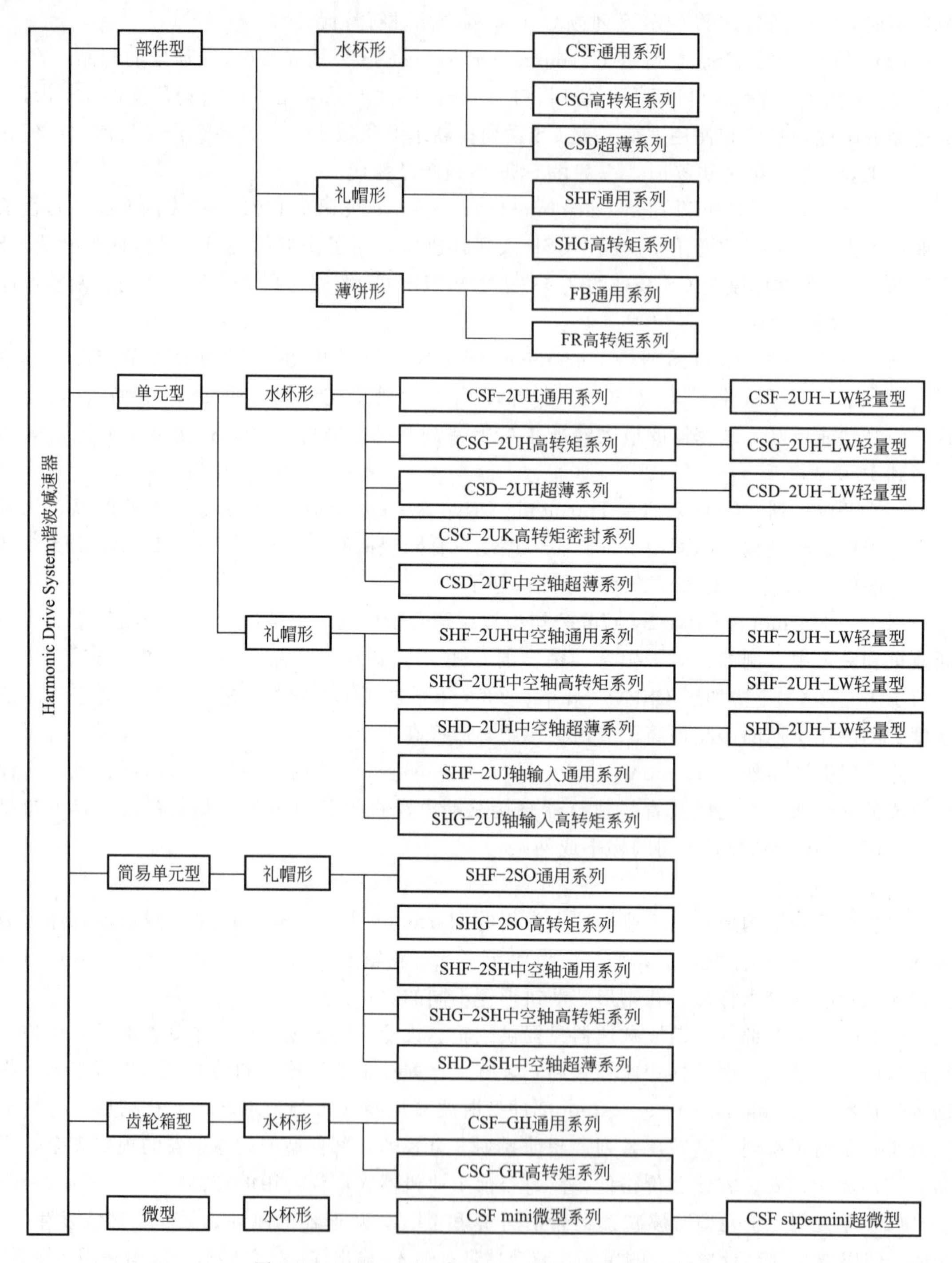

图 3-32　Harmonic Drive System 谐波减速器产品

（3）简易单元型。简易单元型谐波减速器是单元型的简化，它将谐波减速器的刚轮、柔轮、谐波发生器 3 个基本部件和 CRB 整体设计成统一的单元；但无壳体和输入/输出连接法兰或轴。简易单元型减速器的柔轮形状均为礼帽形，谐波发生器的输入轴有标准轴孔、中空轴两种。简易单元型减速器的结构紧凑、使用方便，性能和价格介于部件型和单元型之间，它经常用于机器人手腕、SCARA 结构机器人。

（4）齿轮箱型。齿轮箱型谐波减速器可像齿轮减速箱一样，直接在其上安装驱动电动机，以实现减速器和驱动电动机的结构整体化，简化减速器安装。齿轮箱型减速器的柔轮形状均为水杯形，有通用系列、高转矩系列产品。齿轮箱型减速器多用于电动机的轴向安装尺寸不受限制的后驱手腕、SCARA 结构机器人。

（5）微型。微型和超微型谐波减速器是专门用于小型、轻量工业机器人的特殊产品，它常用于 3C 行业电子产品、食品、药品等小规格搬运、装配、包装工业机器人，微型谐波减速器有单元型、齿轮箱型两种基本结构形式。超微型谐波减速器实际上只是对微型系列产品的补充，其内部结构、安装使用要求都和微型相同。

谐波减速器的结构形式可根据工业机器人的实际需要选用。随着技术的进步，Harmonic Drive System 谐波减速器产品在不断改进和完善中。

3. 性能及比较

Harmonic Drive System 谐波减速器采用了图 3-33（a）所示的特殊 IH 齿形设计，它与图 3-33（b）所示的普通梯形齿相比，可使柔轮与刚轮齿的啮合过程连续、渐进，啮合的齿数更多、刚性更高、精度更高；啮合时的冲击和噪声更小，传动更为平稳。同时，圆弧形的齿根设计可避免梯形齿的齿根应力集中，提高产品的使用寿命。

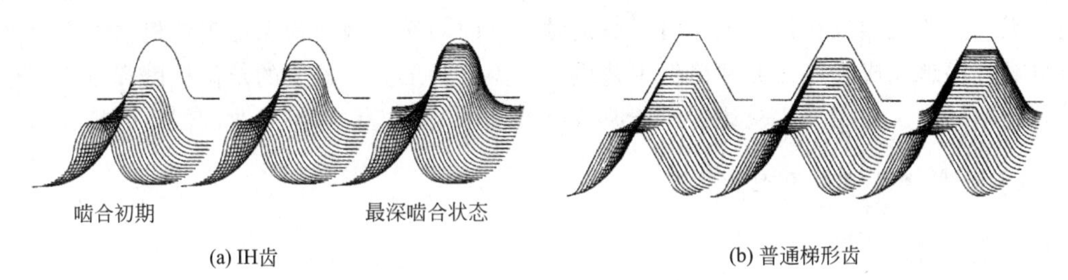

图 3-33　齿轮啮合过程比较

Harmonic Drive System 不同系列谐波减速器其额定转矩是指输入转速为 2 000 r/min 连续工作时的输出转矩；允许最高转速、允许平均输入转速均指采用脂润滑的情况，如采用油润滑，其值可以提高 30%～60%。

根据产品的技术性能，Harmonic Drive System 谐波减速器实际上可分为通用型、高转矩型和超薄型三大类，其他都是在此基础上所派生的产品。例如，CSF-2UH 系列是 CSF 通用型产品的单元化结构，CSG-2UH 系列是 CSG 高转矩型产品的单元化结构，而 CSD-2UH 系列是 CSD 超薄型产品的单元化结构等。

通用型、高转矩型和超薄型 3 类谐波减速器的基本性能比较如图 3-34 所示。

大致而言，同规格的 CSF 通用型减速器和 CSG 高转矩型减速器的结构、外形相同；但由于 CSG 系列产品所使用的材料性能更好、热处理更先进，因此，减速器的额定转矩、加减速转矩等转矩输出性能提高了 30%以上；使用寿命从通用型的 7 000 h，提高到 10 000 h，增加了 43%。

同规格的 CSD 超薄型减速器的厚度只有 CSF 通用型减速器的 60%左右，但是，在同等使用寿命下，超薄型减速器的额定转矩、加减速转矩等转矩性能及刚性等指标也将比 CSF 通用型减速器有所下降。

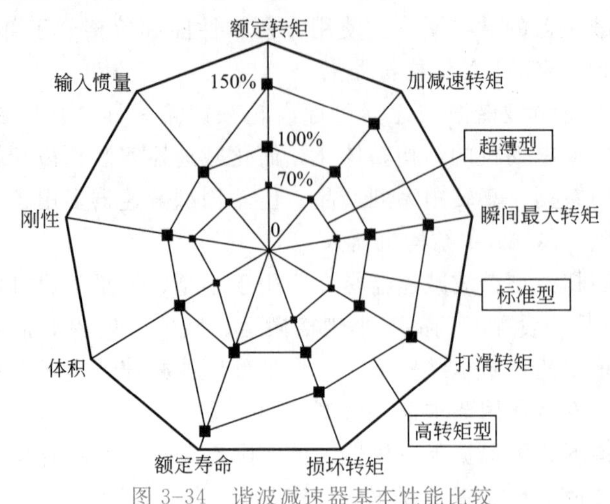

图 3-34 谐波减速器基本性能比较

3.6 工业机器人的 RV 减速器

工业机器人所有核心零部件中，其中本体占 22%、伺服系统占 25%、减速器占 38%、控制系统占 10%，其他约占 5%。所以，精密减速机是最为关键的，为什么工业机器人需要减速器呢？工业机器人在执行工作时一般是做重复的动作，因此为保证工业机器人在生产中能够可靠有序地完成工序任务并确保工艺质量，需要对工业机器人的定位精度和重复定位精度有较高的要求。使用 RV 减速器或谐波减速器就可以提高和确保工业机器人的精度。

3.6.1 RV 减速器结构原理及产品

1. 技术起源

RV 减速器是旋转矢量减速器的简称。RV 减速器是在传统的摆线针轮、行星齿轮传动装置的基础上，研发出来的一种新型传动装置。与谐波减速器一样，RV 减速器实际上既可用于减速，也可用于升速，但由于其传动比很大（通常为 30～260），因此，在工业机器人、数控机床等产品上应用时，一般较少用于升速，故习惯上称为 RV 减速器。

RV 减速器由日本 Nabtesco Corporation（纳博特斯克公司）的前身——日本的 Teijin Seiki（帝人制机）公司于 1985 年率先研制，并获得了日本的专利；从 1986 年开始商品化生产和销售。

帝人制机公司是日本著名的纺织机械、液压、包装机械生产企业，1945 年开始从事化纤、纺织机械的生产；1955 年后，开始拓展航空产品、包装机械、液压等业务；20 世纪 70 年代起开始研发和生产挖掘机的核心部件——低速、高转矩液压马达和减速器。80 年代初，该公司应机器人制造商的要求，对摆线针轮减速器进行了结构改进，并取得了 RV 减速器专利；1986 年开始批量生产和销售。从此，RV 减速器开始成为工业机器人关节驱动的核心部件，在工业机器人上得到了极为广泛的应用。

与传统的齿轮传动装置比较，RV 减速器具有传动刚度高、传动比大、惯量小、输出转矩大，以及传动平稳、体积小、抗冲击力强等诸多优点；它与同规格的谐波减速器比较，其结构刚性更好、惯量更小、使用寿命更长。因此，被广泛用于工业机器人、机床、医疗检测设备、卫星接收系统等领域。

RV 减速器的内部结构比谐波减速器复杂得多，其内部通常有 2 级减速机构，其传动链较长、间隙较大，传动精度一般不及谐波减速器；此外，RV 减速器的生产制造成本也较高，维护和修理均较为困难。因此，在工业机器人上，它多用于机器人机身上的腰、上臂、下臂等大惯量、高转矩输出关节的回转减速，在大型搬运和装配工业机器人上，手腕有时也采用 RV 减速器驱动。

2. 基本结构

RV 减速器的基本结构如图 3-35 所示。减速器由芯轴、端盖、针轮、输出法兰、行星齿轮、曲轴组件、RV 齿轮等部件构成。

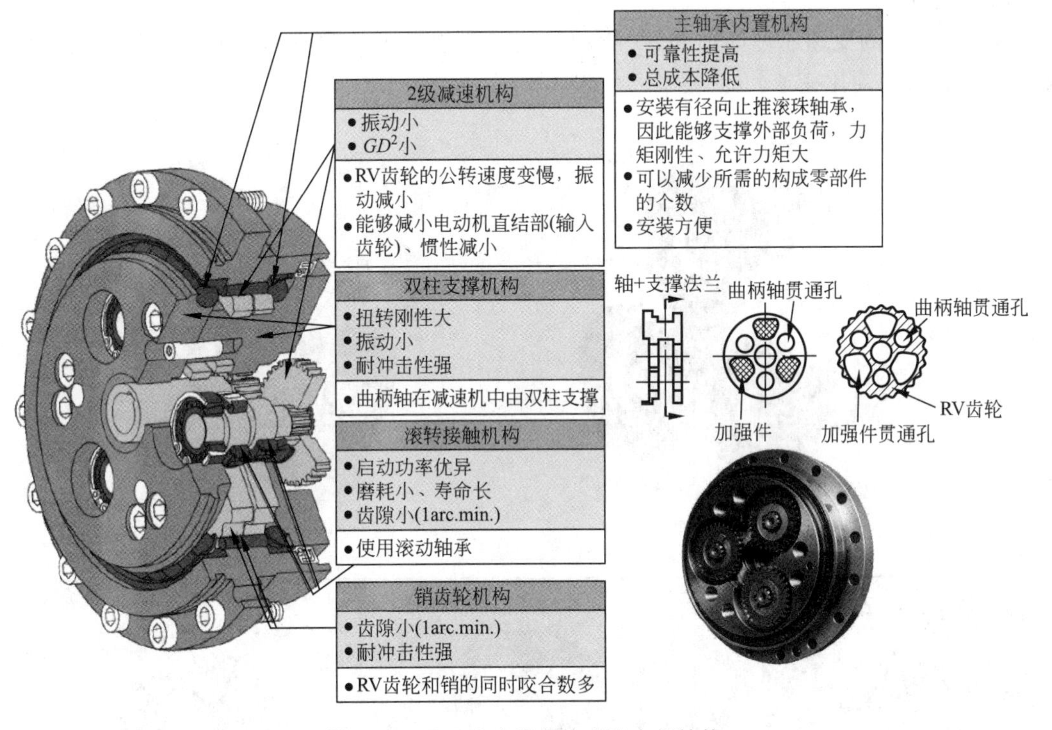

图 3-35　RV 减速器的外观及内部结构

RV 减速器的径向结构可分为 3 层，由外向内依次为针轮层、RV 齿轮层（包括端盖、输出法兰和曲轴组件）、芯轴层；3 层部件均可独立旋转。针轮实际上是一个内齿圈，其内侧加工有针齿；外侧加工有法兰和安装孔，可用于减速器的安装固定。中间层的端盖和输出法兰（也称输出轴），通过定位销及连接螺钉连成一体；两者间安装有驱动 RV 齿轮摆动的曲轴组件；曲轴内侧套有两片 RV 齿轮。当曲轴回转时，两片 RV 齿轮可在对称方向进行摆动；故 RV 齿轮又称为摆线轮。

里层的芯轴形状与减速器的传动比有关，传动比较大时，芯轴直接加工成齿轮轴；传动比较小时，它是一根套有齿轮的花键轴。芯轴上的齿轮称为太阳轮。用于减速时，芯轴一般连接驱动电动机轴输入，故又称为输入轴。太阳轮旋转时，可通过行星齿轮驱动曲轴旋转、带动 RV 齿轮摆动。

太阳轮和行星齿轮间的变速是 RV 减速器的第 1 级变速，称为正齿轮变速。减速器的行星齿轮和曲轴组件的数量与减速器规格有关，小规格减速器一般布置 2 对，中大规格减速器布置 3 对，它们可在太阳轮的驱动下同步旋转。

RV 减速器的曲轴组件是驱动 RV 齿轮摆动的轴，它和行星齿轮间一般为花键连接。曲轴组件的中间部位为 2 段偏心轴，RV 齿轮和偏心轴间安装有滚针；当曲轴旋转时，它们可分别驱动 2 片 RV 齿轮，进行 180°对称摆动。曲轴组件的径向载荷较大，因此，它需要用一对安装在端盖和法兰上的圆锥滚柱轴承支承。

RV 齿轮和针轮利用针齿销传动。当 RV 齿轮摆动时，针齿销可推动针轮缓慢旋转。RV 齿轮和针轮构成了减速器的第 2 级变速，即差动齿轮变速。

3. 变速原理

RV 减速器的变速原理如图 3-36 所示，减速器通过正齿轮变速、差动齿轮变速 2 级变速，实现了大传动比变速。

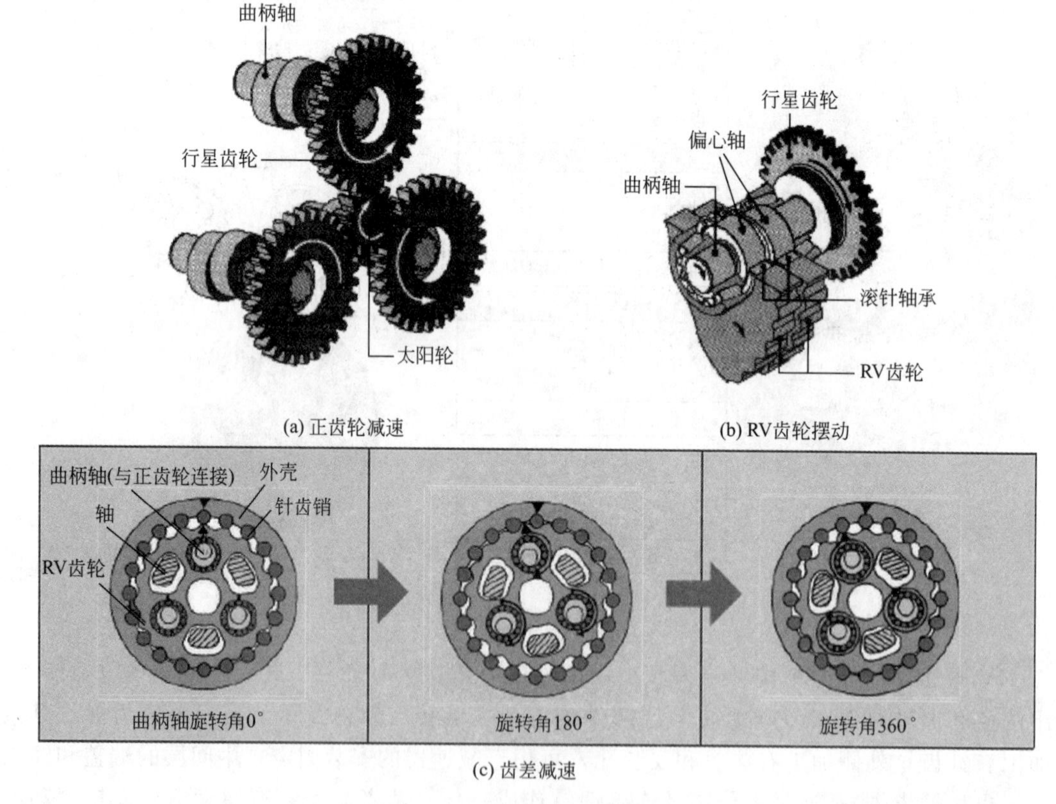

(a) 正齿轮减速　(b) RV齿轮摆动

(c) 齿差减速

图 3-36　RV 减速器变速原理

(1) 正齿轮变速。正齿轮减速原理如图 3-36 (a) 所示，它是由行星齿轮和太阳轮实现的齿轮变速，假设太阳轮的齿数为 Z_1、行星齿轮的齿数为 Z_2，行星齿轮输出/芯轴输入的转速比（传动比）为 Z_1/Z_2、转向相反。

(2) 差动齿轮变速。当行星齿轮带动曲轴回转时，曲轴上的偏心段将带动 RV 齿轮做

图 3-36（b）所示的摆动。因曲轴上的 2 段偏心轴为对称布置，故 2 个 RV 齿轮可在对称方向同时摆动。

图 3-36（c）为其中的 1 片 RV 齿轮的摆动情况，另一片的摆动过程相同，但相位相差 180°。由于减速器的 RV 齿轮和壳体针轮之间安装有针齿销，RV 齿轮摆动时，针齿销将迫使 RV 齿轮沿针轮的齿逐齿回转。

如果 RV 减速器的 RV 齿轮固定、芯轴连接输入、针轮连接输出，并假设 RV 齿轮的齿数为 Z_3，针轮的齿数为 Z_4（齿差为 1 时 $Z_4-Z_3=1$）。当偏心轴带动 RV 齿轮顺时针旋转 360°时，RV 齿轮的 00 基准齿和针轮基准位置间将产生 1 个齿的偏移；相对于针轮而言，其偏移角度为

$$\theta=\frac{1}{Z_4}\times 360°$$

因此，针轮输出/曲轴输入的转速比（传动比）为 $i=1/Z_4$；考虑到行星齿轮（曲轴）输出/芯轴输入的转速比（传动比）为 Z_1/Z_2，故可得到减速器的针轮输出/芯轴输入的总转速比（总传动比）为

$$i=\frac{Z_1}{Z_2}\cdot\frac{1}{Z_4}$$

由于 RV 齿轮固定时，针轮和曲轴的转向相同、行星轮（曲轴）和太阳轮（芯轴）的转向相反，故最终输出（针轮）和输入（芯轴）的转向相反。

但是，当减速器的针轮固定、芯轴连接输入、RV 齿轮连接输出时，情况有所不同。因为，通过芯轴的（Z_2/Z_1）×360° 逆时针回转，可驱动曲轴产生 360°的顺时针回转，使得 RV 齿轮的 0°基准齿相对于固定针轮的基准位置，产生 1 个齿的逆时针偏移，即 RV 齿轮输出的回转角度为

$$\theta_0=\frac{1}{Z_4}\times 360°$$

同时，由于 RV 齿轮套装在曲轴上，当 RV 齿轮偏转时，也将使曲轴的中心逆时针偏转 θ_0；因曲轴中心的偏转方向（逆时针）与芯轴转向相同，因此，相对于固定的针轮，芯轴所产生的相对回转角度为

$$\theta_i=\left(\frac{Z_2}{Z_1}+\frac{1}{Z_4}\right)\times 360°$$

所以，RV 齿轮输出/芯轴输入的转速比（传动比）将变为

$$i=\frac{\theta_0}{\theta_i}=\frac{1}{1+\dfrac{Z_2}{Z_1}\cdot Z_4}$$

输出（RV 齿轮）和输入（芯轴）的转向相同。

这就是 RV 减速器差动齿轮变速部分的减速原理。

相反，如果减速器的针轮被固定，RV 齿轮连接输入、芯轴连接输出，则 RV 齿轮旋转时，将迫使曲轴快速回转，起到增速的作用。同样，当减速器的 RV 齿轮被固定，针轮连接输入、芯轴连接输出，针轮的回转也可迫使曲轴快速回转，起到增速的作用。

这就是 RV 减速器差动齿轮变速部分的增速原理。

4. 传动比

通过不同形式的安装，RV 减速器可有图 3-37 所示的 6 种不同使用方法，图 3-37（a）～图 3-37（c）用于减速；图 3-37（d）～图 3-37（f）用于增速。结构图如图 3-38 所示。

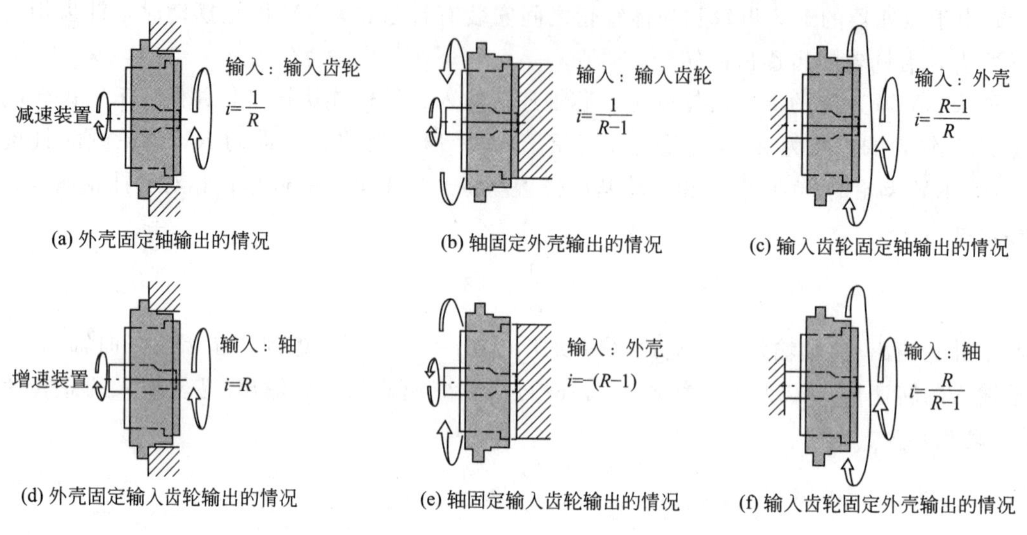

图 3-37 RV 减速器的使用方法

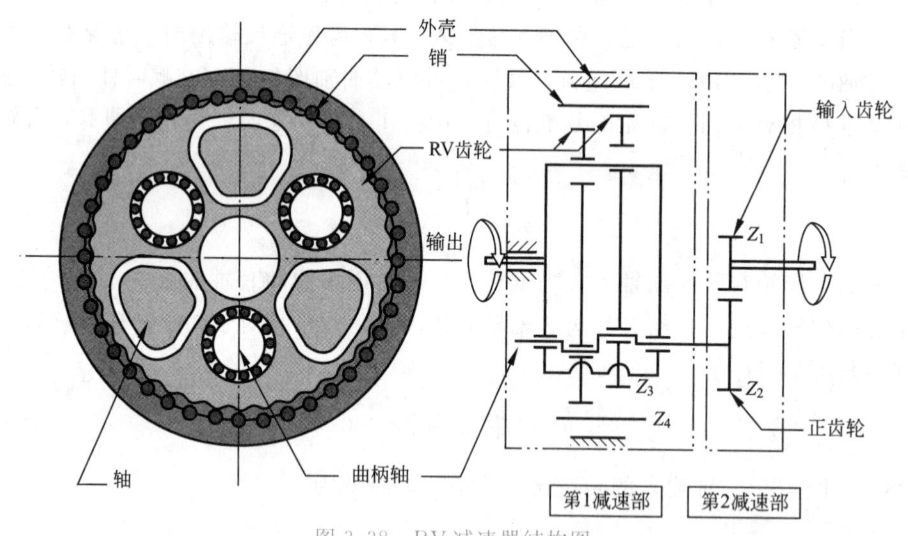

图 3-38 RV 减速器结构图

图 3-37 中 i 表示各种情况下的输入相对应的输出速度比。速度比 i 为正表示输入与输出为相同方向；速度比 i 为负表示输入与输出为相反方向。

在 RV 减速器生产厂家的样本上，一般只给出基本减速比 R，用户使用时，可根据实际安装情况，按照上面的方法计算对应的传动比。

5. 主要特点

由 RV 减速器的结构和原理可见，它与其他传动装置相比，主要有以下特点：

（1）传动比大。RV 减速器设计有正齿轮、差动齿轮 2 级变速，其传动比不仅比传统的普通齿轮、行星齿轮传动、蜗轮蜗杆、摆线针轮传动大，且还可做得比谐波齿轮传动更大。

（2）结构刚性好。减速器的针轮和RV齿轮间通过直径较大的针齿销传动，曲轴采用的是圆锥滚柱轴承支承；减速器的结构刚性好、使用寿命长。

（3）输出转矩高。RV减速器的正齿轮变速一般有2～3对行星齿轮；差动变速采用的是硬齿面多齿销同时啮合，且其齿差固定为1齿，因此，在体积相同时，其齿形可比谐波减速器做得更大、输出转矩更高。

但是，RV减速器的内部结构远比谐波减速器复杂，且有正齿轮、差动齿轮2级变速齿轮，传动间隙较大，其定位精度一般不及谐波减速器。此外，由于RV减速器的结构复杂，它不能像谐波减速器那样直接以部件形式由用户在工业机器人的生产现场自行安装，故其使用也不及谐波减速器方便。

总之，与谐波减速器比较，RV减速器具有传动比大、结构刚性好、输出转矩高等优点，但其传动精度较低、生产制造成本较高、维护修理较困难，因此，它多用于机器人机身上的腰、上臂、下臂等大惯量、高转矩输出关节减速，或用于大型搬运和装配工业机器人的手腕减速。

3.6.2　纳博特斯克产品与性能

1. 公司及产品简况

日本的Nabtesco Corporation公司既是RV减速器的发明者，又是技术领先的RV减速器生产企业，其产品占据了全球60%以上的多关节工业机器人RV减速器市场，以及日本80%以上的数控机床自动换刀装置（ATC）的RV减速器市场。Nabtesco Cor-poration的产品代表了当前RV减速器的最高水平，世界著名的工业机器人几乎都使用其生产的RV减速器。

Nabtesco Corporation由日本的帝人制机（Teijin Seiki）公司和NABCO公司于2003年合并成立的大型企业集团，除RV减速器外，纺织机械、液压件、自动门及航空、船舶、风电设备等，也是该公司的主要产品，简介如下。

Teijin Seiki公司成立于1945年，是日本著名的纺织机械、液压、包装机械生产企业，公司旗下有日本的东洋自动机株式会社、大亚真空株式会社；美国的TeijinSeiki America Inc.（现名Nabtesco Aerospace Inc.）、Teijin Seiki Boston Inc.（现名Har-monic Drive Technologies Nabtesco Inc.）、Teijin Seiki USA Inc.（现名Nabtesco USAInc.）、Teijin Seiki Advanced Technologies Inc.（现名Nabtesco Motion Control Inc.）；德国Teijin Seiki Europe GmbH（现名Nabtesco Precision Europe GmbH）；以上海帝人制机有限公司（现名纳博特斯克液压有限公司）、上海帝人制机纺机有限公司（现名上海铁美机械有限公司）等多家子公司，目前这些公司均已并入Nabtesco Corporation。

NABCO公司成立于1925年，是日本具有悠久历史的著名制动器、自动门和空压、液压、润滑产品生产企业。NABCO公司早期产品以铁路机车、汽车用的空气、液压制动器闻名，公司曾先后使用过日本空气制动器株式会社（1925年）、日本制动机株式会社（1943年）等名称；1949年起，开始生产液压、润滑、自动门、船舶控制装置等产品。NABCO公司的液压和气动阀、油泵、液压马达、空压机、油压机、空气干燥器是机电设备制造行业的著名产品；NABCO公司的自动门是地铁、高铁、建筑行业的名牌。江苏纳博特斯克液压有限公司、江苏纳博特斯克今创轨道设备有限公司、上海纳博特斯克船舶有限公司，都是原NABCO公司在液压机械、铁路车辆机械、船舶机械方面的合资公司。

在RV减速器产品方面，RV基本型减速器是Teijin Seiki公司1986年研发的传统产品；20世纪80年代末、90年代初，公司又相继推出了改进型的RV A，RV AE系列产品；90年代中后期，推出了中空轴的RV C、标准型的RV E等系列产品。Teijin Seiki公司和NABCO公司合并后，Nabtesco Corporation公司先后推出了目前主要生产和销售的RV N紧凑型、GH高速型、RD2齿轮箱型、RS扁平型、回转执行器，又称伺服执行器等一系列的新产品。

2. 产品系列

根据产品的基本结构形式，Nabtesco Corporation公司目前常用的RV减速器主要有部件型、齿轮箱型，RV减速器/驱动电动机集成一体化的回转执行器三大类。

Nabtesco Corporation回转执行器又称伺服执行器，这是一种RV减速器和驱动电动机集成型减速单元，它与Harmonic Drive System回转执行器的区别仅在于减速器的结构，其他的特点、功能、用途均类似；由于其实际用量不大，本书不再对此进行专门介绍。Nabtesco Corporation部件型、齿轮箱型RV减速器是工业机器人的常用产品，产品的分类情况如图3-39所示。

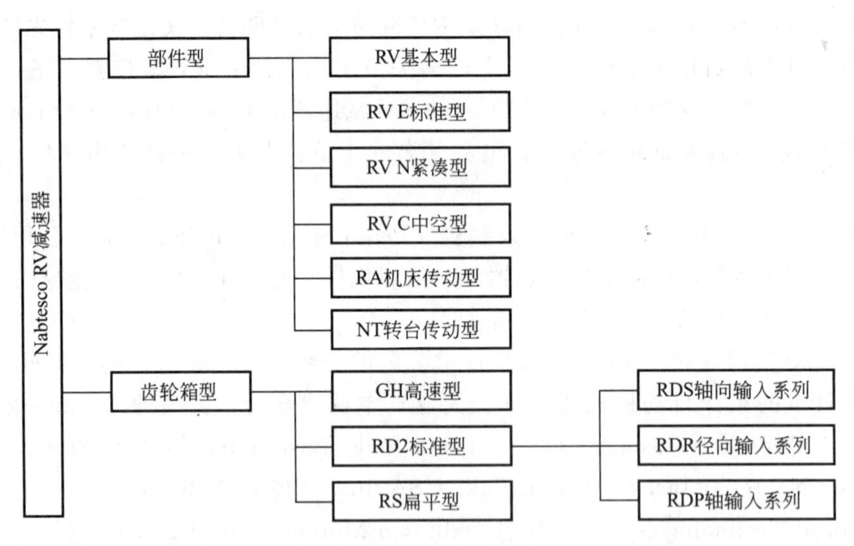

图3-39 RV减速器的分类

（1）部件型RV减速器。这是以功能部件形式提供的产品，用户不能自行组装，从这一意义上说，其安装和使用方法相当于Harmonic Drive System的单元型谐波减速器。在部件型减速器中，RV基本型减速器采用图3-34所示的基本结构，这种减速器无外壳和输出轴承，减速器的安装固定和输入/输出连接由针轮、输入轴、输出法兰实现；针轮和输出法兰间的支承轴承需要用户自行安装。

部件型的RA和NT型减速器是专门用于数控车床刀架、加工中心自动换刀装置（Au-to-matic Tool Changer，ATC）以及工作台自动交换装置（Automatic Pallet Changer，

APC）的 RV 减速器，减速器的基本结构与 RV E 标准型类似，但其结构刚性更好、承载能力更强。RV E 标准型、RV N 紧凑型、RV C 中空型是工业机器人当前常用的产品，减速器的外形如图 3-40 所示。RV E 标准型减速器采用的是当前 RV 减速器常用的标准结构，减速器带有外壳和输出轴承及用于减速器安装固定、输入/输出连接的安装法兰、抽入轴/箱出法兰；输出法兰和壳体可以同时承受径向及双向轴向载荷、直接驱动负载。

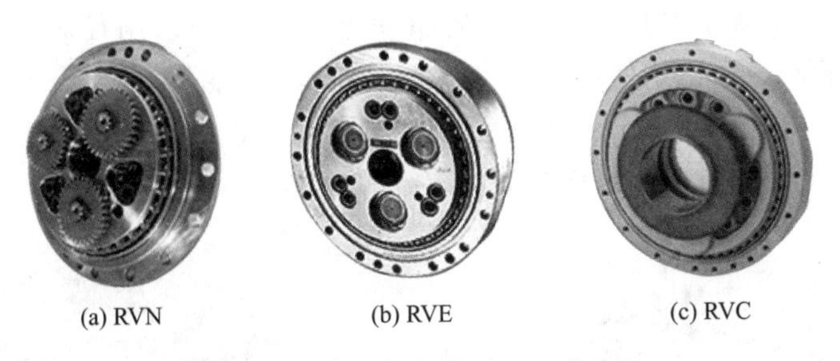
(a) RVN　(b) RVE　(c) RVC

图 3-40　常用的部件型 RV 减速器

RV N 紧凑型减速器是在 RV E 标准型减速器的基础上派生的轻量级、紧凑型产品，同规格的 RV N 型减速器的体积和质量，分别比 RV E 标准里减少了 8%～20%和 16%～36%；它是 Nablesco Corporation 当前推荐的新产品。

RV C 中空型减速器采用了大直径、中空结构，减速器的输入轴和太阳轮需要选配或由用户自行设计、制造和安装。中空型减速器的中空部分可用来布置管线．故多用于工业机器人手腕、SCARA 机器人等中间关节的驱动。

（2）齿轮箱型减速器。其设计有直接连接驱动电动机的安装法兰和电动机轴的连接部件，它可像齿轮减速箱一样，直接安装和连接驱动电动机，实现减速器和驱动电动机的结构整体化，以简化减速器的安装。

RD2 标准型减速器是早期 RD 系列减速器的改进型产品，它对壳体、电动机安装法兰、输入轴连接部件进行了整体设计，使之成为一个可直接安装驱动电动机的完整减速器单元。为了便于使用，RD2 型减速器与驱动电动机的安装形式有图 3-41 所示的轴向（RDS 系列）、径向（RDR 系列）和轴连接（RDP 系列）3 类；每类又分实心芯轴和中空芯轴 2 个系列，它们分别是 RV E 标准型和 RV C 中空轴型减速器的齿轮箱化产品。

(a) RDS　(b) RDR　(c) RDP

图 3-41　RD2 标准型减速器

GH 高速型减速器的外形如图 3-42 所示。这种减速器的愉出转速较高、总减速比较小，其第一级正齿轮基本不起减速作用，因此，其太阳轮直径较大，故多采用芯轴和太阳轮分离型结构，两者通过花键进行连接。GH 型减速器芯轴的输入轴连接形式为标准轴孔；RV 齿轮的输出连接形式有输出法兰、输出轴两种，用户可根据需要选择。GH 型减速器的减速比一般只有 10～30，其额定愉出转速为标准型的 3.3 倍，过载能力为标准型的 1.4 倍，故常用于转速相对较高的工业机器人上臂、手腕等关节驱动。

RS 扁平型减速器的外形如图 3-43 所示。RS 型减速器为 Nabtesco Corporation 公司近年开发的新产品，为了减小厚度，减速器的驱动电动机统一采用径向安装，芯轴为中空。RS 扁平型减速器的额定输出转矩高（可达 8 820 N·m）、额定转速低（一般为 10 r/min）、承载能力强（载重可达 9 000 kg），故可用于大规格搬运、装卸、码垛工业机器人的机身、中型机器人的腰关节，以及回转工作台等的重载驱动。

图 3-42　GH 高速型减速器

图 3-43　RS 扁平型减速器

小　　结

工业机器人的机械结构部分称为操作机。通常用自由度、工作空间、额定负载、定位精度、重复定位精度和最大工作速度等技术指标来表征工业机器人操作机的性能。

工业机器人通常由操作机、控制器和示教器三部分组成。操作机是机器人赖以完成各种作业的主体部分，一般由机械臂、驱动-传动装置以及内部传感器等组成。控制器是完成机器人控制功能的结构实现，一般由控制计算机和伺服控制器组成。示教器是机器人的人机交互接口，主要由显示屏和按键组成。

工业机器人的结构形态主要包括垂直串联、水平串联、并联三大类。机器人的运动主要包括整体回转（腰关节）、下臂摆动（肩关节）、上臂摆动（肘关节）及手腕运动。工业机器人的手腕主要作用是改变末端执行器的姿态，其手腕结构形式常用有 RRR 结构、BRR 结构。

工业机器人的机械核心部件制造需要有特殊的工艺和加工、检测设备，目前一般都由专业生产厂家进行标准化生产，机器人生产厂家只需要根据机器人的性能要求，选购相应的标准产品。机械核心通常都为运动部件，为了保证其工作可靠，维护显得十分重要；此外，在工业机器人使用过程中，如出现机械核心部件的损坏，就需要对其进行整体更换、重新安装及调整。因此，机械核心部件的安装与维护是工业机器人生产制造、使用、维护维修的重要内容，本书将对此进行详细介绍。

减速器在工业机器人的机械核心部件中，减速器是工业机器人所有回转运动关节都必须使用的关键部件。基本上，减速器的输出转速、传动精度、输出转矩和刚性，实际上就是工业机器人对应运动轴的运动速度、定位精度、承载能力。因此，工业机器人对减速器的要求非常高，传统的普通齿轮减速器、行星齿轮减速器、摆线针轮减速器等都不能满足工业机器人高精度、大比例减速的要求。为此，它需要使用专门设计的特殊减速器。

工业机器人目前使用的减速器基本上只有谐波减速器和RV减速器两种。谐波减速器的结构简单、传动精度高、安装方便，但输出转矩相对较小，故多用于机器人的手腕驱动。RV减速器的刚性好、输出转矩大，但结构复杂、传动精度较低，故多用于机器人的机身驱动。

第 4 章

工业机器人的操作

使用工业机器人时，操作人员必须能够对机器人进行操作和编程调试。进行机器人示教，需要操作者能够使用示教器，完成机器人基本运动操作：而为使机器人能够进行再现，就必须把机器人工作单元的作业过程用机器人语言编成程序。当然，在操作机器人之前还必须严格遵守相关安全操作规程。

4.1 基本操作

本节主要介绍工业机器人的基本操作，下面以 ABB 工业机器人为例进行说明。

4.1.1 安全操作规程

在操作机器人之前必须严格遵守相关的安全作业规程，避免操作人员受到伤害和机器人设备等受到损坏。

安全作业规程一般可以分为两类：行业安全操作规程和机器人的安全操作规程。

1. 行业安全操作规程

（1）必须穿工作服。

（2）必须穿安全鞋、戴安全帽等安全防护用品。

（3）严禁将内衣、衬衫、领带等露在工作服外。

（4）严禁戴大号耳饰、挂饰等。

（5）各种设备、机器人的操作必须严格遵守相关的安全操作说明和规定。

（6）当电气设备（例如机器人或控制器）起火时，应使用二牡化碳灭火器，切勿使用水或泡沫灭火。

2. 机器人的安全操作规程

（1）操作机器人之前：

① 禁止强制扳动、悬吊、骑坐机器人，以免造成人员伤害或者设备损坏。

② 禁止倚靠在机器人或控制器上，禁止随意按动开关或者按钮，以免造成人员伤害或者设备损坏。

③ 未经许可，非操作人员不能擅自进入机器人工作区域。

（2）示教和手动操作机器人时：

① 示教时不允许戴手套。

② 操作人员进入机器人工作区域时，需随身携带示教器，以防他人误操作。

③ 示教前，需仔细确认示教器的安全保护装置是否能够正常工作，如“急停键”、“安全开关”等。

④ 在手动操作机器人时，要采用较低的速度倍率以增强对机器人的控制。

⑤ 在按下示教器上的“轴操作键”之前要考虑到机器人的运动趋势，判断机械臂是否能碰撞到周边物体等。

⑥ 要预先考虑好避让机器人的运动轨迹，并确认该路径不受干扰。

⑦ 在察觉到有危险时，立即按下“急停键”，停止机器人运转。

（3）再现和生产运行时：

① 机器人处于自动模式时，严禁进入机器人本体动作范围。

② 在运行作业程序时，须知道机器人根据所编程序将要执行的全部任务。

③ 必须知道所有能影响机器人移动的开关、传感器和控制信号的位置和状态。

④ 必须知道机器人控制器和外围控制设备上的“急停键”的位置，准备在紧急情况下按下这些按钮。

⑤ 一定不要认为机器人停止移动，其程序就已经完成，此时机器人很可能是在等待让它继续移动的输入信号。

4.1.2　项目实施基本流程

工业机器人项目在实施过程主要有 8 个环节：项目分析、机器人组装、零点校准、工具坐标系建立、工件坐标系建立、I/O 信号配置、编程和自动运行，其流程如图 4-1 所示。

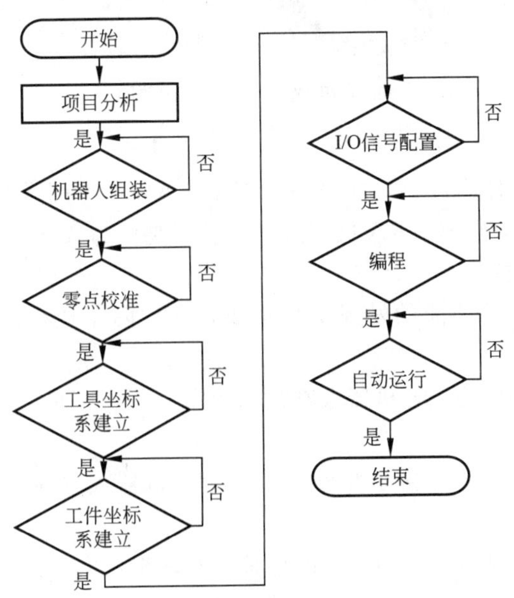

图 4-1　工业机器人项目实施的基本流程

其中，在项目分析阶段需要考虑机器人选型、现场布局、设备间通信等。在项目具体实施过程中，有时根据实际需要，I/O 信号配置阶段可以放在工具坐标系建立阶段之前进行。I/O 信号配置的相关内容可参考对应工业机器人的操作手册或使用说明书。

4.1.3 首次组装工业机器人

1. 拆箱

工业机器人出厂时是完整装箱，需要通过专业的拆卸工具将其打开。在组装机器人之前，请确认装箱清单。工业机器人标准配置的装箱清单一般包括：操作机、控制器、示教器、编码器电缆、电动机动力电缆、电源电缆和使用说明书及资料光盘。图 4-2 所示为 ABB-IRB120 机器人标准配置的装箱清单。

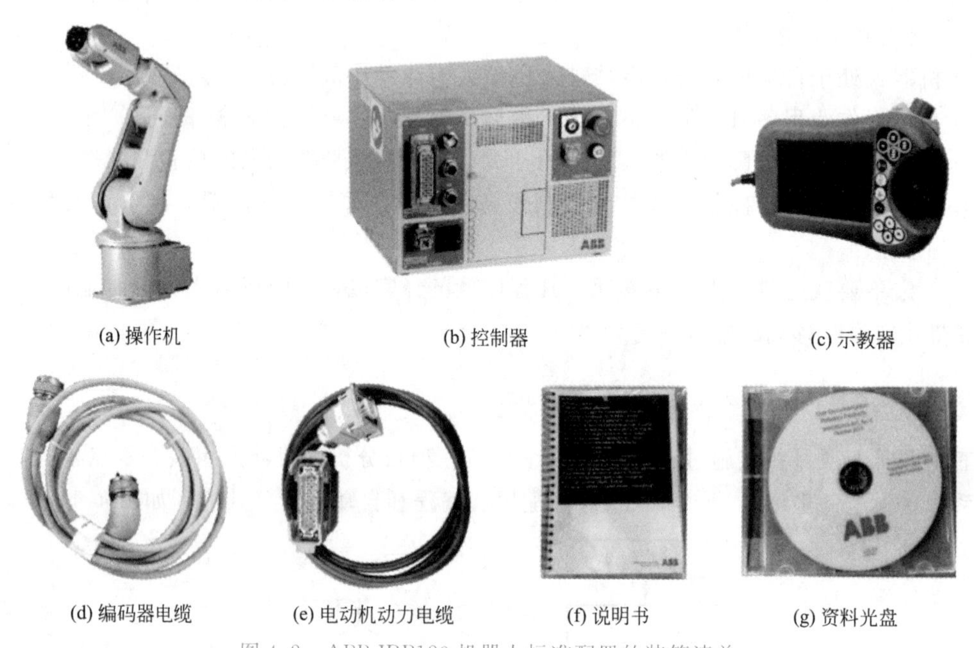

(a) 操作机　(b) 控制器　(c) 示教器　(d) 编码器电缆　(e) 电动机动力电缆　(f) 说明书　(g) 资料光盘

图 4-2　ABB-IRB120 机器人标准配置的装箱清单

各大厂商的标准配置略有区别，如 ABB、YASKAWA 等机器人的电源电缆是作为选配件，EPSON、YAMAHA 等 SCARA 机器人的示教器是作为选配件。

2. 机器人的安装方式

工业机器人的安装对其功能的发挥十分重要，在实际工业生产中常见的安装方式有 4 种，如图 4-3 所示。

没有特别说明，本书中的工业机器人都是采用图 4-3（a）的方式安装固定。

3. 电缆线连接

机器人系统之间的电缆线连接主要分 3 种情况：机器人本体与控制器、示教器与控制器、电源与控制器。

（1）机器人本体与控制器。它们之间的连接线有两根：电动机动力电缆和编码器电缆。

（2）示教器与控制器。示教器电缆线一端连接至示教器的电缆线连接器，另一端连接控制器上示教器电缆接口。

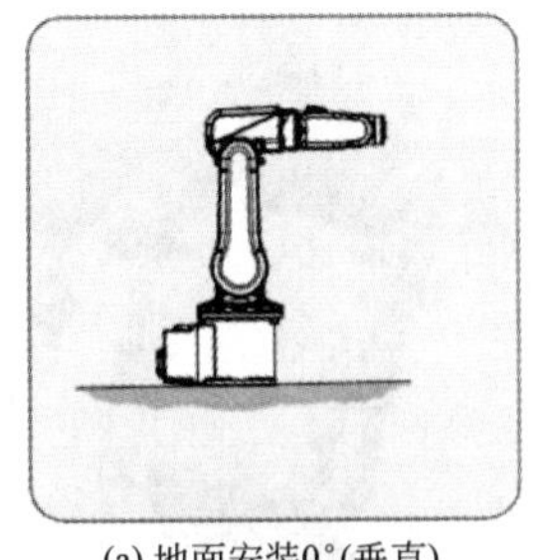

(a) 地面安装0°(垂直)

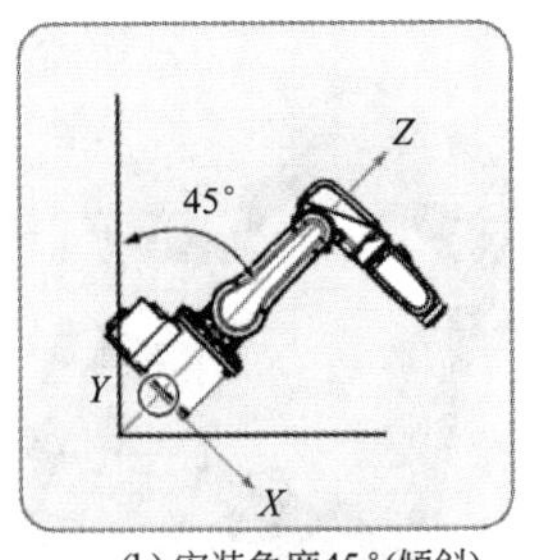

(b) 安装角度45°(倾斜)

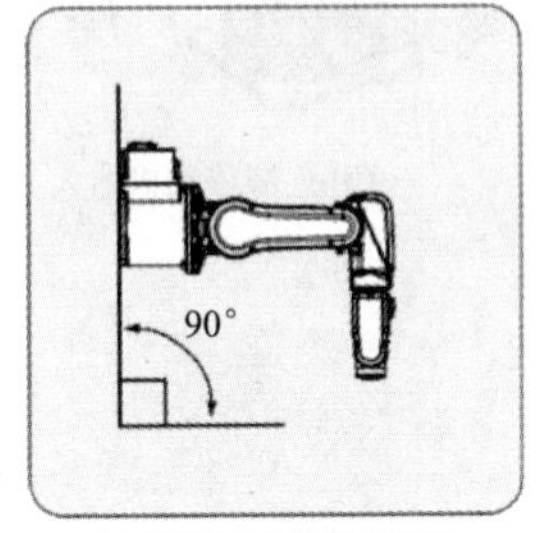

(c) 安装角度90°(壁挂)

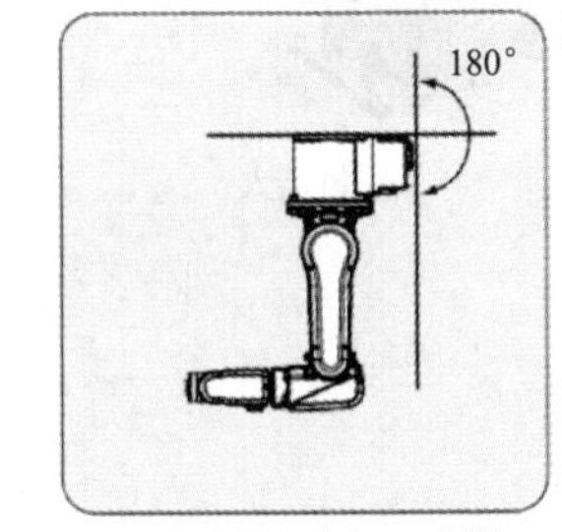

(d) 安装角度180°(悬挂)

图 4-3　工业机器人常用的安装方式

(3) 电源与控制器。将控制器的电源电缆接口按要求连接至 220 V 或者 380 V 电源。

各大厂商机器人系统之间的连接电缆线有明显区别，其具体连接方式要严格遵循机器人操作手册或使用说明书，按照接线要求连接，注意插口的使用方法。

4.2　手动操纵

进行机器人示教，必须能够手动操纵工业机器人，而在手动操纵机器人之前，操作人员需要了解机器人本体轴的基本移动方式，掌握机器人的运动模式。

4.2.1　移动方式

手动操纵机器人运动时，其移动方式有两种：点动和连续移动。

1. 点动

点动机器人就是点按/微动“轴操作键”来移动机器人手臂的方式。每点按或微动“轴操作键”一次，机器人移动一小段距离，如图 4-4（a）所示。

点动机器人主要用在示教时离目标位置较近的场合。通过点动，机器人可以小幅度移动，以确保能够精确运动至目标位置点。

2. 连续移动

与点动机器人操作类似，连续移动机器人则是长按/拨动“轴操作键”来移动机器人手臂，如图 4-4 所示。

连续移动机器人主要用在示教时离目标位置较远的场合。在实际应用中，通常是先通过连续移动，将机器人末端执行器大幅度、快速地移动到目标位置附近，然后通过点动，小范围移动末端执行器至目标点。

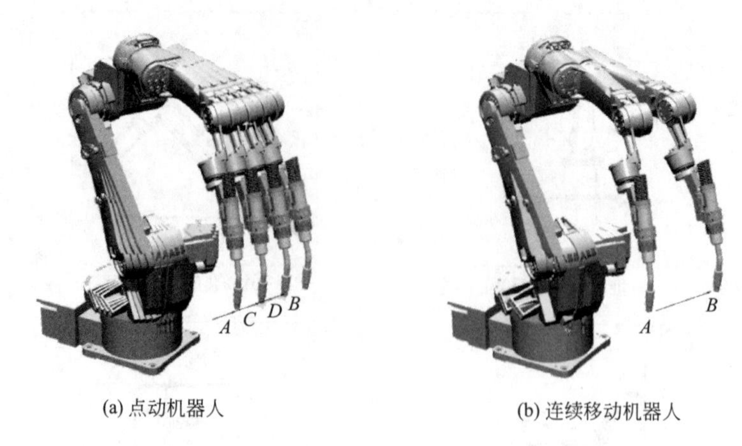

(a) 点动机器人　　(b) 连续移动机器人

图 4-4　工业机器人移动方式

4.2.2　运动模式

机器人手动操纵的运动模式有 3 种：单轴运动、线性运动和重定位运动。

1. 单轴运动

一般来说，工业机器人有多少个关节轴，就有多少个伺服电动机，每个伺服电动机驱动对应的一个关节轴，而每次手动只操作机器人某一个关节轴的转动，就称为单轴运动，如图 4-5（a）所示。单轴运动是只有在机器人关节坐标系下才有的运动模式。

单轴运动在一些特殊场合使用时更方便操作，例如，在进行伺服编码器角度更新时可以用单轴运动的操作；当机器人出现机械限位和软件限位，即机器人超出运动范围而停止时，可以利用单轴运动进行手动操纵，将机器人移动到合适的位置。单轴运动在进行粗略定位和比较大幅度的移动时，会比其他手动操纵模式更快捷方便。

2. 线性运动

机器人的线性运动是指机器人工具中心点（TCP）在空间中作线性运动，如图 4-5（b）所示。

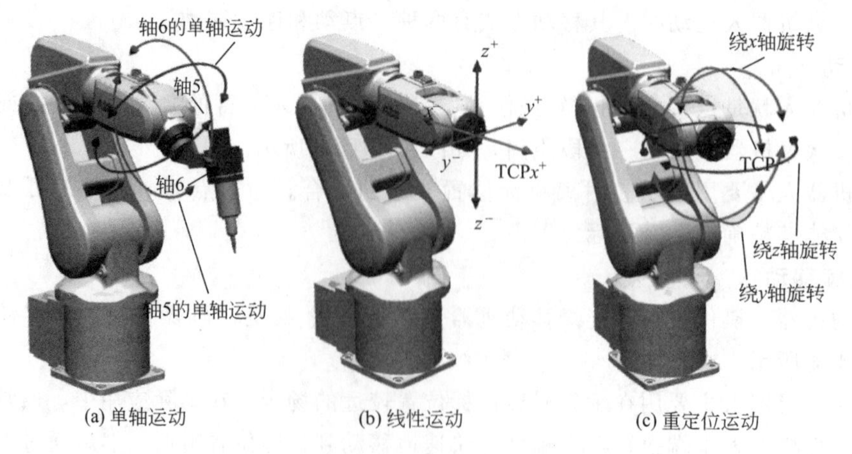

(a) 单轴运动　　(b) 线性运动　　(c) 重定位运动

图 4-5　机器人手动操纵的运动模式

机器人作线性运动时需要指定坐标系，如基坐标系、工具坐标系和工件坐标系。当指定了某个坐标系后，线性运动就是机器人 TCP 在该坐标系下沿 x、y、z 由方向上的直线运动，其移动幅度一般较小，适合较为精确的定位和移动。

3. 重点位运动

机器人的重定位运动是指机器人 TCP 在空间绕着对应的坐标轴旋转的运动，也可以理解为机器人绕着 TCP 作姿态调整的运动，如图 4-5（c）所示。重定位运动的手动操作能更全方位地移动和调整 TCP 的姿态，经常用于检验建立的工具坐标系是否符合要求。

4.2.3　操作流程

无论采取哪种方式手动操纵机器人运动，其基本操作流程都可归纳为：操作前的准备和手动操纵机器人，如图 4-6 所示。需要注意的是，手动操纵机器人移动时，机器人的运动数据不会被保存。

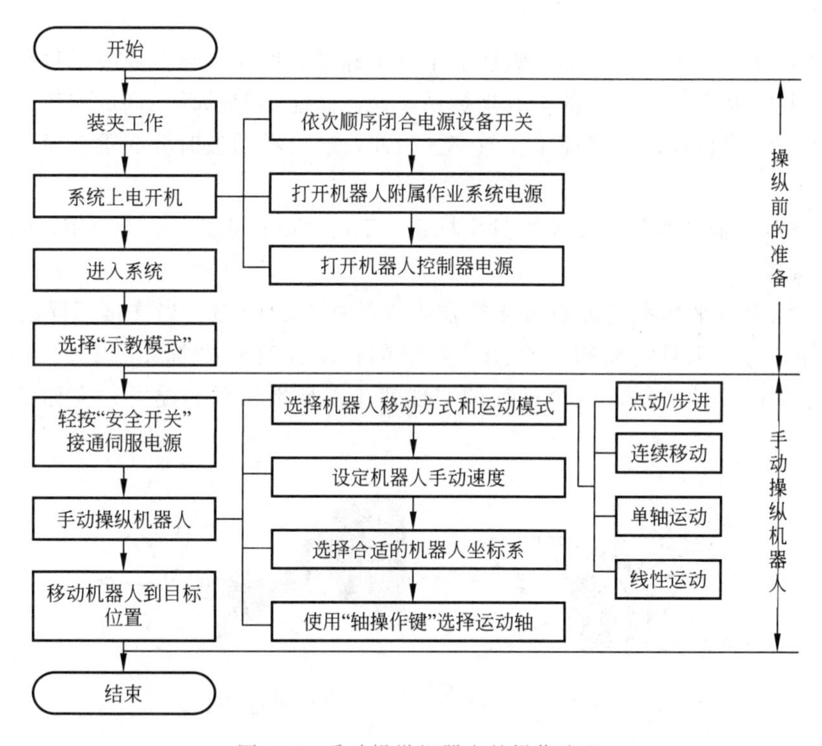

图 4-6　手动操纵机器人的操作流程

4.2.4　原点校准

机器人原点校准是指校准机器人各轴机械原点的位置。一般是通过手动操纵机器人，将机器人各轴移至其机械原点位置处，然后更新伺服电动机编码器数据。

通常情况下，工业机器人不需要进行原点校准。但如遇到以下情形，则要进行机器人原点校准：

（1）新购买机器人时，示教器上出现“编码器数据未更新”提示。

（2）更换伺服电动机编码器电池后。

（3）更换机器人本体或控制器后。

（4）系统异常导致编码器数据丢失。

（5）在非操作情况下，机器人关节轴发生变化，如碰撞等。

对于 6 轴机器人而言，一般校准顺序为：第 4 轴→第 5 轴→第 6 轴→第 1 轴→第 2 轴→第 3 轴。反之会使第 4、5、6 轴升高，以至于看不到其原点位置。

4.3 在线示教

在线示教时，操作人员必须预先赋予机器人完成作业所需的信息，主要内容包括工具工件坐标系建立、运动轨迹、作业条件和作业顺序。

4.3.1 工具坐标建立

虽然工业机器人控制系统内部有默认的工具坐标系，但在实际工业应用过程中，一般都会根据具体项目需要重新建立新的工具坐标系，这样做能够使示教、调试和程序修改更加方便快捷，大大缩短项目周期，提高工作效率。因此，建议在示教时养成重新建立新的工具坐标系的习惯。

木书以 ABB 机器人为例，说明工具坐标系（Tool Control Frame，TCF）的建立方法。

1. 建立原理

机器人默认工具坐标系的原点位于机器人连接法兰的中心，当连接不同的工具（如焊枪、激光器等）时，工具需获得一个用户定义的笛卡儿直角坐标系，其原点在用户定义的参考点上，如图 4-7 所示。这个过程的实现就是工具坐标系的建立，又称工具坐标系的标定。

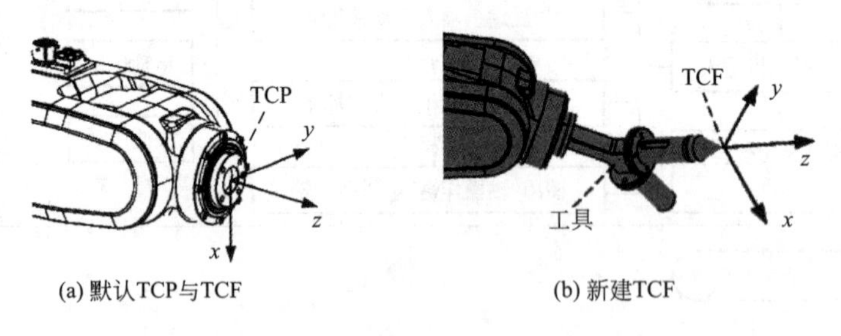

(a) 默认TCP与TCF　　(b) 新建TCF

图 4-7　工业机器人工具坐标系的建立

工业机器人工具坐标系的建立是指将期望新建的工具中心点（TCP）的位置和姿态告诉机器人，指出与机器人末端关节坐标系的关系。目前，工业机器人工具坐标系的建立方法主要有两种：外部基准标定法和多点标定法。

（1）外部基准标定法。该方法只需要使工具对准某一测定好的外部基准点，便可完成建立，建立过程快捷简便。但这类标定方法依赖于机器人外部基准。

（2）多点标定法。绝大部分工业机器人都够完成工具坐标系多点标定。常用的多点标定法有 3 种：4 点法、5 点法和 6 点法，如图 4-8 所示。图 4-8（a）是默认 TCF 点。

(a) 默认TCF

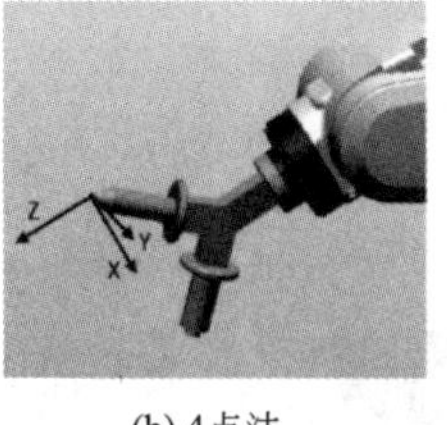
(b) 4点法

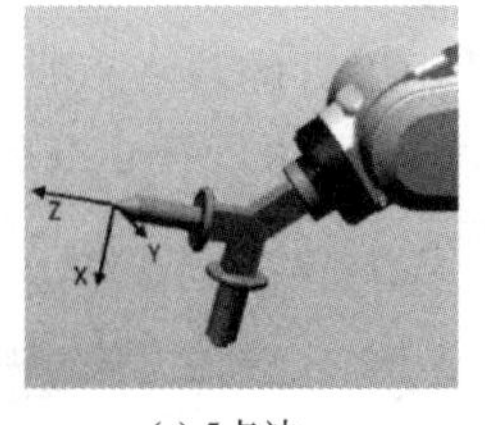
(c) 5点法

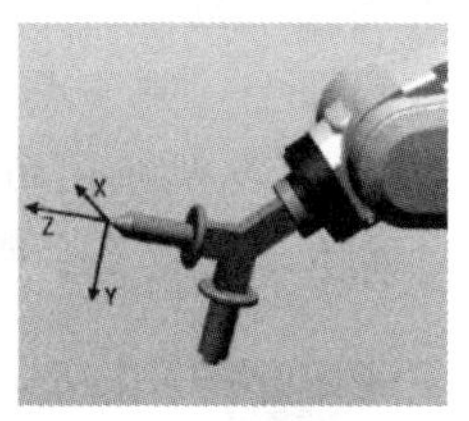
(d) 6点法

图 4-8　常用的多点标定法

4 点法是进行 TCP 位置重新标定，使几个标定点 TCP 位置重合，从而计算出 TCP，即确定工具坐标系原点相对于末端关节坐标系的位置，但新建立的工具坐标系 x 轴、y 轴、z 轴方向与默认的 TCF 方向一致。

5 点法是在 4 点法基础上，除了确定 TCP 位置外，还要使几个标定点之间具有特殊的方位关系，从而计算出工具坐标系 z 轴相对于末端关节坐标系的姿态，即确定新建工具坐标系的 z 轴方向。

6 点法是在 4 点法、5 点法基础上，除了确定 TCP 位置外，还要进行工具坐标系姿态的标定，即确定新建工具坐标系的 z 轴和 x 轴方向，y 轴方向由右手规则确定。这 3 种标定方法的区别如表 4-1 所示。

表 4-1　3 种多点标定法的区别

坐标系定义方法	原点	坐标系方向	主要场合	图例
4 点法	变化	不变	工具坐标方向跟默认 TCF 方向一致	
5 点法	变化	z 轴方向改变	需要工具坐标 z 轴方向与默认 TCF 的 z 轴方向不一致	
6 点法	变化	z 轴和 x 轴方向改变	工具坐标方向需要更改默认 TCF 的 z 轴和 x 轴方向	

以 6 点法为例建立工具坐标系，建立原理如下：

（1）在机器人工作空间内找一个非常精确的固定点作为参考点。

（2）在工具上确定一个参考点（一般选择工具中心点 TCP）。

（3）手动操纵机器人，至少用 4 种不同的工具姿态，将机器人工具上的参考点尽可能与固定点刚好对碰上。第 4 点是用工具的参考点垂直于固定点，第 5 点是工具参考点从固定点向期望设置的 TCF 的轴由负方向移动，第 6 点是工具参考点从固定点向期望设置的 TCF 的 z 轴负方向移动，如图 4-9 所示。

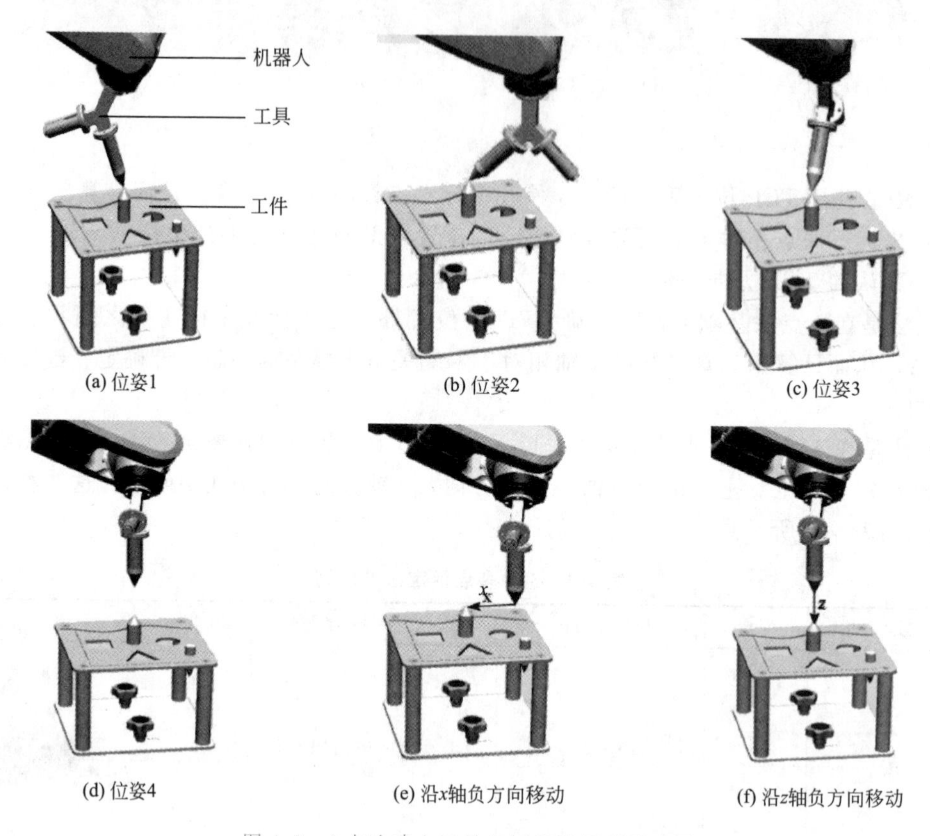

图 4-9　6 点法建立工具坐标系的原理示意图

（4）通过前 4 个位置点的位置数据，机器人控制器就可以自动计算出 TCP 的位置，通过后两个位置点即可确定 TCP 的姿态。

（5）根据实际情况设置工具的质量和重心位置数据。

注意：在参考点附近手动操纵机器人时，要降低速度，以免发生碰撞。

2. 验证工具坐标系

工具坐标系建立完成后，要对新建的坐标系进行重定位验证，这是为了避免工具参考点没有碰到工件固定点上。

重定位验证方法：操纵机器人绕新建工具坐标系的 x 轴、y 轴、z 轴进行重定位运动，检查末端执行器的末端与固定点之间是否存在偏移。

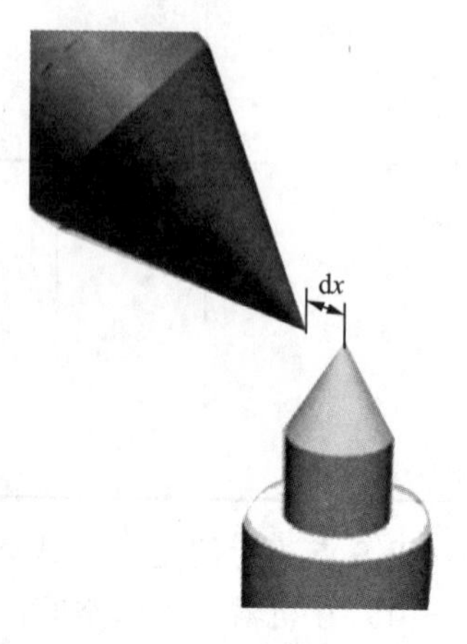

图 4-10　偏移距离

如果没有发生偏移或偏移量很小，则建立的工具坐标系是正确的；如果发生明显偏移（dx 指偏移距离），如图 4-10 所示，则建立的工具坐标系不适用，需要重新建立工具坐标系。

4.3.2　工件坐标建立

1. 建立原理

工件坐标系是定义在对应工件上的坐标系，用于确定该工件相对于其他坐标系的位置。机器人可以拥有若干工件坐标系，用于表示不同工件或者同一个工件在不同位置的若干种情况。工件坐标系建立完成后的效果如图 4-11 所示。

工件坐标系的建立是采用三点法：原点、x 轴方向点柳轴方向点。三点法建立工件坐标系的原理如下：

（1）在工件平面上找一个方便计算其他位置点的固定参考点作为工件坐标系的原点。

（2）手动操纵机器人，用原点和期望建立的工件坐标系 x 轴方向上某一点来确定 x 轴正方向，用原点和期望建立的工件坐标系 y 轴方向某一点来确定 y 轴正方向，如图 4-12 所示。

（3）根据笛卡儿直角坐标系的右手规则，就可以确定 z 轴正方向，从而得到工件坐标系。

图 4-11　工件坐标系效果图

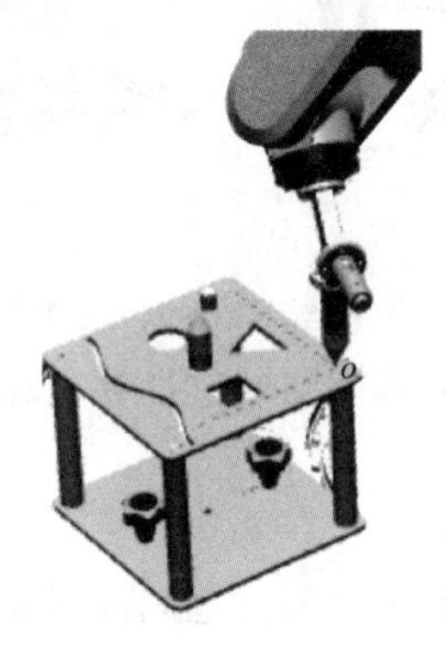

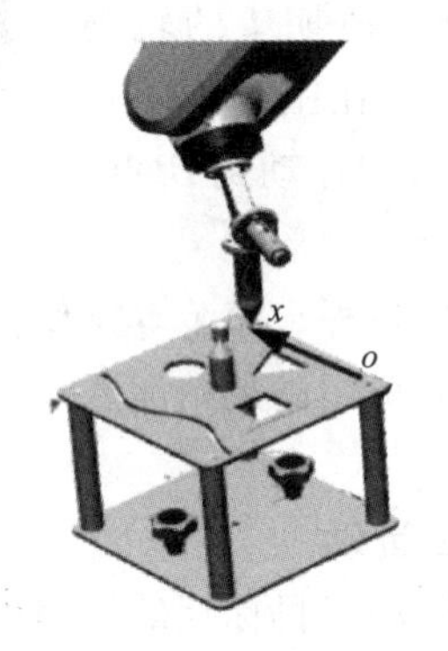

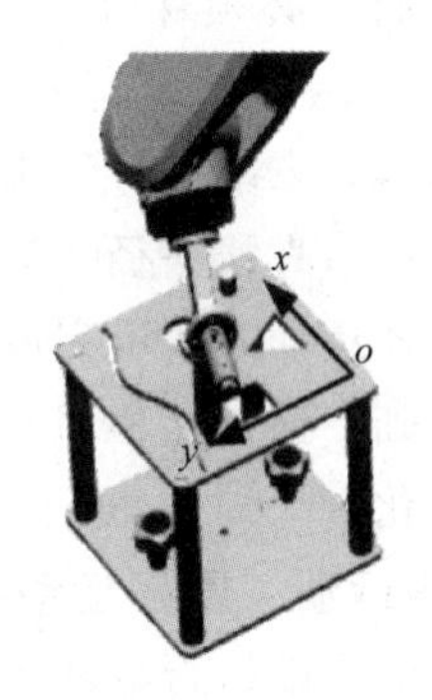

图 4-12　三点法建立工件坐标系的原理示意图

2. 验证工件坐标系

工件坐标系建立完成后，需要利用机器人线性运动对新建的坐标系进行验证，操作步骤如下：

（1）将示教系统中的工具、工件坐标系分别修改成新建立的工具、工件坐标系。

（2）手动操纵机器人，将工具坐标系原点移至工件坐标系原点位置。

（3）选择“线性运动”模式，手动操纵机器人。

（4）沿 x 轴正方向移动，观察机器人行走路径是否沿工件 x 轴边缘移动。

（5）尚轴正方向移动，观察机器人行走路径是否沿工件 y 轴边缘移动。

上述第（4）步、第（5）步中，若机器人沿 x 轴、y 轴边缘移动，则新建的工件坐标系是正确的；否则新建的工件坐标系是错误的，需重新建立工件坐标系。

4.3.3　运动轨迹

运动轨迹是机器人为完成某一作业，工具中心点（TCP）所掠过的路径，它是机器人示教的重点。

工业机器人的运动轨迹分类如下：按运动方式分为两种：点位运动和连续路径运动；按运动路径种类分为直线运动、圆弧运动和曲线运动。

1. 点位运动和连续路径运动

（1）点位运动（Point to Point，PTP）。点位运动只关心机器人末端执行器运动的起始点和目标点位姿，而不关心这两点之间的运动轨迹。这种运动是沿最快速的轨迹移动（一般情况下不是沿直线运动），此时机器人所有轴进行同步转动，因此该运动轨迹不可精确预知。例如，在图4-13中，如果要求机器人末端执行器由A点运动到B点，则机器人的运动路径可以是①～③中的任意一个，这是由机器人控制系统自身决定。但是如果机器人沿路径③运动，可能会出现机器人末端执行器与模块碰撞的情况，所以在有安全隐患的情况下，不能使用点位运动。

图4-13 工业机器人路径运动方式

点位运动方式可以完成无障碍条件下的搬运、点焊等作业操作。

（2）连续路径运动（Continuous Point，CP）。连续路径运动不仅要使机器人末端执行器达到目标点的精度，而且必须保证机器人能沿所期望的轨迹在一定精度范围内重复运动。例如，在图4-13中，如果要求机器人末端执行器由A点直线运动到B点，则机器人只能沿直线路径②运动。

连续路径运动方式可完成机器人弧焊、涂装等操作。机器人连续路径运动的实现是以点位运动为基础，通过在相邻两点之间采用满足精度要求的直线或圆弧轨迹插补运算即可实现轨迹的连续化。

2. 直线运动、圆弧运动和曲线运动

机器人的末端执行器从起始点运动至目标点的过程中，如果这两点之间的运动轨迹是直线，则机器人的运动为直线运动；如果这两点之间的运动轨迹是圆弧，则机器人的运动为圆弧运动；而如果这两点之间的运动轨迹是直线与圆弧的自由组合形式，则机器人的运动为曲线运动。

示教时，不可能将机器人作业运动轨迹上所有的点都示教一遍，这既费时又占用大量的存储空间。实际上，对于有规律的轨迹，原则上仅需示教几个程序点（也称示教点）。例如，直线运动示教起始点和目标点两个程序点；圆弧运动示教起始点、中间点和目标点3个程序点。在具体操作过程中，通常采用PTP方式示教各段运动轨迹的端点，而端点之间的CP运动由机器人控制系统的路径规划模块插补运算产生。

例如，当再现图4-14所示的运动轨迹时，机器人按照程序点1输入的插补方式和再现速度移动至程序点2的位置。然后，在程序点1与2之间，按照程序点2输入的插补方式和再现速度移动。依此类

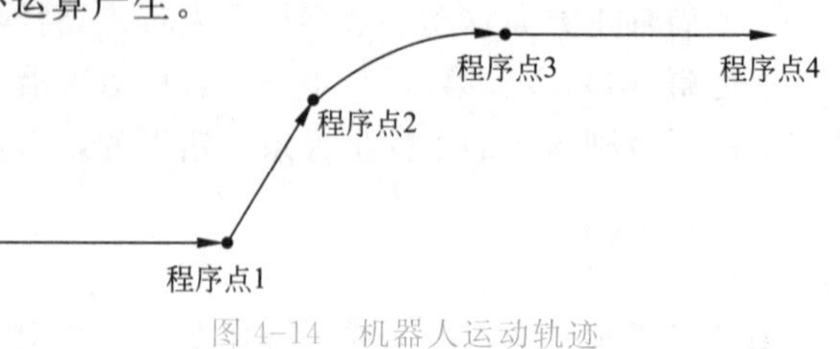

图4-14 机器人运动轨迹

推，机器人按照目标程序点输入的插补方式和再现速度移动至目标位置。

由此可见，机器人运动轨迹的示教主要是确定程序点的属性。一般而言，每个程序点主要包括4部分信息：位置坐标、插补方式、再现速度和作业点/空走点。

（1）位置坐标：描述机器人TCP的6个自由度。

（2）插补方式：机器人再现运行时，决定程序点与程序点之间以何种轨迹移动的方式称为插补方式。工业机器人作业示教常用的插补方式有3种：关节插补、直线插补和圆弧插补，如表4-2所示。

表4-2　工业机器人示教常用的插补方式

插补方式	动作描述	动作示意图
关节插补	机器人在未设置哪种轨迹移动时，默认采用关节插补。出于安全考虑，一般在程序点1用关节插补方式示教	目标点 起始点
直线插补	机器人以直线运动形式从前一个程序点移动至当前程序点。直线插补方式主要用于直线运动的作业示教	起始点 目标点
圆弧插补	机器人沿着用于圆弧插补示教的3个程序点执行圆弧轨迹移动。圆弧插补主要用于圆弧运动的作业示教	目标点 中间点 起始点

（3）再现速度：机器人再现运行时，程序点与程序点之间的移动速度。

（4）作业点/空走点：机器人再现运行时，需要决定从当前程序点移动到下一个程序点是否实施作业。作业点是指当前程序点移动至下一个程序点的整个过程中需要实施的作业，主要用于作业开始点和作业中间点两种情况；空走点指当前程序点移动至下一个程序点的整个过程中不需要实施的作业，主要用于作业点以外的程序点。

在作业开始点和作业结束点一般都有相应的作业动作命令，例如，YASKAWA 机器人的焊接作业开始命令 ARCON 和结束命令 ARCOF、搬运作业开始命令 HAND ON 和结束命令 HAND OFF 等。

作业区间的再现速度一般按作业参数中指定的速度移动，而空走区间的移动速度是按移动命令中指定的速度移动。

4.3.4 作业条件

为获得更好的产品质量与作业效果，在机器人再现之前，有必要合理配置其作业的工艺条件。例如，焊接作业时的电流、电压、速度、保护气体流量等；涂装作业时的涂液吐出量、旋杯旋转和高电压等。

工业机器人作业条件的输入方法有 3 种形式：使用作业条件文件、在作业命令的附加项中直接设置和手动设置。

1. 使用作业条件文件

输入作业条件的文件称为作业条件文件。使用这些文件，可以使作业命令的应用更加简便。例如，对机器人弧焊作业而言，焊接条件文件有引弧条件文件（输入引弧时的条件）、熄弧条件文件（输入熄弧时的条件）和焊接辅助条件文件（输入再引弧功能、再启动动能及自动解除粘丝功能）3 种。每种文件的调用以编号形式指定。

2. 在作业命令的附加项中直接设置

采用此方法进行作业条件设置，首先需要了解工业机器人的语言形式，或者程序编辑界面的构成要素。由图 4-15 可知，程序语句一般由行标号、命令及附加项三部分组成。要修改附加项数据，将光标移动至相应语句上，然后点按示教器上的相关按键即可。

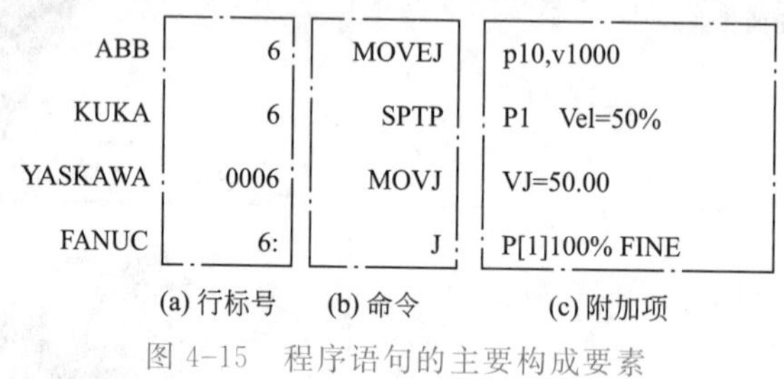

图 4-15 程序语句的主要构成要素

3. 手动设置

在某些应用场合下，相关作业参数需要手动进行设置。例如，弧焊作业时的保护气体流量，点焊作业时的焊接参数等。

4.3.5 作业顺序

同作业条件的设置类似，合理的作业顺序不仅可以保证产品质量，而且还可以有效提高效率。一般而言，作业顺序的设置主要涉及两方面：作业对象的工艺顺序和机器人与外围周边设备的动作顺序。

1. 作业对象的工艺顺序

有关这方面，基本已融入到机器人运动轨迹的合理规划部分。即在简单作业场合，作业顺序的设置同机器人运动轨迹的示教合二为一。

2. 机器人与外围周边设备的动作顺序

在工业实际应用中，机器人要完成期望作业，需要依赖其控制器与周边辅助设备的有效配合，相互协调使用，以减少停机时间、降低设备故障率、提高安全性，并获得理想的作业质量。

4.3.6　示教步骤

通过在线示教方式为机器人输入从工件 A 点到 B 点的焊接作业程序，该过程的程序由 6 个程序点组成（编号 1～6），每个程序点的用途说明如图 4-16 所示。

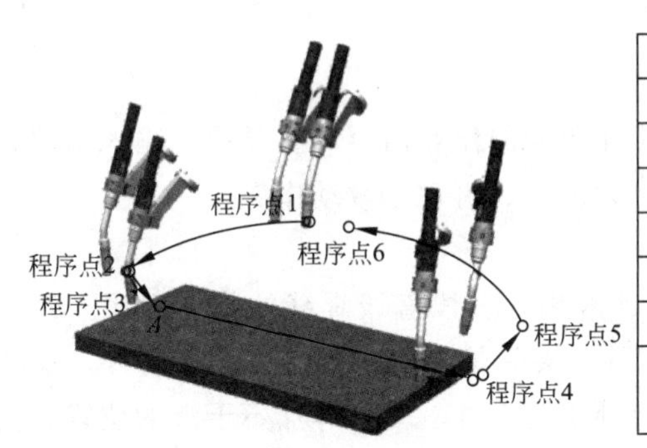

程 序 点	说 明
程序点1	机器人原点位置
程序点2	作业接近点
程序点3	作业开始点
程序点4	作业结束点
程序点5	作业规避点
程序点6	机器人原点位置
为了提高工作效率，通常将程序点6和程序点1设在同一位置	

图 4-16　机器人焊接加工运动轨迹

机器人焊接加工工具具体在线示教流程如图 4-17 所示。

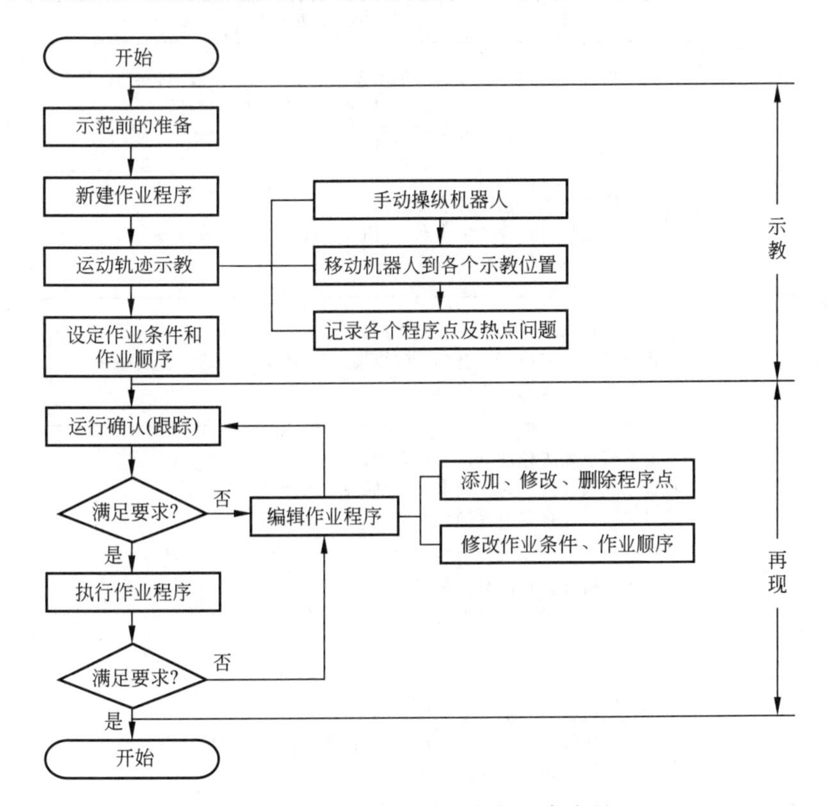

图 4-17　机器人在线示教的基本流程

1. 示教前的准备

机器人开始示教前，需要做好如下准备：

(1) 清洁工件表面。使用钢刷、砂纸等工具将钢板表面的铁锈、油污等杂清理干净。

(2) 工件装夹。利用夹具将钢板固定在机器人工作台上。

(3) 安全确认。确认操作者和机器人之间保持安全距离。

(4) 工具坐标系建立。手动操纵机器人新建合适的工具坐标系。

(5) 工件坐标系建立。手动操纵机器人新建合适的工件坐标系。

(6) 机器人原点位置复位。通过手动操作或调用原点位置程序将机器人复位至原点位置。

2. 新建作业程序

作业程序是用机器人语言描述机器人工作单元的作业内容，主要用于输入示教数据和机器人指令。通过示教器新建一个作业程序可以测试、再现示教动作。

3. 程序点的输入

以图 4-16 所示的运动轨迹为例，给机器人输入一段直线焊缝的作业程序。处于待机状态的位置程序点 1 和程序点 6，要处于与工件、夹具等互不干涉的位置。另外，机器人末端执行器由程序点 5 向程序点 6 移动时，也要处于与工件、夹具等互不干涉的位置。具体示教方法如表 4-3 所示。

表 4-3 运动轨迹示教方法

	示教方法
程序点 1 （机器人原点位置）	(1) 工具工件坐标系建立完成后，手动操纵机器人移动至原点位置； (2) 将程序点属性设置为“空走点”，插补方式选“关节插补”； (3) 将机器人原点位置设置为程序点 1
程序点 2 （作业接近点）	(1) 手动操纵机器人移动至作业接近点； (2) 将程序点属性设置为“空走点”，插补方式选“关节插补”； (3) 将作业接近点设置为程序点 2
程序点 3 （作业开始点）	(1) 手动操纵机器人移动至作业开始点； (2) 将程序点属性-设置为“作业点/焊接点”，插补方式选“直线插补”； (3) 将作业开始点设置为程序点 3
程序点 4 （作业结束点）	(1) 手动操纵机器人移动至作业结束点； (2) 将程序点属性设置为“空走点”，插补方式选“直线插补”； (3) 将作业结束点设置为程序点 5
程序点 5 （作业规避点）	(1) 手动操纵机器人移动至作业规避点； (2) 将程序点属性设置为“空走点”，插补方式选“直线插补”； (3) 将作业规避点设置为程序点 5
程序点 6 （机器人原点位置）	(1) 手动操纵机器人移动至原点位置； (2) 将程序点属性设置为“空走点”，插补方式选“关节插补”； (3) 将机器人原点位置设置为程序点 6

对于程序点6的示教，在示教器显示屏的通用显示区（程序编辑界面），利用文件编辑功能（如剪切、复制、粘贴等），可快速复制程序点1位置。典型程序点的编辑如表4-4所示。

表4-4　典型程序点的编辑

示教点编辑	操作要领	动作示意图
添加	（1）使用示教器跟踪功能将机器人移动至程序点1位置； （2）手动操作机器人移动至新的目标位置（程序点3）； （3）使用示教器添加指令功能记录程序点3	程序点3 程序点1　程序点2
修改	（1）使用示教器跟踪功能将机器人移动至程序点2位置； （2）手动操作机器人移动至新的目标位置； （3）使用示教器修改指令功能记录程序点3	程序点2 程序点1　程序点3
删除	（1）使用示教器跟踪功能将机器人移动至程序点2位置； （2）使用示教器删除指令功能删除程序点2	程序点2 程序点1　程序点3

注：---►为编辑前的运动路径；→为编辑后的运动路径。

4. 设置作业条件和作业顺序

本例中焊接作业条件的输入，主要包括三方面：

（1）在作业开始命令中设置焊接开始规范及焊接开始动作次序。

（2）在焊接结束命令中设置焊接结束规范及焊接结束动作次序。

（3）手动调节保护气体流量，在编辑模式下合理配置焊接工艺参数。

5. 检查试运行

在完成机器人运动轨迹和作业条件输入后，需试运行测试一下程序，以便检查各程序点及参数设置是否正确，即跟踪。跟踪的主要目的是检查示教生成的动作以及末端执行器姿态是否已被记录。一般工业机器人可采用以下两种跟踪方式来确认示教的轨迹与期望是否一致。

（1）单步运行。机器人通过逐行执行当前行（光标所在行）的程序语句，来实现两个临近程序点间的单步正向或反向移动。执行完一行程序语句后，机器人动作暂停。

（2）连续运行。机器人通过连续执行作业程序，从程序的当前行至程序的末尾，来完成多个程序点的顺序连续移动。该方式只能实现正向跟踪，常用于作业周期估计。

确认机器人附近无其他人员后，按以下顺序执行作业程序的测试运行：

（1）打开要测试的程序文件。

（2）移动光标至期望跟踪程序点所在的命令行。

（3）操作示教器上的有关跟踪功能的按键，实现机器人的单步或连续运行。

执行检查运行时，不执行起弧、涂装等作业命令，只执行运动轨迹再现。

6. 再现运行

示教操作生成的作业程序，经测试无误后，将“模式选择”调至再现/自动模式，通过运行示教过的程序即可完成对工件的再现作业。

工业机器人程序的启动有两种方法：手动启动和自动启动。

（1）手动启动。使用示教器上的“启动按钮”来启动程序，该方法适用于作业任务编程及其测试阶段。

（2）自动启动。利用外围设备输入信号来启动程序，该方式在实际生产中经常采用。

在确认机器人的运行范围内没有其他人员或障碍物后，接通保护气体，采用手动启动方式来实现自动焊接作业。操作顺序如下：

（1）打开要再现的作业程序，并移动光标至该程序的开头。

（2）切换“模式选择”至再现/自动模式。

（3）按示教器上的“伺服ON按钮”，接通伺服电源。

（4）按“启动按钮”，机器人开始运行，实现从工件A点到B点的焊接作业再现操作。

执行程序时，光标会跟随再现过程移动，程序内容会自动滚动显示。

4.4 编程基础

工业机器人在线示教时，只有熟练掌握机器人的编程语言，才能快速地新建作业程序。目前，工业机器人编程语言还没统一，各大工业机器人生产厂商都有自己的编程语言，如ABB机器人的编程用RAPID语言、KUKA机器人用KRL语言、YASKAWA机器人用Moto-Plus语言、FANUC机器人用KAREL语言等。其中大部分机器人编程语言类似C语言，也有例外，如Moto-Plus语言类似Pascal语言等。

由于一般用户涉及的语言都是机器人公司自己开发针对用户的语言平台，比较容易理解，且机器人所具有的功能基本相同，所以各家机器人编程语言的特性差别不大。只需掌握某一种品牌机器人的编程语言，对于其他厂家机器人的语言就很容易理解。工业机器人的程序包括数据变量和编程指令等。其中，数据变量是在程序中设置的一些环境变量，可以用来进行程序间的信息接收和传递等；编程指令包括基本运动令、跳转指令、作业指令、I/O指令、寄存器指令等。各家机器人编程语言中的数据变量和编程指令各不相同，具体可参照各家机器人操作手册或使用说明书。

4.4.1 基本运动指令

工业机器人常用的基本运动指令有关节运动指令、线性运动指令和圆弧运动指令。

（1）关节运动指令：机器人用最快捷的方式运动至目标点，此时机器人运动状态不完全可控，但运动路径保持唯一，常用于机器人在空间中大范围移动。

（2）线性运动指令：机器人以直线移动方式运动至目标点。当前点与目标点两点决定一条直线，机器人运动状态可控制，且运动路径唯一，但可能出现奇点。常用于机器人在工作状态下移动。

(3) 圆弧运动指令：机器人通过中间点以圆弧移动方式运动至目标点。当前点、中间点与目标点三点决定一段圆弧。机器人运动状态可控制，运动路径保持唯一。常用于机器人在工作状态下移动。四大家族工业机器人的常用基本运动指令如表 4-5 所示。

表 4-5　四大家族的常用基本运动指令

运动方式	运动路径	基本运动指令			
		ABB	KUKA	YASKAWA	FANUC
点位运动	PTP	MoveJ	SPTP	MOVJ	J
连续路径运动	直线	MoveL	SLIN	MOVL	L
	圆弧	MoveC	SCIRC	MOVC	C

1. 关节运动指令和线性运动指令

机器人线性运动与关节运动的示意图如图 4-18 所示。

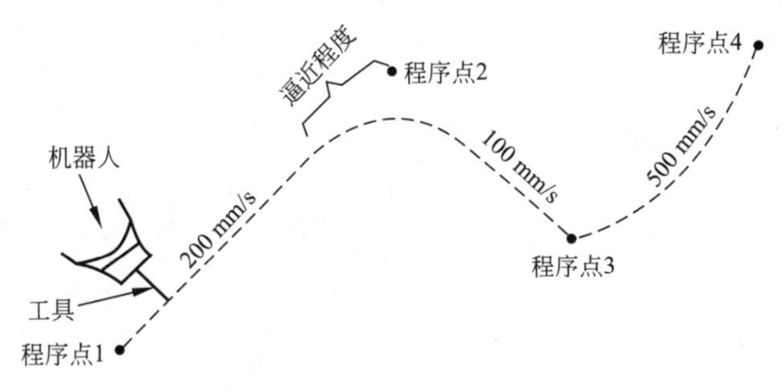

说明：

(1) 假设机器人示教时关节运动的最大速度为 5 000 mm/s

(2) 逼近程度是指机器人通过示教位置时，实际运行轨迹与示教位置的接近程度。逼近度越低，表示实际运行轨迹越接近示教位置。一般是圆滑过渡到下一个程序点。

图 4-18　机器人关节运动与线性运动

在程序中添加基本运动指令时，一般要指定该指令是在哪个工具坐标系下运行。图 4-18 中机器人从程序点 1 运动至程序点 4 的程序如表 4-6 所示。

表 4-6　四大家族机器人的线性运动与关节运动程序

程序输入	注　释
ABB 机器人： MoveL p2, v200, z10, tool 1 \ \ wobj: = wobj 0; MoveL p3, v 100, fine, tool 1 \ \ wobj: = wobj 0; MoveJ p4, v500, fine, tool 1 \ \ wobj: = wobj 0;	MoveL：线性运动指令； MoveJ：关节运动指令； p2：目标位置名称，即程序点 2； p3：目标位置名称，即程序点 3； p4：目标位置名称，即程序点 4； v200：移动速度为 200 mm/s； v100：移动速度为 100 mm/s； v500：移动速度为 500 mm/s； z10：转弯区数据，表示逼近程度，转弯圆弧半径为 10 mm，且在该点不停顿，直接运行至下一程序点； fine：实际位置与示教位置重合，且在该点停顿； tool 1：指令运行时所指定使用的工具坐标系； wobj0：指令运行时所指定使用的工件坐标系

续表

程序输入	注　释
KUKA 机器人： SLIM P2 CONT Vel＝0.2 m/s CPDAT 1 ADAT1 Tool [2]：tool Base [2]：base SLIN P3 Vel＝0.1 m/s CPDAT2 Tool [2]：tool Base [2]：base SPTP P4 Vel＝10% PDAT1 Tool [2]：tool Base [2]：base	SLIN：线性运动指令； SPTP：关节运动指令； P2：目标位置名称，即程序点 2； P3：目标位置名称，即程序点 3； P4：目标位置名称，即程序点 4； Vet＝0.2 m/s：移动速度为 0.2 m/s； Vel＝0.1 m/s：移动速度为 0.1 m/s； Vel＝10%：移动速度占关节运动最大速度的比率，指移动速度为关节最大运动速度的 10%，即 500 mm/s； CONT：目标点被实际轨迹逼近。而空白表示机器人将精确移动至目标点； CPDAT 1、CPDAT2：线性运动数据组名称； PDAT 1：关节运动数据组名称； ADAT1：含逻辑参数的数据组名称，可被隐藏； Tool [2]：指令运行时所指定使用的工具坐标系； Base [2]：指令运行时所指定使用的工件坐标系
YASKAWA 机器人： MOVL V＝200 PL＝2 NWAIT UNTIL IN# (16)＝ON MOVL V＝100 PL＝0 NWAIT UNTIL IN# (16)＝ON MOVJ VJ＝10.00 PL＝0 NWAIT UNTIL IN# (16)＝ON	MOVL：线性运动指令； MOVJ：关节运动指令； V＝200：移动速度为 200 mm/s； V＝100：移动速度为 100 mm/s； V＝10.00：移动速度占关节运动最大速度的比率，指移动速度为关节最大运动速度的 10%，即 500 mm/s； PL＝2：位置等级为 2，表示逼近程度； 而位置等级为 0 表示机器人将精确移动至目标点； NWAIT UNTIL IN# (16)＝ON：表示当输入信号 IN# (16) 等于 1 时，执行该运动指令
FANUC 机器人： L P [2] 200 mm/s CNT 10 L P [3] 100 mm/s FINE J P [4] 10% FINE	L：线性运动指令； J：关节运动指令； P [2]：目标位置名称，即程序点 2； P [3]：目标位置名称，即程序点 3； P [4]：目标位置名称，即程序点 4； 200 mm/s：移动速度为 200 mm/s； 100 mm/s：移动速度为 100 mm/s； 10%：移动速度占关节运动最大速度的比率，指移动速度为关节最大运动速度的 10%，即 500 mm/s； CNT 10：圆滑过渡，表示逼近程度，且在该点不停顿，直接运行至下一程序点 FINE：在目标位置停顿后，向下一程序点移动

2. 圆弧运动指令

机器人圆弧运动的示意图如图 4-19 所示。

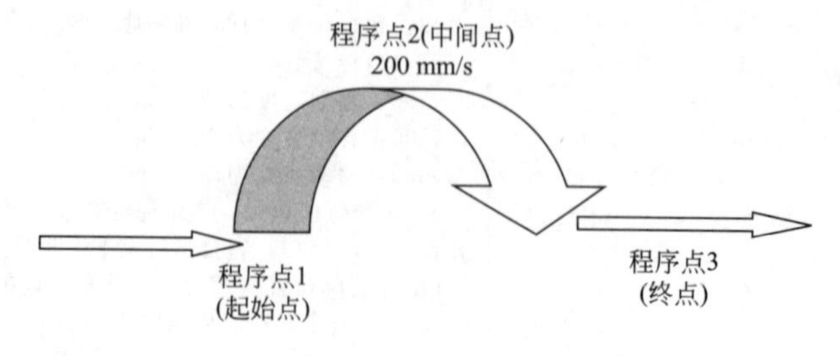

图 4-19　机器人圆弧运动

在程序中添加基本运动指令时，一般要指定该指令是在哪个工具坐标系下运行。图 4-19 中机器人从程序点 1 运动至程序点 3 的程序如表 4-7 所示。

表 4-7　四大家族机器人的圆弧运动程序

程序输入	注释
ABB 机器人： MoveL p 1，v 100，fine，tool l\\wobj：=wobj 0； MoveCp2，p3，v200，fine，tool l\\wobj：=wobj 0；	MoveC：圆弧运动指令； p1：圆弧起始点，即程序点； p2：圆弧中间点，即程序点； p3：圆弧终点，即程序点 3； v200：沿圆弧移动的速度为 200 mm/s，其余参数含义参照表 4-6
KUKA 机器人： SLIN P1 Vel=0.1 m/s CPDATI Tool [2]：too：Base [2]：base SCIRC P2 P3 Vel=0.2 m/s CPDAT2 ANGLE=180′ Tool [2]：tool Base [2]：base	SCIRC：圆弧运动指令； p1：圆弧起始点，即程序点 1； p2：圆弧中间点，即程序点 2； p3：圆弧终点，即程序点 3； Vel=0.2 m/s：沿圆弧移动的速度为 0.2 m/s； ANGLE=1 800：圆心角，表示机器人在执行圆弧运动时所转过的角度；图例中圆心角为 180° 其余参数含义参照表 4-6
YASKAW 机器人： MOVC V=200 PL=O NWAIT MOVC V=200 PL=O NWAIT MOVC V=200 PL=O NWAIT	MOVC：圆弧运动指令； 连续 3 条 MOVC 指令表示确定圆弧运动的 3 个点：圆弧起始点（程序点 1）、圆弧中间点（程序点 2）、圆弧终点（程序点 3）； V=200：沿圆弧移动的速度为 200 mm/s； NWAIT：表示连续执行； 其余参数含义参照表 4-6
FANUC 机器人： L P [1] 100 mm/sec FINE C P [2] P [3] 200 mm/sec FINE	C：圆弧运动指令； P [1]：圆弧起始点，即程序点 1； P [2]：圆弧中间点，即程序点 2； P [3]：圆弧终点，即程序点 3； 200 mm/sec：沿圆弧移动的速度为 200 mm/s； 其余参数含义参照表 4-6

4.4.2　其他指令

其他指令包括：作业指令、I/O 指令、寄存器指令、跳转指令等。这些指令的具体运用可参考机器人手册或操作说明书。

1. 作业指令

这类指令是根据工业机器人具体应用领域而编制的，例如搬运指令、码垛指令、焊接指令，如表 4-8 所示。

表 4-8　四大家族的弧焊作业指令

类别	弧焊作业指令			
	ABB	KUKA	YASKAWA	FANUC
焊接开始	ArcLStart/ArcCStart	ARC-ON	ARCON	Arc Start
焊接结束	ArcLEnd/ArcCEnd	ARCOFF	ARCOF	ArcEnd

2. I/O 指令

该类指令可以读取外围设备输入信号或改变输出信号状态。

3. 寄存器指令

该类指令用于进行寄存器的算术运算。

4. 跳转指令

这类指令能够改变程序的执行方式，使执行中程序的某一行转移至其他行，如程序结束指令、条件指令、循环指令、判断指令等。

4.5 离线编程

目前，工业机器人常用的示教方式有两种：在线示教和离线编程。

离线编程是针对机器人在线示教存在时效性差、效率低且具有安全隐患等缺点而产生的一种技术，它不需要操作者对实际作业的机器人进行在线示教，而是通过离线编程系统对作业过程进行程序编程和虚拟仿真，这大大提高了机器人的使用效率和工业生产的自动化程度。

4.5.1 离线编程的特点

离线编程是利用计算机图形学的成果，在其软件系统环境中创建工业机器人系统及其作业场景的几何模型，通过对模型的控制和操作，使用机器人编程语言描述机器人的作业过程，然后对编程的结果进行虚拟仿真，离线计算、规划和调试机器人程序的正确性，并生成机器人控制器能够执行的程序代码，最后通过通信接口发送给机器人控制器。在线示教与离线编程的特点对比如表 4-9 所示。

表 4-9 在线示教与离线编程的特点对比

在线示教	离线编程
需要实际机器人系统和作业环境	需要机器人系统和作业环境的几何模型
编程时机器人停止作业	编程时不影响机器人作业
在实际系统上试运行程序	通过虚拟仿真试验程序
操作者的经验决定编程质量	可用 CAD 方法进行最佳轨迹规划
难以实现复杂的机器人运行轨迹	能够实现复杂运行轨迹的编程
适用于大批量生产、工作任务相对简单且不变化的作业任务	适合中、小批量的生产要素

市场上的离线编程软件有：ABB 机器人的 RobotStudio 软件、KUKA 机器人的 Sim Pro 软件、YASKAWA 机器人的 MotoSim EG-VRC 软件、FANUC 机器人的 ROBOGUIDE 软件、EPSON 机器人的 RC+软件等，大多数机器人公司将这些软件作为用户的选购附件出售。

4.5.2 离线编程的基本步骤

通过离线编程方式为机器人输入图 4-14 所示的焊接作业程序，具体离线编程流程如图 4-20 所示。

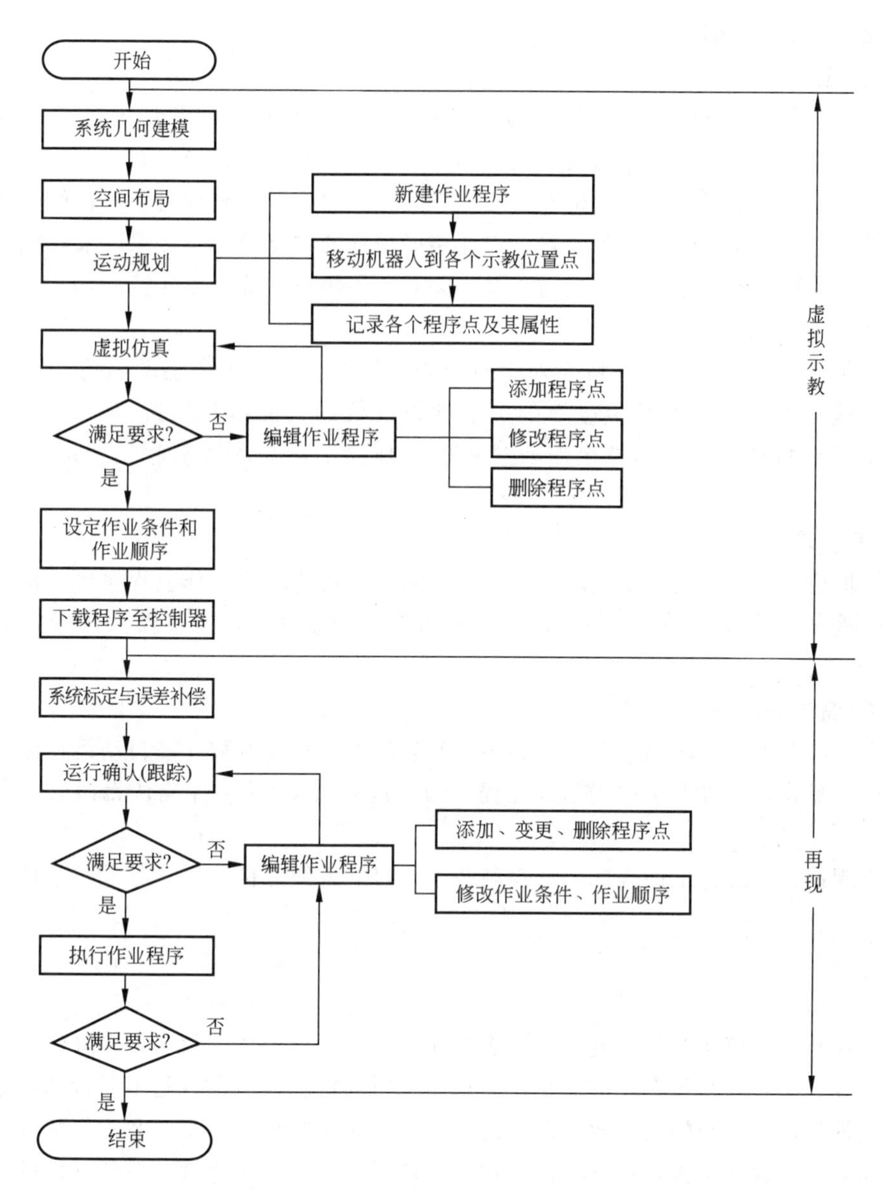

图 4-20　工业机器人离线编程的基本流程

1. 系统几何建模

对工业机器人及其辅助系统进行三维几何建模是离线编程的首要任务。目前的离线编程软件一般都具有简单的建模功能，但对于复杂系统的三维模型而言，通常是通过其他 CAD 软件（如 Solidworks、Pro/E、UG 等）将其转换成 IGES、DXF 等格式文件导入到离线编程软件中。

如果机器人及其辅助系统模型是由其他 CAD 软件绘制导入，则需要考虑参考坐标系是否一致。

2. 空间布局

在离线编程软件内置的配套机器人系统中，根据实际作业系统的装配和安装布局情况，把机器人及其辅助系统模型在仿真环境中进行空间布局。

3. 运动规划

新建作业程序，通过软件操作将机器人移动至各程序点位置，并记录各点坐标及其属性。对此过程的运动规划主要包括两方面：作业位置规划和作业路径规划。

作业位置规划的主要目的是在机器人工作空间范围内，尽量减少机器人在作业过程中的极限运动或避免机器人各轴的极限位置；作业路径规划的主要目的是在保证末端执行器作业姿态的前提下，避免各程序点机器人与工件、夹具、周边设备等发生碰撞。

4. 虚拟仿真

在虚拟仿真模块中，软件系统会对运行规划的结果进行三维模型动画仿真，模拟完整作业过程，检查末端执行器发生碰撞的可能性以及机器人的运动轨迹是否合理，并计算机器人每个工步的操作时间和整个作业过程的循环周期，为离线编程结果的可行性提供参考。

5. 程序生成及传输

如果虚拟仿真效果完全满足实际作业需求，就可以将仿真用的作业程序生成机器人实际作业所需的程序代码，并通过通信接口下载到机器人控制器，控制机器人执行指定的作业任务。

6. 运行确认与再现

出于安全考虑以及实际误差存在，离线编程生成的目标作业程序在自动运行前必要进行跟踪试运行。具体操作可参照在线示教过程中的“检查试运行”。经确认无误后，方可再现焊接作业。

开始再现前，要进行工件表面的清理与装夹、机器人原点位置确认等准备工作。

4.6 离线编程的应用

当前工业自动化市场竞争日益加剧，客户在生产中要求更苛的效率，以降低价格，提高质量。而如今让机器人编程在新产品生产之初花费时间检测或试运行是不可行的，这意味着要停止现有的生产以对新的或修改的部件进行编程。首先验证到达距离及工作区域，而冒险制造刀具和固定装置已不再是首选方法。现代生产厂家在设计阶段就会对新部件的可制造性进行检查。在为机器人编程时，离线编程可与建立机器人应用系统同时进行。在产品制造的同时对机器人系统进行离线编程，可提早开始产品生产，缩短上市时间。离线编程在实际机器人安装之前，通过可视化及可确认的解决方案和布局来降低风险，并通过创建更加精确的路径来获得更高的部件质量。木章主要介绍 4 款工业机器人离线编程软件：ABB Robotstudio、EPSON RC＋7.0、Visual Component 和 EDUBOT SimBot。对于其他工业机器人离线编程软件，读者可自行查阅相关资料。

4.6.1 ABB 离线编程——Robotstudio

为了提高生产率，降低购买与实施机器人解决方案的总成本，ABB 公司开发了一个适用于机器人寿命周期各阶段的软件产品——Robotstudio，它是一款 ABB 机器人仿真软件。

Robotstudio 可在实际构建机器人系统之前，先进行系统设计和试运行。还可以利用该软件确认机器人是否能到达所有编程位置，并计算解决方案的工作周期。

Robotstudio 下载地址为 http：//new. abb. com/products/robotics/robotstudio/downloads，其下载界面如图 4-21 所示。

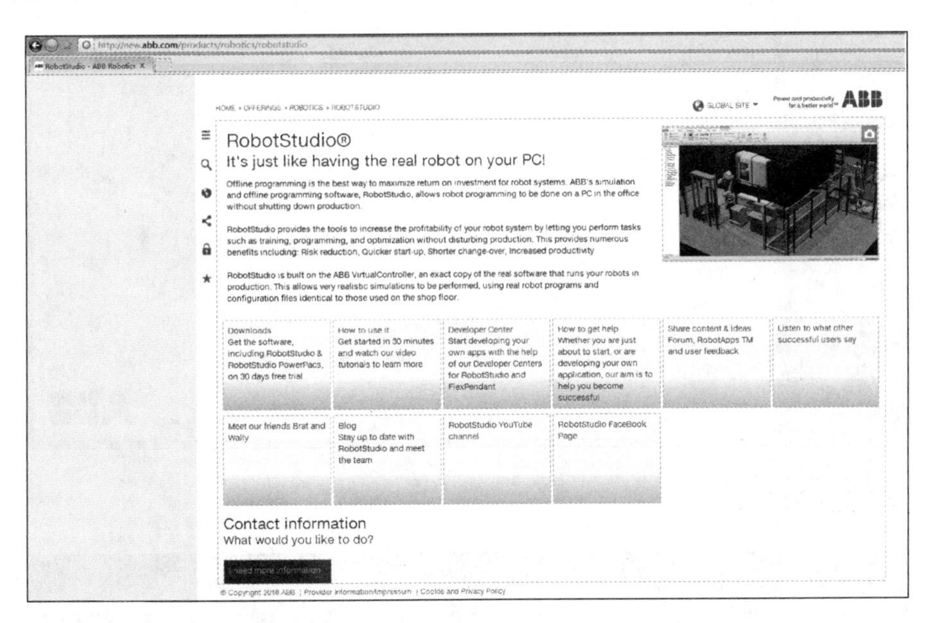

图 4-21　软件下载界面

将下载的软件压缩包解压后，打开文件夹，双击 setup. exe，如图 4-22 所示，按照提示安装软件。这里是以 RobotStudio6. 02 版本为基础，进行相关应用介绍。

安装完成后，计算机桌面出现对应的快捷图标：32 位操作系统一个；64 位操作系统一个，如图 4-23 所示。

图 4-22　安装软件

(a) 64位

(b) 32位

图 4-23　位操作系统的快捷图标

1. 工作站的建立

（1）双击图 4-23 所示的快捷图标，进入如图 4-24 所示的界面。

（2）单击“空工作站”→“创建”按钮，进入如图 4-25 所示界面。

2. 机器人导入

在机器人模型库中，有通用机器人、喷涂机器人、变位机等。下面以导入 IRB120 机器人为例进行介绍。具体操作步骤如下：

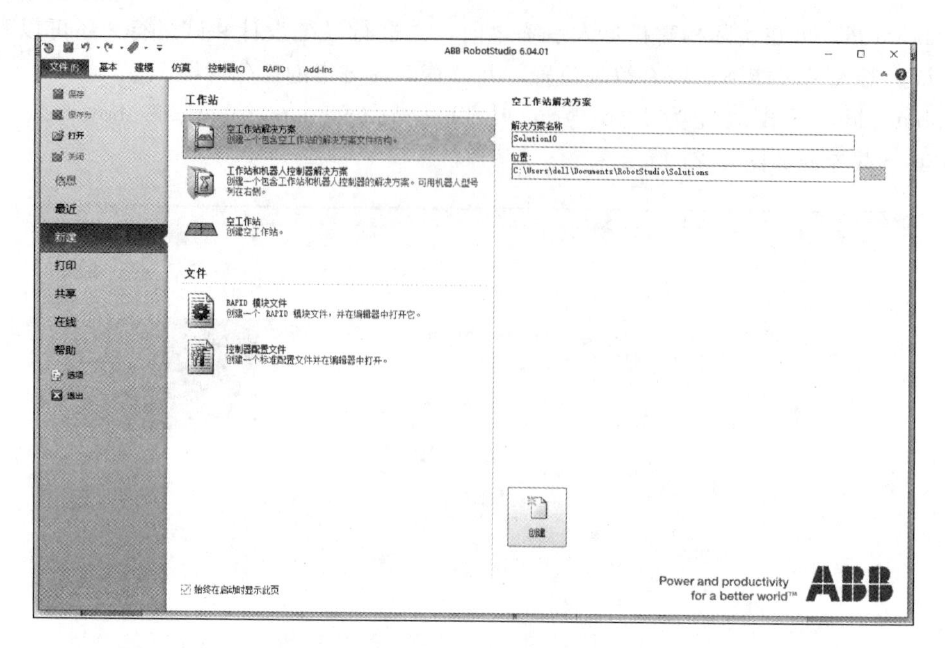

图 4-24　工作站建立入口

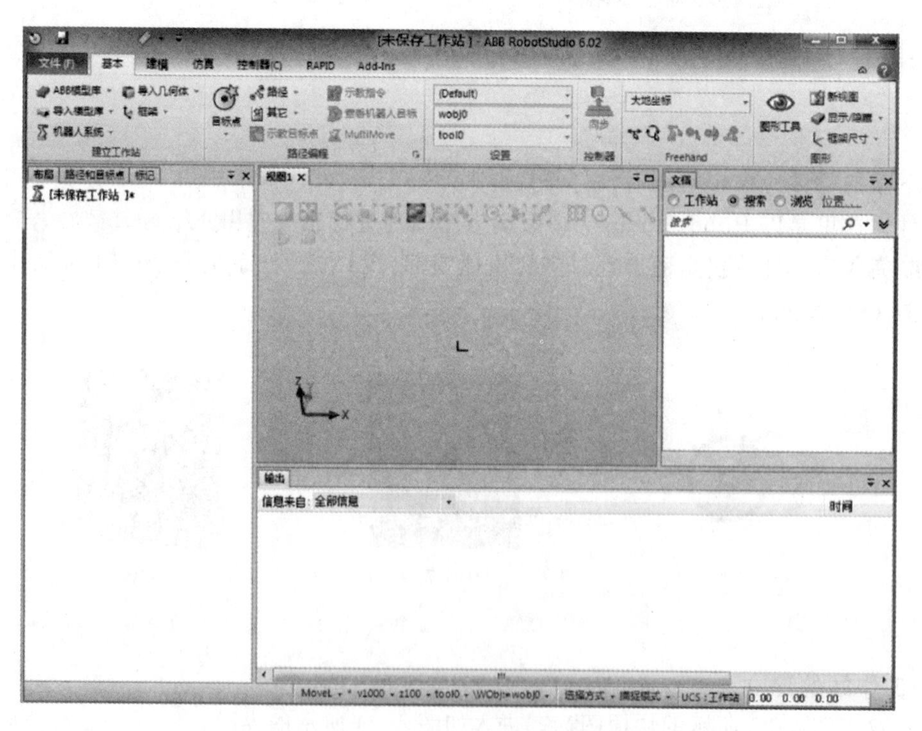

图 4-25　工作站创建界面

（1）选择菜单栏中“基本”功能选项卡，单击“ABB 模型库”→“IRB120”，如图 4-26 所示。

（2）在弹出的对话框中，单击“确定”按钮，则 IRB120 机器人成功导入，如图 4-27 所示。

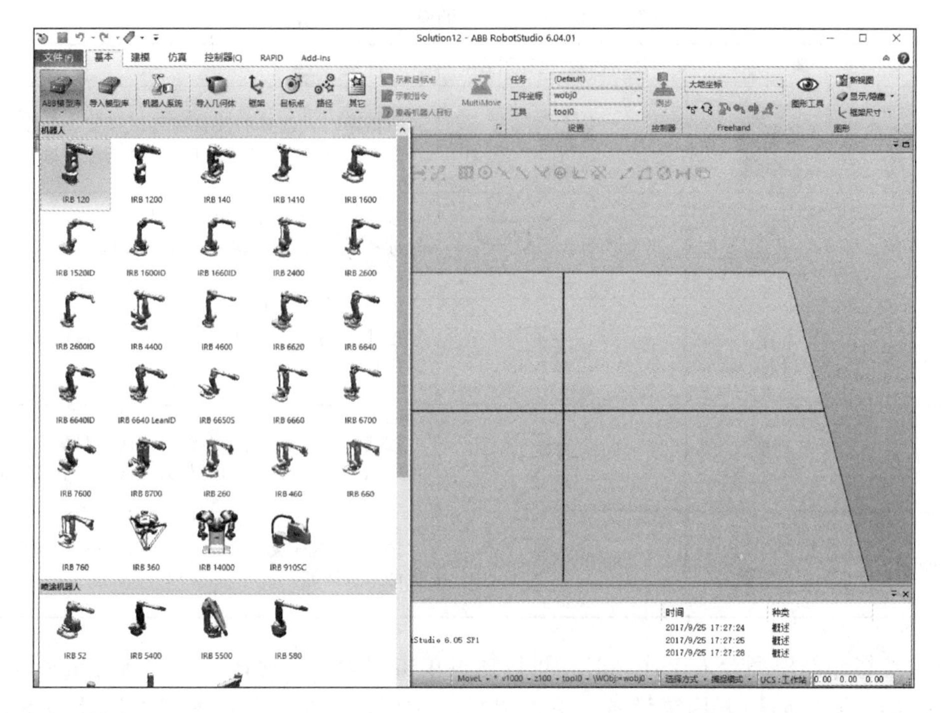

图 4-26　ABB 模型库导入界面

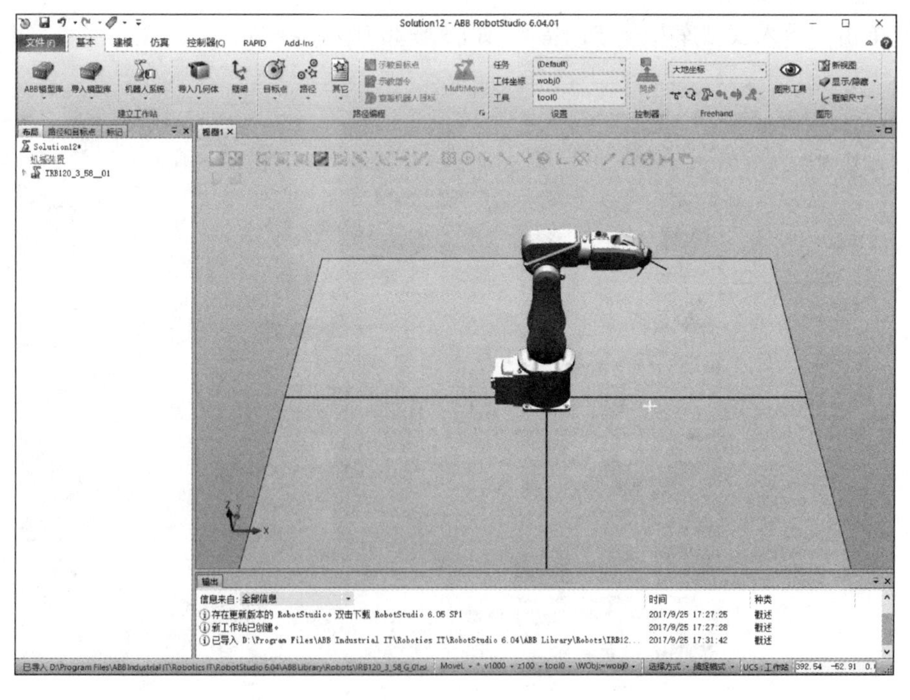

图 4-27　IRB2600 机器人导入成功界面

机器人成功被导入后，调整机器人各个视角以及平移等操作，具体操作说明如表 4-10 所示。

表 4-10　调整视角的基本操作方法

基本操作	图　标	使用键盘/鼠标组合	描　述
选择项目			只需单击要选择的项目即可。若要选择多个项目，可在按下【Ctrl】键的同时依次单击新项目
旋转工作站		Ctrl+Shift+	按【Ctrl+Shift】组合键+鼠标左键的同时，拖动鼠标对工作站进行旋转，或同时按中间滚轮和右键（或左键）旋转
平移工作站		Ctrl+	按【Ctrl】键+鼠标左键的同时，拖动鼠标对工作站进行平移
缩放工作站		Ctrl+	按【Ctrl】键+鼠标右键的同时，将鼠标拖至左侧可以缩小，拖至右侧可以放大，或按住中间滚轮拖动
局部缩放		Shift+	按 Shift 键+鼠标右键的同时，拖动鼠标框选要放大的局部区域

当需要将外部模型导入工作站时，可以通过单击“导入几何体”→“浏览几何体”显示出现控制器、输送链、工具等设备。下面以导入 IRB120 机器人紧凑型控制器为例进行介绍。具体操作步骤如下：

（1）单击“导入模型库”→“设备”，如图 4-28 所示。

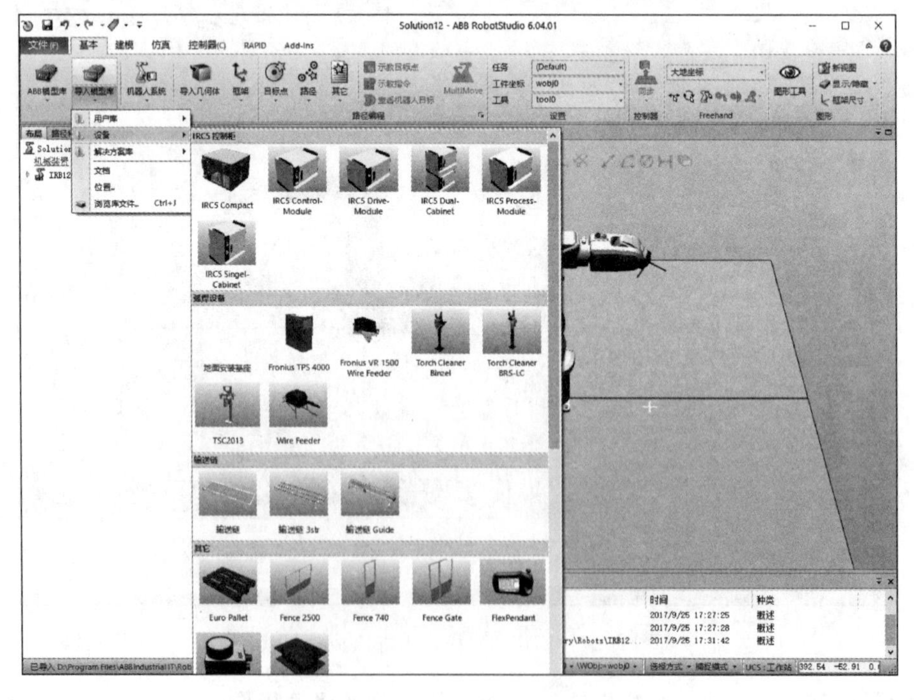

图 4-28　模型库导入设备

（2）单击 IRC5 Compact，进入如图 4-29 所示界面。

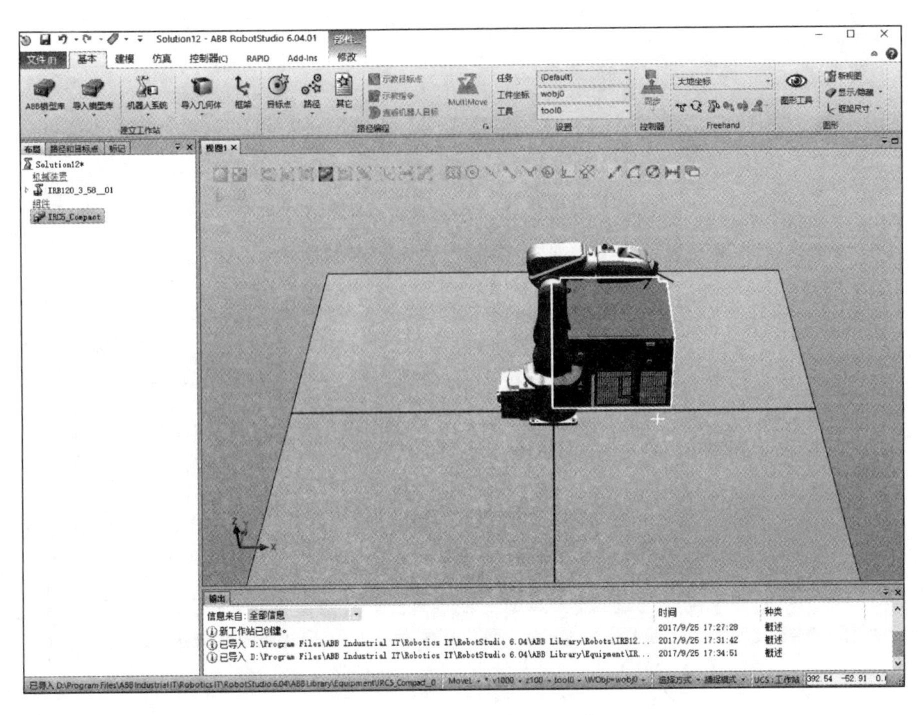

图 4-29　完成控制器的添加

（3）选中 IRC5_Compact 控制器，单击 （移动）按钮，如图 4-30 所示。

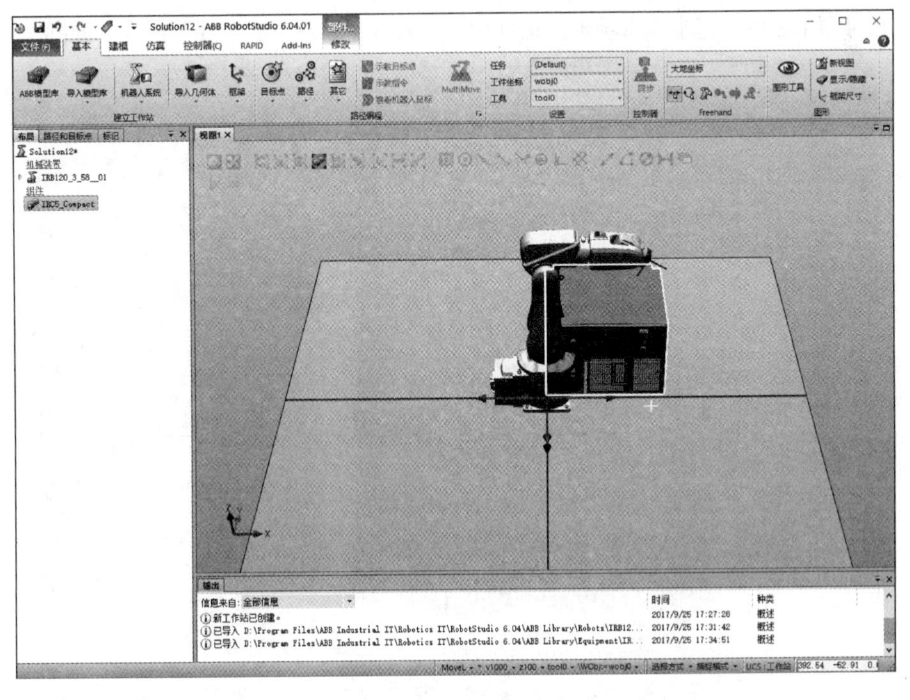

图 4-30　移动 IRC5 Compact 界面

（4）单击对应的箭头拖动，将控制器移动到合适位置，单击任意空白位置确认，如图 4-31 所示。

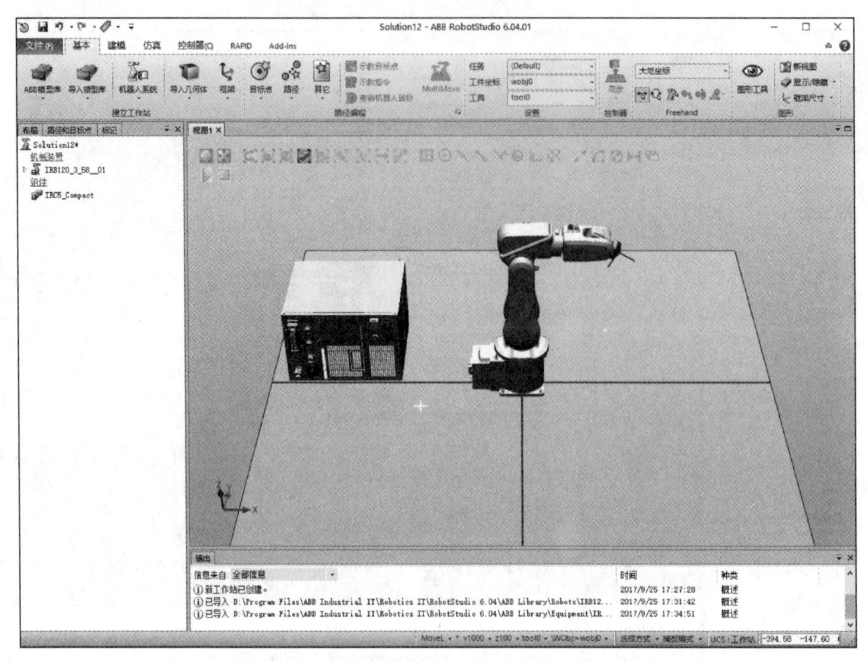

图 4-31　移动控制器到合适位置界面

3. 虚拟示教器

使用虚拟示教器之前，需要在工作站布局中建立机器人系统，使机器人模型能够跟真实机器人一样运动。具体操作步骤如下：

（1）选择菜单栏中“基本”选项卡，选择“机器人系统”→“从布局”命令，如图 4-32 所示。

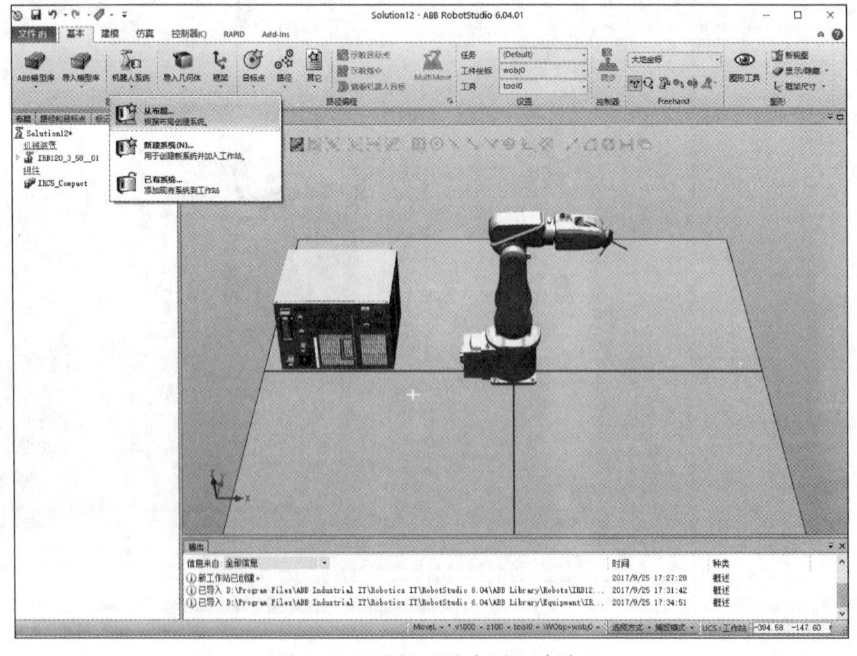

图 4-32　选择“从布局”命令

（2）在弹出的对话框中，输入系统名称，选择软件版本，如图 4-33 所示。

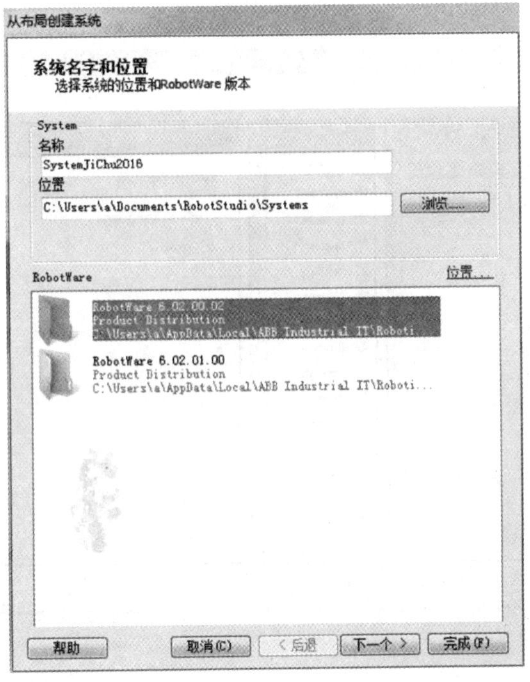

图 4-33　“系统名字和位置”对话框

（3）单击“下一步”按钮，勾选机械装置，如图 4-34 所示。

（4）单击“下一步”按钮，得出如图 4-35 所示的“系统选项”对话框。

图 4-34　“选择系统的机械装置”对话框

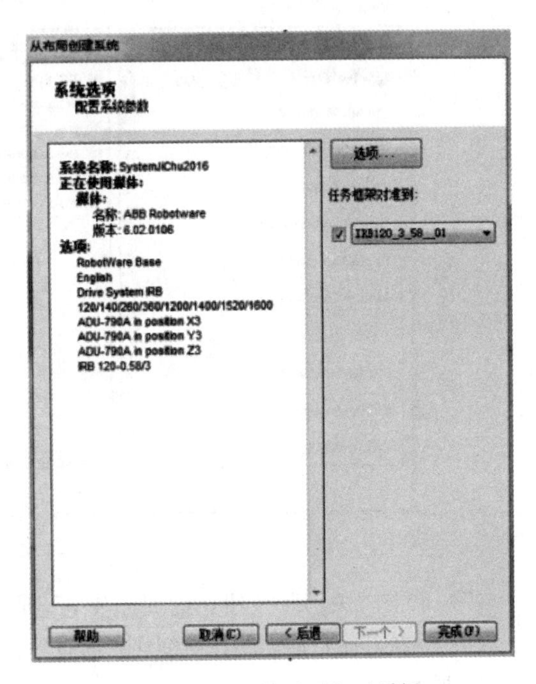

图 4-35　“系统选项”对话框

(5) 单击“选项”按钮，在弹出的对话框中，选择 Default Language，将默认英文(English)选项改成中文(Chinese)，如图 4-36 所示。

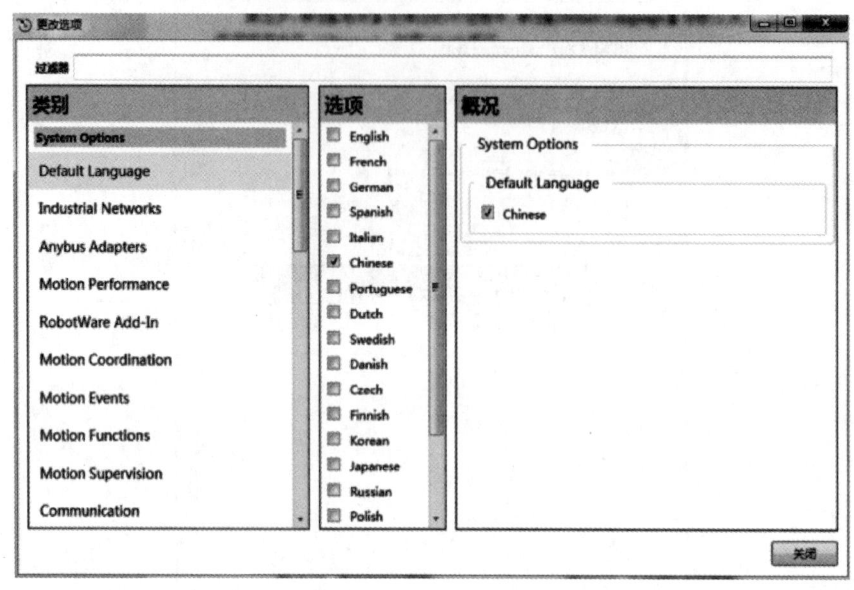

图 4-36 将英文改中文

(6) 选择 Industrial Networks（工业网络）→709-1 DeviceNet Master/Slave（标准 I/O 板），如图 4-37 所示。

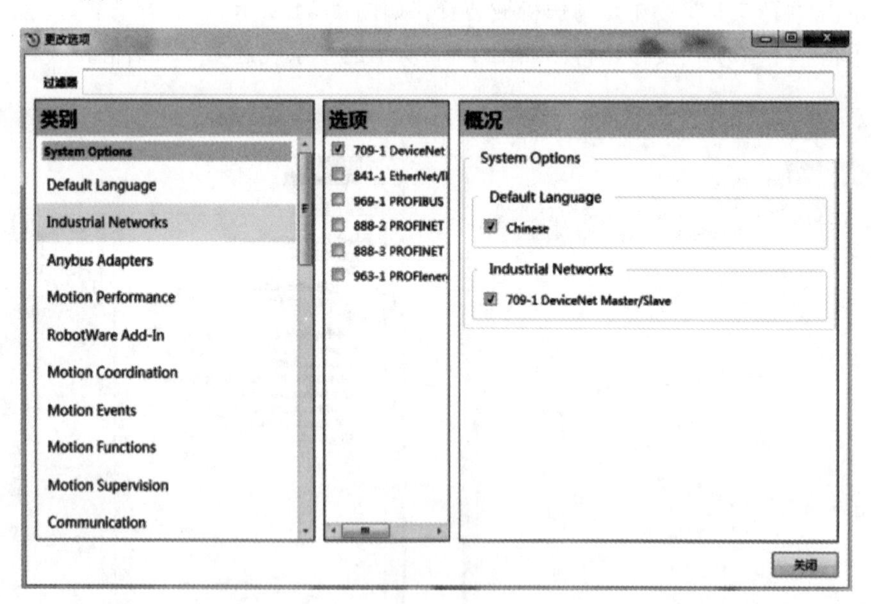

图 4-37 工业网络设置对话框

(7) 单击“关闭”按钮，返回图 4-35 所示对话框，单击“完成”按钮。

(8) 系统开始自动创建。当创建完成后，右下角的控制器状态变成“控制器状态：1/1”，如图 4-38 所示。

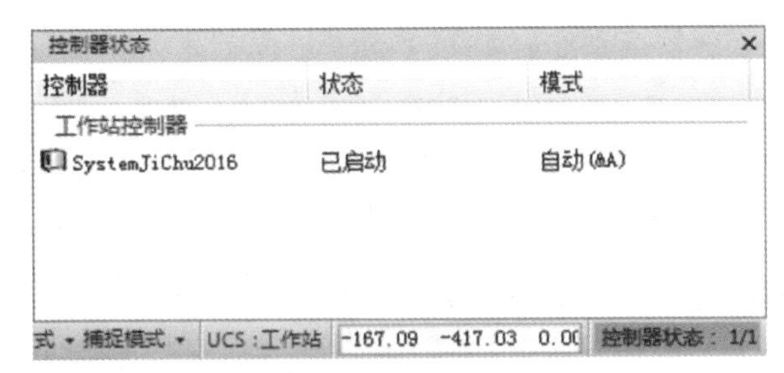

图 4-38　系统创建完界面

（9）选择菜单栏“控制器”选项卡，选择“示教器”→“虚拟示教器”命令，如图 4-39 所示。

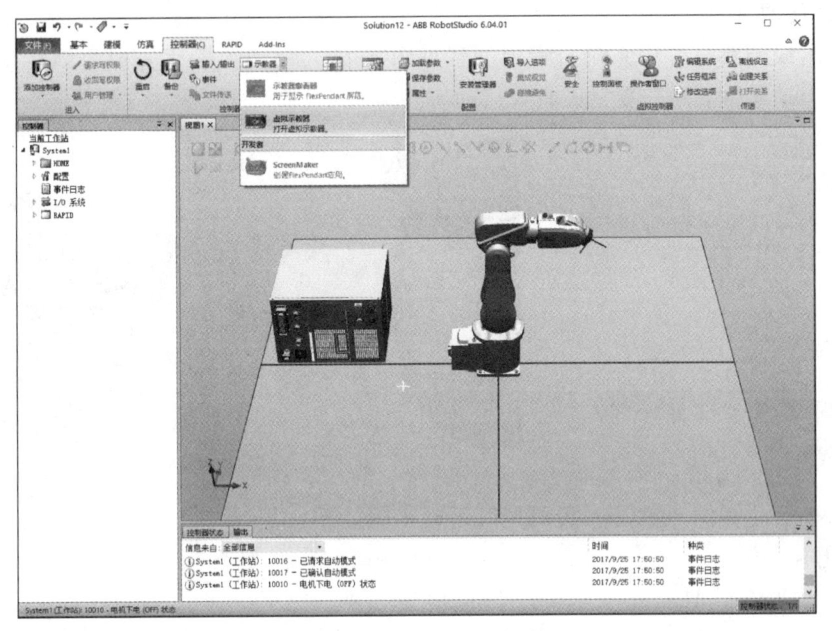

图 4-39　导入虚拟示教器

虚拟示教器界面如图 4-40 所示。

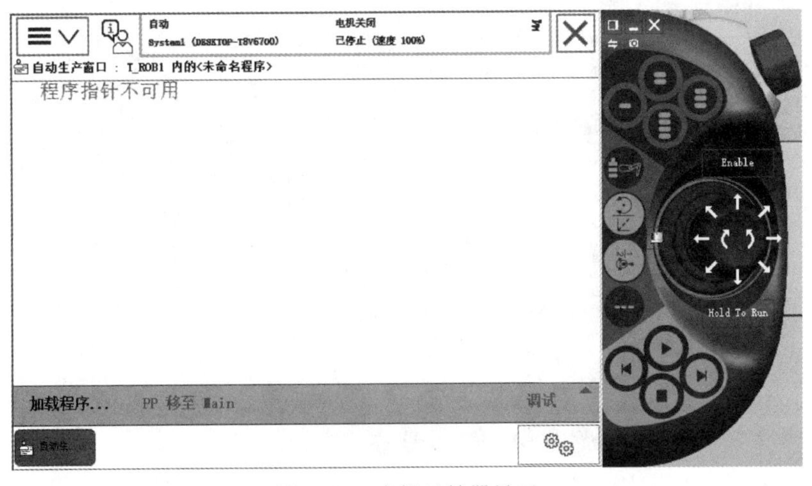

图 4-40　虚拟示教器界面

虚拟示教器与真实示教器区别如表 4-11 所示。

表 4-11　虚拟示教器与真实示教的区别

按钮	虚拟示教器	真实示教器
“手动使能”按钮	虚拟示教器的使能按钮是单击 Enable 即可给电动机上电	真实示教器是半按“手动使能”按钮不放
“上电/复位”按钮	自动情况下相同，虚拟示教器单击“上电/复位”按钮	真实示教器没有，只能在控制器上按下“上电/复位”按钮

虚拟示教器上的 Enable 按钮以及单击会显示“模式选择”和“上电/复位”按钮，如图 4-41 所示。

4. 离线仿真实例

下面用离线仿真软件中系统自带模型（见图 4-42）的 AB 段来完成直线运动实例，BC 段完成圆弧运动实例，DE 段完成曲线运动实例。

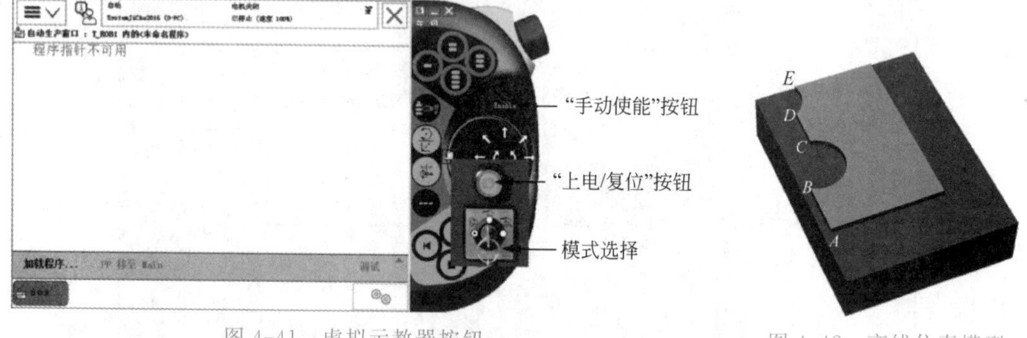

图 4-41　虚拟示教器按钮　　　图 4-42　离线仿真模型

（1）直线运动实例。机器人实现直线运动步骤如下：

① 建立空工作站。

② 导入机器人模型。

③ 导入机器人工具。选择“基本”选项卡单击“导入模型库”→“设备”→myTool，如图 4-43 所示。

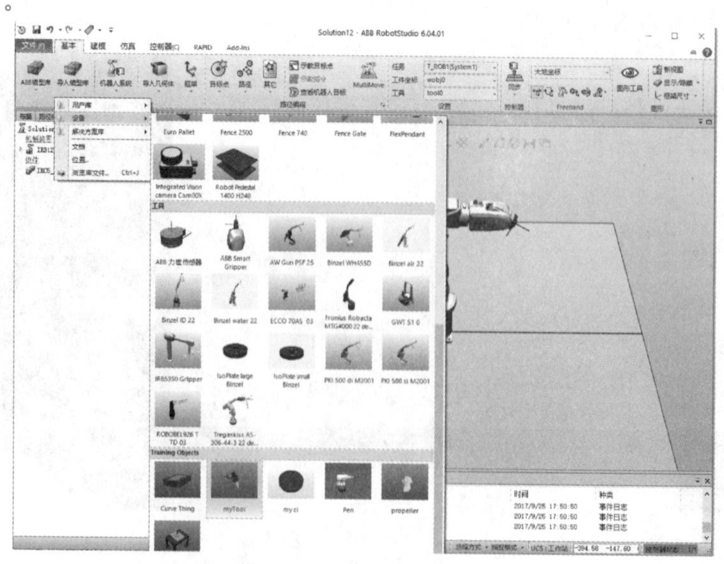

图 4-43　工具导入界面

④ 安装工具。

● 右击 MyTool，选择“安装到”→IRB120_3_58_01 命，如图 4-44 所示。

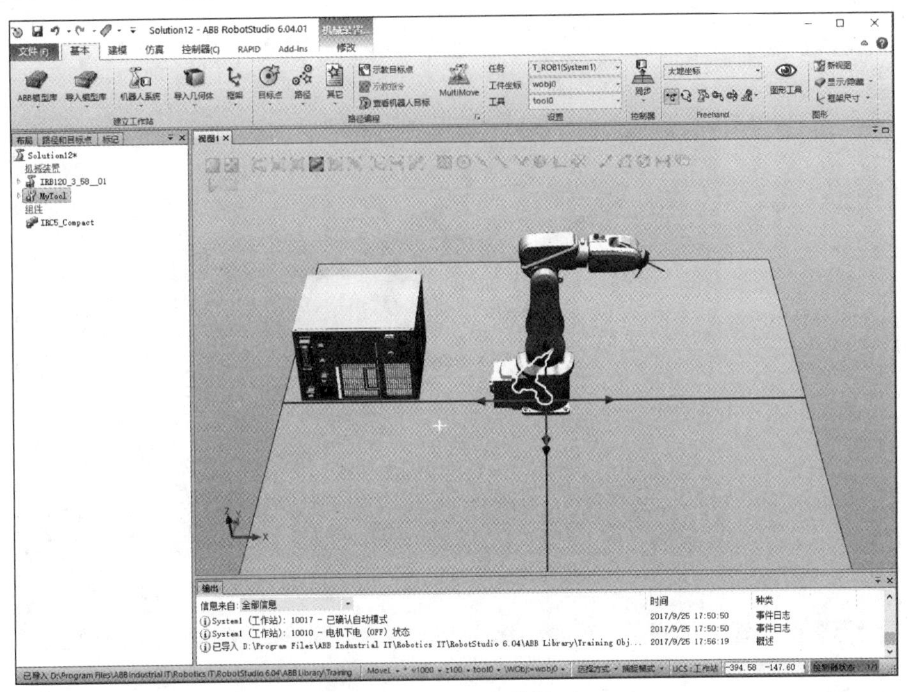

图 4-44　工具安装界面

● 在弹出的对话框中单击“是”按钮。工具被安装在机器人法兰盘末端，系统自带工具坐标系自动生成，如图 4-45 所示。

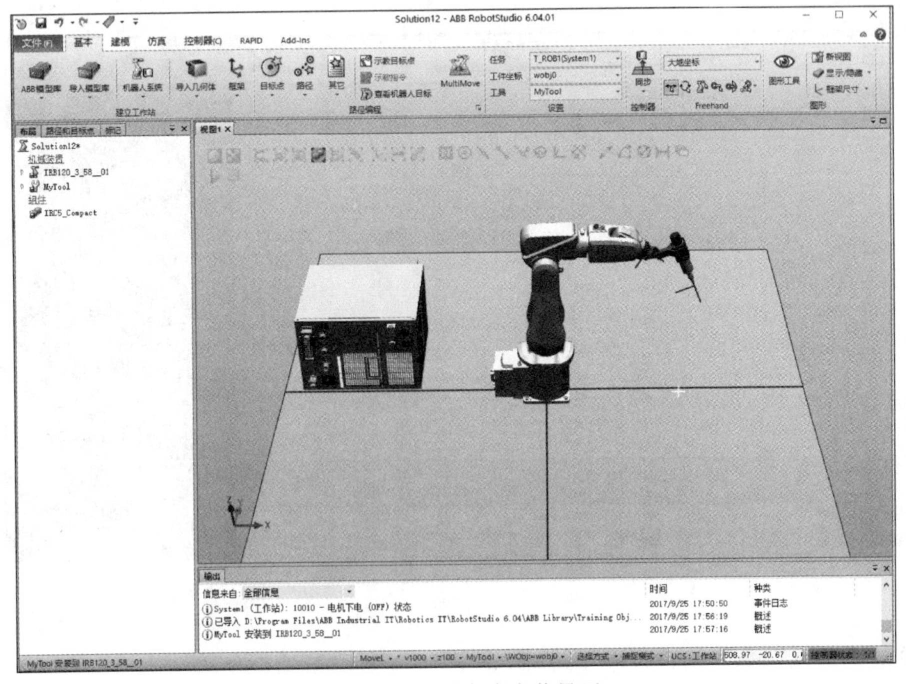

图 4-45　工具完成安装界面

⑤ 按照第③步，导入 Curve Thing，并调整至合适位置，如图 4-46 所示。

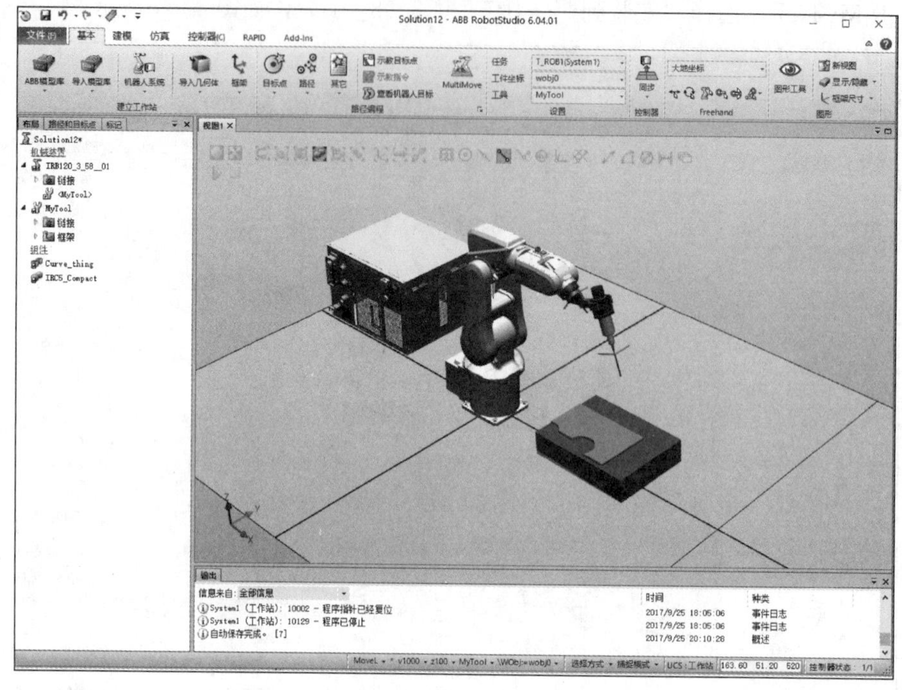

图 4-46　导入 Curve Thing

⑥ 根据布局建立机器人系统。

⑦ 新建主模块及主程序 main ()。

- 将虚拟示教器的“模式选择”切换至“手动模式”，如图 4-47 所示。

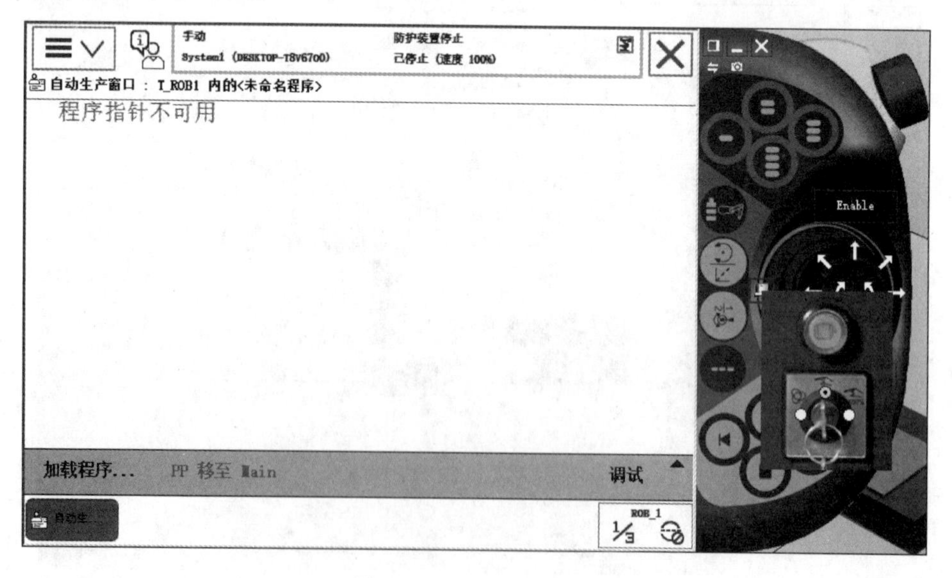

图 4-47　选择手动模式

- 单击“调试”→“编辑程序”，弹出如图 4-48 所示对话框。

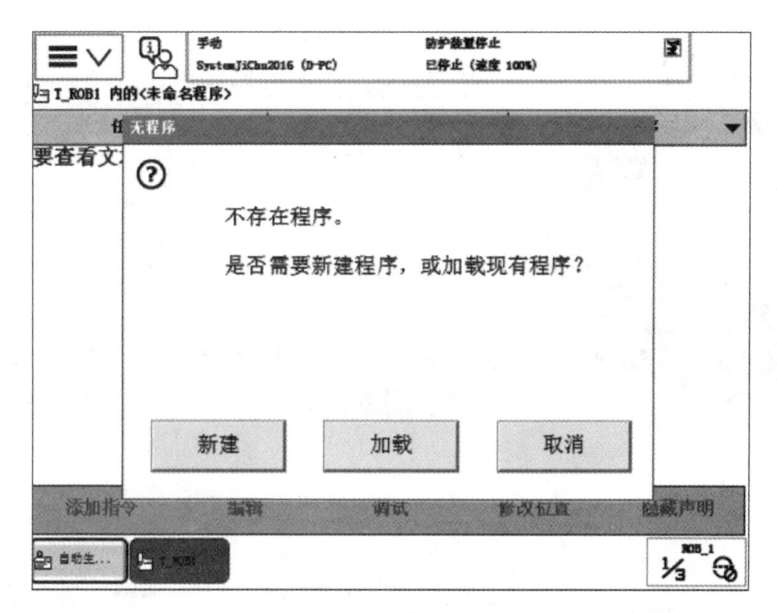

图 4-48　编辑程序对话框

● 单击“新建”按钮。主模块及主程序建立完成，如图 4-49 所示。

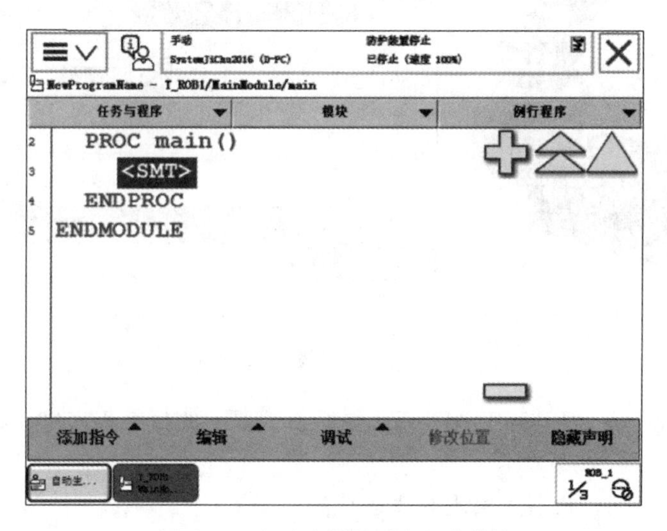

图 4-49　新建主模块及主程序模块

⑧ 添加运动指令。通过虚拟示教器将机器人移动至图 4-50（a）所示的 A 点，单击“添加指令”→MoveL，给添加指令位置取名 p10，速度调整至 500，转弯区数据调整至 fine，单击“修改位置”按钮，如图 4-50（b）所示，则 p10 点就是 4 点的位置。

⑨ 选择线性运动。单击 Enable，操作操纵杆，将机器人移动至图 4-51 所示的 B 点，单击“添加指令”→MoveL，在弹出的对话框中，单击“下方”，给添加指令位置取名 p20，速度调整至 500，速度调整至 500，转弯区数据调整至 fine，单击“修改位置”，如图 4-51（b）所示，则 p20 点就是 B 点位置。

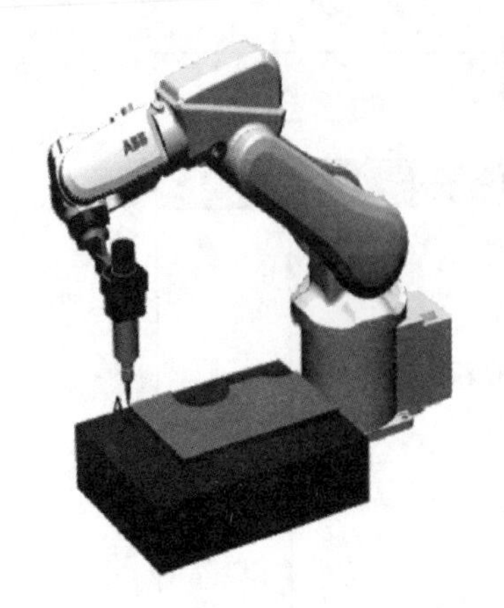

(a) 模型

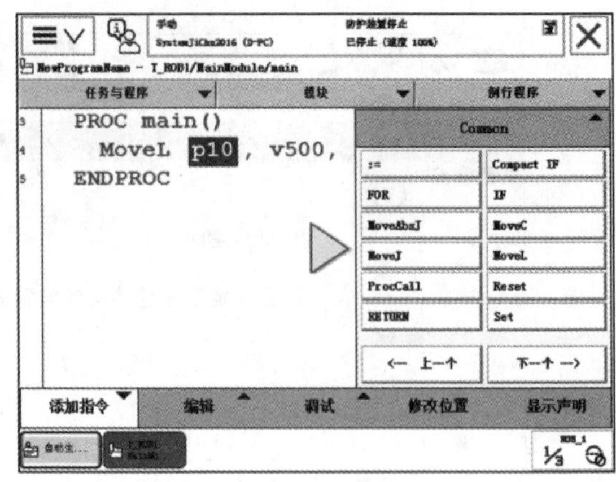

(b) 添加运动指令

图 4-50　模型及添加运动指令界面

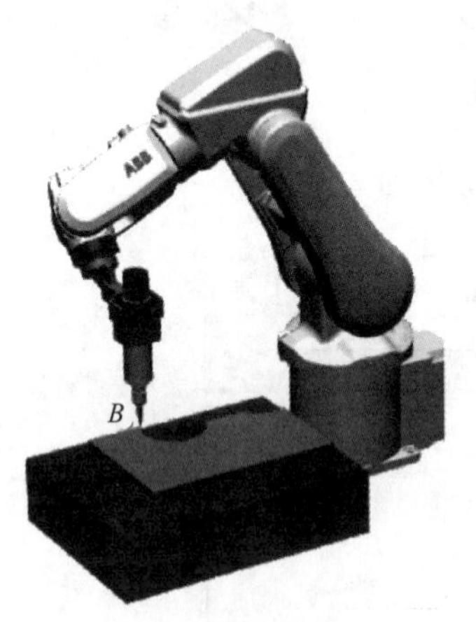

(a) 模型

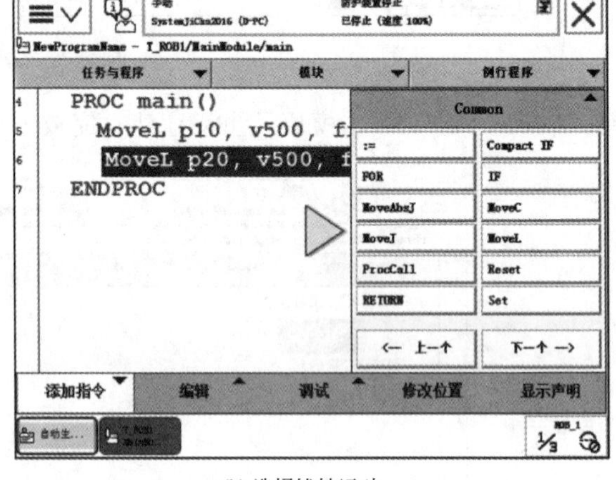

(b) 选择线性运动

图 4-51　模型选择线性运动界面

⑩ 单击“调试”→“PP 移至 Main”，按下示教器上的执行程序键，机器人在 A、B 两点之间沿直线运动。

(2) 圆弧运动实例。机器人实现圆弧运动步骤如下：

① 添加圆弧运动指令起始点指令。将机器人移动至图 4-52 (a) 所示的 B 点，单击“添加指令”→MoveL，给添加指令位置取名 p30，速度调整至 500，转弯区数据调整至 fine，单击“修改位置”，如图 4-52 (b) 所示，则 P30 点就是 B 点位置。

② 选择线性运动。单击 Enable，手动操作将机器人移动至合适位置，如图 4-53 (a) 所示，单击“添加指令”→MoveC，给添加指令位置取名 p40 和 p50，速度调整至 500，转弯区数据调整至 fine，选择 p40，单击“修改位置”按钮，如图 4-53 (b) 所示，则 p40 就是接近 B 点与 C 点的中间位置。

③ 手动操作将机器人移动至圆弧结束位置 C 点，如图 4-54 (a) 所示，选择 p50，单击修改位置，如图 4-54 (b) 所示，则 p50 点就是 C 点位置。

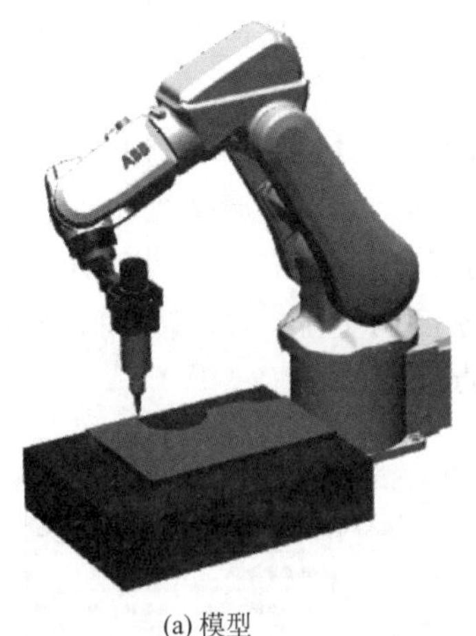

(a) 模型

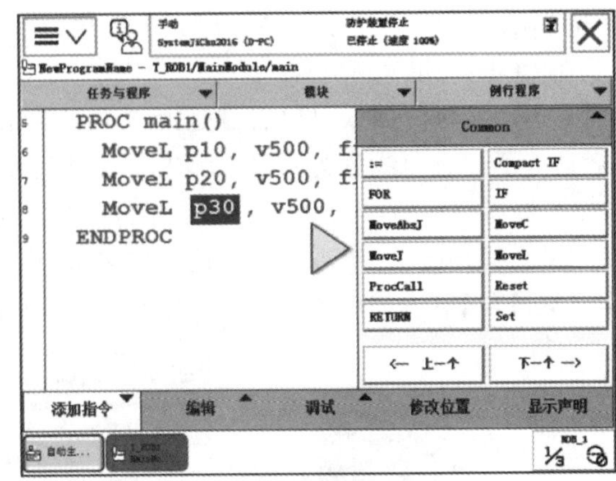

(b) 添加圆弧运动指令起点

图 4-52　模型及添加圆弧运动指令起点指令

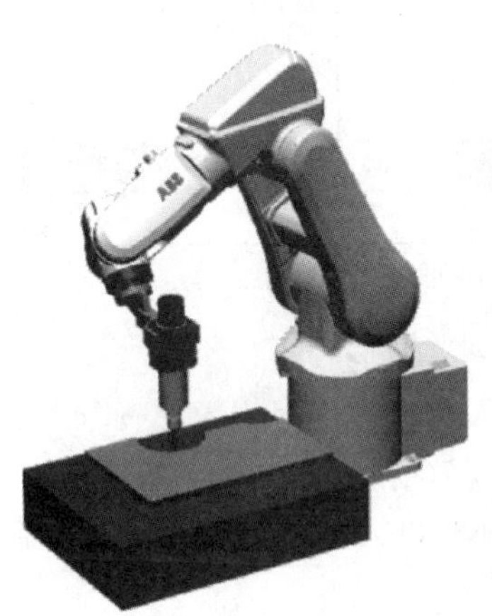

(a) 模型

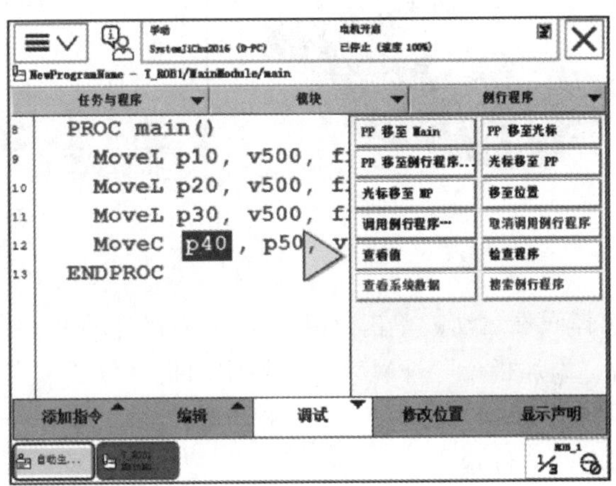

(b) 选择线性运动

图 4-53　模型及选择线性运动

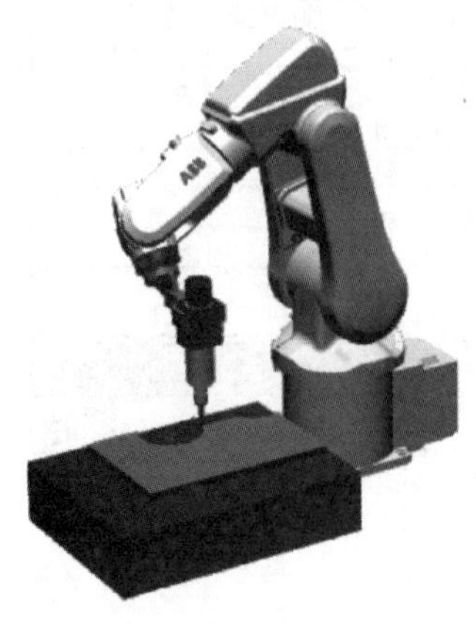

(a) 模型

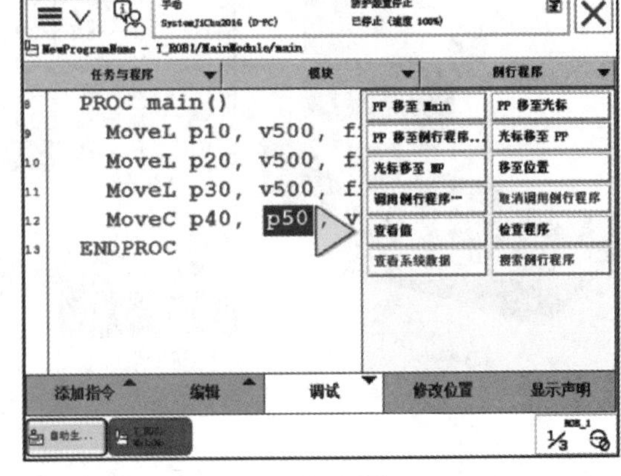

(b) 移动D点设置

图 4-54　模型及手动移动圆弧结束位置 *D* 点位置修改界面

④ 单击“调试”→“PP 移至 Main”，单击执行程序按钮，机器人先在 *AB* 之间沿直线运动，然后在 *BC* 之间沿圆弧运动。

（3）曲线运动实例。曲线可以看作是由 *N* 段小圆弧组成的，所以可以用 *N* 个圆弧指令完成曲线运动。下面将曲线分为两段圆弧来完成机器人沿曲线运动，具体操作步骤如下：

① 添加圆弧运动起始点指令。手动操作将机器人移动至图 4-55（a）所示的 *D* 点，单击“添加指令”→MoveL，给添加指令位置取名 p60，速度调整至 500，转弯区数据调整至 fine，单击“修改位置”，如图 4-55（b）所示，则 p60 点就是 *D* 点位置。

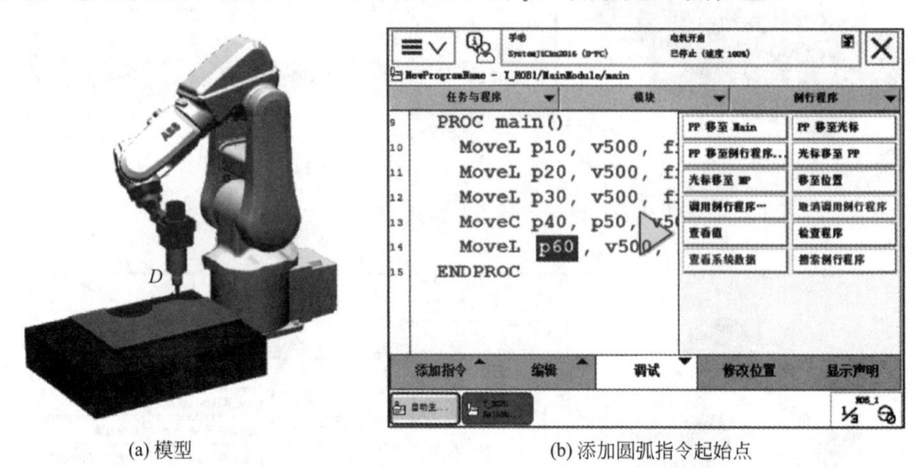

(a) 模型　　(b) 添加圆弧指令起始点

图 4-55　模型添加圆弧运动指令起始点指令界面

② 选择线性运动。单击 Enable，手动操作将机器人移动至合适位置，如 4-56（a）所示，单击“添加指令”→MoveC，给添加指令位置取名 p70 和 p80，速度调整至 500，转弯区数据调整至 fine，选择 p70，单击修改位置，如图 4-56（b）所示，则 p70 就是曲线上 *D* 点和末端之间的位置。

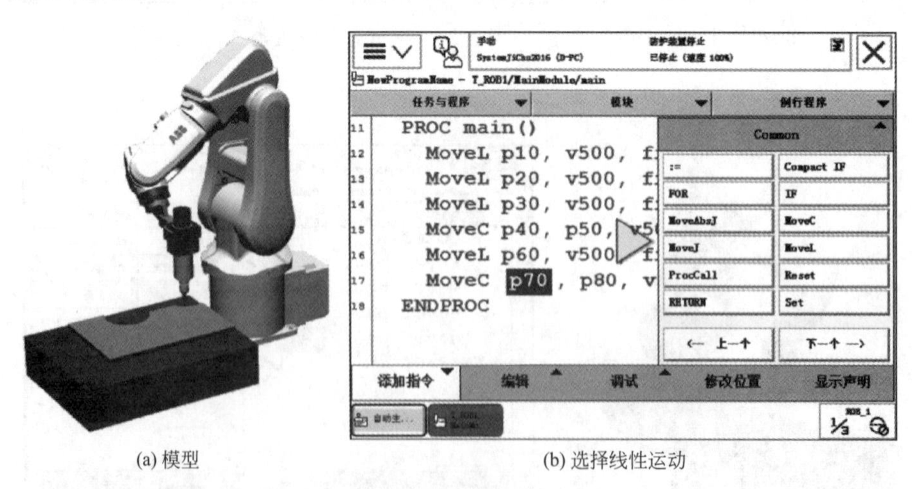

(a) 模型　　(b) 选择线性运动

图 4-56　模型及选择线性运动界面

③ 同理，示教其他圆弧上的点。示教曲线末端点为图 4-57（a）所示的 *E* 点，则 p100 就是 *E* 点位置，如图 4-57（b）所示。

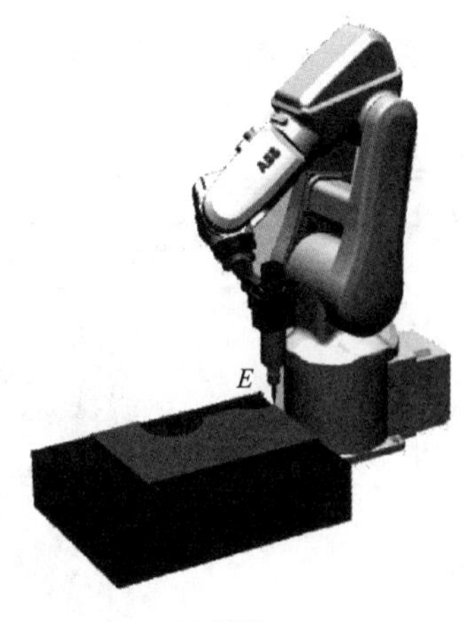

(a) 模型

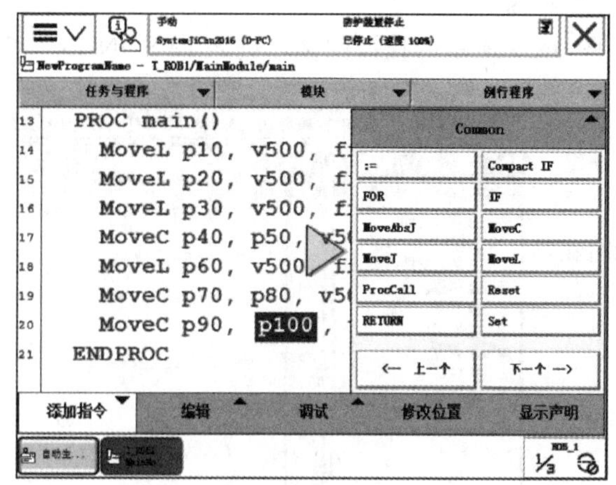

(b) 示教圆弧其余点

图 4-57　模型及示教圆弧其余点

④ 单击“调试”→“PP 移至 Main”，单击执行程序按钮，机器人先在 *AB* 之间沿直线运动，然后在 *BC* 之间沿圆弧运动，之后在 *CD* 之间沿直线运动（该直线运动的操作过程参照直线运动实例），最后在 *DE* 两点之间沿曲线运动。

4.6.2　EPSON 离线编程——RC+7.0

EPSON RC+7.0 强大的项目管理和开发环境，以及直观的窗口界面、开放结构和综合图像处理，使其非常适合应用于程序的简单编程。该软件能够控制 EPSON 所有类型的机器人及其功能，还支持 3D 图形环境，几乎能够完全模拟机器人运动。它通过 USB 或以太网与控制器进行通信，可以将一台计算机连接到多个控制器上。

1. 下载和安装

RC+7.0 下载地址为 https://neon.epson-europe.com/robots/?content=687，下载页面如图 4-58 所示。

（1）单击 EpsonRC+v7.0.5Trail 开始下载。

（2）将下载完的软件压缩包解压后，打开文件夹，双击 setup.exe，根据向导完成安装。安装完成后，计算机桌面出现对应的快捷图标，如图 4-59 所示。

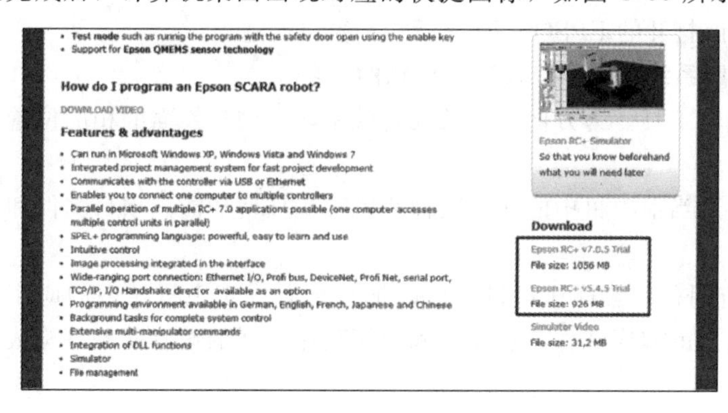

图 4-58　RC+7.0 下载地址

图 4-59　快捷图标

2. 用户界面

双击图 4-59 所示的快捷图标，进入 EPSON RC+7.0 的用户界面，如图 4-60 所示。

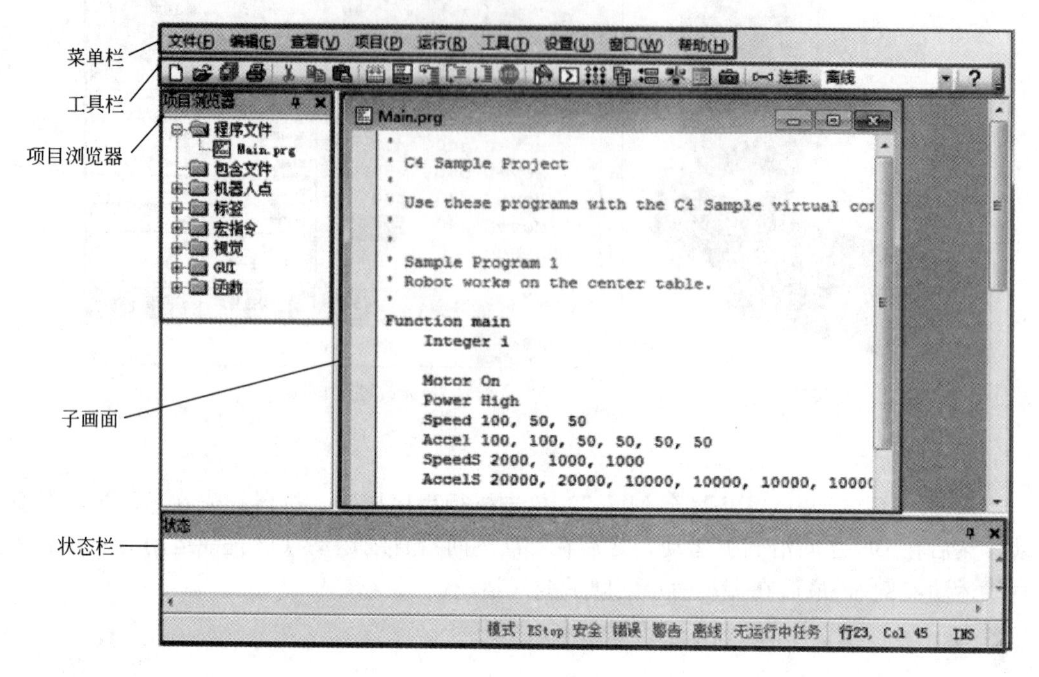

图 4-60 用户界面

用户界面主要包括五部分。

(1) 菜单栏：提供相关功能选项。

①“文件”菜单：当前项目中管理和打印文件命令。

②“编辑”菜单：包含编辑文件命令。

③“查看”菜单：包括打开项目管理器、状态窗口和查看系统历史记录的命令。

④“项目”菜单：包括管理和构建项目的命令。

⑤“运行”菜单：包括运行和调试程序的命令。

⑥“工具”菜单：打开工具栏的所有工具。

⑦“设置”菜单：计算机与控制器通信、系统设置、选项、选件。

⑧“窗口”菜单：管理当前打开的 EPSON RC+7.0 子窗口的选项。

⑨“帮助”菜单：访问帮助系统和手册以及版木信息的选项。

(2) 工具栏：提供各种编辑工具。为方便使用及提高效率，在用户界面的相应位置设立各种工具图标。

(3) 项目浏览器：可以打开当前项目中的任何文件或跳转到任何功能。项目文件和功能以有序的树形结构进行组织。

用 EPSON RC+制作的应用程序被称作项目。可以把项目看成实现机械手的应用所需的信息汇总的容器，由一个以上的程序文件、点文件和应用程序关联的设置文件等构成。项目结构如图 4-61 所示。

使用项目浏览器能够快速打开项目中的任何文件或跳转到任何功能。项目文件和功能以有序的树形结构进行组织。项目浏览器窗格中有一个上下文菜单，可对项目树中的各个元件进行各种操作。若要访问上下文菜单，可右击项目树中的某个项目，如图 4-62 所示。

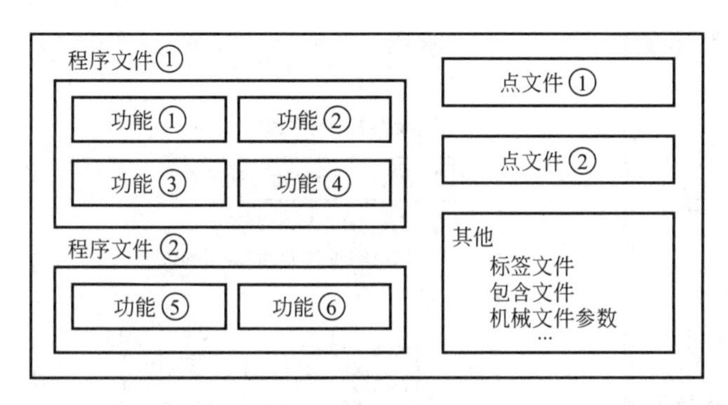

图 4-61　项目结构示例

图 4-62　上下文菜单

用户可以将项目浏览器窗格移动到主窗口的左侧或右侧。移动窗格的方法为：单击窗口上方的栏，拖动到主窗口的左侧或者右侧，然后松开鼠标按键。

（4）子画面：用于编辑、显示程序等。

（5）状态栏：显示项目编辑状态、系统错误、警告等信息。

3. 基本操作

（1）计算机与控制器通信。本节主要介绍利用以太网连接控制器，具体操作步骤如下：

① 先修改 PC 的 IP 地址为 192.168.0.2～192.168.0.254 之间的值，保证 PC 和控制器在同网段，如图 4-63 所示。

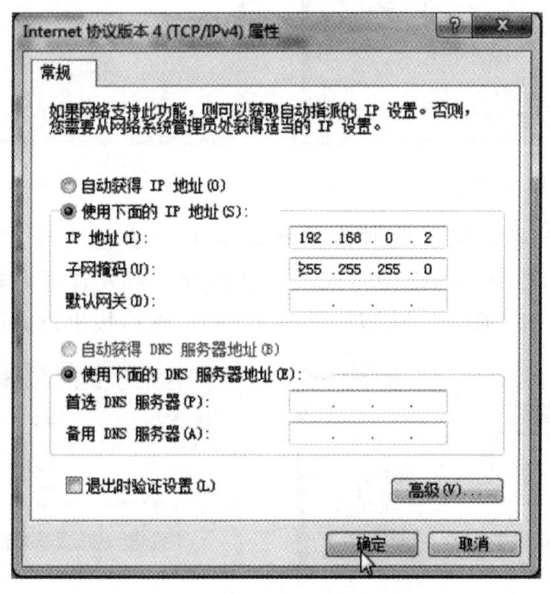

图 4-63　修改 PC 的 IP 地址

② 选择“设置”→“计算机与控制器通信”命令，或者单击工具栏上的 按钮，弹出如图 4-64 所示对话框，单击“增加”按钮。

③ 在弹出的对话框（见图 4-65）中，选中“通过以太网连接控制器”复选框，单击“确定”按钮，弹出如图 4-66 所示对话框。

图 4-64 “电脑与控制器通信”对话框

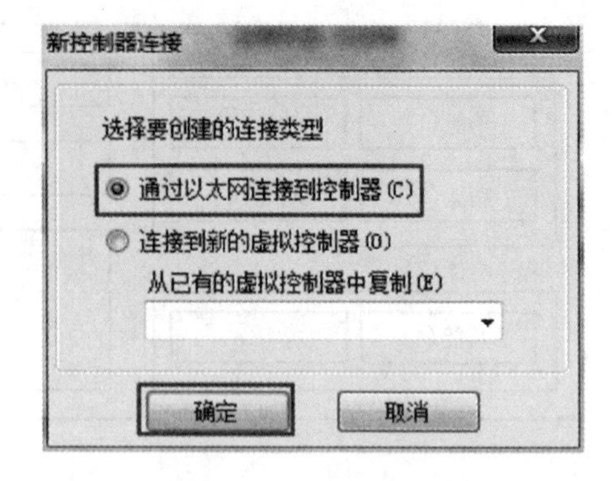

图 4-65 选择连接类型

④ 输入 IP 地址（控制器默认地址 192.168.0.1，单机“应用”按钮，弹出如图 4-67 所示对话框。

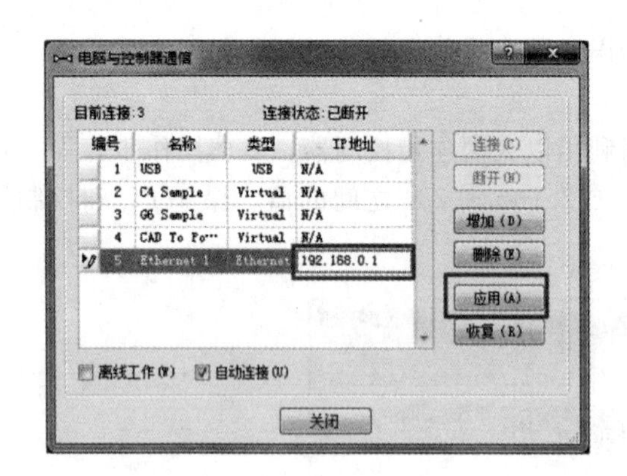

图 4-66 输入 IP 地址

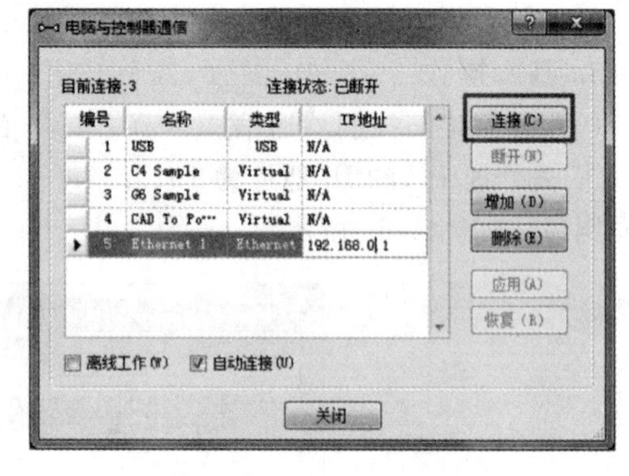

图 4-67 应用新建的控制器连接

⑤ 单击“连接”按钮，确认此时连接状态变为“已连接”，然后单击“关闭”按钮（图 4-68），则计算机与控制器的连接完成，可以进行机器人管理的相关操作。如果需要断开以太网连接，可先单击“断开”按钮（见图 4-69），然后拔出以太网电缆。

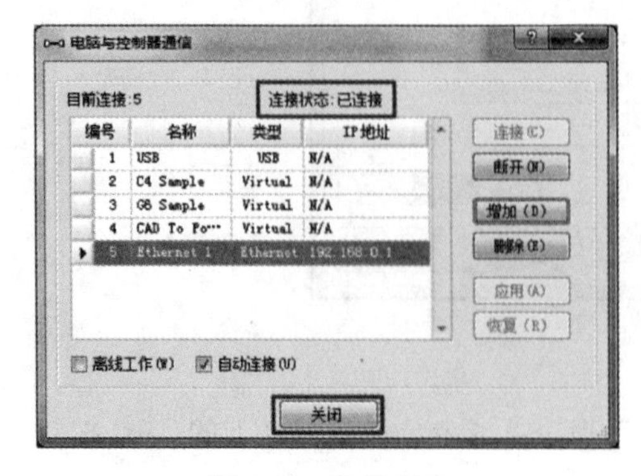

图 4-68 连接完成

图 4-69 断开以太网连金额

(2) 机器人管理器。在菜单栏中，选择“工具”→“机器人管理器”命令，或直接单击工具栏中的 按钮，或按【F6】键，打开机器人管理器。

如果出现如图 4-70 所示的提示，则说明控制器之前已有项目文件，需要进行覆盖操作。确认覆盖不会影响控制器工作后单击“是”按钮。

图 4-70　项目覆盖警告

① 控制面板。机器人管理器的控制面板如图 4-71 所示。

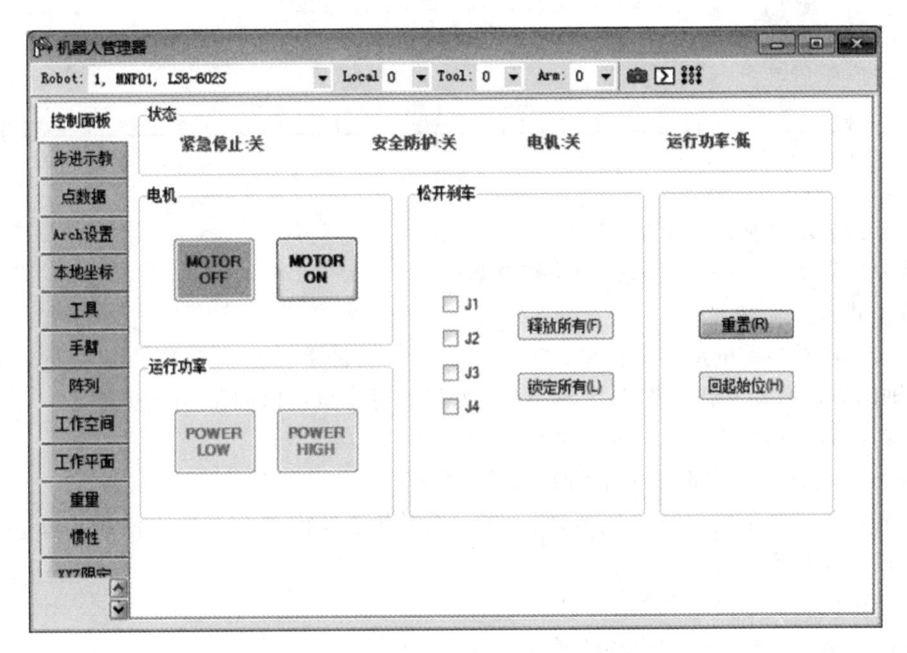

图 4-71　机器人管理器的控制面板

- 状态：紧急停止、安全防护、电动机、运行功率。
- 电动机：MOTORON/MOTOROFF，准备打开/关闭电动机。
- 运行功率：HIGH/LOW，在打开电动机是显示。
- 松开刹车：释放所有/锁定所有，释放单个关节。
- 重置：将机器人伺服系统和紧急停止状态重置。
- 回起始位：将机器人移到 HomeSet 命令指定的位置。

② 步进示教。机器人管理器的步进示教如图 4-72 所示。

目前位置：

■ 世界：显示所选本地坐标系中当前的位置和工具的方向。

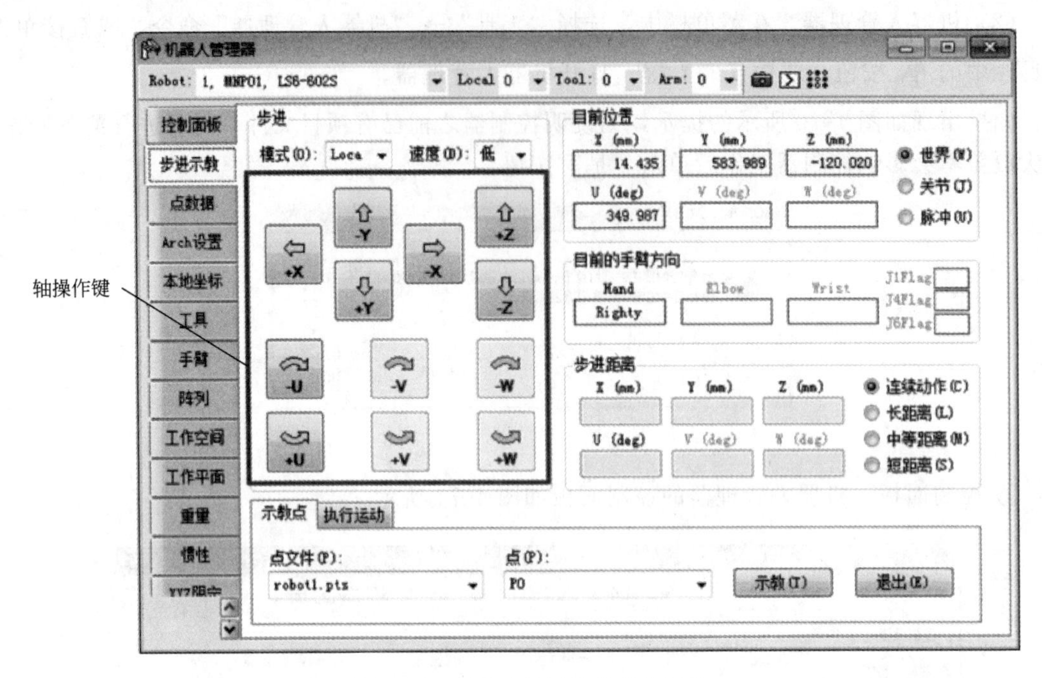

图 4-72　机器人管理器的步进示教

■ 关节：显示当前的关节值。

■ 脉冲：显示每个关节当前脉冲编码器数。

步进模式：

■ 默认：指在当前的局部坐标系、工具坐标系、机械手属性、ECP 平标系上，向 x 轴、y 轴、z 轴的方向微动动作。如果是 SCARA 型机械手，也可以向 U 方向微动。

■ 工具：向工具定义的坐标系的方向微动移动。

■ Local：向定义的局部平标系的方向微动移动。

■ 关节：各机械手的关节单独微动移动。不是直角坐标型的机械手使用 Joint 模式时，显示单独的微动按钮。

● 步进速度：低和高。

● 轴操作键：点击进行相应轴的操作。

● 目前的手臂方向：显示左手（Lefty）还是右手（Righty）。

● 步进距离：选中“连续动作”，表示机器人在连续模式下步进，此时步进距离文本框成灰色，不可更改；选中“短、中等、长距离”，步进距离可参考表 4-12。

表 4-12　步 进 距 离

距　　离	设 定 值	默 认 值
短距离	0～10	0.1
中等距离	0～30	1
长距离	0～180	10

如果步进距离超出预设，可通过重启控制器，将步进距离设置为默认状态。

- 示教点：可以示教点。
- 执行运动：可以选择对应的目标和命令，执行运动。

（3）点数据。机器人管理器的点数据如图 4-73 所示。

机器人管理器

Robot: 1, MNP01, LS6-602S　Local 0　Tool: 0　Arm: 0

控制面板
步进示教
点数据
Arch设置
本地坐标
工具
手臂
阵列
工作空间
工作平面
重量
惯性
XYZ限定

点文件(P): robot1.pts

编号	标签	X	Y	Z	U	Local	Hand
0		14.429	583.991	-120.018	350.044	0	Righty
1		125.520	573.121	-120.023	337.863	0	Righty
2							
3							
4							
5							
6							
7							
8							
9							
10							
11							
12							
13							
14							
15							

删除P0 (D)　删除所有 (A)　保存 (S)　恢复 (R)

图 4-73　机器人管理器的点数据

选择一个点文件，机器人会将该点文件加载到内存。可以在点文件的表格里修改点数据，当示教点后，点数据表格会更新。

（4）命令窗口。在菜单栏中选择“工具”→“命令窗口”，或者单击【⌖】，或者按【Ctrl＋M】组合键，打开命令窗口，如图 4-74 所示。

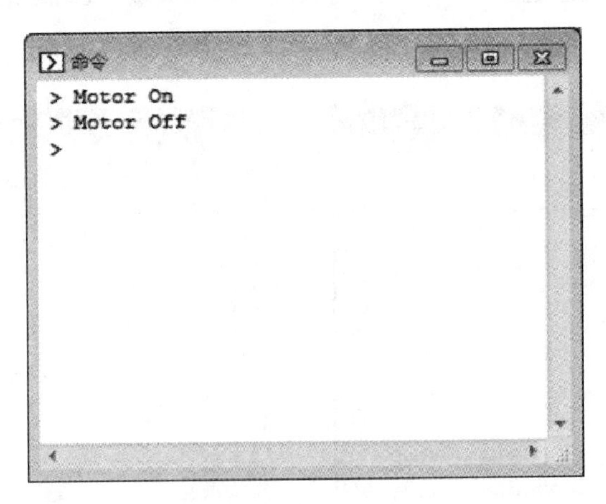

图 4-74　命令窗口

在命令窗口中可以输入命令。每次输入完一行指令，可按一次【Enter】键执行命令，等待提示返回。发生错误时，错误编号会随着错误一起返回。例如：

```
> lotorOn
> lotorOff
```

（5）程序编辑和执行。程序编辑和执行的具体操作步骤如下：

① 在菜单栏中，选择“项目”→“新建”命令（见图 4-75），建立新的项目。

② 在弹出的对话框中，输入新建项目名称，如 test 如图 4-76 所示。

③ 单击“确定”按钮，生成新的项目，如图 4-77 所示。

④ 编辑程序。在 Main. prg 编辑窗口中输入以下程序：

```
Print "This is my first program"
```

输入完成后如图 4-78 所示。

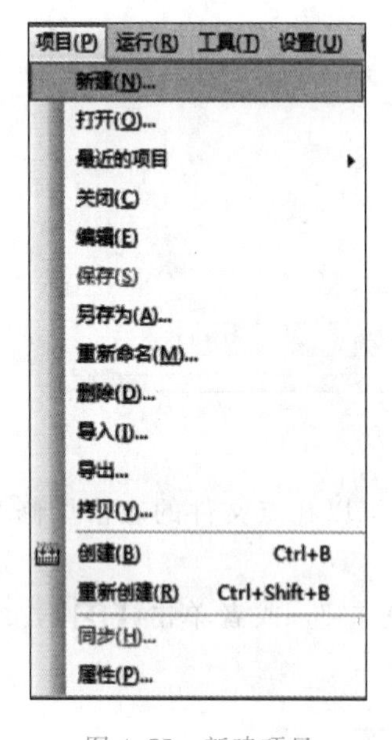

图 4-75 新建项目

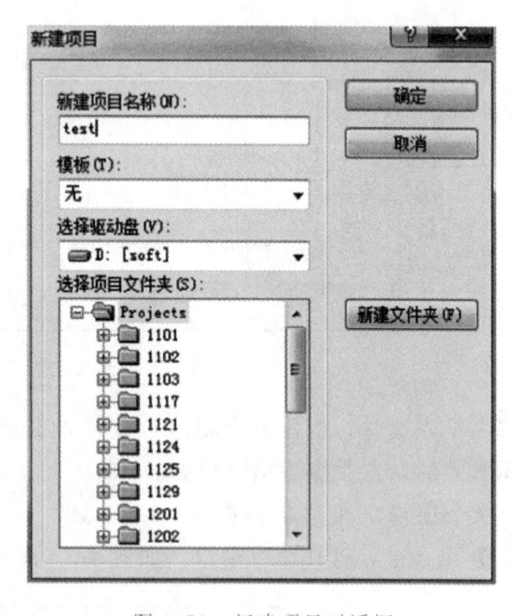

图 4-76 新建项目对话框

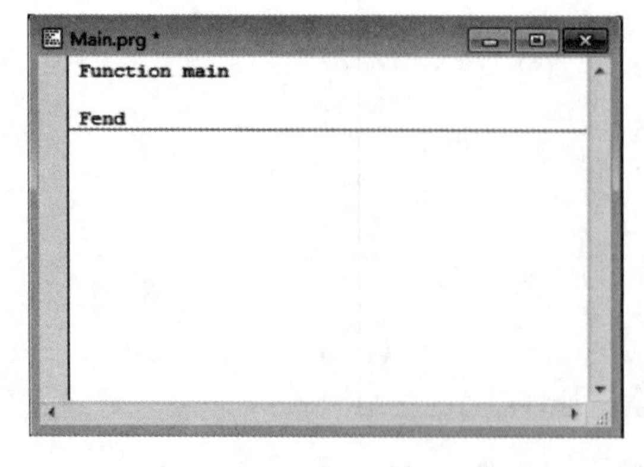

图 4-77 Main. prg 编辑子画面

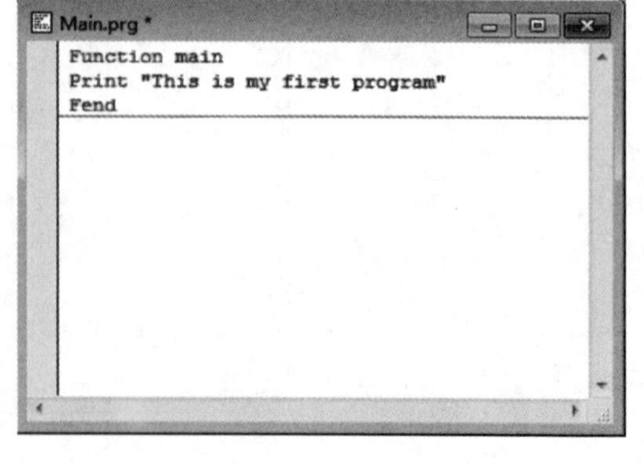

图 4-78 输入程序

⑤ 执行程序。

- 按【F5】键后，程序被编辑读入内存。如果不发生错误，则显示运行窗口，如图 4-79 所示。

图 4-79　运行窗口

● 单击“运行”窗口中的“开始”按钮，在弹出的如图 4-80 所示的对话框中，单击“是”按钮，运行程序，运行结果如图 4-81 所示。

图 4-80　确认运行程序

图 4-81　运行结果

4. 离线仿真应用

在项目的评估阶段（或者项目设计阶段），还未进行真机安装时，可以利用 Simulator（仿真器）进行方案评估设计，测试机械臂的动作流程、速度和行程等方面是否能满足需求，并可对其仿真的工作过程进行录制。

EPSON RC+软件可以使用仿真功能进行程序验证，方便开发调试。使用仿真器的优点如下：

● 可以和实际真机一样，进行示教、运行程序等动作。

● 可以设置外部机构的几何模型。

● 直观显示 TOOL/Local 坐标系。

● 可以观看运动轨迹并检查干涉。

● 可以对仿真过程进行录制和分享。

（1）仿真器连接：

仿真器用以连接虚拟机器人，具体方法如下：

① 从工具栏的“连接”下拉列表框中，选择 C4 Sample 或 G6 Sample，如图 4-82 所示。

② 选择“工具”→Simulator 命令，或单击工具栏中的按钮，或者按【Ctrl+F5】组合键，打开仿真器，其界面如图 4-83 所示。

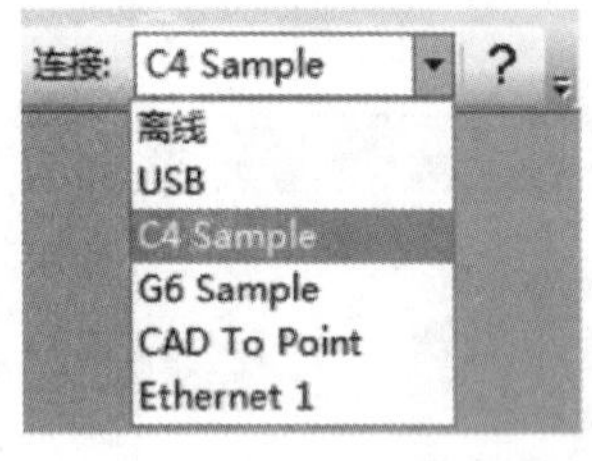

图 4-82 选择仿真连接

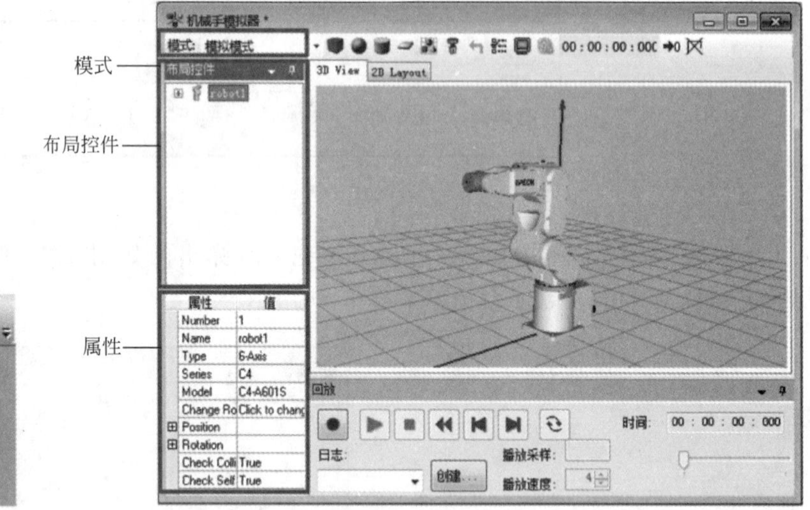

图 4-83 仿真器界面

机器人仿真模式有两种：模拟模式和回放模式。

● 模拟模式：可以进行添加模型、更改机器人属性、录制等操作。

● 回放模式：可以对已经录制的视频进行播放。

当连接到真实机器人时，机器人仿真器不可用。

仿真器数据的存放位置在安装目录 \ EpsonRC70 \ Simulator 下。可以将整个仿真器文件复制到其他计算机上进行仿真。

（2）虚拟元件添加：

可以根据需要在仿真器中添加和布局虚拟的元件，用于模拟实际机台的情况，方便演示操作、测试干涉和优化轨迹等。

通过单击工具栏中的按钮添加虚拟元件，分别为立方体、球体、圆柱体、平面、CAD 模型和手对象。例如，添加立方体 Sbox_1，如图 4-84 所示。

（3）布局调整：

① 在 2D Layout 中，选中对应的元件，或者在左边的布局控件列表中选择。

② 在左侧的属性中，对立方体元件进行 Position（位置）、HalfSize（半尺寸）和 Rotation（旋转）调整，如图 4-85 所示。

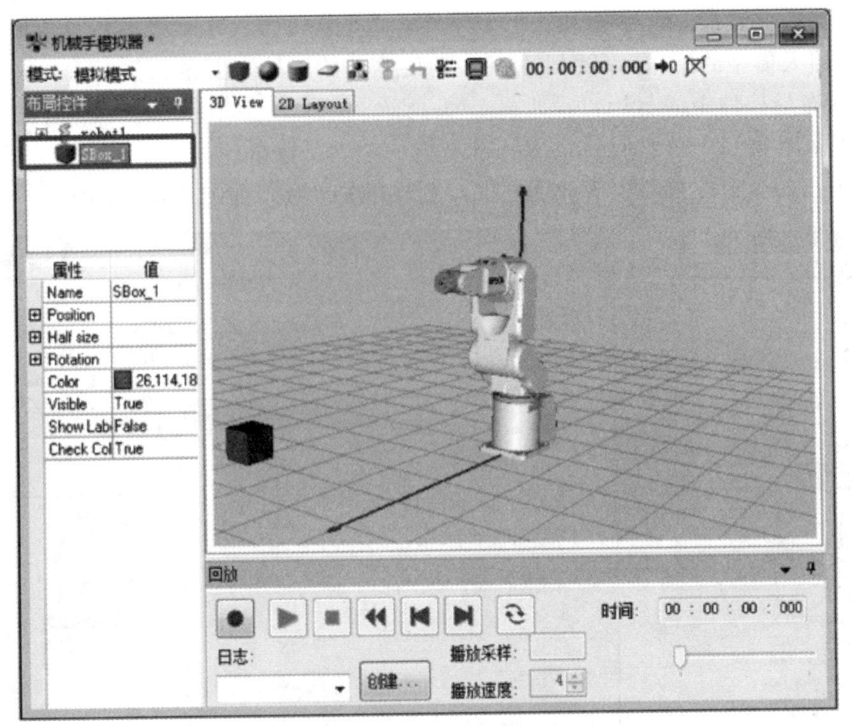

图 4-84　添加立方体元件

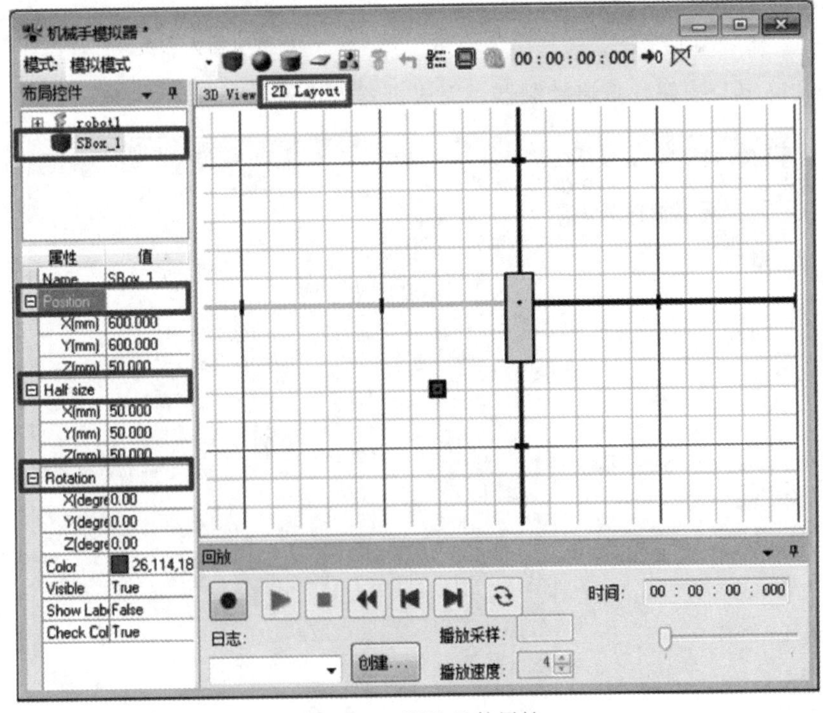

图 4-85　调整元件属性

不同元件对应的属性参数有所不同。

（4）机器人设置：

设置机器人模型的型号、名称、位置、角度等参数，具体步骤如下：

① 选择布局控件中的 robot1，如图 4-86 所示。

② 在其属性窗口，单击 ChangeRobot 右侧的“…”按钮。

③ 在弹出的“更改机器人”对话框中，更改相关参数，如图 4-87 所示。

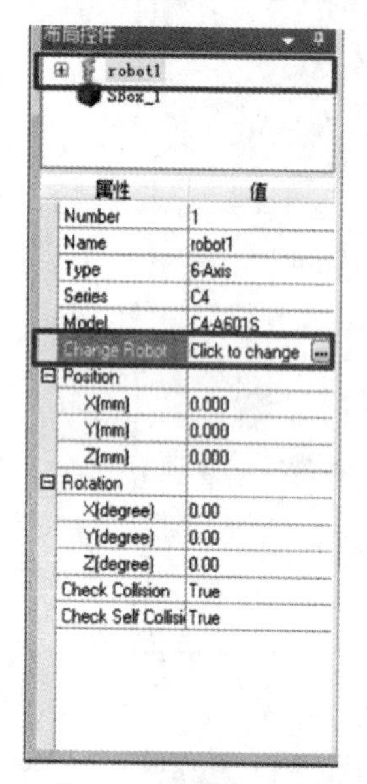

图 4-86　选择 robot1

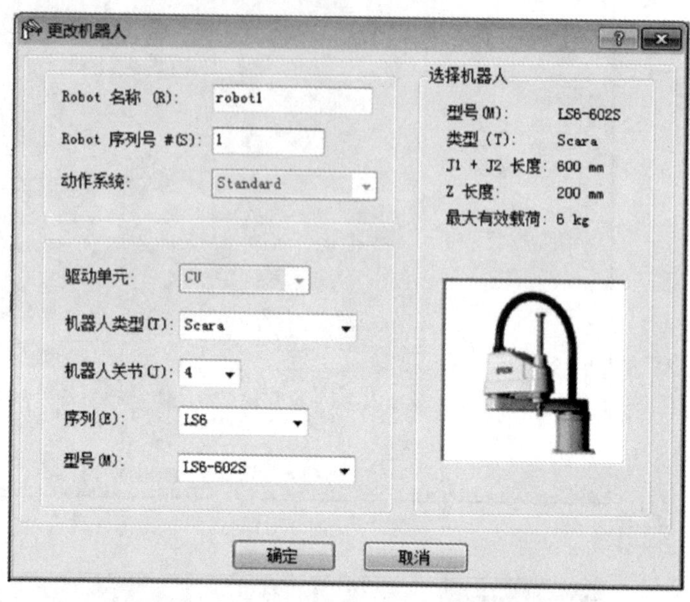

图 4-87　更改机器人参数

④ 单击“确定”按钮，重启控制器，完成机器人设置，如图 4-88 所示。

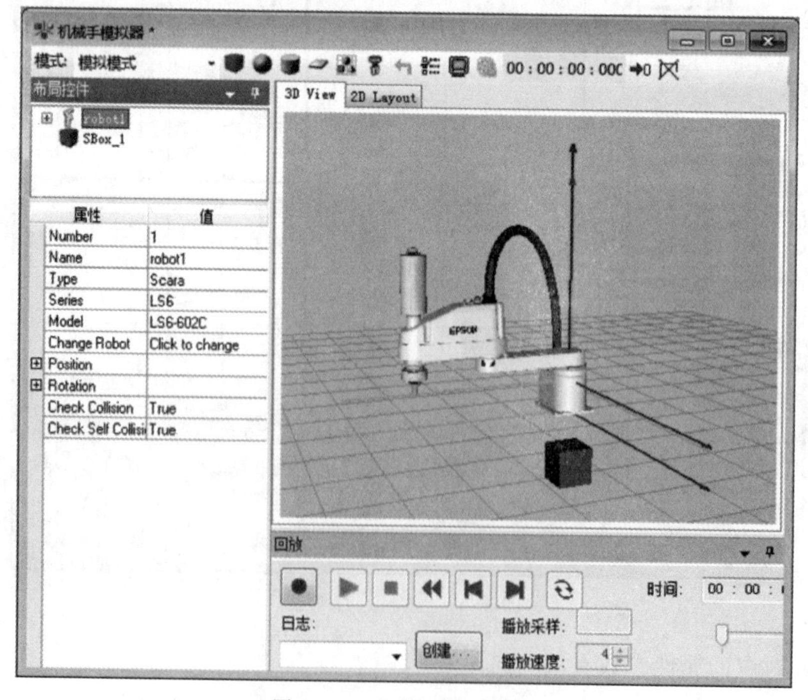

图 4-88　完成机器人设置

（5）末端执行器导入：选中 Robot1→Hand，或者单击工具栏中的按钮，选中对应末端执行器的 3D 模型文件，即可导入末端执行器，如图 4-89 所示。

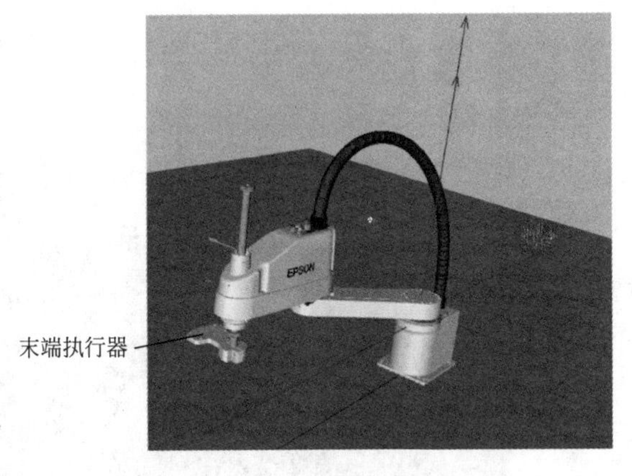

图 4-89　导入末端执行器

该末端执行器会随着机械臂的运动而运动，方便模拟仿真。末端执行器控件属性如图 4-90 所示。

（6）干涉与轨迹显示：

在模拟中，机器人之间（包括它的机械臂和布局对象）可以进行碰撞检测。

在机器人的“属性”窗口中，可以配置碰撞检测：

① 检测有无碰撞 Check Collision，启用——True（默认值），禁用——False，如图4-91 所示。

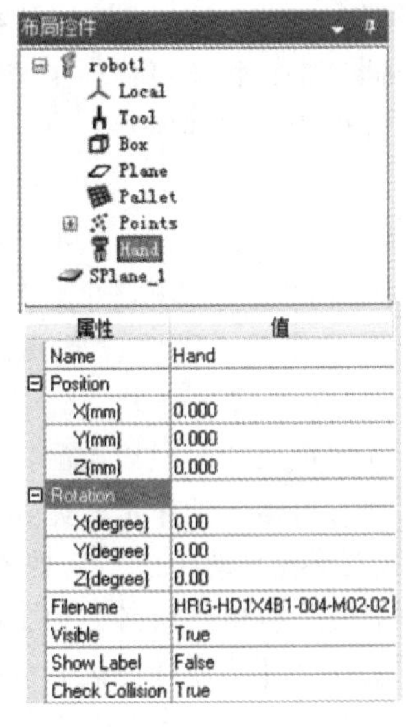
布局控件

- robot1
  - Local
  - Tool
  - Box
  - Plane
  - Pallet
  - Points
  - Hand
- SPlane_1

属性	值
Name	Hand
Position	
X(mm)	0.000
Y(mm)	0.000
Z(mm)	0.000
Rotation	
X(degree)	0.00
Y(degree)	0.00
Z(degree)	0.00
Filename	HRG-HD1X4B1-004-M02-02
Visible	True
Show Label	False
Check Collision	True

图 4-90　末端执行器控件属性

属性	值
Number	1
Name	robot1
Type	Scara
Series	LS6
Model	LS6-602C
Change Robot	Click to change
Position	
Rotation	
Check Collision	True
Check Self Collisi	True

图 4-91　配置碰撞检测

② 检测有无自碰撞 Check Self Collision，启用——True（默认值），禁用——False，如图 4-91 所示。

图 4-92 所示为机器人发生碰撞干涉。

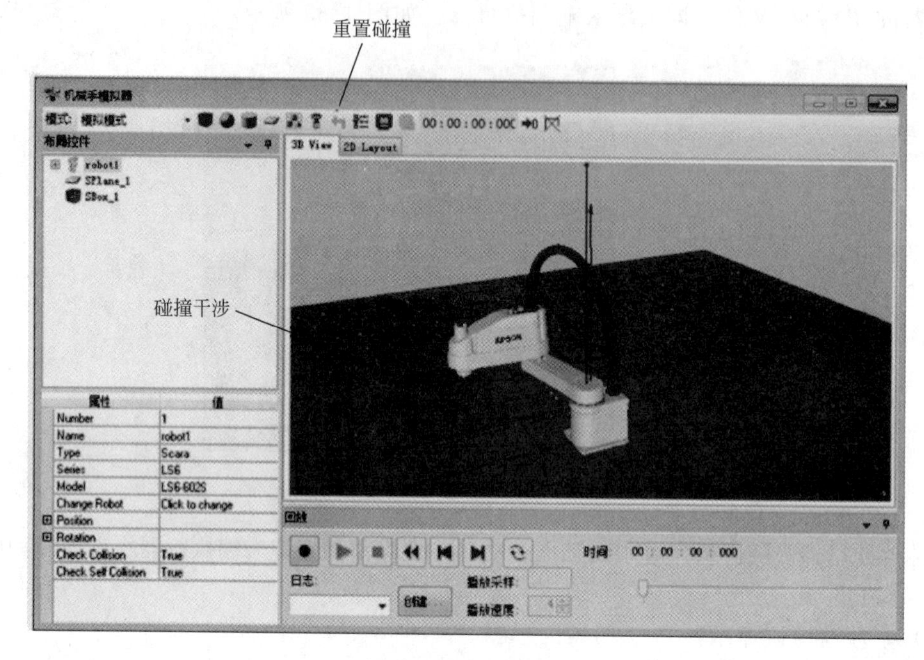

图 4-92 碰撞干涉

4.6.3 数字化工厂仿真——Visual Component

1. 软件介绍

Visual Component 提供了一整套进阶数位工厂模拟仿真解决方案，软件提供免费的产业标准数据库，包括机器人设备、输送设备、自动仓储设备、物流设备、工装工具设备、数控加工设备等，用户可从网络共享的各设备供应商的部件库中找到所需素材，根据需求快速设计仿真应用。

该软件的高阶版本（3DCreate）具有强大的图形编辑与创作环境，可快速创建、发布 3D 组件的设备模型，能真实呈现现实设备的外观及其功能行为。用户可轻易使用 3D 组件模型分层产品以及重复使用设备资料库，简易结合设备模型，设置设备几何外形与性能参数。

该软件提供仿真环境中机器人的快速示教功能，并提供灵活的碰撞监测，可实现空间确认与千涉确认等功能，能够有效地模拟现实情景。用户对机器人动作示教完成后，可快速导出机器人程序，实现机器人 OLP 离线自动编程（机器人路径自动生成与后处理）。

通过软件内置的分析统计和报告工具，可计算产能及分析生产瓶颈、加工时间、利用率等，在仿真模拟阶段即可有效地分析工厂生产能力。除此之外，软件提供开放式平台，可利用 Python 语言实现系统的快速定制化处理，并且软件提供特殊程序添加接口以扩展软件应用，提供的（.NET）接口可集成到企业的 SCADA、MES 和 ERP 系统中。

Visual Co. nponent 软件根据功能进阶的不同，主要有 3DRealizeR、3DSimulate、3DCreate 及 3DAutomate 四个版本，其功能区别如图 4-93 所示。

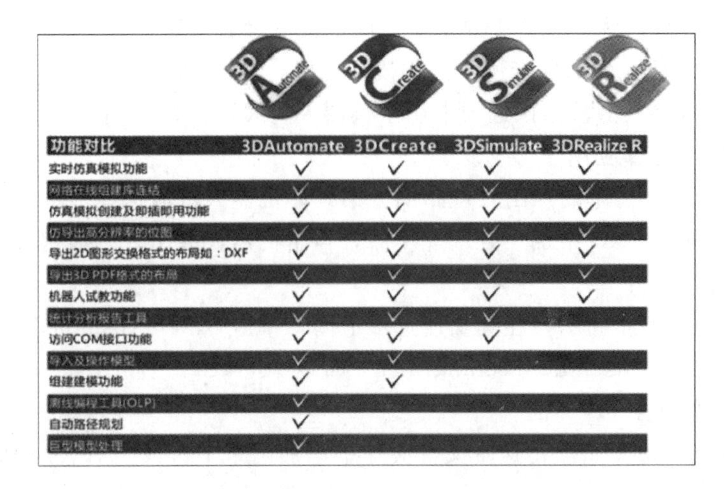

功能对比	3DAutomate	3DCreate	3DSimulate	3DRealize R
实时仿真模拟功能	√	√	√	√
网络在线组建库连结	√	√	√	√
仿真模拟创建及即插即用功能	√	√	√	√
仿导出高分辨率的位图	√	√	√	√
导出2D图形交换格式的布局如：DXF	√	√	√	√
导出3D PDF格式的布局	√	√	√	√
机器人试教功能	√	√	√	√
统计分析报告工具	√	√	√	
访问COM接口功能	√	√	√	
导入及操作模型	√	√		
组建建模功能	√	√		
离线编程工具(OLP)	√			
自动路径规划	√			
巨型模型处理	√			

图 4-93　四个版本的功能区别

本书以 3DCreate 版本为基础，进行相关应用介绍。

2. 用户界面

打开供应商提供的软件安装包，按照提示安装软件。软件安装完成后计算机桌面上会自动生成相应版本的软件快捷图标，如图 4-94 所示，双击此图标可进入 3DCreate 的用户界面，如图 4-95 所示。

图 4-94　3DCreate 快捷图标

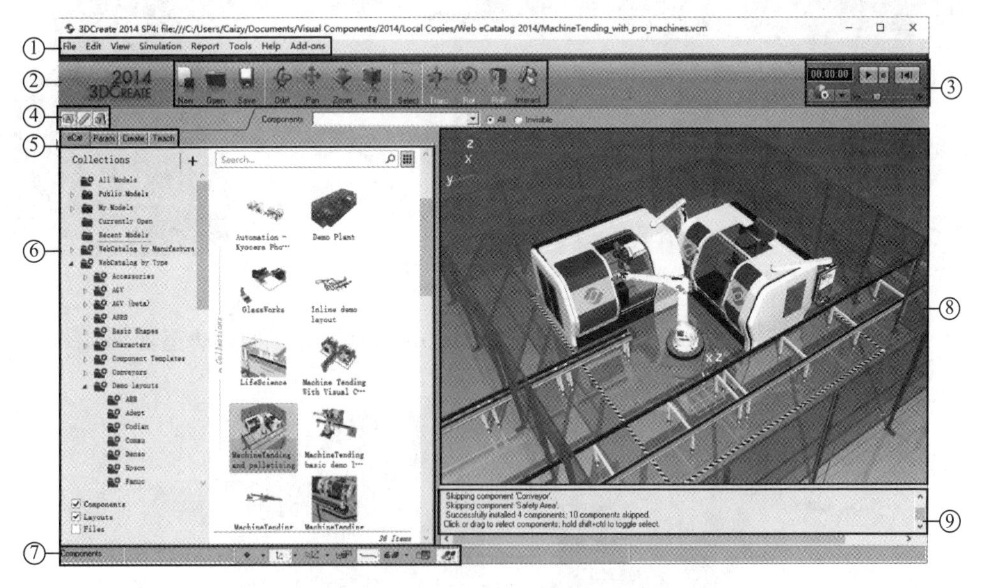

图 4-95　3DCreate 软件的用户界面

①—菜单栏；②—工具栏；③—仿真控制区；④—过滤器；⑤—功能选项卡；⑥—功能区；⑦—状态栏；⑧—3D 界面；⑨—信息栏

3DCreate 软件的功能选项卡共有 4 项功能：

（1）eCat：电子目录，在该选项卡下可直接选择拖动部件库中的部件到 3D 界面下。

（2）Param：参数，该选项卡主要用于当前部件的参数配置。

（3）Create：建模，该选项卡用于部件模型配置，3DCreate 以上版本有此功能。

（4）Teach：机器人示教，该选项卡用于机器人离线示教。

3. 数字化工厂仿真应用

本节旨在建立一个简单的加工处理布局方案，即机器人将输送线传输到位的加工件放置到 CNC 中，加工件在 CNC 中加工处理完毕后，再由机器人取出放到输送线上。加工处理应用的具体操作步骤如下：

（1）打开一个新的布局图，在其功能选项卡内，单击 eCat→Machine Tendingfolder（加工中心文件夹），添加 Machine TendingInlet（加工中心入口）和 Machine Tending Outlet（加工中心出口）部件至 3D 界面。

（2）从 Conveyorsfolder（传送带文件夹）中添加两个 BasicConveyor（基本输送带）至 3D 界面，如图 4-96 所示。

（3）使用 PnP 连接输送带 A 的一侧至加工中心入口的输入接口，将输送带 B 的一侧连接至加工中心出口的输出接口。

（4）从传送带文件夹中添加一个 BasicFeeder（基本生成工具）部件到 3D 界面中，并使用 PnP 将其连接到输送带 A 的另一侧。

（5）从加工中心文件夹中添加一个 CNCLathe（数控设备）部件到 3D 界面中，如图 4-97 所示。

图 4-96　添加输送带

图 4-97　添加 CNC

（6）通过使用工具栏中的移动工具（Translate），将各部件移动至如图 4-98 所示的对应位置，对整个方案进行合理布局。

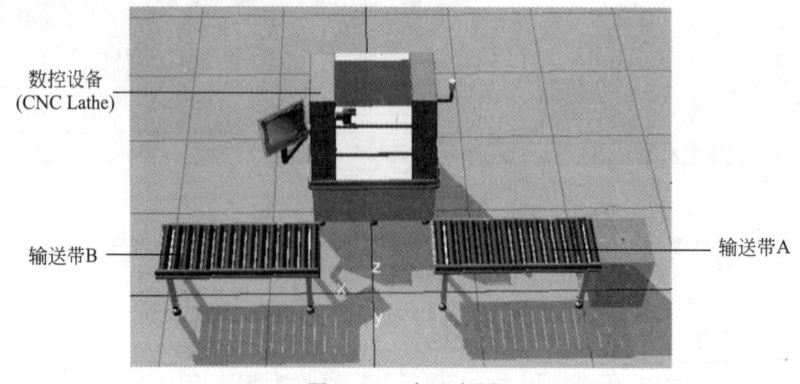

图 4-98　合理布局

（7）从加工中心文件夹选择添加 MachineTendingRobotManager（机器人加工趋向管理器）部件，从 Robot（机器人文件夹）选择添加 GenericArticulatedRobot（通用六关节机器人）；从 Tools（工具文件夹）选择添加 SingleGripper（单抓手）。

（8）使用 PnP 工具将机器人放置到机器人加工趋向管理器上，并将单抓手安装到机器人的末端法兰处，如图 4-99 所示。

（9）选择机器人，在其功能选项卡内，单击 Param→Workspace（工作空间），勾选 Envelope（见图 4-100），使机器人的工作空间（灰色的椭圆型区域）可见，并将布局图上的相关部件移动至机器人工作空间可达位置，如图 4-101 所示。

（10）选择数控设备，在其功能选项卡内，单击 Param→General，勾选 ShowBeaconlight，如图 4-102 所示。

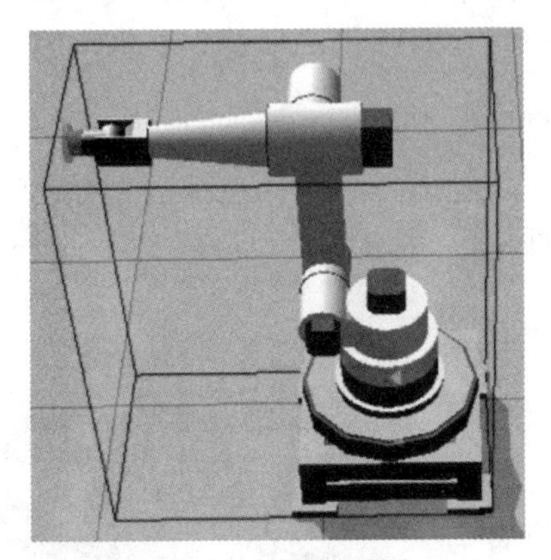

图 4-99　放置机器人

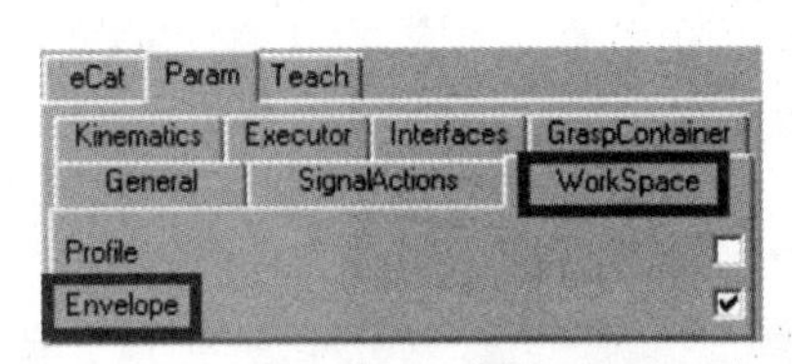

图 4-100　设置机器人工作空间可见

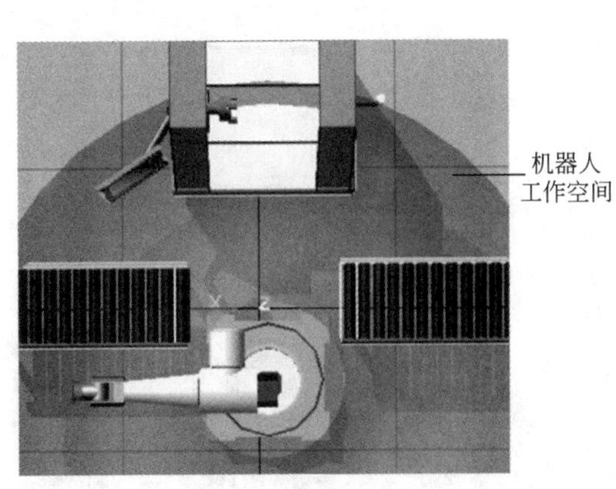

图 4-101　放置机器人

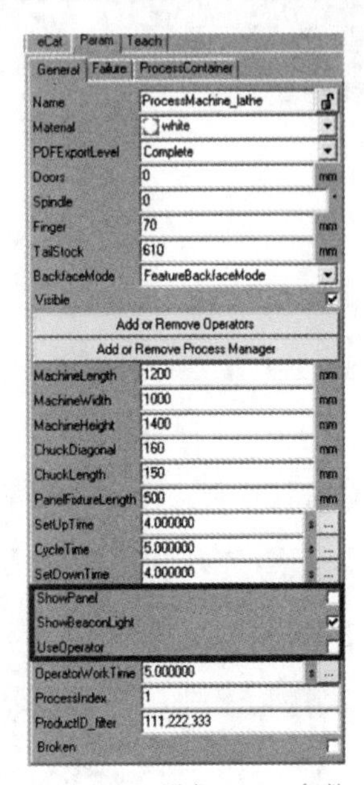

4-102　设假 CNC 参数

由于本例是采用机器人来完成输送动作的，所以显示面板（ShowPanel）与［操作员（Useoperator）］不需要启用，无须勾选。

（11）选择机器人控制器，在其功能选项卡内，单击 Param→General，选择 Connect-ProcessStages（连接加工阶段），如图 4-103 所示。

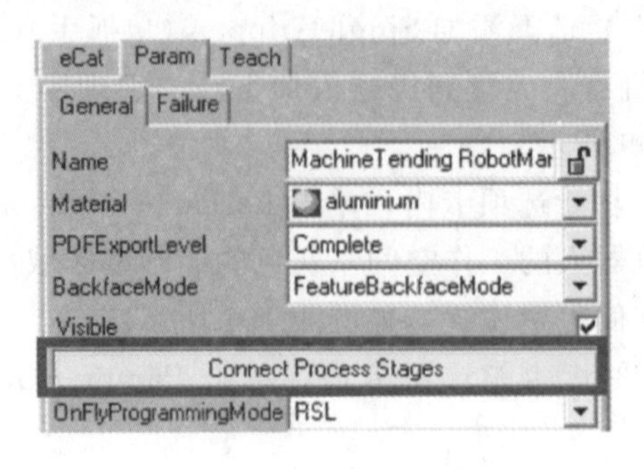

图 4-103　选择机器人控制器参数功能

（12）在弹出的对话框中依次选择 Machine Tending 和 Process Machine，单击 Add 按钮，如图 4-104 所示。

当 3 个组件连接好后，系统会在 3D 界面显示为绿色，如图 4-105 所示，然后单击 Close 按钮，将对话框关闭。

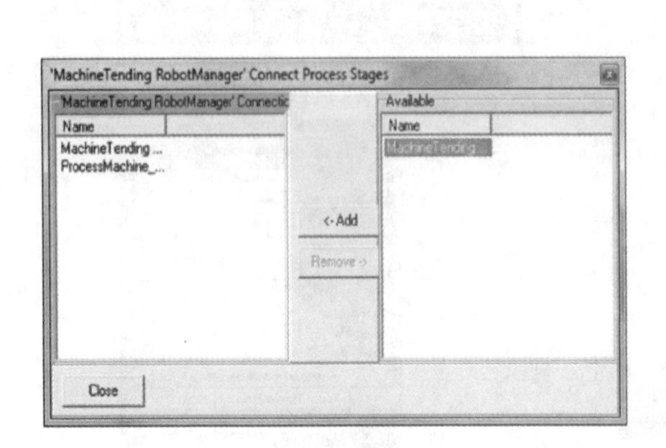

图 4-104　设置连接

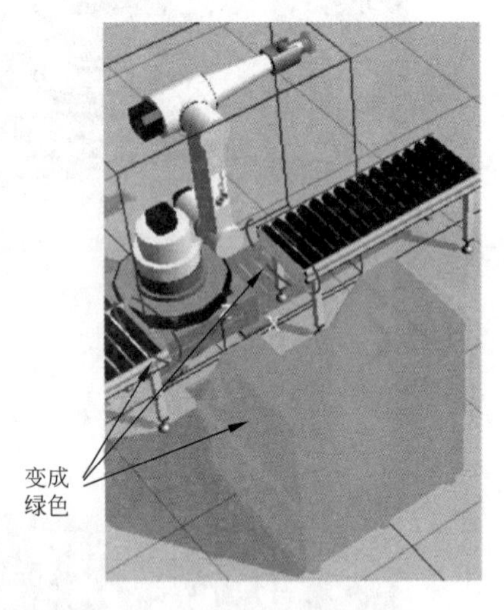

图 4-105　系统连接完成

（13）运行模拟程序查看加工处理中心布局的仿真过程，如图 4-106 所示。

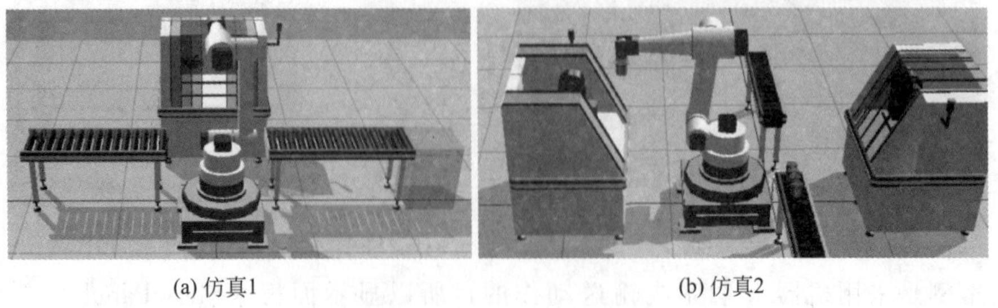

(a) 仿真1　　(b) 仿真2

图 4-106　加工处理仿真

4.6.4　EDUBOT 离线编程——SimBot

1. 软件介绍

SimBot 工业机器人仿真软件支持多种品牌及构型的工业机器人运动仿真，通过软件内置的通信协议可以与多种机器人及 PLC 设备进行远程通信，从而实现对现场设备的远程三维在线监控，软件同时支持用户自定义机器人设备及进一步开发新的机器人构型。

2. 软件安装

双击 SimBot.exe 安装包，根据安装向导即可完成安装。安装完成后桌面出现 SimBot 快捷方式，如图 4-107 所示。

图 4-107　SimBot 快捷方式

3. 用户界面

SimBot 软件的用户界面如图 4-108 所示。

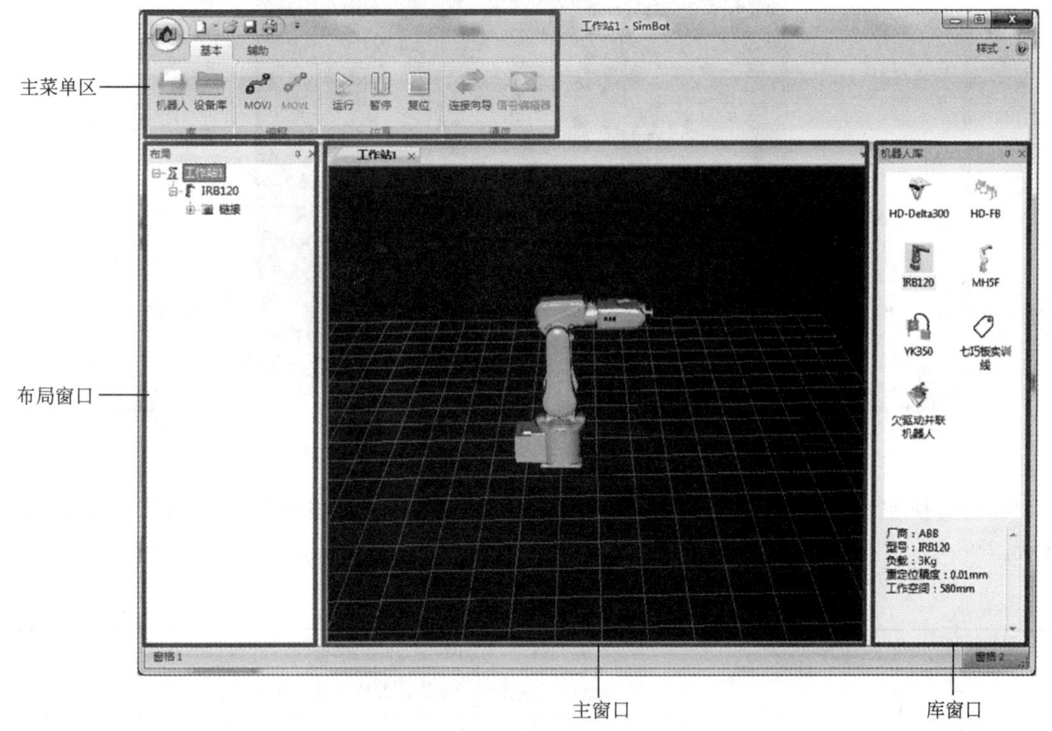

图 4-108　SimBot 用户界面

（1）主菜单区：涵盖软件常用操作，包括模型库操作、示教编程操作、仿真运行操作、通信设置操作等。

（2）布局窗口：显示工作站中所有设备组织关系，可以对机器人及其他设备进行进一步操作。

（3）主窗口：三维仿真界面主窗口，显示机器人运行状态。

（4）库窗口：库窗口包括机器人库、设备库、工具库及工件库 4 种，分别显示不同的设备及其基本信息。

4. 基本仿真操作

（1）添加机器人：

① 单击“机器人”按钮，打开“机器人库”窗口，选中对应机器人图标，窗口下半部分显示模型基本信息。

② 双击对应机器人，将其添加至“主窗口”，同时在布局窗口中，从“工作站”下显示该机器人节点信息，如图 4-109 所示。

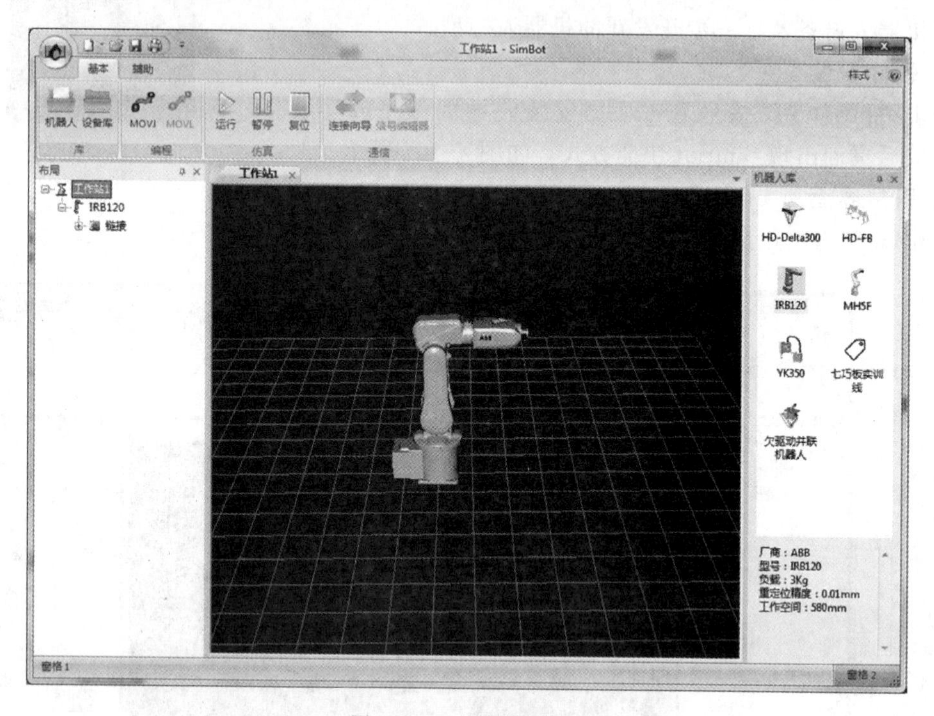

图 4-109　添加机器人

（2）切换主窗口视角：在主窗口中，可通过鼠标操作调整视角，具体操作如表 4-13 所示。

表 4-13　视角调整方法

基本操作	描　述
平移	按住鼠标中键，移动鼠标，即可实现视角的平移
旋转	按住鼠标左键，移动鼠标，即可实现视角的旋转
缩放	滑动鼠标滚轮，即可实现视角的缩放

（3）设置机器人位置：在布局窗口中，右击对应机器人的节点，在弹出的快捷菜单中选择“设置位置”命令，打开“设置位置”窗口，如图 4-110 所示。

输入合适位置，单击“确定”按钮，完成机器人位置移动。

（4）机器人手动操作：在布局窗口中，右击对应机器人的节点，在弹出的菜单中选择“手动控制”命令，弹出“手动控制”对话框，如图 4-111 所示。

通过线性运动方式可以控制机器人在三维空间中做线性运动。

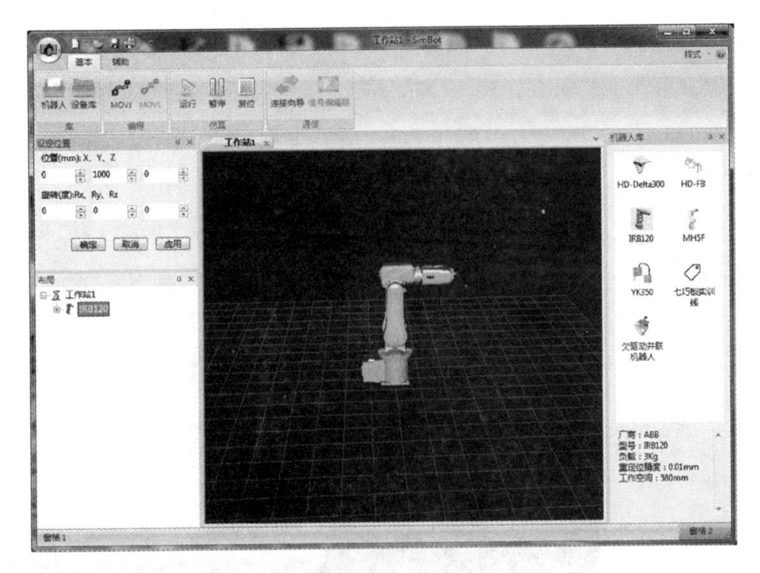

图 4-110　设置机器人位置

通过关节运动方式可以单独控制机器人各关节在三维空间中做关节运动，如图 4-112 所示。

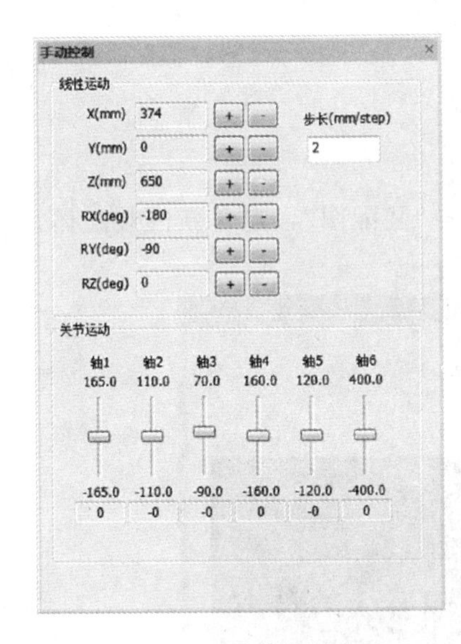

图 4-111　手动控制窗口

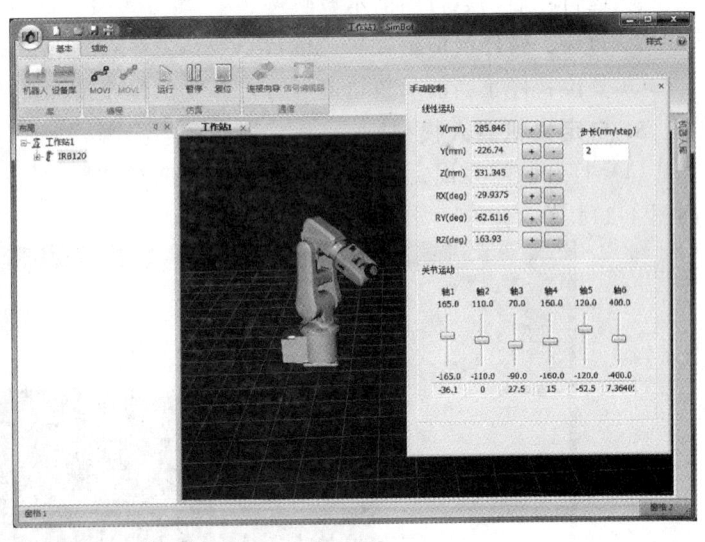

图 4-112　机器人关节运动

（5）示教编程：手动控制机器人移动至合适位置后，单击“编程”菜单中的 MOVJ 或 MOVL，当前轨迹点将作为机器人目标点进行记录，此时在布局窗口中对应的机器人节点下，将增加轨迹节点，如图 4-113 所示。

其中，MOVJ 表示以关节运动方式运动，MOVL 表示以线性运动方式运动。

（6）仿真运行：示教完成后，单击“仿真”菜单中的“运行”，机器人将运行当前机器人的运动轨迹。

仿真菜单中各子菜单含义如下：

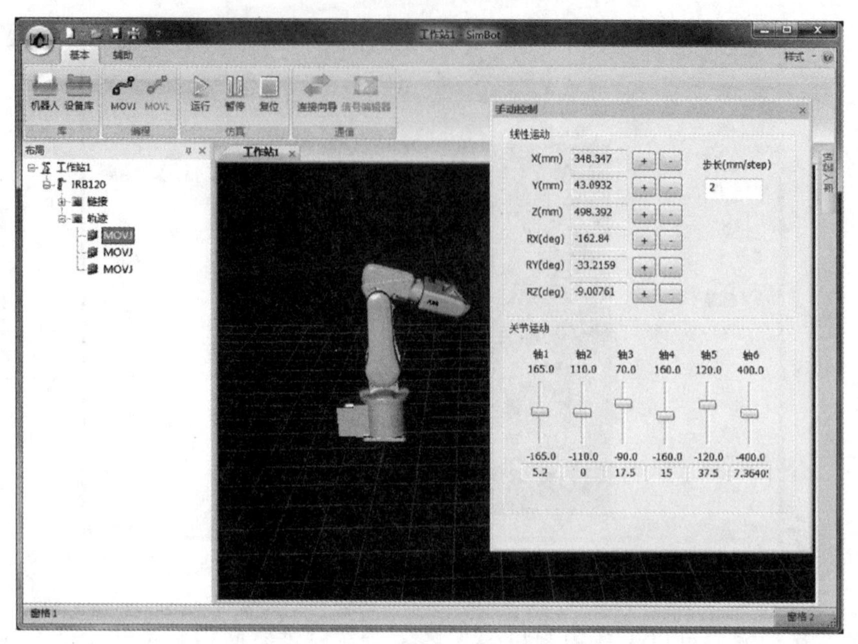

图 4-113　示教编程

① 运行：启动运行当前示教轨迹。

② 暂停：暂停当前示教轨迹运行。

③ 复位：停止当前示教轨迹运行，并复位程序指针。

5. 自定义机器人模型

（1）打开装配界面：在主菜单按钮中，选择“新建”→“装配图”，建立新的装配体，如图 4-114 所示。

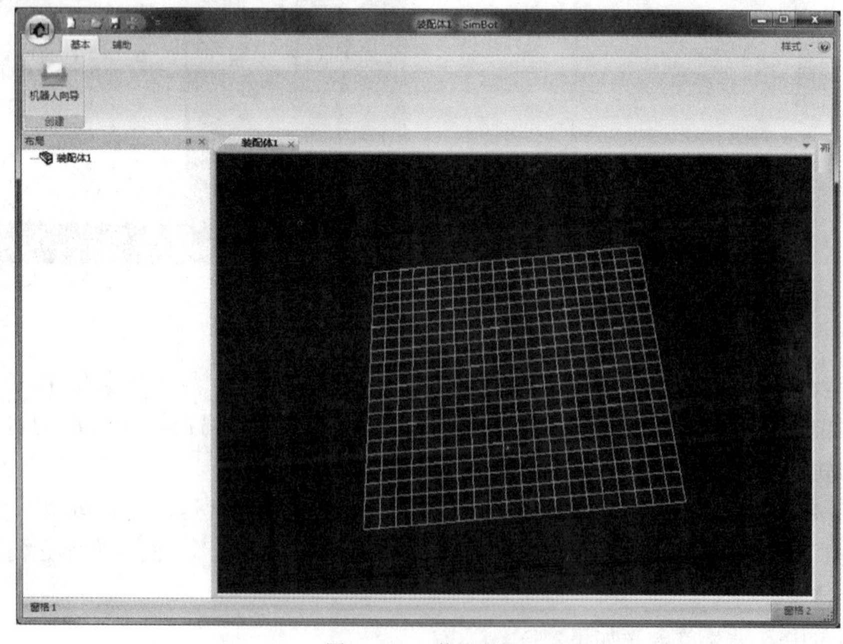

图 4-114　装配界面

（2）建立机器人节点：在布局窗口装配体节点下，依次创建 6 个子节点作为 6 轴机器人的 6 个关节轴，并对其重命名，如图 4-115 所示。

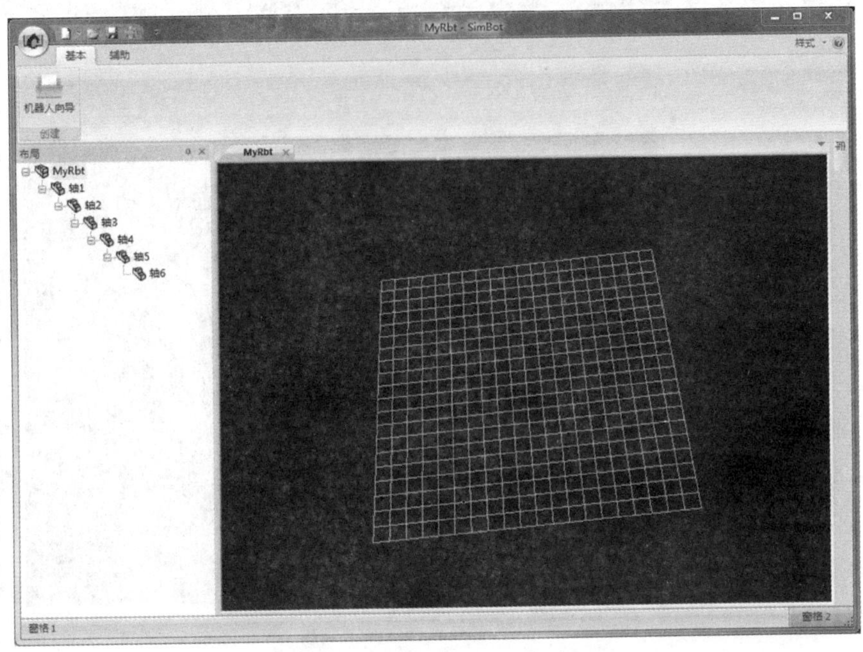

图 4-115　建立机器人节点

（3）添加机器人模型：

① 右击各轴节点，选择“添加模型”命令，打开模型窗口，单击“浏览”按钮，选择制作好的机器人零件模型文件并导入，如图 4-116 所示。

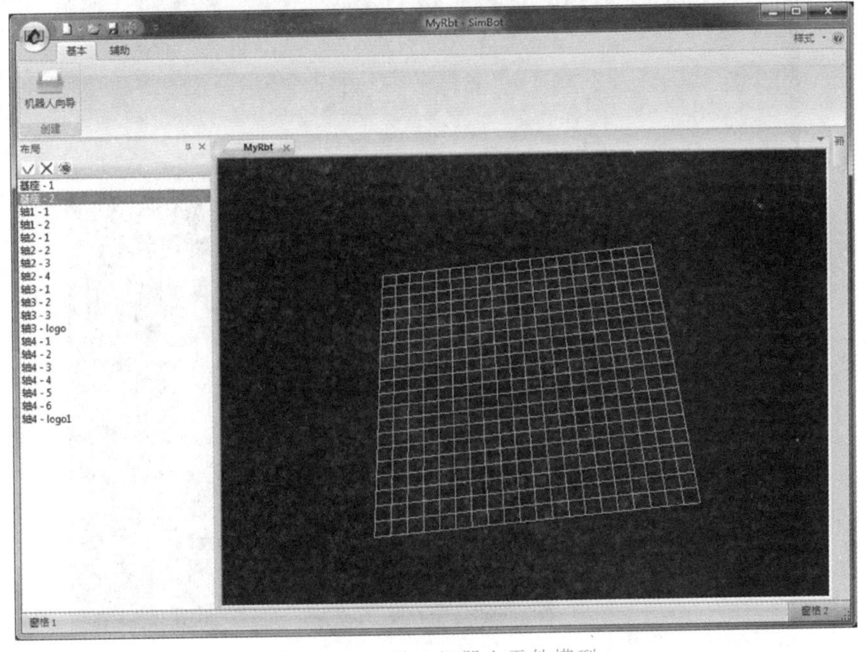

图 4-116　导入机器人零件模型

② 将各模型分别添加至对应轴节点下，如图 4-117 所示。

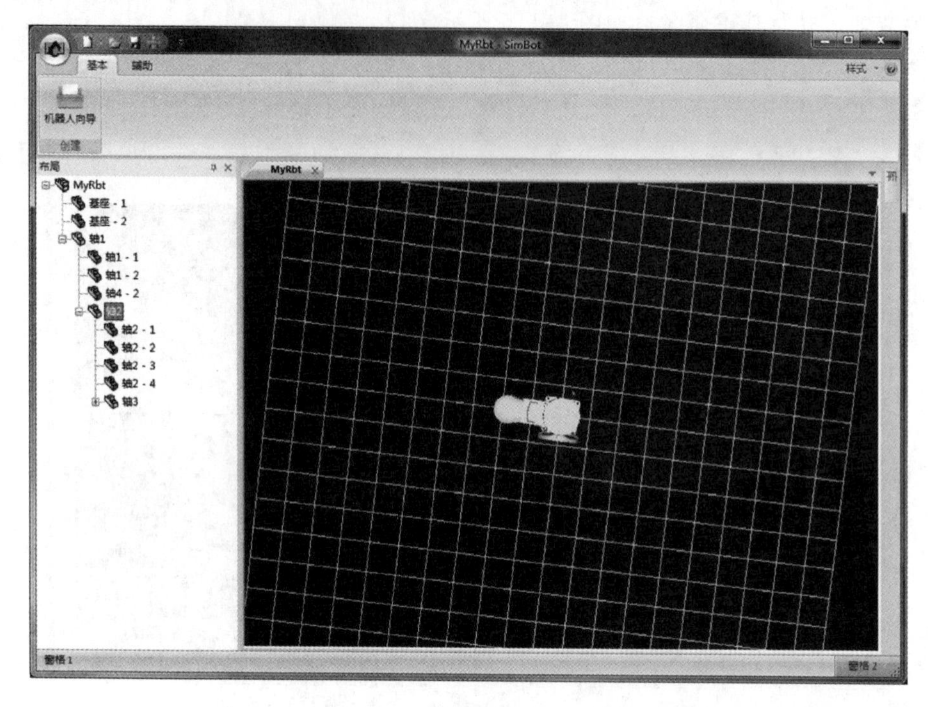

图 4-117　添加机器人模型

(4) 设置关节轴参数：右击对应机器人的节点，在弹出的快捷菜单中选择“属性”命令，弹出“属性”对话框，如图 4-118 所示，设置各轴基本参数，完成机器人轴参数设置。

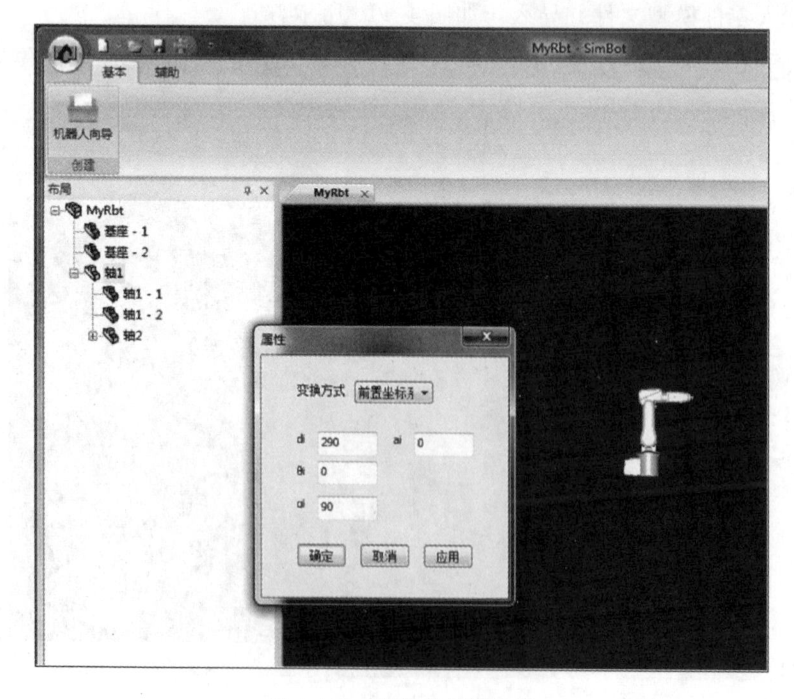

图 4-118　设置关节轴参数

(5) 创建机器人信息：单击菜单栏中“机器人向导”，弹出“机器人”配置向导。配置步骤如下：

① 选择机器人类型。机器人类型列表框中显示软件当前支持的机器人构型，如图 4-119 所示，用户可通过软件接口进行二次开发。选择“通用六轴机器人”，单击“下一步”按钮。

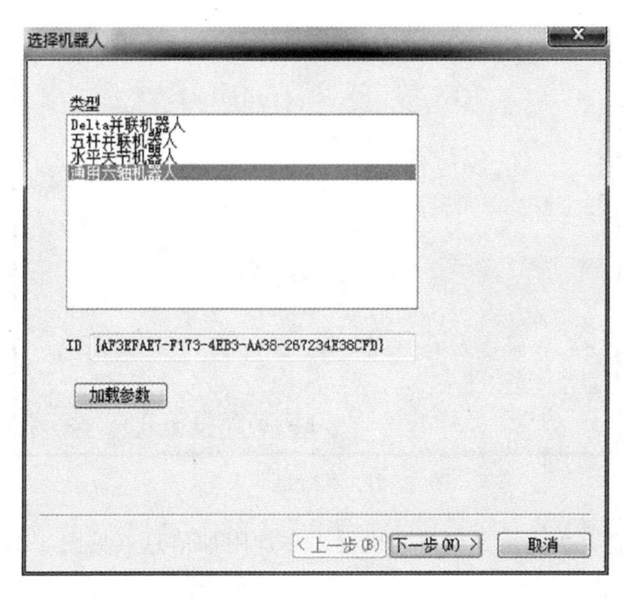

图 4-119　选择机器人类型

② 机器人轴配置。将机器人各轴与模型关节进行连接绑定，并输入配置信息，如图 4-120 所示。

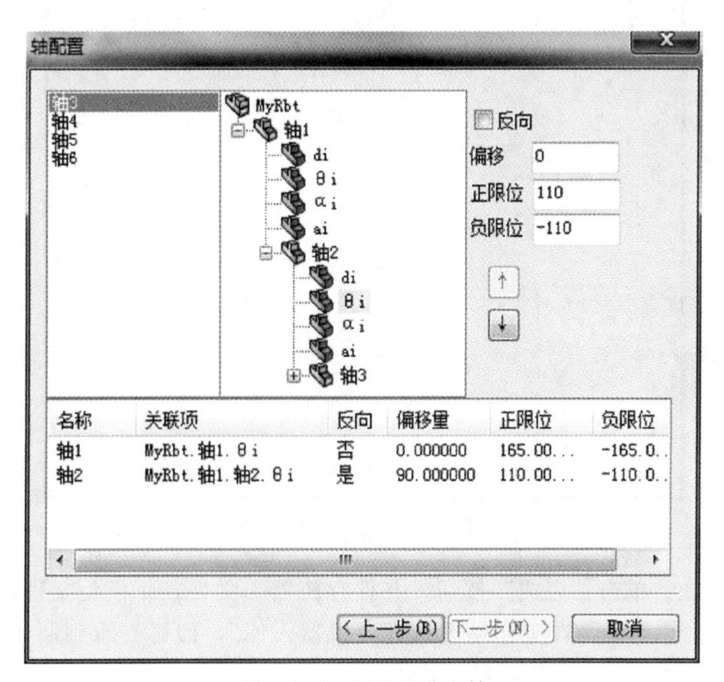

图 4-120　配置机器人轴

③ 机器人参数配置。输入当前机器人模型基本参数，完成参数配置，如图 4-121 所示。

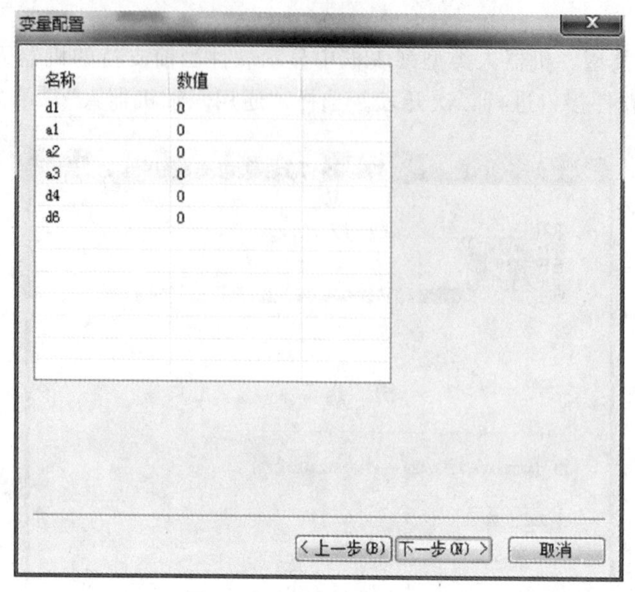

图 4-121 配置机器人参数

④ 输入附加信息。为自定义创建的机器人添加附加信息（见图 4-122），该信息将显示在“机器人库”窗口中。

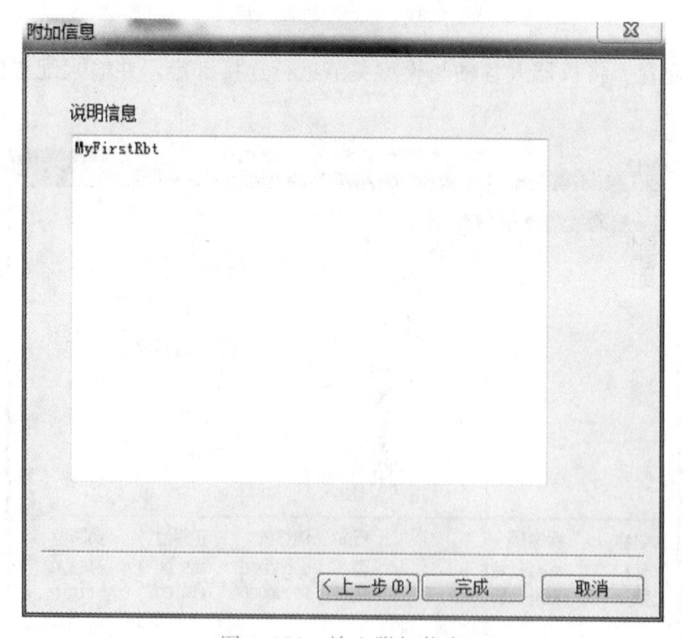

图 4-122 输入附加信息

⑤ 保存并验证。单击“完成”按钮，并保存机器人文件，将模型文件与生成的信息文件放置到模型库文件夹下，在工作站中打开“机器人库”，即可查看到制作的机器人模型，双击可添加至工作站并进行相关仿真，如图 4-123 所示。

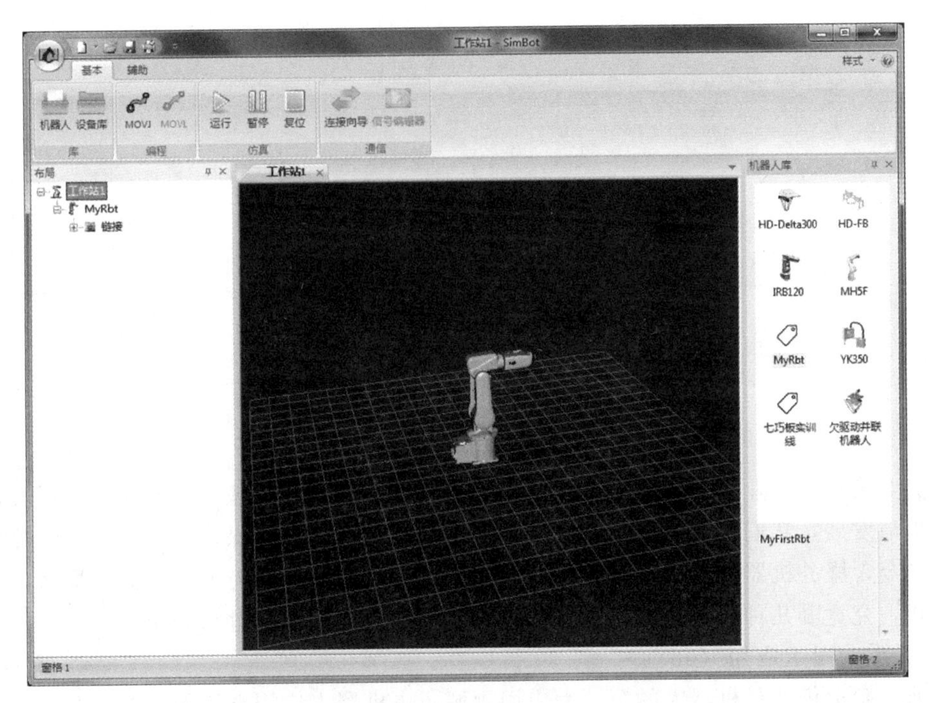

图 4-123　保存机器人模型

小　　结

在操作机器人之前必须严格遵守相关的安全作业规程，避免操作人员受到伤害和机器人设备等受到损坏。安全作业规程一般可以分为两类：行业安全操作规程和机器人的安全操作规程。

工业机器人项目在实施过程中主要有 8 个环节：项目分析、机器人组装、机器人零点校准、工具坐标系建立、工件坐标系建立、I/O 信号配置、编程和自动运行。

在首次组装工业机器人过程中，要根据实际要求选择合适的安装方式，并连接好机器人系统之间的连接电缆。

手动操纵机器人运动时，其移动方式有点动和连续移动两种；运动模式有单轴运动、线性运动和重定位运动 3 种。而无论采取哪种方式手动操纵机器人运动，其基本操作流程可归纳为：操作前的准备和手动操纵机器人。

不论是在线示教还是离线编程，操作人员必须预先赋予机器人完成作业所需的信息，主要内容包括工具工件坐标系建立、运动轨迹、作业条件和作业顺序。工业机器人在线示教时，新建作业程序中的基本运动指令有关节运动指令、线性运动指令和圆弧运动指令 3 种。

第5章

工业机器人的应用

历史上第一台工业机器人的出现，是用于通用汽车的材料处理工作，随着机器人技术的不断进步与发展，它们可以做的工作也变得多样化，如喷涂、码垛、搬运、包装、焊接、装配等。如今，服务机器人的出现又给机器人带来了新的职业——与人类交流。那么，这么多应用方式，究竟哪几种机器人应用领域是最广泛的呢？下面分别进行介绍。

1. 机器人搬运应用（38%）

目前，搬运仍然是机器人的第一大应用领域，占机器人应用整体的4成左右。许多自动化生产线需要使用机器人进行上下料、搬运以及码垛等操作。近年来，随着协作机器人的兴起，搬运机器人的市场份额一直呈增长态势。

2. 机器人焊接应用（29%）

机器人焊接应用主要包括在汽车行业中使用的点焊和弧焊。虽然点焊机器人比弧焊机器人更受欢迎，但是弧焊机器人近年来发展势头十分迅猛。许多加工车间都逐步引入焊接机器人，用来实现自动化焊接作业。

3. 机器人装配应用（10%）

装配机器人主要从事零部件的安装、拆卸以及修复等工作。由于近年来机器人传感器技术的飞速发展，导致机器人应用越来越多样化，直接导致机器人装配应用比例的下滑。

4. 机器人喷涂应用（4%）

这里的机器人喷涂主要指的是涂装、点胶、喷漆等工作，只有4%的工业机器人从事喷涂的应用。

5. 机械加工应用（2%）

机械加工行业机器人应用量并不高，只占了2%，原因大概也是因为市面上有许多自动化设备可以胜任机械加工的任务。机械加工机器人主要从事应用的领域包括零件铸造、激光切割以及水射流切割。

5.1　搬运机器人及应用

搬运机器人是经历人工搬运、机械手搬运两个阶段而出现的自动化搬运作业设备。搬运机器人的出现，不仅可提高产品的质量和产量，而且对保障人身安全，改善劳动环境，减轻劳动强度，提高劳动生产率，节约原材料消耗以及降低生产成本有着十分重要的意义。机器人搬运物料将变成自动化生产制造的必备环节，搬运行业也将因搬运机器人的出现而开启“新纪元”。

本节着重对搬运机器人的特点、基本系统组成、周边设备和作业程序进行介绍，并结合实例说明搬运作业示教的基本要领和注意事项，旨在加深大家对搬运机器人机器作业示教的认识。

5.1.1　搬运机器人的分类及特点

搬运机器人作为先进的自动化设备，具有通用性强、工作稳定的优点，并且操作简便、功能丰富，其逐渐向第三代智能机器人发展。本章将对目前国内应用广泛的第一类搬运机器人（示教-再现型）进行阐述。归纳起来，搬运机器人的主要优点为：动作稳定、搬运准确性高。

提高生产效率，解放繁重体力劳动，实现“无人”或“少人”生产。改善工人劳作条件，摆脱有毒、有害环境。柔性高、适应性强，可实现多形状、不规则物料搬运。定位准确，保证批量一致性。降低制造成本，提高生产效益。搬运机器人亦为工业机器人当中一员，其结构形式多和其他类型机器人相似，只是在实际制造生产当中逐渐演变出多机型，以适应不同场合。从结构形式上看，搬运机器人可分为龙门式搬运机器人、悬臂式搬运机器人、侧壁式搬运机器人、摆臂式搬运机器人和关节式搬运机器人，如图 5-1 所示。

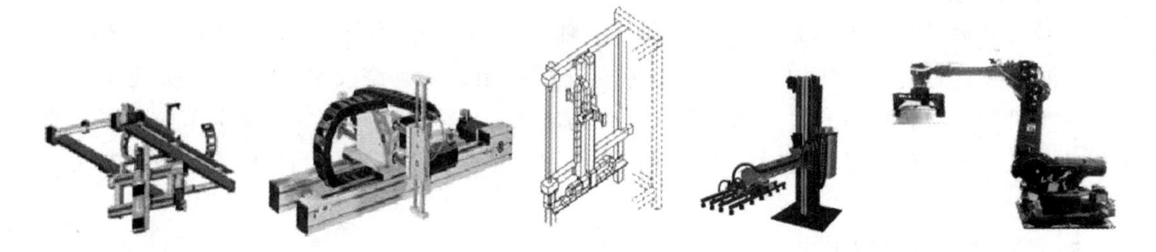

(a) 龙门式搬运机器人　(b) 悬臂式搬运机器人　(c) 侧壁式搬运机器人　(d) 摆臂式搬运机器人　(e) 关节式搬运机器人

图 5-1　搬运机器人分类

1. 龙门式搬运机器人

龙门式搬运机器人坐标系主要由 x 轴、y 轴和 z 轴组成。其多采用模块化结构，可依据负载位置、大小等选择对应直线运动单元及组合结构形式（在移动轴上添加旋转轴便可成为 4 轴或 5 轴搬运机器人）。其结构形式决定其负载能力，可实现大物料、重吨位搬运，采用直角坐标系，编程方便快捷，广泛应用于生产线转运及机床上下料等大批量生产过程，如图 5-2 所示。

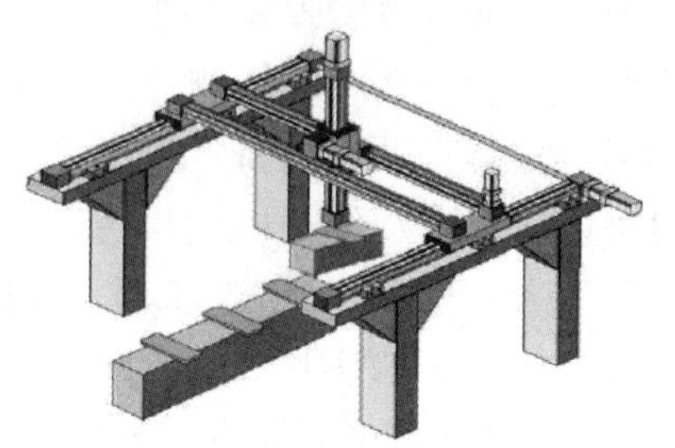

图 5-2　龙门式搬运机器人

2. 悬臂式搬运机器人

悬臂式搬运机器人坐标系主要由 x 轴、y 轴和 z 轴组成。它也可随不同的应用采取相应的结构形式（在 z 轴的下端添加旋转或摆动就可以延伸成为 4 或 5 轴机器人）。此类机器人，多数结构为 z 轴随 y 轴移动，但有时针对特定的场合，y 轴也可在 z 轴下方，方便进入设备内部进行搬运作业，广泛应用于卧式机床、立式机床及特定机床内部和冲压机热处理机床的自动上下料，如图 5-3 所示。

3. 侧壁式搬运机器人

侧壁式搬运机器人坐标系主要由 x 轴、y 轴和 z 轴组成。它也可随不同的应用采取相应的结构形式（在 z 轴的下端添加旋转或摆动就可以延伸成为 4 或 5 轴机器人）。专用性强，主要应用于立体库类，如档案自动存取、全自动银行保管箱存取系统等。图 5-4 所示为侧壁式搬运机器人在档案自动存储馆工作。

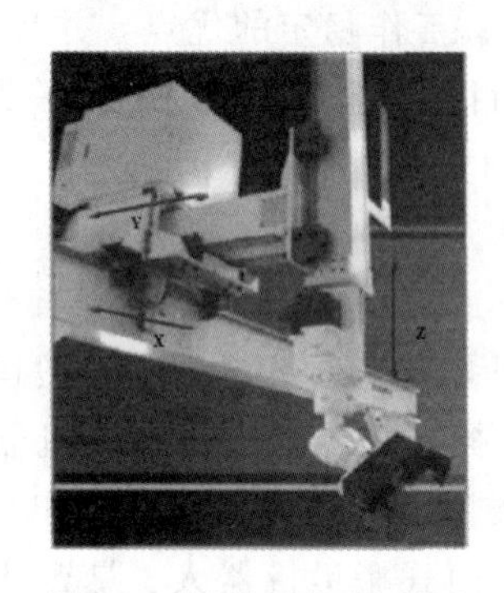

图 5-3　悬臂式搬运机器人

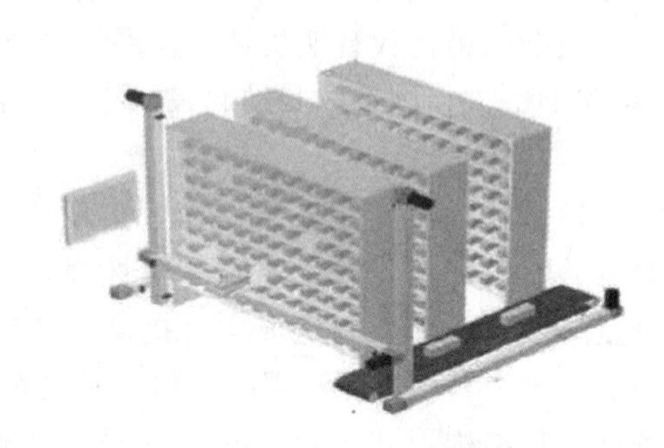

图 5-4　侧壁式搬运机器人

4. 摆臂式搬运机器人

摆臂式搬运机器人坐标系主要由 x 轴、y 轴和 z 轴组成。z 轴主要是升降，也成为主轴。y 轴的移动主要通过外加滑轨，x 轴末端连接控制器，其绕 x 轴的转动，实现 4 轴联动。此类机器人具有较高的强度和稳定性，广泛应用于国内外生产厂家，是关节式机器人的理想替代品，但其负载程度相对于关节式搬运机器人小。图 5-5 所示为摆臂式搬运机器人进行箱体搬运。

5. 关节式搬运机器人

关节式搬运机器人是当今工业中常见的机型之一，其拥有 5～6 个轴，行为动作类似于人的手臂，具有结构紧凑、占地空间小、相对工作空间大、自由度高等特点，几乎适合于任何轨迹或角度的工作。采用标准关节机器人配合供料装置，就可以组成一个自动化加工单元。一个机器人可以服务于多种类型加工设备的上下料，从而节省自动化的成本。由于采用关节机器人单元，自动化单元的设计制造周期短、柔性大，产品换型转换方便，甚至可以实现较大变化的产品形状和换型要求。有的关节型机器人可以内置视觉系统，对于一些特殊的产品还可以通过增加视觉识别装置对工件的放置位置、相位、正反面等进行自动识别和判断，并根据结果进行相应的动作，实现智能化的自动化生产，同时可以让机器人在装卡工件之余，进行工件的清洗、吹干、检验和去毛刺等作业，大大提高了机器人的利用率。关节机器人可以落地安装、天吊安装或者安装在轨道上服务更多的加工设备。例如，FANUCR-1000iA、R-2000iB 等机器人可用于冲压薄板材的搬运，而 ABB IRB140、IRB6660 等多用于热锻机床之间的搬运。图 5-6 所示为关节式机器人进行钣金件搬运作业。

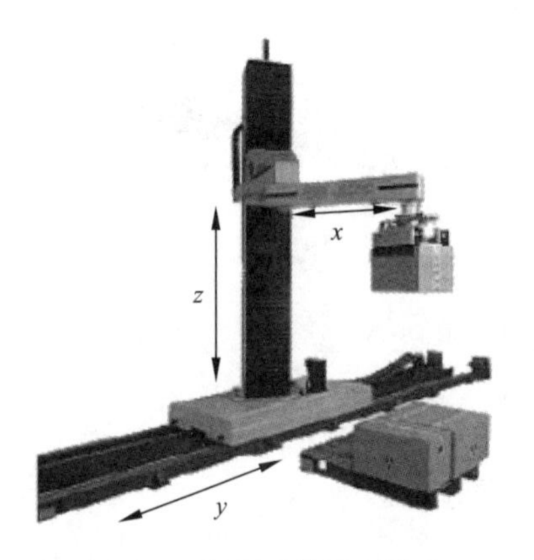

图 5-5　摆臂式搬运机器人

图 5-6　关节式搬运机器人

综上所述，龙门式搬运机器人、悬臂式搬运机器人、侧壁式搬运机器人、摆臂式搬运机器人均在直角坐标系下作业，其工作的行为方式主要是通过完成沿着 x、y、z 轴上的线性运动，所以不能满足对放置位置、相位等有特别要求工件的上下料作业需要。同时如果采用直角式（桁架式）机器人上下料，对厂房高度有一定的要求，且机床设备需“一”字并列排序。直角式（桁架式）搬运机器人和关节式机器人在实际应用中都有如下特征：

（1）能够实时调节动作节拍、移动速率、末端执行器动作状态。

（2）可更换不同末端执行器以适应物料形状的不同，方便、快捷。

（3）能够与传送带、移动滑轨等辅助设备集成，实现柔性化生产。

（4）占地面积相对小、动作空间大，减少厂源限制。

5.1.2　搬运机器人的系统组成

认知了搬运机器人的种类及其特点，那么搬运机器人是否就是在工业机器人的本体上添加末端执行器（及相应夹具）就可进行相应工作呢？其实不然，搬运机器人是包括相应附属装置及周边设备而形成的一个完整系统。以关节式搬运机器人为例，其工作站主要由操作机、控制系统、搬运系统（气体发生装置、真空发生装置和手爪等）和安全保护装置组成，如图 5-7 所示。操作者可通过示教器和操作面板进行搬运机器人运动位置和动作程序的示教，设置运动速度、搬运参数等。

关节式搬运机器人常见的本体一般为 4～6 轴，如图 5-8 所示。搬运机器人本体在结构设计上与其他关节式工业机器人本体类似，在负载较轻时两者本体可以互换，但负载较重时搬运机器人本体通常会有附加连杆，其依附于轴形成平面四连杆机构，起到支撑整体和稳固末端作用，且不因臂展伸缩而产生变化。6 轴搬运机器人本体部分具有回转、抬臂、前伸、手腕旋转、手腕弯曲和手腕扭转 6 个独立旋转关节，多数情况下 5 轴搬运机器人略去手腕旋转这一关节，4 轴搬运机器人则略去了手腕旋转和手腕弯曲这两个关节运动。

搬运机器人的末端执行器是夹持工件移动的一种夹具，过去一种执行器（手爪）只能抓取一种或者一类在形状、大小、重量上相似的工件，具有一定局限性。随着科学技术的不断发展，执行器（手爪）也在一定范围内具有可调性，可配备感知器，以确保其具有足够的夹持力，保证足够夹持精度。常见的搬运末端执行器有吸附式、夹钳式和仿人式等。

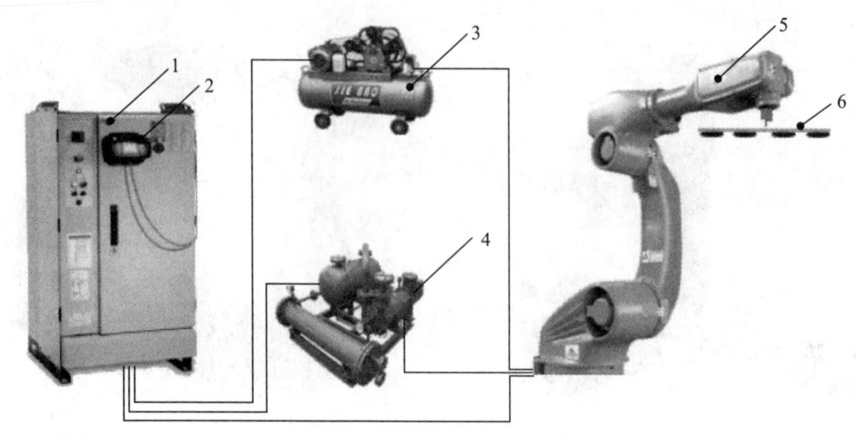

图 5-7　搬运机器人系统组成

1—机器人控制柜；2—示教器；3—气体发生装置；4—真空发生装置；
5—操作机；6—端拾器（手爪）

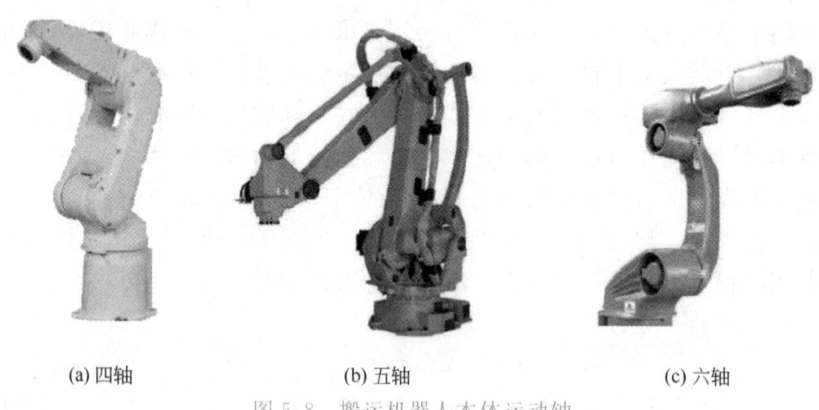

图 5-8　搬运机器人本体运动轴

1. 吸附式

吸附式末端执行器依据吸力不同可分为气吸附和磁吸附。

气吸附主要是利用吸盘内压力和大气压之间的压力差进行工作，依据压力差分为真空吸盘吸附、气流负压气吸附、挤压排气负压气吸附等，如图 5-9～图 5-11 所示。

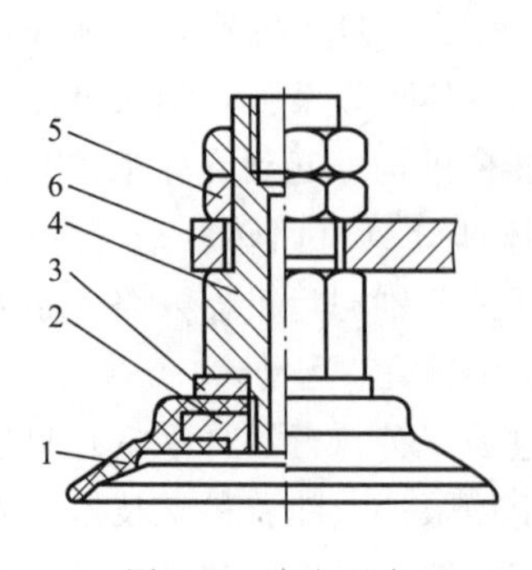

图 5-9　真空吸盘

1—橡胶吸盘；2—固定环；3—垫片；
4—支撑杆；5—螺母；6—基板

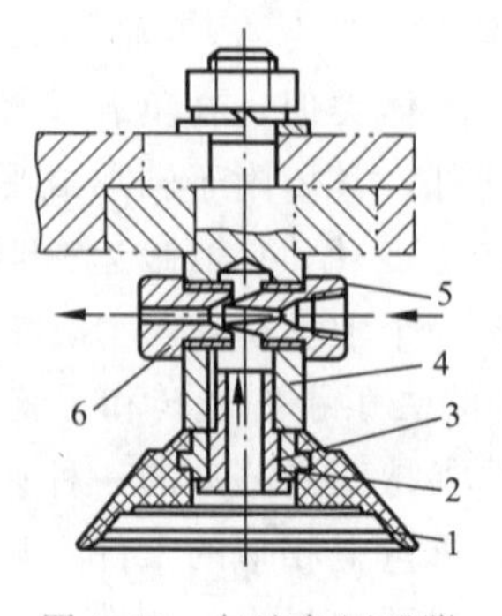

图 5-10　气流负压吸附

1—橡胶吸盘；2—心套；3—透气螺钉；
4—支撑杆；5—喷嘴；6—喷嘴套

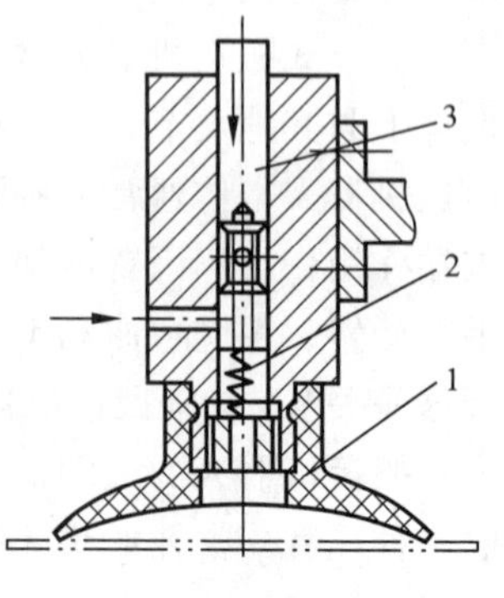

图 5-11　挤压排气负压吸附

1—橡胶吸盘；2—弹簧；
3—拉杆

（1）真空吸盘吸附通过连接真空发生装置和气体发生装置实现抓取和释放工作，工作时，真空发生装置将吸盘与工作之间的空气吸走使其达到真空状态。此时，吸盘内的大气压小于吸盘外大气压，工作在外部压力的作用下被抓取。

（2）气流负压气吸附是利用流体力学原理，通过压缩空气（高压）高速流动带走吸盘内气体（低压）使吸盘内形成负压，完成释放工作动作。

（3）挤压排气负压气吸附式利用吸盘变形和拉杆移动改变吸盘内外部压力完成工作吸取和释放动作。

吸盘类型繁多，一般分为普通型和特殊型两种：普通型包括平面吸盘、超平吸盘、椭圆吸盘、波纹管型吸盘和圆形吸盘；特殊型吸盘是为了满足在特殊应用场合而设计实用的，通常可分为专用型吸盘和异型吸盘，特殊型吸盘结构形状因吸附对象的不同而不同。吸盘的结构对吸附能力的大小有很大的影响，但材料亦对吸附能力有较大影响，目前吸盘常用材料多为丁腈橡胶（NBR）、天然橡胶（NR）和半透明硅胶（SIT5）等。不同结构和材料的吸盘被广泛应用于汽车覆盖件、玻璃板件、金属板材的切割及上下料等场合，适合抓取表面相对光滑、平整、坚硬及微小材料，具有高效、无污染、定位精度高等优点。

磁吸附是利用磁力吸取工件，常见的磁力吸盘分为电磁吸盘、永磁吸盘、电永磁吸盘等，工作原理如图 5-12 所示。

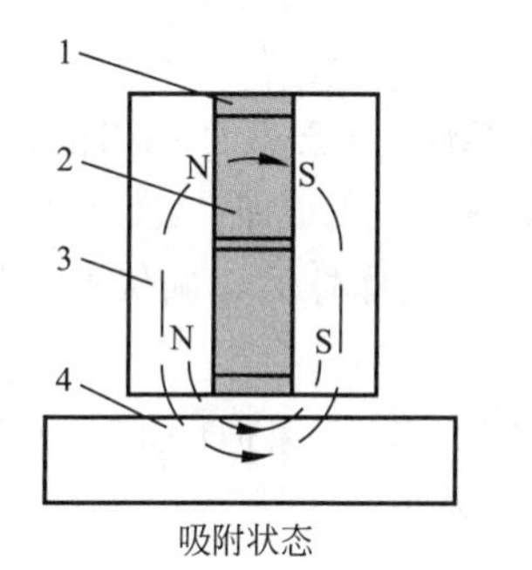

1
2
3
4
S
N
N
S
释放状态

1—非导磁体；2—永磁铁；
3—磁轭；4—工件

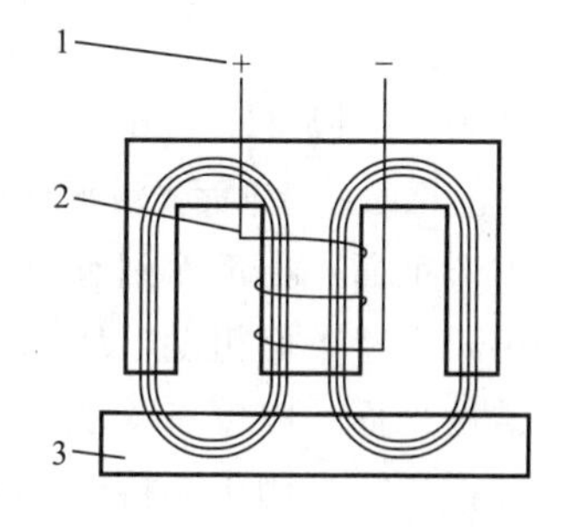

1—直流电源；2—激磁线圈；3—工件

图 5-12　磁吸附吸盘

（1）电磁吸盘是在内部激磁线圈直流电后产生磁力，而吸附到磁性工作。

（2）永磁吸盘式利用磁力线通路的连续性及磁场叠加性工作，一般永磁吸盘（多用钕铁硼为内核）的磁路为多个磁系，通过磁系之间的互相运动来控制工作磁极面上的磁场强度，进而实现工作的吸附和释放动作。

（3）电永磁吸附是利用永磁磁铁产生磁力，利用激磁线圈对吸力大小进行控制，起到“开、关”作用，电永磁吸盘结合永磁铁吸盘和电磁吸盘的优点，应用前景十分广泛。

磁吸盘的分类方式多种多样，依据形状可分为矩形磁吸盘、圆形磁吸盘；按吸力大小可分为普通磁吸盘和强力磁吸盘等。由以上可知，磁吸附只能吸附对磁产生感应的物体，故对于要求不能有制磁的工作无法使用，且磁力受温度影响较大，所以高温下工作也不能选择磁吸附，故其在使用过程中有一定局限性。常适合要求抓取精度不高且在常温下工作的工件。

2. 夹钳式

夹钳式通常采用手爪拾取工件，手爪与人手相似，是现代工业机器人广泛应用的一种形式，通过手爪的开启闭合实现对工件的夹取，一般由手爪、驱动机构、传动机构、连接和支撑元件组成。用于负载重、高温、表面质量不高等吸附式无法进行工作的场合。

手爪是直接与工件接触的部件，其形状将影响抓取工件的效果，但在多数情况下只需两手爪配合就可以完成一般工件的夹取，对于复杂工件可以选择三爪或者多爪进行抓取。常见手爪前端形状分 V 型爪、平面型爪、尖型爪等。

（1）V 型爪：常用于圆柱形工件，其夹持稳固可靠，误差相对较小，如图 5-13 所示。

（2）平面型爪：多数用于夹持方形工件（至少有两个平行面如方形包装盒等），厚板形或者短小棒料，如图 5-14 所示。

（3）尖型爪：常用于夹持复杂场合小型工件，避免与周围障碍物相碰撞，也可夹持炽热工件，避免搬运机器人本体受到热损伤，如图 5-15 所示。

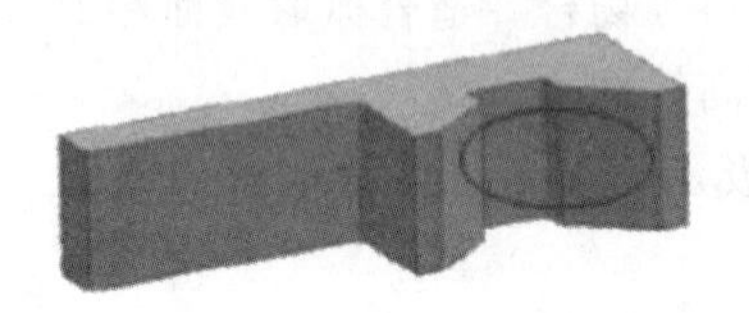

图 5-13　V 型爪

图 5-14　平面型爪

图 5-15　尖型爪

根据被抓取工件形状、大小及抓取部位的不同，爪面形式有平滑爪面、齿形爪面和柔性爪面。

（1）平滑爪面：指爪面光滑平整，多数用来夹持已加工好的工件表面，保证加工表面无损伤。

（2）齿形爪面：指爪面刻有齿纹，主要目的是增加与夹持工件的摩擦力，确保夹持稳固可靠，常用于夹持表面粗糙毛坯或半成品工件。

（3）柔性爪面：内镶有橡胶、泡沫、石棉等物质，起到增大摩擦、保护已加工工件表面、隔热等作用。多用于夹持已加工工件、炽热工件、脆性或者薄壁工件等。

3. 仿人式

仿人式末端执行器是针对特殊外形工件进行抓取的一类手爪，主要包括柔性手和多指灵巧手，如图 5-16 所示。柔性手有多关节柔性手腕，其上每个手指由多个关节链组成，有摩擦轮和牵引丝，工作时通过一根牵引线收紧另一根牵引线放松实现抓取，其抓取的工件多为不规则、圆形等轻便工件；多指灵巧手是最完美的仿人手爪，包括多根手指，每根手指都包含 3 个回转自由度且为独立控制，可实现精度操作，广泛应用于核工业、航天工业等高精度作业。

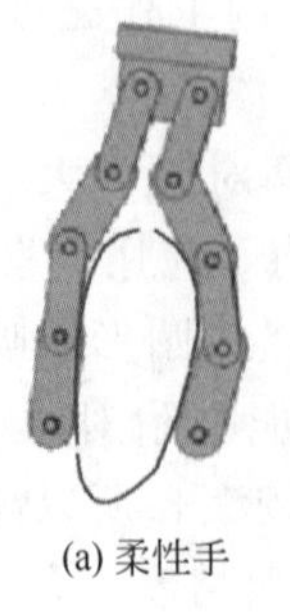

(a) 柔性手

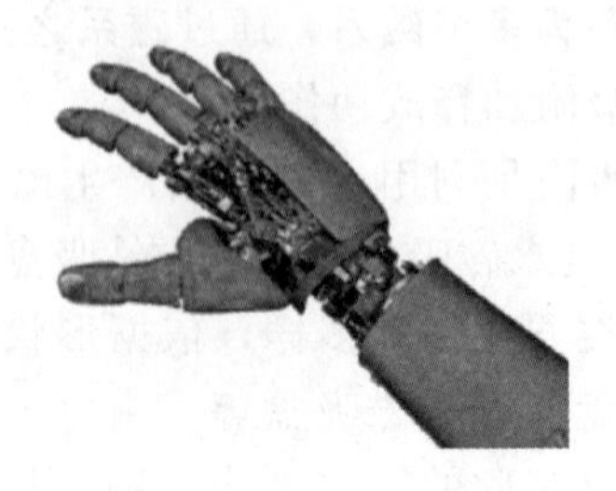

(b) 灵巧手

图 5-16　仿人式手爪

搬运机器人夹钳式、仿人式手爪一般都需要单独外力进行驱动，即需要连接相应外部信号控制装置及传感系统，以控制搬运机器人手爪实时的动作状态及力的大小，其手爪驱动方式多为气动、电动和液压驱动（对于轻型和中型的零件多采用气动的手爪，对于重型零件采用液压手爪面对与精度要求高或复杂的场合采用电动伺服的手爪）。驱动装置将产生的力或扭矩通过传动装置传递给末端执行器（手爪），以实现抓取与释放动作。依据手爪开启闭合状态，传动装置可分为回转型和移动型。回转型是夹钳式手爪常用形式，是通过斜楔、滑槽、连杆、齿轮螺杆或蜗轮蜗杆等机构组合形成，可适时改变传动比实现对夹持工件不同力的需求；移动型手爪是指手爪做平面移动或者直线往复移动来实现开启闭合，多用于夹持具有平行面的工件，设计结构相对复杂，应用不如回转型手爪广泛。

综上所述，搬运机器人主要包括机器人和搬运系统。机器人由搬运机器人本体及完成搬运轨迹控制的控制柜组成。而搬运系统中末端执行器主要有吸附式、夹持式、夹钳式和仿人式等形式。

5.1.3　搬运机器人的作业示教

搬运是生产制造业必不可少的环节，在机床上下料及中间运输应用中尤为广泛。搬运机器人实现在数控机床上下料及中间运输环节取代人工完成工件的自动搬运装卸功能。主要适应对象为大批量、重复性强或工件重量较大以及高温、粉尘等恶劣工作环境下，具有定位精确、生产质量稳定、工作节拍可调、运行平稳可靠、维修方便等特点。目前，工业机器人四巨头都有相应的搬运机器人产品（ABB 的 IRB6640 和 IRB6620LX 系列 KUKA 的 KRQUANTEC extra 系列、FANUC 的 M/R 系列、YASKAWA 的 EPH/EP 系列）如前文所述，工业机器人作业示教的一项重要内容——运动轨迹，即确定各程序点处工具中心点（TCP）的位姿。对搬运机器人而言，工具中心点因为末端执行器不同而设置在不同位置，就吸附式而言，其 TCP 一般设在法兰中心线与吸盘平面交点处，如图 5-17（a）所示，生产线如图 5-18（b）所示；夹钳式 TCP 一般设在法兰线与手爪前端面交点处，如图 5-18（a）所示，生产在线如图 5-18（b）所示。

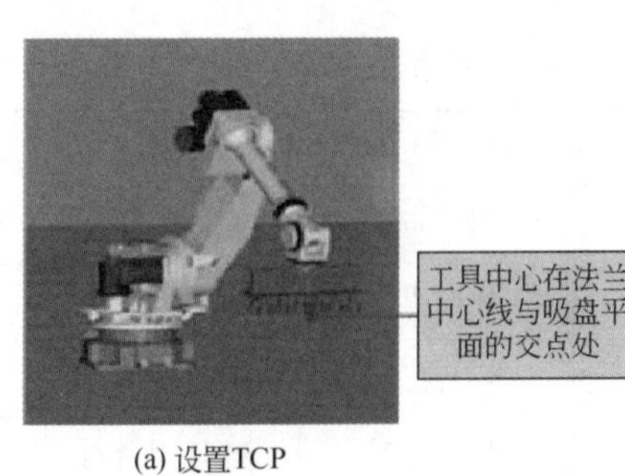

(a) 设置TCP

(b) 生产线

图 5-17　吸附式 TCP 点及生产线

冷加工搬运作业在材料冷加工工艺中搬运机器人可为关节式或直角式，末端执行器可为吸附式或钳夹式，具体采用那一类需要依据实际场地及负载情况等诸多因素共同决定，先以图 5-19 所示工件搬运为例选择龙门式（5 轴）搬运机器人，末端执行器为双气动手爪（一个负责抓取毛坯放到工作台卡盘上，另一个用于从卡盘上取下加工完的工件）采用在线示教方式输入搬运作业程序。此程序按 1～13 的 13 个程序点编号，每个程序点的用途说明如表 5-1所示。具体作业可参照图 5-20 所示流程开展。

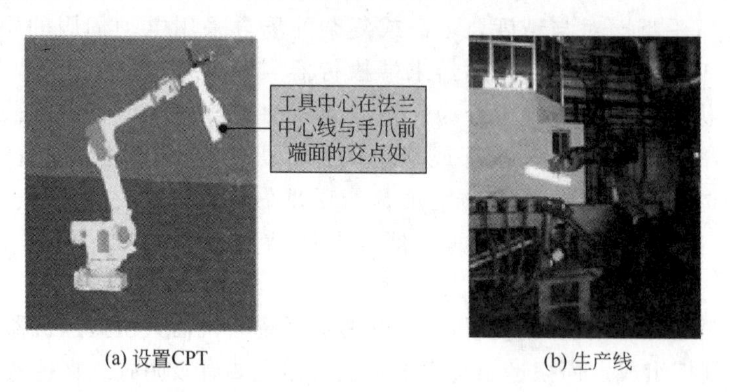

(a) 设置CPT　　(b) 生产线

图 5-18　夹钳式 TCP 点及生产线

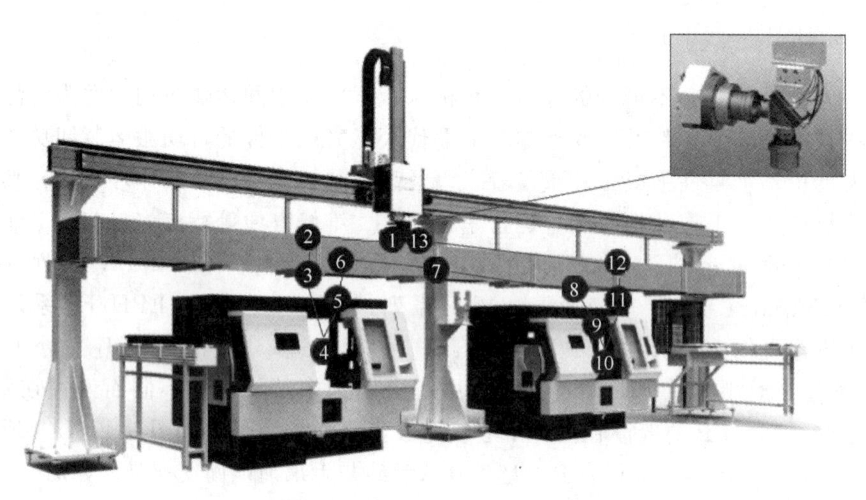

图 5-19　冷加工搬运机器人运动轨迹

表 5-1　程序点说明

程 序 点	说　明	手 爪 动 作	程 序 点	说　明	手 爪 动 作
程序点 1	机器人原点	—	程序点 8	搬运中间点	抓取
程序点 2	移动中间点	—	程序点 9	搬运中间点	抓取
程序点 3	搬运临近点	—	程序点 10	搬运作业点	放置
程序点 4	搬运作业点	抓取	程序点 11	搬运规避点	—
程序点 5	搬运中间点	抓取	程序点 12	移动中间点	—
程序点 6	搬运中间点	抓取	程序点 13	机器人原点	—
程序点 7	搬运中间点	抓取			

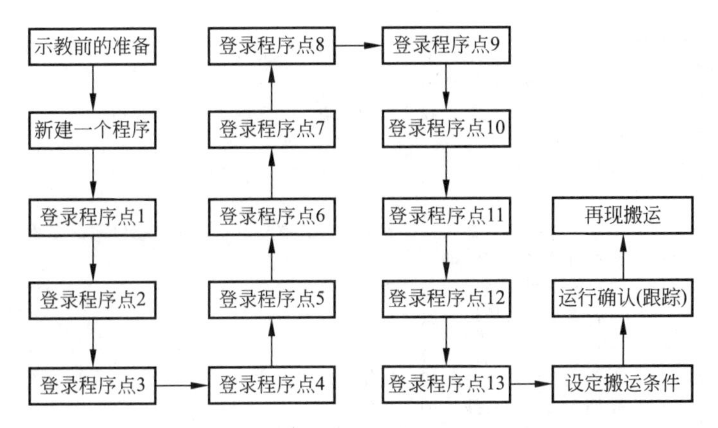

图 5-20　冷加工搬运机器人作业示教流程

1. 示教前的准备

示教前，请做如下准备：

（1）确认自己和机器人之间保持安全距离。

（2）机器人原点确认。

2. 新建作业程序

点按示教器的相关菜单或按钮，新建一个作业程序，如 Handle-cold。

3. 程序点的输入

示教器模式下，手动操作移动龙门搬运机器人按图 5-19 的轨迹设置程序点 1～程序点 13，程序点 1～13 允许设置在同一点，可提高机器人工作效率。此外，程序点 1～程序点 13 需要处于工件、夹具互不干涉的位置，具体示教方法如表 5-2 所示。

表 5-2　冷加工搬运作业示教

程　序　点	示 教 方 法
程序点 1 （机器人原点）	（1）按前述手动操纵机器人要领移动机器人到搬运原点； （2）插补方式选择 PTP； （3）确认并保存程序点 1 为搬运机器人原点
程序点 2 （移动中间点）	（1）手动操纵搬运机器人到移动中间点，并调整手爪姿态； （2）插补方式选择 PTP； （3）确认并保存程序点 2 为搬运机器人作业移动中间点
程序点 3 （搬运临近点）	（1）手动操作搬运机器人到搬运作业临近点，并调整手爪姿态； （2）插补方式选择 PTP； （3）确认并保存程序点 3 为搬运机器人作业临近点
程序点 4 （搬运作业点）	（1）手动操作搬运机器人移动到搬运起始点且保持手爪位姿不变； （2）插补方式选择直线插补； （3）再次确认程序点，保证其为作业起始点； （4）若有需要可直接输入搬运作业命令
程序点 5 （搬运中间点）	（1）手动操作搬运机器人中间点，并适度调整手爪姿态； （2）插补方式选择直线插补； （3）确认并保存程序点 5 为搬运机器人作业中间点

续表

程序点	示教方法
程序点（6～9） （搬运中间点）	（1）手动操作搬运机器人到搬运中间点，并适度调整吸盘姿态； （2）插补方式选择PTP； （3）确认并保存程序点，6～9为搬运机器人作业中间点
程序点10 （搬运作业点）	（1）手动操作搬运机器人移动到搬运终止点且调整吸盘位姿以适合安放工作； （2）插补方式选择直线插补； （3）再次确认程序点，保证其为作业终止点； （4）若有需要可直接输入搬运作业命令
程序点11 （搬运躲避点）	（1）手动操作搬运机器人到搬运作业规避点； （2）插补方式选择直线插补； （3）确认并保存程序点11为搬运机器人作业规避点
程序点12 （移动中间点）	（1）手动操作搬运机器人到移动中间点，并调整吸盘姿态； （2）插补方式选择PTP； （3）确认并保存程序点12为搬运机器人作业移动中间点
程序点13 （机器人原点）	（1）手动操作搬运机器人到机器人原点； （2）插补方式选择PTP； （3）确认并保存程序点13为搬运机器人原点

4. 设置作业条件

搬运机器人的作业程序简单易懂，与其他刘关节机器人程序均有类似之处。本例中搬运作业条件的输入 主要涉及以下几方面：

（1）在作业开始命令中设置搬运开始规范及搬运开始动作次序。

（2）在搬运结束命令中设置搬运结束规范及搬运结束动作次序。

（3）合理调节手抓的夹吃力。依据实际情况，在编辑模式下合理选择配置搬运工艺参数。

5. 检查试运行

确认搬运机器人周围安全，按如下操作跟踪测试作业程序。

（1）打开要测试的程序文件。

（2）移动光标到程序开头位置。

（3）按住示教器上的跟踪功能键，实现搬运机器人单步或连续运转。

6. 再现搬运

（1）打开在线的作业程序，并将光标移动到程序的开始位置，将示教器上的“模式”旋钮设置到“再现/自动”状态。

（2）按示数器上“伺服ON”按钮，接通伺服电源。

（3）按“启动”按钮，搬运机器人开始运行。

5.1.4 搬运机器人的周边设备与工位布局

用机器人完成一项搬运工作，除需要搬运机器人（机器人和搬运设备）以外，还需要一些辅助周边设备。同时，为了节约生产空间，合理的机器人工位布局尤为重要。

常见的搬运机器人辅助装置有增加移动范围的滑移平台、合适的搬运系统装置和安全保护装置等。

1. 滑移平台

增加滑移平台是搬运机器人增加自由度最常用的方法，可安装在地面上或龙门框架上，如图 5-21 所示。

(a) 地面安装

(b) 龙门架安装

图 5-21　滑移平台安装方式

2. 搬运系统

搬运系统主要包括真空发生装置、气体发生装置、液压发生装置等，此部分装置均为标准件，企业常用空气控压站对整个车间提供压缩空气和抽真空；液压发生装置的动力元件（电动机、液压泵等）布局在搬运机器人周围，执行元件（液压缸）与夹钳一体，需要安装在搬运机器人末端法兰上，与气动夹钳相类似。

由搬运机器人组成的加工单元或柔性化生产，可完全代替人工实现物料自动搬运，因此搬运机器人工作站布局是否合理将直接影响搬运速率和生产节拍。根据车间场地面积，在有利于提高生产节拍的前提下，搬运机器人工作站可采用 L 型、环状、“品”字、“一”字等布局。

（1）L 型布局：将搬运机器人安装在龙门架上，使其行走在机床上方，大限度节约地面资源，如图 5-22 所示。

（2）环状布局：又称“岛式加工单元”，以关节式搬运机器人为中心，机床围绕其周围形成环状，进行工件搬运加工，可提高生产、节约空间，适合小空间厂房作业，如图 5-23 所示。

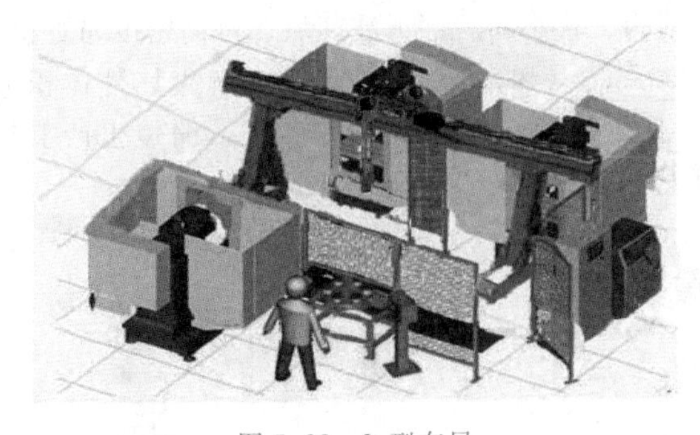

图 5-22　L 型布局

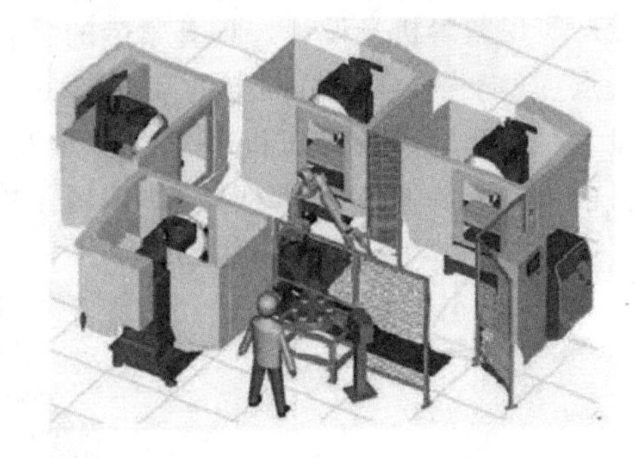

图 5-23　环状布局

（3）“一”字布局：直角桁架机器人通常要求设备成“一”字排列，对厂房高度、长度具有一定要求，工作运动方式为直线编程，很难满足对放置位置、相位等有特别要求工件的上下料作业需要，如图 5-24 所示。

图 5-24 “一”字排列布局

5.1.5 搬运机器人技术的新发展

搬运机器人技术是机器人技术、搬运技术和传感技术的融合，目前搬运机器人已广泛应用于实际生产，发挥其强大和优越的特性。经过研发人员不断的努力，搬运机器人技术取得了长足的进步，可实现柔性化、无人化、一体化搬运工作，集高效生产、稳定运行、节约空间等优势于一体，展现出搬运机器人强大的功能，现从机器人、传感技术及应用日益广泛的AGV 搬运车等方面介绍搬运机器人技术的新进展。

1. 机器人系统

搬运机器人的出现为全球经济发展带来了巨大动力，使得整个制造业渐向“柔性化、无人化”发展，目前机器人技术已日趋完善，逐渐实现规模化与产业化，未来将朝着标准化、轻巧化、智能化发展。在此背景下，搬运机器人公司如何针对不同类型客户定制产品的研发和创新，成为搬运行业新的研究课题。

（1）操作机：日本 FANUC 公司推出的 FANUC R-2000iB 如图 5-25 所示。在搬运方面，FANUC R-2000iB 拥有无可比拟的优越性能；通过对垂直多关节结构进行几乎完美的最优化设计，使得 R-2000iB 在保持最大动作范围和最大可搬运质量同时，大幅度减轻自身重量，实现紧凑机身设计，具有紧凑的手腕结构、狭小的后部干涉区域、可高密度布置机构等特点；瑞士 ABB 公司推出的 IRB 6660-100/3.3（如图 5-26 所示）可解决坯件体积大、重量大、搬运距离长等压机上下料的难题，且比同类产品速度提高 15%，缩短生产节拍，是目前市场上能够处理大坯件最快速的压机上下料机器人。

图 5-25 FANUC R-2000iB

图 5-26 ABB IRB6660-100/3.3

图 5-27 散堆工件的拾取与搬运

（2）控制器：机器人单机操作有时难以满足大型构件或散堆件的搬运。为此，国外一些知名的机器人公司推出的机器人控制器都可实现同时对几台机器人和几个外部轴的协同控制，如FANUC推出的机器人控制柜R-30iA，可实现散堆工件搬运，如图5-27所示。大幅度提高CPU的处理能力，增加最新软件功能，实现机器人的智能化与网络化，有高速动作性能、内置视觉功能、散堆工件取出功能、故障诊断功能优点。

（3）示教器：一般来说，一个机器人单元包括一台机器人和一个带有示教器的控制单元手持设备，能够远程监控机器人（它收集信号并提供信息的智能显示）。传统的点对点模式，由于受线缆方式的局限，导致费用昂贵并且示教器只能用于单台机器人。COMAU公司的无线示教器WiTP，如图5-28所示。与机器人控制单元之间的连接“配对-解配对”安全连接程序，多个控制器可由一个示教器控制。它可与其他Wi-Fi资源实现数据传送与接收，有效范围达100 m，且各系统间无干扰。

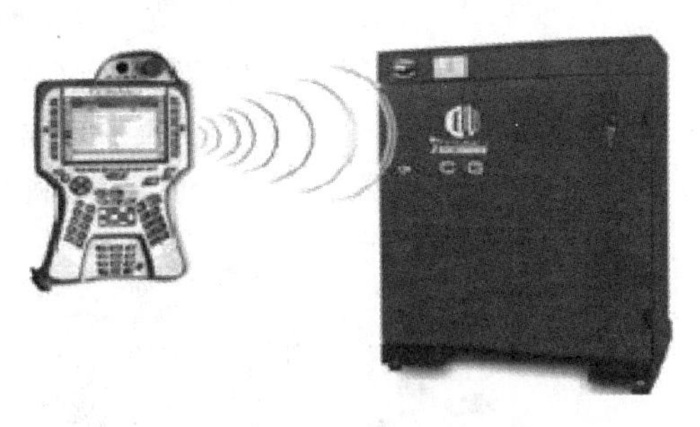

图5-28　COMAU无线示教器WiTP

2. 传感技术

随着制造生产的繁重化和人口红利的逐渐消失，已经逼迫众多企业向无人化、自动化、柔性化转型，追求生产产品的高精度和质量的优越性。传感技术运用到搬运机器人中，拓宽了搬运机器人的应用范围，提高了生产效率，保证了产品质量的稳定性和可追溯性。图5-29所示为带有视觉系统和立体传感器的搬运系统。搬运机器人传感系统的流程是：视觉系统采集被测目标的相关数据，控制柜内置相应系统进行图像处理和数据分析，转换成相应数据量，传给搬运机器人，机器人以接收到的数据为依据，进行相应作业。通过携带立体传感器机器人可搬运杂乱无章的散堆工件，可简化排列工序，如图5-30所示。

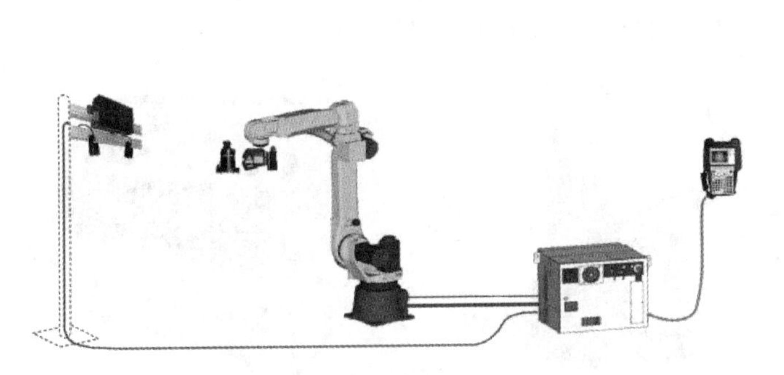

图5-29　带有视觉系统和立体传感器的搬运系统

图5-30　散堆工件的拾取和搬运

带有传感器的搬运机器人生产节拍稳定，产品质量高，产品周期明确，生产安排易于控制。机器人与传感系统的使用，降低了人工对产品质量和稳定性的影响，保证了产品的一致性。

3. AGV搬运车

AGV（Automated Guided Vehicle）搬运车是一种无人搬运车，指装备有电磁或光学等自动导引装置，能够沿规定的导引路径行驶，具有安全保护以及各种移载功能的运输车，工业应用中无须驾驶员的搬运车，通常可通过计算机程序或电磁轨道信息控制其移动，属于轮式移动搬运机器人范畴。它广泛应用于汽车底盘合装、汽车零部件装配，烟草、电力、医药、化工等的生产物料运输，柔性装配线、加工线，具有行动快捷、工作效率高效、经济、灵活、无人化生产等特点。通常，AGV 搬运车可分为列车型、平板车型、带移载装置型、货叉型及带升降工作台型。

（1）列车型：最早开发的产品，由牵引车和拖车组成，一辆牵引车可由若干节拖车组成，适合成批量小件物品长距离运输，在仓库离生产车间较远时运用广泛，如图 5-31 所示。

（2）平板车型：AGV 多需要人工卸载，载质量 500 kg 以下的轻型车主要用于小件物品搬运，适用于电子行业、家电行业、食品行业等场所，如图 5-32 所示。

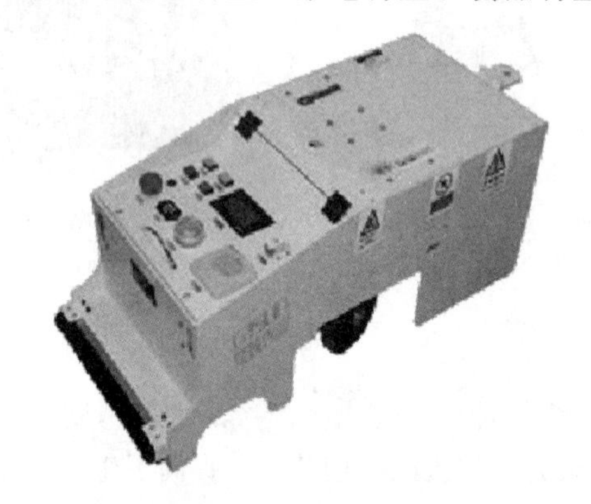

图 5-31　列车型 AGV

图 5-32　平板型 AGV

（3）带移载装置：带移载装置型 AGV 车装有输送带或辊子输送机等类型移载装置，通常和地面板式输送机或辊子机配合使用，以实现无人化自动搬运作业，如图 5-33 所示。

（4）货叉型：AGV 类似于人工驾驶的叉车起重机，本身具有自动装卸能力，主要用于物料自动搬运作业以及在组装线上做组装移动工作台使用，如图 5-34 所示。

（5）带升降工作台 AGV：主要应用于机器制造业和汽车制造业的组装作业，因车带有升降工作台可使操作者在最佳高度下作业，提高工作质量和效率，如图 5-35 所示。

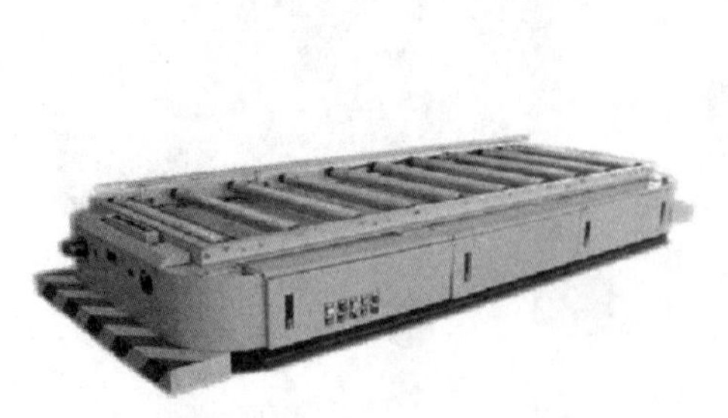

图 5-33　带移动装置型 AGV

图 5-34　货叉型 AGV

图 5-35　带升降工作台 AGV

5.2　码垛机器人及应用

码垛机器人是经历了人工码垛、码垛机码垛两个阶段而出现的自动化码垛作业智能化设备。码垛机器人的出现不仅可改善劳动环境，而且对减轻劳动强度，保证人身安全降低能耗，减少辅助设备资源，提高劳动生产率等方面具有重要意义。码垛机器人可使运输工业加快码垛效率，提升物流速度，获得整齐统一的物垛，减少物料破损与浪费。因此，码垛机器人将逐步取代传统码垛机以实现生产制造“新自动化、新无人化”，码垛行业亦因码垛机器人出现而步入“新起点”。

本节着重对码垛机器人的特点、基本系统组成、周边设备和作业程序进行介绍，并结合实例说明码垛作业示教的基本要领和注意事项，旨在加深大家对码垛机器人及其作业示教的认知。

5.2.1　码垛机器人的分类及特点

码垛机器人作为新的智化码垛装备，具有作业高效、码垛稳定等优点，可解放工人的繁重体力劳动，已在各个行业的包装物流线中发挥重大作用。归纳起来，码垛机器人主要优点如下：

（1）占地面积小，动作范围大，减少资源浪费。

（2）能耗低，降低运行成本。

（3）提高生产效率，解放繁重体力劳动，实现“无人”或“少人”码垛。

（4）改善工人劳作条件，摆脱有毒、有害环境。

（5）柔性高、适应性强，可实现不同物料码垛。

（6）定位准确，稳定性高。

码垛机器人同样为工业机器人当中一员，其结构形式和其他类型机器人相似（尤其是搬运机器人），码垛机器人与搬运机器人在本体结构上没有过多区别，通常可认为码垛机器人本体比搬运机器人大，在实际生产当中码垛机器人多为四轴且多数带有辅助连杆，连杆主要起增加力矩和平衡的作用，码垛机器人多不能进行横向或纵向移动，安装在物流线末端，故常见的码垛机器人结构多为关节式码垛机器人、龙门式码垛机器人和摆臂式码垛机器人，如图 5-36 所示。

(a) 关节式码垛机器人

(b) 龙门式码垛机器人

(c) 摆臂式码垛机器人

图 5-36　码垛机器人分类

5.2.2　码垛机器人的系统组成

码垛机器人同搬运机器人一样需要相应的辅助设备组成一个柔性化的系统，才能进行码垛作业。以关节式为例，常见的码垛机器人主要由操作机、控制系统、码垛系统（气体发生器、液压系统）和安全保护装置组成，如图 5-37 所示。操作者可通过示教器和操作面板进行码垛机器人运动位置和动作程序的示教，设置运动速度、码垛参数等。图 5-37 所示为码垛机器人系统组成。

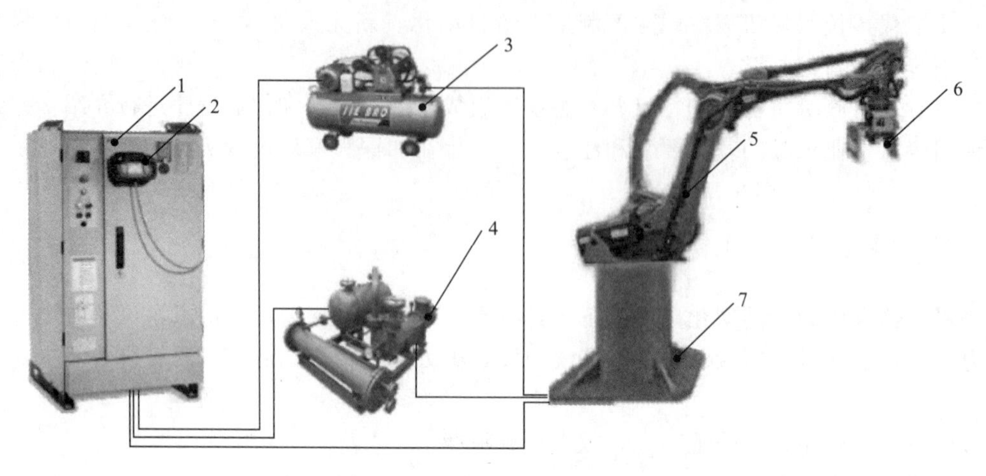

图 5-37　码垛机器人系统组成

1—机器人控制柜；2—示教器；3—气体发生器；4—真空发生器；5—操作机；6—夹板式手爪；7—底座

关节式码垛机器人常见本体多为 4 轴，亦有 5、6 轴码垛机器人，但在实际包装码垛物流线中 5、6 轴码垛机器人相对较少。码垛主要在物流线末端进行，码垛机器人安装在底座（或固定座）上，其位置的高低由生产线高度、托盘高度及码垛层数共同决定，多数情况下，码垛精度的要求没有机床上下料搬运精度高，为节约成本、降低投入资金、提高效益，四轴码垛机器人足以满足日常码垛要求。图 3-38 所示为 KUKA、FANUC、ABB、YASKAWA 相应的码垛机器人的本体结构。

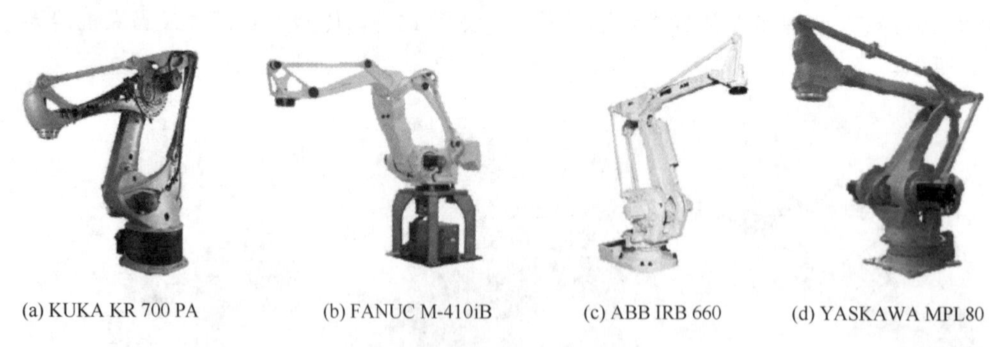

(a) KUKA KR 700 PA　(b) FANUC M-410iB　(c) ABB IRB 660　(d) YASKAWA MPL80

图 5-38　码垛机器人的本体结构

码垛机器人的末端执行器是夹持物品移动的一种装置，其原理结构与搬运机器人类似，常见形式有吸附式、夹板式、抓取式、组合式。

（1）吸附式：在码垛中，吸附式末端执行器主要为气吸附，广泛应用于医药、食品、烟酒等行业。有关吸附式手爪的原理、特点可参考第 5.1 节相关部分，不再赘述。

（2）夹板式：夹板式手爪是码垛过程中最常用的一类手爪，常见的夹板式手爪有单板式和双板式，如图 5-39 所示。手爪主要用于整箱或规则盒码垛，可用于各行各业，夹板式手爪夹持力度比吸附式手爪大，可一次码一箱（盒）或多箱（盒），并且两侧板光滑不会损伤码垛产品外观质量。单板式与双板式的侧板一般都会有可旋转爪钩，需单独机构控制，工作状态下爪钩与侧板成 90°，起到撑托物件防止在高速运动中物料脱落的作用。

(a) 单板式

(b) 双板式

图 5-39　夹板式手爪

（3）抓取式：抓取式手爪可灵活适应不同形状和内含物（如大米、砂砾、塑料、水泥、化肥等）物料袋的码垛。图 5-40 所示为 ABB 公司配套 IRB460 和 IRB660 码垛机器人专用的即插即用 FlexGripper 抓取式手爪，采用不锈钢制作，可胜任极端条件下作业的要求。

（4）组合式：组合式手爪是通过组合以获得各单组手爪优势的一种手爪，灵活性较大，各单组手爪之间既可单独使用又可配合使用，可同时满足多个工位的码垛。图 5-41 所示为 ABB 公司配套 IRB460 和 IRB660 码垛机器人专用的即插即用 FlexGripper 组合式手爪。

图 5-40　抓取式手爪

图 5-41　组合式手爪

码垛机器人手爪的动作需单独外力进行驱动，同搬运机器人一样，需要连接相应外部信号控制装置及传感系统，以控制码垛机器人手爪实时的动作状态及力的大小，其手爪驱动方式多为气动和液压驱动。通常在保证相同夹紧力情况下，气动比液压负载轻、卫生、成本低、易获取，故实际码垛中以压缩空气为驱动力的居多。

综上所述，搬运码垛机器人主要包括机器人和码垛系统。机器人由搬运机器人本体及完成码垛排列控制的控制柜组成。码垛系统中末端执行器主要有吸附式、夹板式、抓取式和组合式等形式。

5.2.3　码垛机器人的作业示教

码垛是生产制造业必不可少的环节，在包装物流运输行业中尤为广泛。码垛机器人在物流生产线末端取代人工或码垛机完成自动码垛，主要适应对象为大批量、重复性强或者工作环境具有高温、粉尘等条件恶劣情况，具有定位精确、码垛质量稳定、工作节拍可调、运行平稳可靠、维修方便等特点。目前，工业机器人四巨头都有相应的码垛机器人产品（ABB的IRB460和IRB660系列，KUKA的KR300PA、KR470PA、KR700PA系列，FANUC的M、R系列，YA5KAWA的L系列）。工业机器人作业示教的一项重要内容——运动轨迹，即确定各程序点处工具中心点（TCP）的位姿。对码垛机器人而言，TCP随末端执行器不同而设置在不同的位置，就吸附式而言，其TCP一般设在法兰中心线与吸盘所在平面交点的连线上并延伸一段距离，距离的长短依据吸附物料高度确定，如图5-42（a）所示，生产再现如图5-42（b）所示；夹板式和抓取式的TCP一般设在法兰中心线与手爪前端面交点处，抓取式如图5-43（a）所示，生产再现如图5-43（b）所示；而组合式TCP设置点需依据起主要作用的单手爪确定。

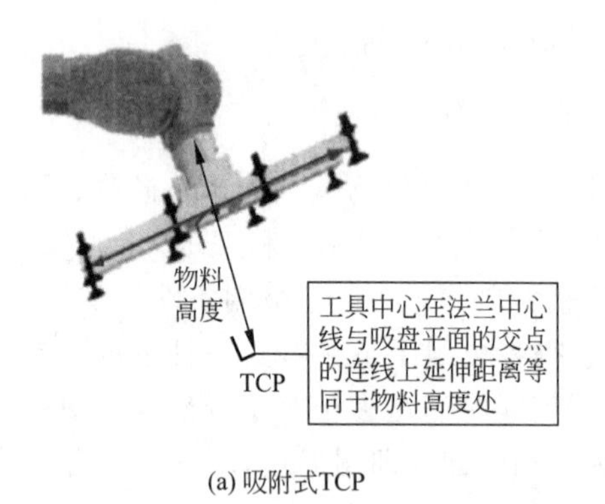

(a) 吸附式TCP

(b) 生产再现

图5-42　吸附式TCP及生产再现

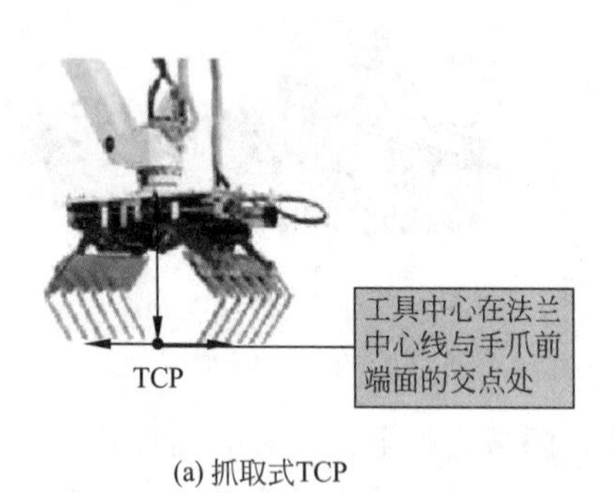

(a) 抓取式TCP

(b) 生产再现

图5-43　抓取式TCP及生产再现

码垛机器人在包装物流生产线中可为关节式、龙门式或摆臂式，具体采用哪一类需依据生产需求及企业实际来确定，末端执行器可选择吸附式、夹板式、抓取式或组合式，依据码垛产品形状、重量等因素确定。通过前述学习，在熟练操作机器人本体基础上，结合常用码垛作业命令，即可完成码垛作业示教。现以图5-44所示的工件码垛为例，选择关节式（四轴）码垛机器人，末端执行器为抓取式，采用在线示教方式为机器人输入码垛作业程序，以A垛Ⅰ位置码垛为例，阐述码垛作业编程，A垛的Ⅱ、Ⅲ、Ⅳ、Ⅴ位置可按照Ⅰ位置操作类似进行。此程序由编号 1～8 的 8 个程序点组成，每个程序点的用途说明如表 5-3 所示。具体作业编程可参照图 5-45 所示流程开展。

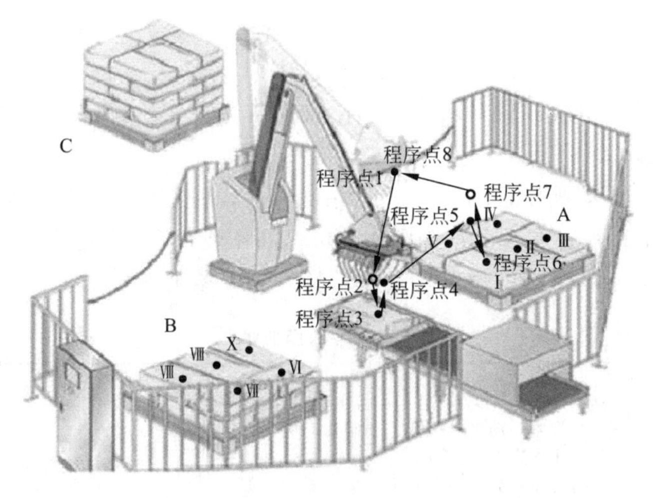

图 5-44　码垛机器人运动轨迹

表 5-3　程序点说明

程　序　点	说　　明	手 爪 动 作	程　序　点	说　　明	手 爪 动 作
程序点 1	机器人原点	—	程序点 5	码垛中间点	抓取
程序点 2	码垛临近点	—	程序点 6	码垛作业点	放置
程序点 3	码垛作业点	抓取	程序点 7	码垛规避点	—
程序点 4	码垛中间点	抓取	程序点 8	搬运点	—

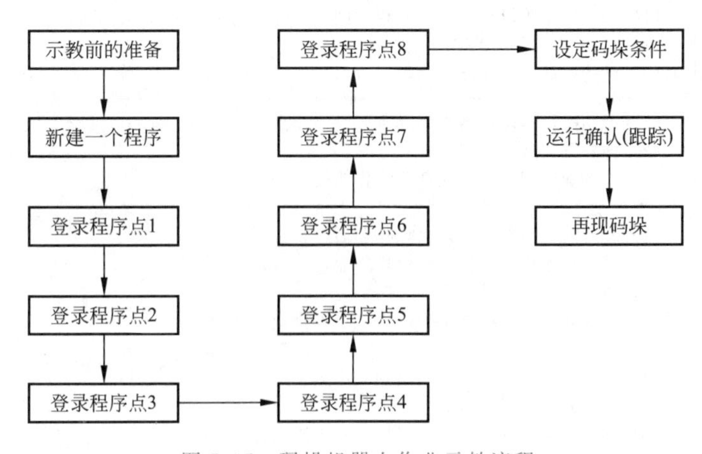

图 5-45　码垛机器人作业示教流程

1. 示教前的准备

开始示教前，需做如下准备：

（1）确认自己和机器人之间保持安全距离。

（2）机器人原点确认。

2. 新建作业程序点

按示教器的相关菜单或按钮，新建一个作业程序，如 Pallet-bag。

3. 程序点的输入

在示教模式下，手动操作移动关节式码垛机器人，按图 5-44 所示轨迹设置程序点 1～程序点 8（程序点 1 和程序点 8 设置在同一点可提高作业效率）。此外，程序点 1～程序点 8 需处于与工作、夹具互不干涉的位置，具体示教方法可参照表 5-4。

表 5-4 码垛作业示教

程序点	示教方法
程序点 1 （机器人原点）	（1）按前述手动操纵机器人要领移动机器人到搬运原点； （2）插补方式选择 PTP； （3）确认并保存程序点 1 为搬运机器人原点
程序点 2 （码垛临近点）	（1）手动操纵码垛机器人到码垛作业临近点，并调整手爪姿态； （2）插补方式选择 PTP； （3）确认并保存程序点 2 为码垛机器人作业临近点
程序点 3 （码垛作业点）	（1）手动操作码垛机器人移动到码垛起始点且保持手爪位姿不变； （2）插补方式选择“直线插补”； （3）再次确认程序点，保证其为作业起始点
程序点 4 （码垛中间点）	（1）若有需要可直接输入搬运作业命令； （2）手动操作码垛机器人中间点，并适度调整手爪姿态； （3）插补方式选择“直线插补”； （4）确认并保存程序点 4 为码垛机器人作业中间点
程序点 5 （码垛中间点）	（1）手动操作码垛机器人到码垛中间点，并适度调整手爪姿态； （2）插补方式选择 PTP； （3）确认并保存程序点 5 为码垛机器人作业中间点
程序点 6 （码垛作业点）	（1）手动操作码垛机器人移动到码垛终止点且调整手爪位姿以适合安放工作； （2）插补方式选择直线插补； （3）再次确认程序点，保证其为作业终止点
程序点 7 （搬运躲避点）	（1）若有需要可直接输入码垛作业命令； （2）手动操作码垛机器人到码垛作业规避点； （3）插补方式选择“直线插补”； （4）确认并保存程序点 7 为码垛机器人作业规避点
程序点 8 （机器人原点）	（1）手动操作码垛机器人到机器人原点； （2）插补方式选择 PTP； （3）确认并保存程序点 8 为码垛机器人原点

4. 设置作业条件

码垛机器人的作业程序简单易懂，与其他六关节工业机器人程序均有类似之处。本例中码垛作业条件的输入主要是码垛参数的设置。

5. 设置码垛参数

码垛参数设置主要为 TCP 设置、物料重心设置、托盘坐标系设置、末端执行器姿态设置、物料重量设置、码垛层数设置、计时指令设置等。

6. 检查试运行

确认码垛机器人周围安全，按如下操作进行跟踪测试作业程序：

(1) 打开要测试的程序文件。

(2) 移动光标到程序开头位置。

(3) 按住示教器上的有关跟踪功能键，实现码垛机器人单步或连续运转。

7. 再现码垛

(1) 打开要再现的作业程序，并将光标移动到程序的开始位置，将示教器上的“模式开关”调整到“再现/自动”状态。

(2) 按示教器上“伺服 ON”按钮，接通伺服电源。

(3) 按“启动按钮”，码垛机器人开始运行。

码垛机器人编程时运动轨迹上的关键点坐标位置可通过示教或坐标赋值的方式进行设置，在实际生产中若托盘相对较大，可采用示教方式寻找关键点，以此可节省大量时间；若产品尺寸同托盘码垛尺寸较合理，可采用坐标赋值方式获取关键点。在实际移动码垛机器人寻找关键点时，需用到校准针。

码垛示教插补方式为 PTP 和“直线插补”即可满足基本要求，但对于改造或优化生产线等情况，一般需在离线编程软件上建立相应模型，模拟实际生产环境，且码垛机器人作业程序的编制、运动轨迹坐标位置的获取以及程序的调试均在一台计算机上独立完成，不需要机器人本身的参与，如 ABB 公司的 Robotstudio Palletizing PowerPac 专业码垛软件、极大地加快了码垛程序输入能力，节约工时、降低成本、易于控制生产节拍，可达到优化的目的，减少出错的同时也减轻编程人员的劳动强度。

5.2.4　码垛机器人的周边设备与工位布局

码垛机器人工作站是一种集成化系统，可与生产系统相连接形成一个完整的集成化包装码垛生产线。码垛机器人完成一项码垛工作，除需要码垛机器人（机器人和码垛设备）外还需要一些辅助设备。同时，为一节约生产空间，合理的机器人工位布局尤为重要。

目前，常见的码垛机器人辅助装置有金属检测机、重量复检机、自动剔除机、倒袋机、整形机、待码输送机、传送带、码垛系统等装置，下面进行简单介绍。

(1) 金属检测机：对于有些码垛场合，像食品、医药、化妆品、纺织品的码垛，为防止在生产制造过程中棍入金属等异物，需要金属检测机（见图 5-46）进行流水线检测。

(2) 重量复检机：重显复检机（见图 5-47）在自动化码垛流水作业中起重要作用，其可以检测出前工序是否漏装、多装，以及对合格品、欠重品、超重品进行统计，进而实现产品质量控制。

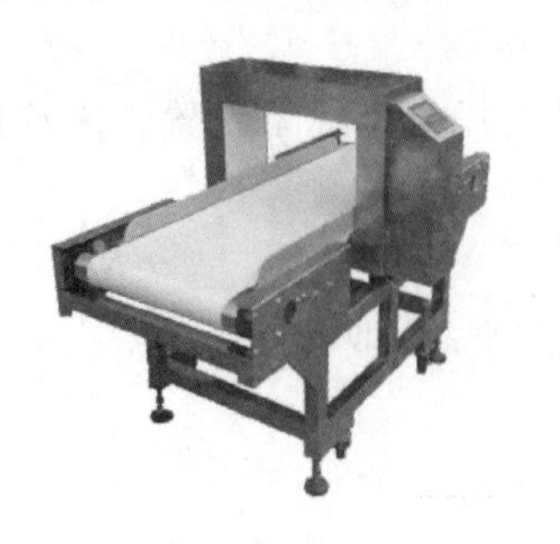
图 5-46　金属检测机

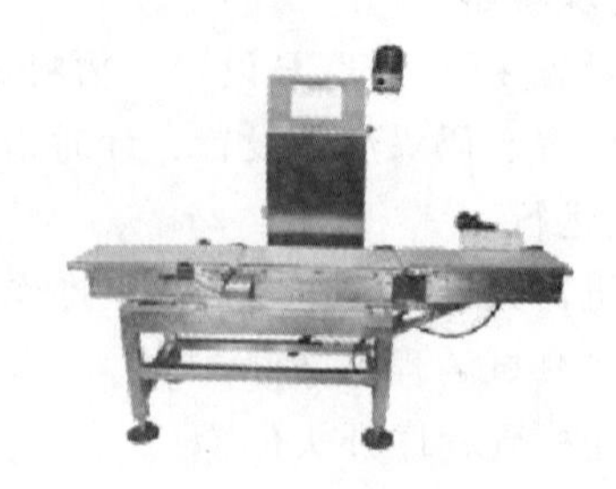
图 5-47　重量复检机

(3) 自动剔除机：自动剔除机（见图 5-48）是安装在金属检测机和重量复检机之后，主要用于剔除含金属异物及重量不合格的产品。

(4) 倒袋机：倒袋机（见图 5-49）是将输送过来的袋装码垛物按照预定程序进行输送、倒袋、转位等操作，以使码垛物按流程进入后续工序。

图 5-48　自动剔除机

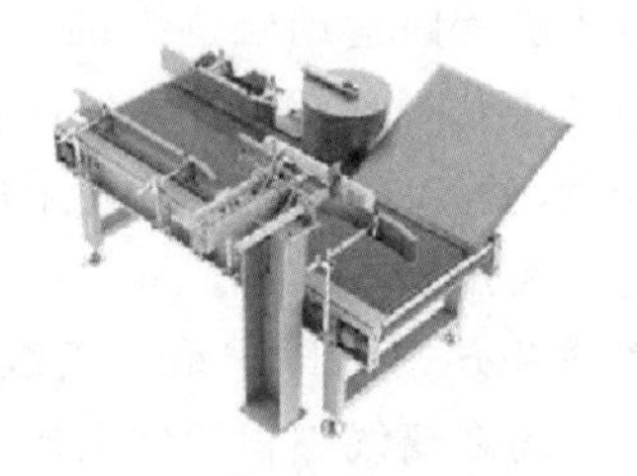
图 5-49　倒袋机

(5) 整形机：主要针对袋装码垛物的外形整形，经整形机（见图 5-50）整形后袋装码垛物内可存在的积聚物会均匀分散，使外形整齐，之后进入后续工序。

(6) 待码输送机：待码输送机（见图 5-51）是码垛机器人生产线的专用输送设备，码垛货物聚集于此便于码垛机器人末端执行器抓取，可提高码垛机器人的灵活性。

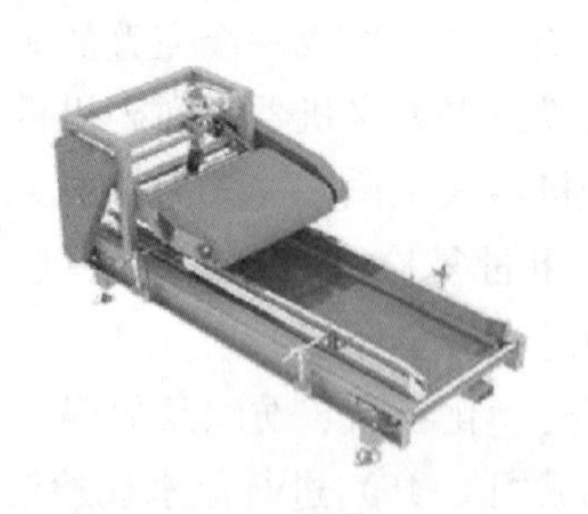
图 5-50　整形机

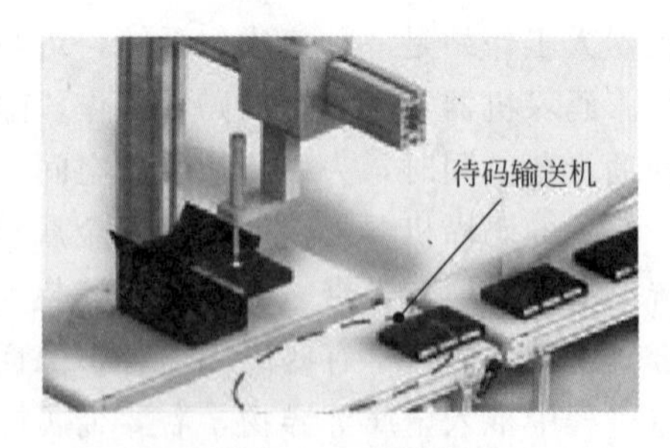

图 5-51　待码输送机

(7) 传送带：传送带（见图 5-52）是自动化码垛生产线上必不可少的一个环节，针对不同的厂源条件可选择不同的形式。

(8) 码垛系统：此部分可参考前述搬运系统的相关部分，不再赘述。

码垛机器人工作站的布局是以提高生产效率、节约场地、实现最佳物流码垛为目的，在实际生产中常见的码垛工作站布局主要有全面式码垛和集中式码珠两种。

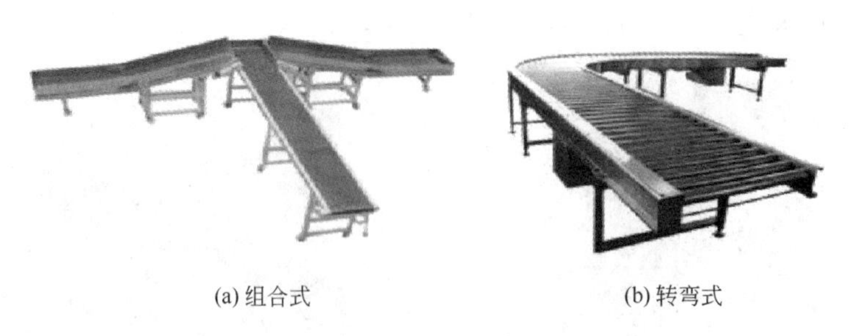

图 5-52　传送带

（9）全面式码垛：全面式码垛机器人（见图 5-53）安装在生产线末端，可针对一条或两条生产线，具有较小的输送线成本与占地面积，较大的灵活性和增加生产量等优点。

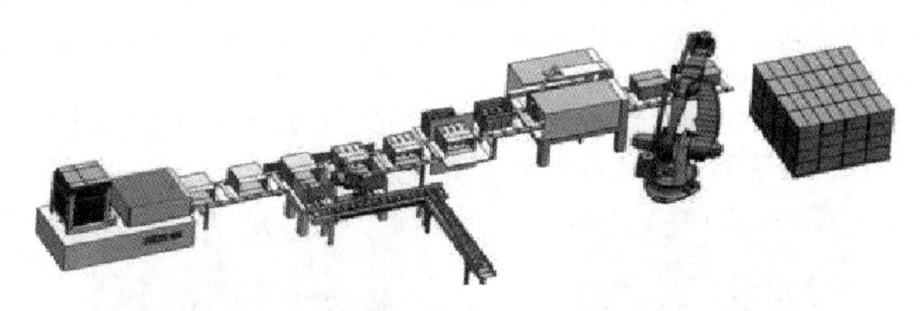

图 5-53　全面式码垛

（10）集中式码垛：码垛机器人被集中安装在某一区域，可将所有生产线集中在一起，具有较高的输送线成本，节省生产区域资源，节约人员维护成本，一人便可全部操纵，如图 5-54 所示。

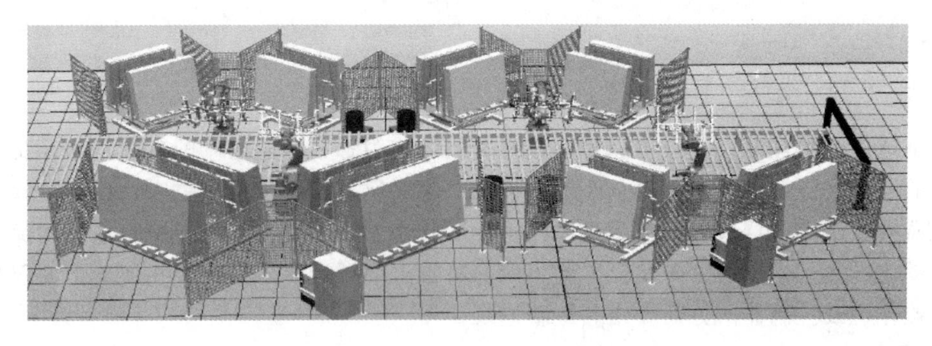

图 5-54　集中式码垛

在实际生产码垛中，按码垛进出情况常规划有一进一出、一进两出、两进两出和四进四出等形式。

（11）一进一出：一进一出（见图 5-55）常出现在厂源相对较小、码垛线生产比较繁忙的情况，此类型码垛速度较快，托盘分布在机器人左侧或右侧，缺点是需人工换托盘，浪费时间。

（12）一进两出：在一进一出的基础上添加输出托盘，一侧满盘信号输入，机器人不会停止等待，直接码垛另一侧，码垛效率明显提高，如图 5-56 所示。

图 5-55　一进一出

图 5-56　一进两出

（13）两进两出：两进两出是两条输送链输入，两条码垛输出，多数两进两出系统无须人工干预，码垛机器人自动定位摆放托盘，是目前应用最多的一种码垛形式，也是性价比最高的一种规划形式，如图 5-57 所示。

（14）四进四出：四进四出系统多配有自动更换托盘功能，主要应用于多条生产线的中等产量或低等产量的码垛，如图 5-58 所示。

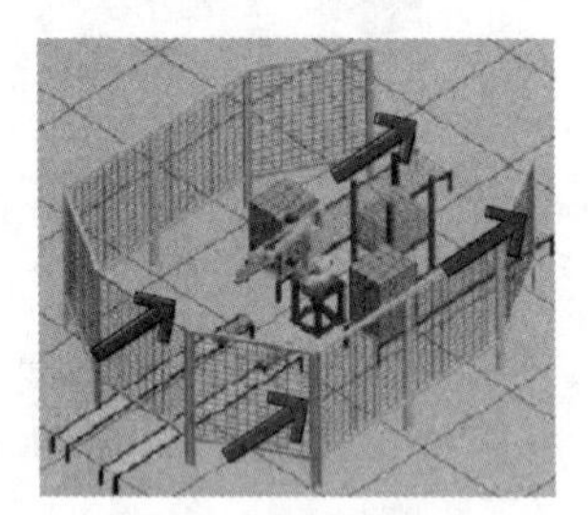

图 5-57　两进两出

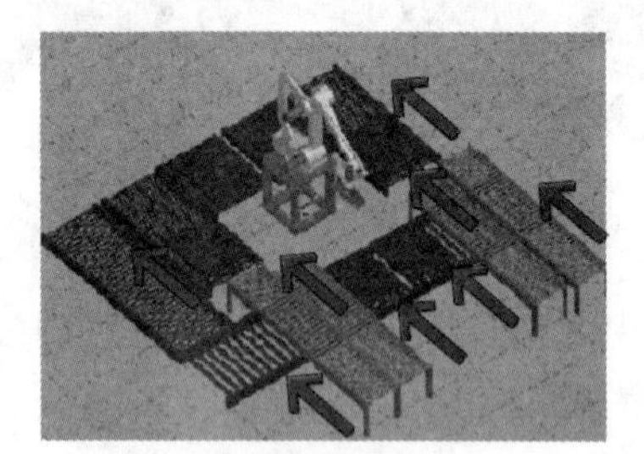

图 5-58　四进四出

5.2.5　码垛机器人技术的新发展

在全球生产制造最大利益化趋势下，码垛逐渐成为各个企业生产的瓶颈，为满足不同类型产品的码垛，各大机器人制造企业抓住机遇，不断研发创新，推出更人性化、更效益化的码垛机器人。码垛机器人的出现为全球经济发展带来了巨大动力，使得整个包装物流业逐渐向“自动化、无人化”的方向发展。鉴于码垛机器人同搬运机器人比较相似，下面仅从码垛机器人操作机及控制器两方面介绍其最新进展。

1. 操作机

瑞典 ABB 机器人公司推出全球最快码垛机器人 IRB-460 如图 5-59 所示。在码垛应用方面，IRB-460 拥有目前各种机器人无法超越的码垛速度，其操作节拍可达 2 190 次/h，运行速度比常规机器人提升 15%，作业覆盖范围达到 2.4 m，占地面积比一般码垛机器人节省 20%；德国 KUKA 公司推出的精细化工堆垛机器人 KR 180-2PA Arctic，可在 30 ℃条件下以 180 kg 的全负荷进行工作，且无防护罩和额外加热装置，创造了码垛机器人在寒冷条件下的极限，如图 5-60 所示。

图5-59 ABB IRB 460

图5-60 KR 180-2PA Arctic

2. 控制器

机器人操作机在结构上不断进行优化的同时，控制器同样也在进行着变革，以逐步适应高速扩展的生产要求。ABB公司推出的IRC5控制器如图5-61所示，不仅继承了前几代控制器在运动控制、柔性、通用性、安全性、一可靠性的优势，而且在模块化、用户界面、多机器人控制等方面取得了全新性突破。IRC5控制器只通过一个接入点就可与整个工作站的机器人通信，大幅度降低成本，若增加机器人数量，只需额外增加一个驱动模块。在IRC5控制器中融合了业界控制机器人及外围设备最先进操作系统，最具特色的Ro-botware OS是目前市场上较强的操作系统。KUKA机器人公司出品的KRC4控制器具有高效、安全、灵活和智能化等优点，使其在机器人行业保持着较高的领导地位，将安全控制、机器人控制、运动控制、逻辑控制及工艺控制集中在一个开放高效的数据标准构架中，具有高性能、可升级和灵活性等特点，如图5-62所示。

图5-61 IRC5

图5-62 KRC4

5.3 焊接机器人及应用

众所周知，焊接加工一方面要求焊工具有熟练的操作技能、丰富的实践经验和稳定的焊接水平；另一方面，焊接又是一种劳动条件差、烟尘多、热辐射大、危险性高的工作。工业机器人的出现使人们自然而然地想到用它替代人的手工焊接，这样不仅可以减轻焊工的劳动强度和有害气体的危害，同时也可以保证焊接质量和提高生产效率，这也是若干年以来人们千方百计追求的目标。据不完全统计，全世界在役的工业机器人大约有近一半用于各种形式的焊接加工领域。随着先进制造技术的发展，焊接产品制造的自动化、柔性化与智能化已成为必然趋势。而在焊接生产中，采用机器人焊接则是焊接自动化技术现代化的主要标志。

本节将对焊接机器人的分类、特点、基本系统组成和典型周边设备进行简要介绍，并结合实例说明焊接作业示教的基本要领和注意事项，加深大家对焊接机器人及作业示教的认识。

5.3.1 焊接机器人的分类及特点

焊接机器人作为当前广泛使用的先进自动化焊接设备，具有通用性强、工作稳定的优点，并且操作简便，功能丰富，越来越受到人们的重视。使用机器人完成一项焊接任务只需要操作者对它进行一次示教，机器人即可精确地再现示教的每一步操作。如果让机器人去做另一项工作，无须改变任何硬件，只要对它再做一次示教即可。归纳起来，焊接机器人的主要优点如下：

（1）稳定，可提高焊接质量，保证焊缝的均匀性。

（2）提高劳动生产率，一天可 24 h 连续生产。

（3）改善工人劳动条件，可在有害环境下工作。

（4）降低对工人操作技术的要求。

（5）缩短产品改型换代的准备周期，减少相应的设备投资。

（6）可实现小批量产品的焊接自动化。

（7）能在空间站建设、核电站维修、深水焊接等极限条件下完成人工难以进行的焊接作业。

（8）为焊接柔性生产线提供技术基础。

焊接机器人其实就是在焊接生产领域代替焊工从事焊接任务的工业机器人。在这些焊接机器人中，有的是为某种焊接方式专门设计的，而大多数的焊接机器人其实就是通用的工业机器人装上某种焊接工具构成的。世界各国生产的焊接用机器人基本上都属关节型机器人，绝大部分有 6 个轴。其中，1、2、3 轴可将末端工具（即焊接工具，如焊枪、焊钳等）送到不同的空间位置，而 4、5、6 轴解决末端工具姿态的不同要求。目前，焊接机器人应用中比较普遍的主要有 3 种：点焊机器人、弧焊机器人和激光焊接机器人，如图 5-63 所示。

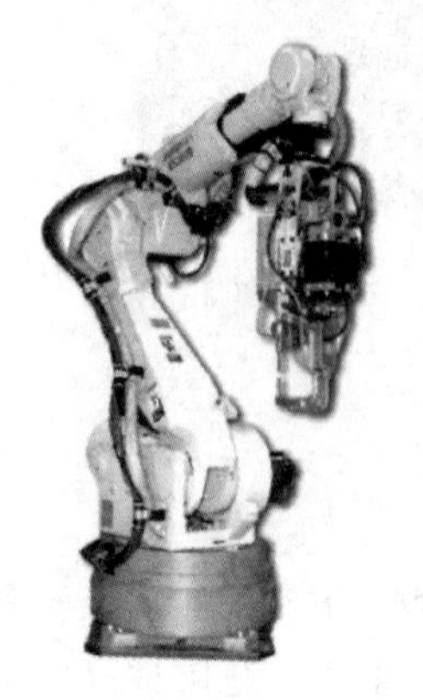

(a) 点焊机器人

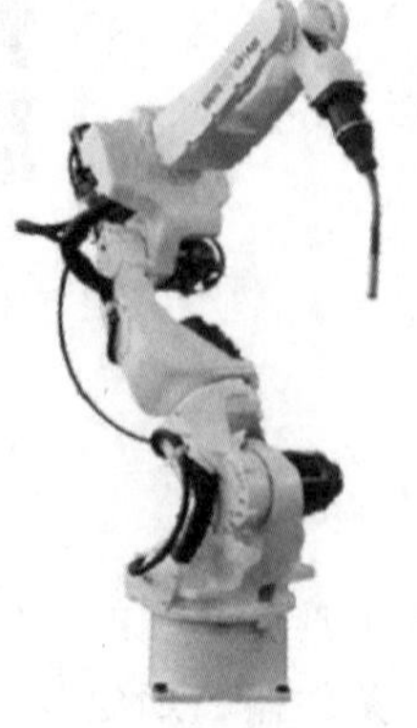

(b) 弧焊机器人

(c) 激光焊接机器人

图 5-63 焊接机器人分类

1. 点焊机器人

点焊机器人是用于点焊自动作业的工业机器人，其末端持握的作业工具是焊钳。实际上，工业机器人在焊接领域应用最早的是从汽车装配生产线上的电阻点焊开始的，如图 5-64 所示。这主要在于点焊过程比较简单，只需点位控制，至于焊钳在点与点之间的移动轨迹则没有严格要求，对机器人的精度和重复精度的控制要求比较低。

图 5-64　汽车车身的机器人点焊作业

一般来说，装配一台汽车车体需完成 3 000～5 000 个焊点，而其中约 60％的焊点是由机器人完成的。最初，点焊机器人只用于增强焊作业，即往已拼接好的工件上增加焊点。后来，为了保证拼接精度，又让机器人完成定位焊作业，如图 5-65 所示。如今，点焊机器人已经成为汽车生产行业的支柱。如此，点焊机器人逐渐被要求有更全面的作业性能，点焊用机器人不仅要有足够的负载能力，而且在点与点之间移位时速度要快捷，动作要平稳，定位要准确，以减少移位的时间，提高工作效率。具体要求如下：

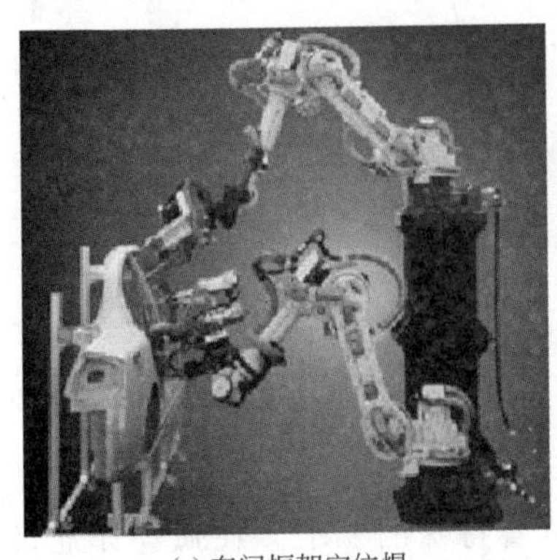

(a) 车门框架定位焊

(b) 车门框架增强焊

图 5-65　汽车车门的机器人点焊作业

（1）安装面积小，工作空间大。

（2）快速完成小节距的多点定位（如每 0.3～0.4 s 移动 30～50 mm 节距后定位）。

（3）定位精度高（±0.25 mm），以确保焊接质量。

（4）持重大（50～150 kg），以方便携带内装变压器的焊钳。

（5）内存容量大，示教简单，节省工时。

（6）点焊速度与生产线速度相匹配，且安全可靠性好。

2. 弧焊机器人

弧焊机器人是用于弧焊（主要有熔化极气体保护焊和非熔化极气体保护焊，见图 5-66）自动作业的工业机器人，其末端持握的工具是弧焊作业用的各种焊枪。事实上，弧焊过程比点焊过程要复杂得多，被焊工件由于局部加热熔化和冷却而产生变形，焊缝轨迹会发生变化。手工焊时，有经验的焊工可以根据眼睛所观察到的实际焊缝位置适时调整焊枪位置、姿态和行走速度，以适应焊缝轨迹的变化。然而，机器人要适应这种变化，必须首先像人一样要“看”到这种变化，然后采取相应的措施调整焊枪位置和姿态，以实现对焊缝的实时跟踪。由于弧焊过程伴有强烈弧光、烟尘、熔滴过渡不稳定从而引起焊丝短路、大电流强磁场等复杂环境因素，机器人要检测和识别焊缝所需要的特征信号的提取并不像其他加工制造过程那么容易。因此，焊接机器人的应用并不是一开始就用于电弧焊作业。而是伴随焊接传感器的开发及其在焊接机器人中的应用，使机器人弧焊作业的焊缝跟踪与控制问题得到有效解决。焊接机器人在汽车制造中的应用也相继从原来比较单一的汽车装配点焊很快地发展为汽车零部件及其装配过程中的电弧焊，如图 5-67 所示。由于弧焊工艺早已在诸多行业中得到普及，使得弧焊机器人在通用机械、金属结构等行业中得到广泛应用，在数量上大有超过点焊机器人之势。图 5-68 所示为工程机械的机器人弧焊作业。

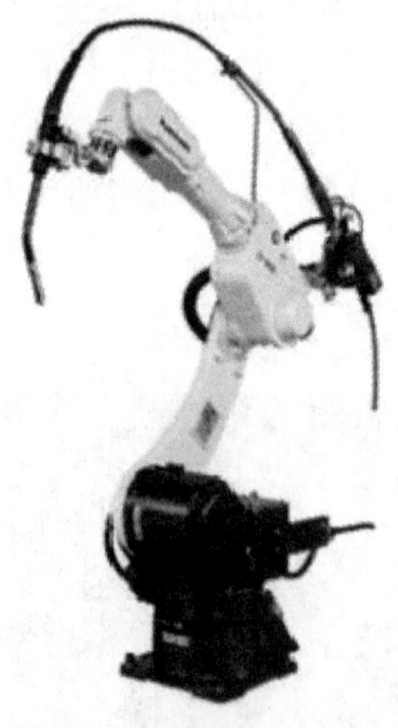

(a) 熔化极气体保护焊机器人

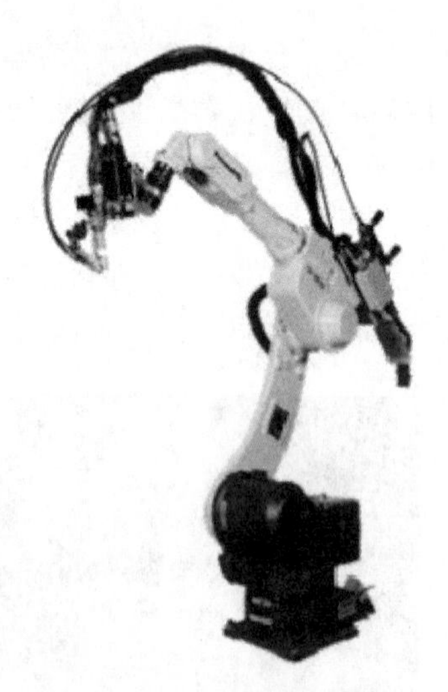

(b) 非熔化极气体保护焊机器人

图 5-66　弧焊机器人

为适应弧焊作业，对弧焊机器人的性能有着特殊的要求。在弧焊作业过程中，焊枪应跟踪工件的焊道运动，并不断填充金属形成焊缝，因此运动过程中速度的稳定性和轨迹

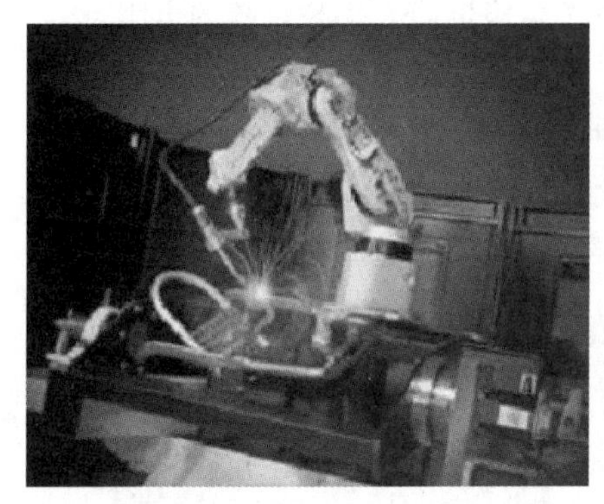

(a) 座椅支架

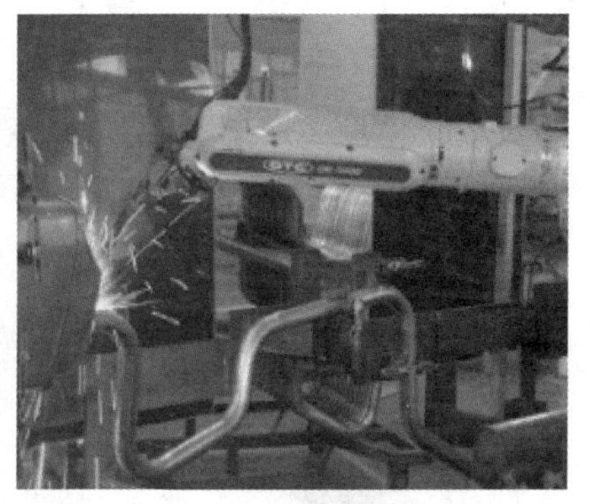
(b) 消音器

图 5-67　汽车零部件的机器人弧焊作业

精度是两项重要指标。一般情况下，焊接速度为5～50 mm/s，轨迹精度约为±0.2～±0.5 mm。由于焊枪的姿态对焊缝质量也有一定的影响，所以希望在跟踪焊道的同时，焊枪姿态的可调范围尽量大。其他一些基本性能要求如下：

图 5-68　工程机械的机器人弧焊作业

（1）能够通过示教器设置焊接条件（电流、电压、速度等）。

（2）摆动功能。

（3）坡口填充功能。

（4）焊接异常功能检测。

（5）焊接传感器（焊接起始点检测、焊缝跟踪）的接口功能。

3. 激光焊接机器人

激光焊接机器人是用于激光焊自动作业的工业机器人，通过高精度工业机器人来实现更加柔性的激光加工作业，其末端持握的工具是激光加工头。现代金属加工对焊接强度和外观效果等质量的要求越来越高，传统的焊接手段由于极大的热输入，不可避免地会带来工件扭曲变形等问题。为弥补工件变形，需要大量的后续加工手段，从而导致费用上升。而采用全自动的激光焊接技术，具有最小的热输入量，产生极小的热影响区，在显著提高焊接产品品质的同时，降低了后续工作的时间。另外，由于焊接速度快和焊缝深宽比大，能够极大地提高焊接效率和稳定性。近年来激光技术飞速发展，涌现出可与机器人柔性耦合的、采用光纤传输的高功率工业型激光器，促进了机器人技术与激光技术的结合，而汽车产业的发展需求带动了激光加工机器人产业的形成与发展。从 20 世纪 90 年代开始，德国、美国、日本等发达国家投入大量的人力物力研发激光加工机器人。进入 2000 年，德国的 KUKA、瑞典的 ABB、日本的 FANUC 等机器人公司相继研制出激光焊接、切割机器人的系列产品，如图 5-69 所示。目前在国内外汽车产业中，激光焊接、激光切割机器人已成为最先进的制造技术，获得了广泛应用。图 5-70 所示为汽车车体的焊接作业。德国大众汽车、美国通用汽车、日本丰田汽车等汽车装配生产线上，已大量采用激光焊接机器人代替传统的电阻点焊设备，不仅提高了产品质量和档次，而且减轻了汽车车身重量，节约了大量材料，使企业获得了很高的经济效益，提高了企业市场竞争能力。在中国，一汽大众、上海大众等汽车公司也引进了激光焊接机器人生产线。

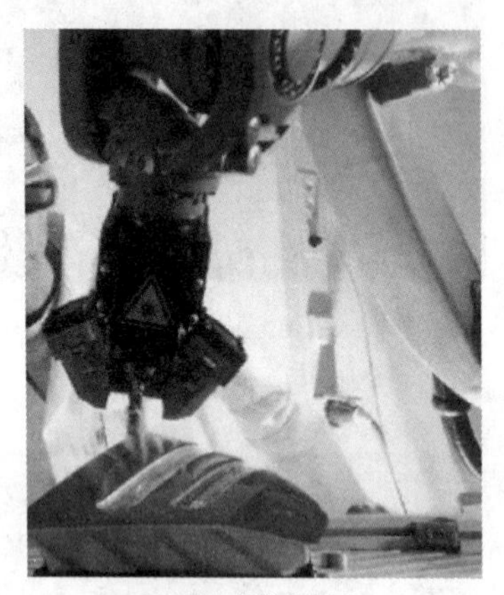

(a) 激光焊接机器人

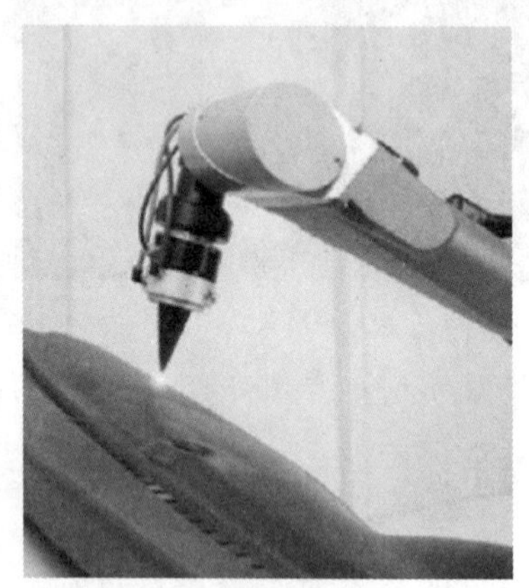

(b) 激光切割机器人

图 5-69　激光加工机器人

图 5-70　汽车车体的激光焊接作业

激光焊接成为一种成熟、无接触的焊接方式已经多年，极高的能量密度使得高速加工和低热输入量成为可能。与机器人电弧焊相比，机器人激光焊的焊缝跟踪精度要求更高。根据一般要求，机器人电弧焊的焊缝跟踪精度必须控制在电极或焊丝直径的 1/2 以内，在具有填充丝的条件下，焊缝跟踪精度可适当放宽。但对激光焊接而言，焊接时激光照射在工件表面的光斑直径通常小于 0.6 mm，远小于焊丝直径（通常大于 1.0 mm），并且激光焊接时通常又不加填充焊丝，因此，激光焊接中若光斑位置稍有偏差，便会造成偏焊、漏焊。

5.3.2　焊接机器人的系统组成

了解了焊接机器人的种类及其特点，那么焊接机器人是不是可以理解为在通用工业机器人上装备一把焊接工具，仅此而已呢？其实不然，焊接机器人是包括各种焊接附属装置及周边设备在内的柔性焊接系统，而不只是一台以规划的速度和姿态携带焊接工具移动的单机。

1. 点焊机器人

点焊机器人主要由操作机、控制系统和点焊焊接系统三部分组成，如图5-71所示。操作者可通过示教器和操作面板进行点焊机器人运动位置和动作程序的示教，设置运动速度、点焊参数等。点焊机器人按照示教程序规定的动作、顺序和参数进行点焊作业，其过程是完全自动化的。

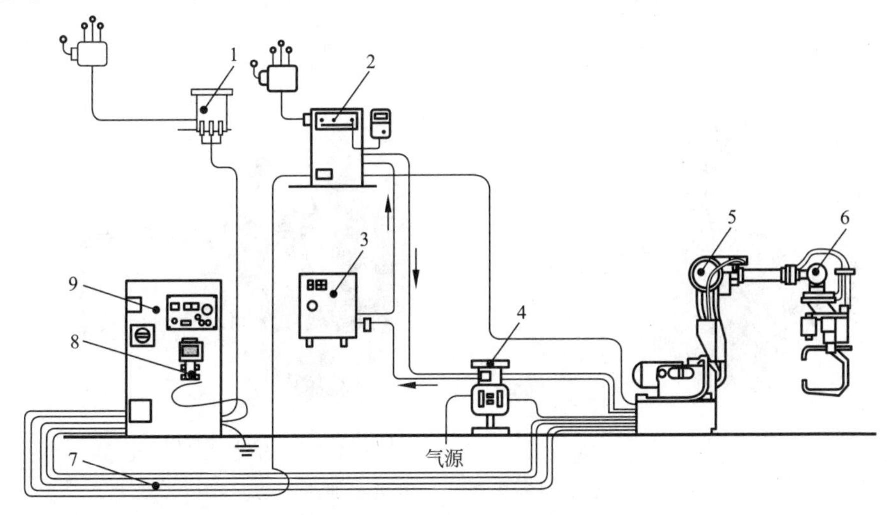

图5-71　点焊机器人系统组成

1—机器人变压器；2—焊接控制器；3—水冷机；4—气/水管路组合体；5—操作机；6—焊钳；7—供电及控制电缆；8—示教器；9—控制柜

为适应灵活的动作要求，点焊机器人本体通常选用关节型工业机器人，一般具有6个自由度。驱动方式主要有液压驱动和电气驱动两种。其中，电气驱动具有保养维修简便、能耗低、速度高、精度高、安全性好等优点，因此应用较为广泛。

点焊机器人控制系统由本体控制和焊接控制两部分组成。本体控制部分主要是实现机器人本体的运动控制；焊接控制部分则负责对点焊控制器进行控制，发出焊接开始指令，自动控制和调整焊接参数（如电流、压力、时间），控制焊钳的大小行程及夹紧/松开动作。点焊焊接系统主要由点焊控制器（时控器）、焊钳（含阻焊变压器）及水、电、气等辅助部分组成。点焊控制器是由微处理器及部分外围接口芯片组成的控制系统，它可根据预定的焊接监控程序，完成焊接参数输入、焊接程序控制及焊接系统的故障自诊断，并实现与机器人控制柜、示教器的通信联系。机器人点焊用焊钳种类繁多，从外形结构上有C型和X型2种，如图5-72所示。C型焊钳用于点焊垂直及近于垂直倾斜位置的焊点；X型焊钳则主要用于点焊水平及近于水平倾斜位置的焊点。

按电极臂加压驱动方式，点焊机器人焊钳又分为气动焊钳和伺服焊钳2种，如图5-73所示。

（1）气动焊钳：气动焊钳是目前点焊机器人比较常用的，如图5-73（a）所示。它利用气缸来加压，一般具有2～3个行程，能够使电极完成大开、小开和闭合3个动作，电极压

(a) C型焊钳

(b) X型焊钳

图 5-72　点焊机器人焊钳（外形结构）

(a) 气动焊钳

(b) 伺服焊钳

图 5-73　点焊机器人焊钳（电极壁加压驱动方式）

力一旦调定后是不能随意变化的。

（2）伺服焊钳：采用伺服电动机驱动完成焊钳的张开和闭合，因此其张开度可以根据实际需要任意选定并预置，而且电极间的压紧力也可以无级调节，如图 5-73（b）所示。与气动焊钳相比，伺服焊钳具有如下优点：

① 提高工件的表面质量。伺服焊钳由于采用的是伺服电动机，电极的动作速度在接触到工件前，可由高速准确调整至低速。这样就可以形成电极对工件的软接触，减轻电极冲击所造成的压痕，从而也减轻了后续工件表面修磨处理量，提高了工件的表面质量。而且，利用伺服控制技术可以对焊接参数进行数字化控制管理，可以保证提供最合适的焊接参数数据，确保焊接质量。

② 提高生产效率。伺服焊钳的加压、放开动作由机器人自动控制，每个焊点的焊接周期可大幅度降低。机器人在点与点之间的移动过程中，焊钳就开始闭合，在焊完一点后，焊钳一边张开，机器人一边位移，不必等机器人到位后焊钳才闭合或焊钳完全张开后机器人再移动。与气动焊钳相比，伺服焊钳的动作路径可以控制到最短化，缩短生产节拍，在最短的焊接循环时间里建立一致性的电极间压力。由于在焊接循环中省去了预压时间，该焊钳比气动加压快 5 倍，提高了生产率。

③ 改善工作环境。焊钳闭合加压时，不仅压力大小可以调节，而且在闭合时两电极为轻轻闭合，电极对工件是软连接，对工件无冲击，减少了撞击变形，平稳接触工件无噪声，更不会在使用气动加压焊钳时出现排气噪声。因此，该焊钳清洁、安静，改善了操作环境。

依据阻焊变压器与焊钳的结构关系，点焊机器人焊钳可分为分离式、内藏式和一体式 3 种：

(1) 分离式焊钳：阻焊变压器与钳体相分离，钳体安装在机器人机械臂上，而阻焊变压器悬挂在机器人上方，可在轨道上沿机器人手腕移动的方向移动，两者之间用二次电缆相连，如图5-74 (a) 所示。其优点是减小了机器人的负载，运动速度高，价格便宜。分离式焊钳的主要缺点是需要大容量的阻焊变压器，电力损耗较大，能源利用率低。此外，粗大的二次电缆在焊钳上引起的拉伸力和扭转力作用于机器人机械臂上，限制了点焊工作区间与焊接位置的选择。

(2) 内藏式焊钳：这种结构是将阻焊变压器安放到机器人机械臂内，使其尽可能地接近钳体，变压器的二次电缆可以在内部移动，如图5-74 (b) 所示。当采用这种形式的焊钳时，必须同机器人本体统一设计，如Cartesian机器人就采用这种结构形式。另外，极（球）坐标的点焊机器人也可以采取这种结构。其优点是二次电缆较短，变压器的容量可以减小，但是会使机器人本体的设计变得复杂。

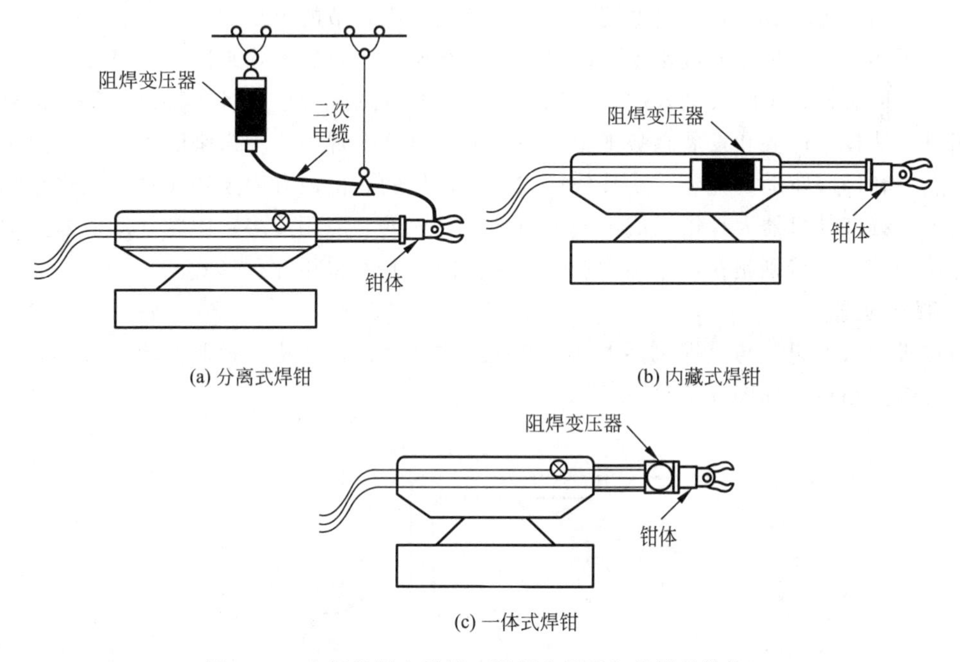

图5-74　点焊机器人焊钳（阻焊变压器与焊钳的结构）

(3) 一体式焊钳：所谓一体式就是将阻焊变压器和钳体安装在一起，然后共同固定在机器人机械臂末端法兰盘上，如图5-74 (c) 所示，主要优点是省掉了粗大的二次电缆及悬挂变压器的工作架，直接将焊接变压器的输出端连到焊钳的上下电极臂上，另一个优点是节省能量。例如，输出电流12 000 A，分离式焊钳需75 kV · A的变压器，而一体式焊钳只需25 kV · A。一体式焊钳的缺点是焊钳重量显著增大，体积也变大，要求机器人本体的承载能力大于60 kg。此外，焊钳重量在机器人活动手腕上产生惯性力易引起过载，这就要求在设计时，尽量减小焊钳重心与机器人机械臂轴心线间的距离。

与点焊机器人连接的焊钳，按照焊钳的变压器形式，可分为中频焊钳和工频焊钳。中频焊钳是利用逆变技术将工频电转化为1 000 Hz的中频电。这两种焊钳最主要的区别就是变压器本身，分别装载中频变压器和工频变压器，而焊钳的机械结构原理完全相同。中频焊钳相对于工频焊钳主要有以下优点：

（1）直流焊接：焊机采用1 kHz逆变电源，三相交流电经变压器次级整流，可提供出连续的直流焊接电流，从而提高热效率，消除电流尖峰，增宽焊接电流工艺范围，消除输出极的电感消耗，无“集肤”效应。因此，大大提高了焊接质量。

（2）焊接变压器小型化。焊接变压器的铁芯截面积与输入交流频率成反比，故中频输入可减小变压器铁芯截面积，也就减小了变压器的体积和重量。中频整流焊接变压器的质量约为单相交流式的1/5～1/3，而焊钳质量约减小1/3～1/2。这一点对机器人焊钳来讲非常重要，可使机器人本体的负载能力减小，在降低成本的同时可以获得更快的运动速度。

（3）提高电流控制的响应速度，实现工频电阻焊机无法实现的焊接工艺。以1 kHz逆变电源为例，焊钳可实现本周波控制，其电流控制响应速度为1 ms（工频焊机的响应速度最快为20 ms），从而有利于提高焊接质量，并可以方便地实现焊接电流控制。

（4）三相平衡负载，降低了电网成本；功率因数高，节能效果好。

综上所述，点焊机器人焊钳主要以驱动和控制两者组合的形式来区分，可以采用工频气动式、工频伺服式、中频气动式、中频伺服式。这几种形式应该说各有特点，每种都有其特定的用户，从技术优势和发展趋势来看，中频伺服机器人焊钳应为未来的主流，它集中了中频直流点焊和伺服驱动的优势，是其他形式无法比拟的。国内方面上述4种形式焊钳都有使用，其中工频气动机器人焊钳以成本低、技术相对成熟，应用最多，中频气动机器人焊钳的应用也比较广泛，特别是在焊钳结构较大或超大时，基本采用此种形式。

2. 弧焊机器人

弧焊机器人的组成与点焊机器人基本相同，主要是由操作机、控制系统、弧焊系统和安全设备几部分组成，如图5-75所示。

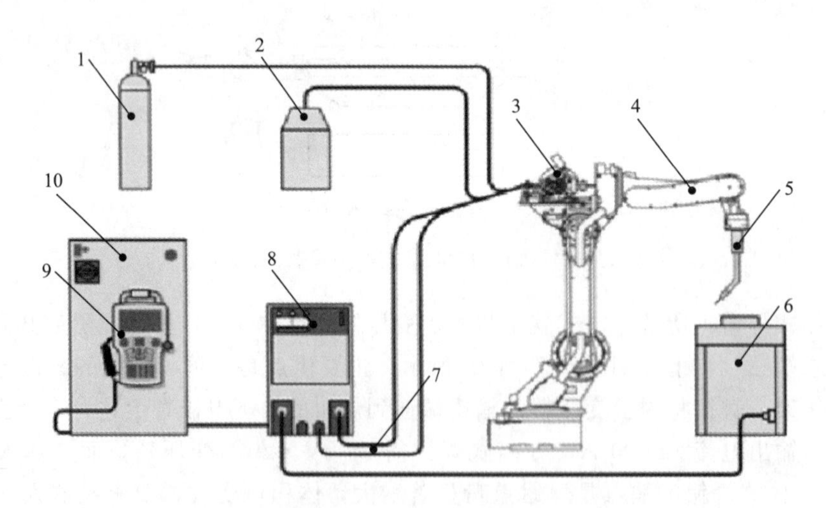

图5-75　弧焊机器人系统组成

1—气瓶；2—焊丝桶；3—送丝机；4—操作机；5—焊枪；6—工作台；7—供电及控制电缆；8—弧焊电源；9—示教器；10—机器人控制柜

弧焊机器人操作机的结构与点焊机器人基本相似，主要区别在于末端执行器——焊枪。图5-76所示为弧焊机器人用的各种典型焊枪。从理论上讲，虽然5自由度机器人就可以用于电弧焊，但是对复杂形状的焊缝，用 5 自由度机器人会难以胜任。因此，除非焊缝比较简单，否则应尽量选用 6 自由度机器人，以保证焊枪的任意空间位置和姿态。

弧焊机器人控制系统在控制原理、功能及组成上和通用工业机器人基本相同。目前最流行的是采用分级控制的系统结构，一般分为两级：上级具有存储单元，可实现重复编程、存储多种操作程序，负责程序管理、坐标变换、轨迹生成等；下级由若干处理器组成，每一个处理器负责一个关节的动作控制及状态检测，实时性好，易于实现高速、高精度控制。此外，弧焊机器人周边设备的控制，如工件定位夹紧、变位调控，设有单独的控制装置，可以单独编程，同时又可以和机器人控制装置进行信息交换，由机器人控制系统实现全部作业的协调控制。

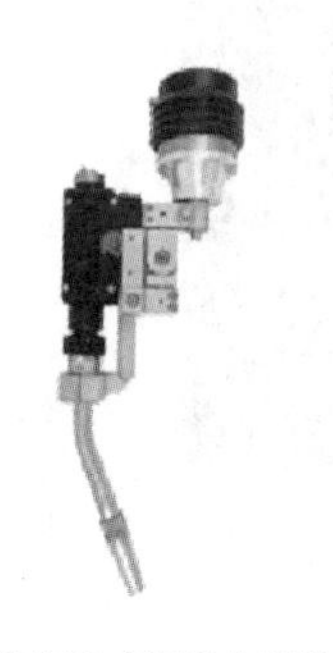

(a) 电缆外置式机器人气保焊枪

(b) 电缆内藏式机器人气保焊枪

(c) 机器人氩弧焊焊枪

图 5-76　弧焊机器人用焊枪

弧焊系统是完成弧焊作业的核心装备，主要由弧焊电源、送丝机、焊枪和气瓶等组成。弧焊机器人多采用气体保护焊（CO_2、MIG、MAG 和 TIG），通常使用的晶闸管式、逆变式、波形控制式、脉冲或非脉冲式等焊接电源都可以装到机器人上进行电弧焊。由于机器人控制柜采用数字控制，而焊接电源多为模拟控制，所以需要在焊接电源与控制柜之间加一个接口。近年来，国外机器人生产厂都有自己特定的配套焊接设备（如 FANUC 弧焊机器人采用美国林肯焊接电源，见图 5-77），这些焊接设备内已插入相应的接口板，所以在有些弧焊机器人系统中并没有附加接口板。应该指出，在弧焊机器人工作周期中电弧时间所占的比例较大，因此在选择焊接电源时，一般应按持续率 100％来确定电源的容量。另外，送丝机可以装在机器人的上臂上，也可以放在机器人之外，前者焊枪到送丝机之间的软管较短，有利于保持送丝的稳定性；而后者软管较长，当机器人把焊枪送到某些位置，使软管处于多弯曲状态时会严重影响送丝的质量。因此，送丝机的安装方式一定要考虑保证送丝稳定性的问题。安全设备是弧焊机器人系统安全运行的重要保障，主要包括驱动系统过热自断电保护、动作超限位自断电保护、超速自断电保护、机器人系统工作空间干涉自断电保护和人工急停断电保护等，它们起到防止机器人伤人或保护周边设备的作用。在机器人的末端焊枪上还装有各类触觉或接近传感器，可以使机器人在过分接近工件或发生碰撞时停止工作（相当于暂停或急停开关）。当发生碰撞时，一定要检验焊枪是否被碰歪，否则由于工具中心点的变化，焊接的路径将会发生较大变化，从而焊出废品。

3. 激光焊接机器人

机器人是高度柔性的加工系统，这就要求激光器必须具有高度柔性，所以目前激光焊接机器人都选用可光纤传输的激光器（如固体激光器、半导体激光器、光纤激光器等）。在机器人手臂的夹持下，能匹配完全的自由轨迹加工，完成平面曲线、空间的多组直线、异形曲线等特殊轨迹的激光焊接。智能化激光焊接机器人系统组成如图 5-78 所示。

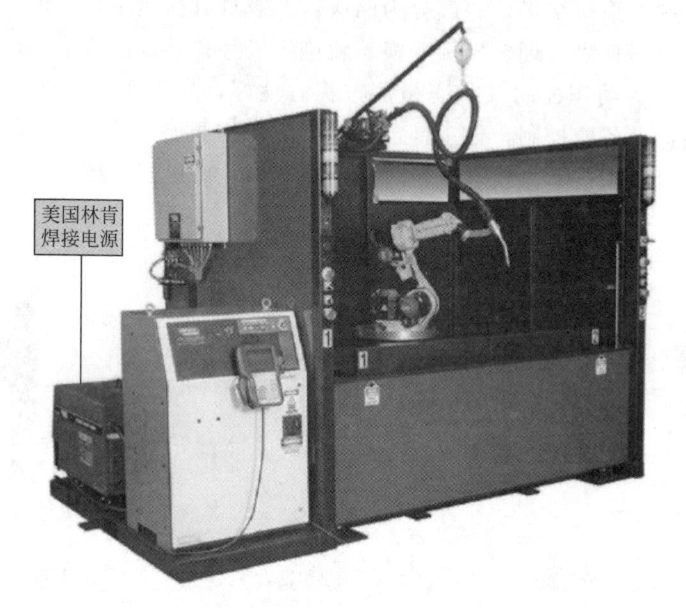

图 5-77　FANUC 弧焊机器人选配美国林肯焊接电源

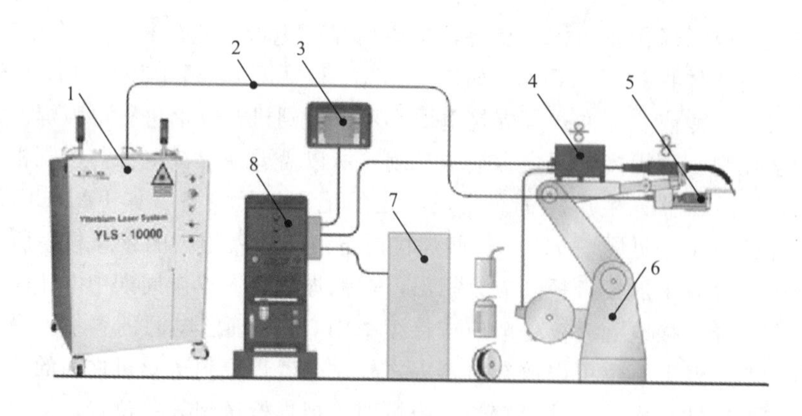

图 5-78　激光焊接机器人系统组成

1—激光器；2—光导系统；3—遥控盒；4—送丝机；5—激光加工头；
6—操作机；7—机器人控制柜；8—焊接电源

从大功率激光器发出的激光，经光纤耦合传输到激光光束变换光学系统，再经过整形聚焦后进入激光加工头。根据用途不同（切割、焊接、熔覆）选择不同的激光加工头（见图 5-79），并配用不同的材料进给系统（高压气体、送丝机、送粉器）。激光加工头装于 6 自由度机器人本体手臂末端，其运动轨迹和激光加工参数由机器人数字控制系统提供指令进行。先由激光加工操作人员在机器人示教器上进行在线示教或在计算机上进行离线编程。材料进给系统将材料（高压气体、金属丝、金属粉末）与激光同步输入到激光加工头，高功率激光与进给材料同步作用完成加工任务。在加工过程中，机器视觉系统对加工区进行检测，检测信号反馈至机器人控制系统，从而实现加工过程的实时控制。

综合所述，焊接机器人主要包括机器人和焊接设备两部分。机器人由机器人本体和控制柜（硬件及软件）组成。而焊接装备，以弧焊及点焊为例，则由焊接电源（包括其控制系统）、送丝机（弧焊）、焊枪（焊钳）等部分组成。对于智能机器人还应有传感系统，如激光或摄像传感器及其控制装置等。

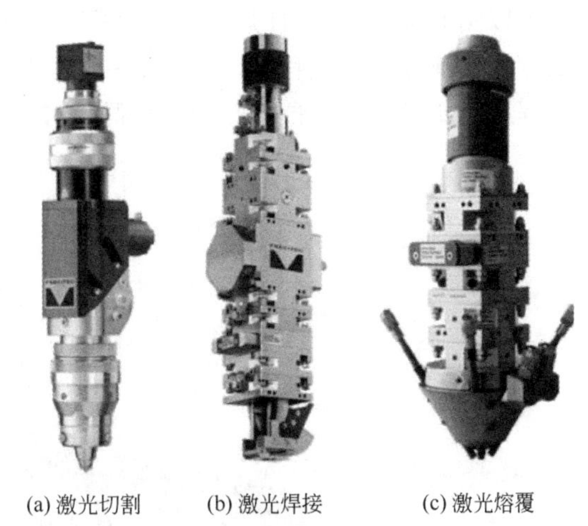
(a) 激光切割　(b) 激光焊接　(c) 激光熔覆

图 5-79　激光加工头

5.3.3　焊接机器人的分类及特点

学习了典型焊接机器人的系统组成及其工作原理，究竟如何给机器人输入作业程序呢？这一技术在实际焊接生产过程是如何实现的？焊接机器人的编程方法目前还是以在线示教方式为主，但编程器的界面比过去有了较大改进，尤其是液晶显示屏的采用使新的焊接机器人的编程界面更趋友好、操作更加容易。所以，下面将从两大应用领域（点焊和熔焊）逐一揭晓焊接机器人在线作业示教的要领。

1. 点焊

点焊是最广为人知的电阻焊接工艺，通常用于板材焊接。焊接限于在一个或几个点上，将工件互相重叠。规则之一是要使用电极（焊钳）。目前，工业机器人四巨头都有相应的点焊机器人产品（ABB 的 IRB660o 和 IRB7600 系列，KUKA 的 KRQUANTEC 系列，FANUC 的 R 系列，YASKAWA 的 VS、MS 和 ES 系列），且都有相应的商业化应用软件，例如 ABB 的 Robot-war-spot、KUKA 的 KUKA. ServoGun、FANUC 的 SpotToolSoftware，这些专业软件提供功能强大的点焊指令（SPOT），将点焊化繁为简，可实现快速精确定位，并具有焊钳操纵、过程启动、点焊设备监控等功能。如前文所述，工业机器人作业示教的一项重要内容——运动轨迹，即确定各程序点处工具中心点（TCP）的位姿。对点焊机器人而言，其 TCP 一般设在焊钳开口的中心点处，且要求焊钳两电极垂直于被焊工件表面，如图 5-80所示。

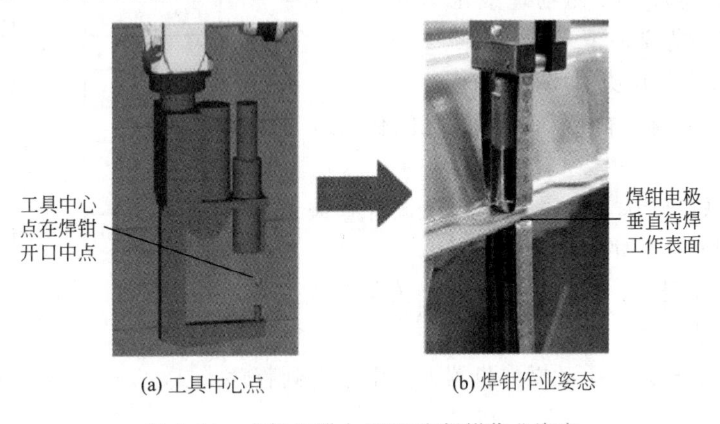

(a) 工具中心点　(b) 焊钳作业姿态

图 5-80　点焊机器人 TCP 和焊钳作业姿态

以图 5-81 所示工件焊接为例，采用在线示教方式为机器人输入两块薄板（板厚 2 mm）的点焊作业程序。此程序由编号 1～5 的 5 个程序点组成（为提高工作效率，通常将程序 5 和程序点 1 设在同一位置），每个程序点的用途说明如表 5-5 所示。

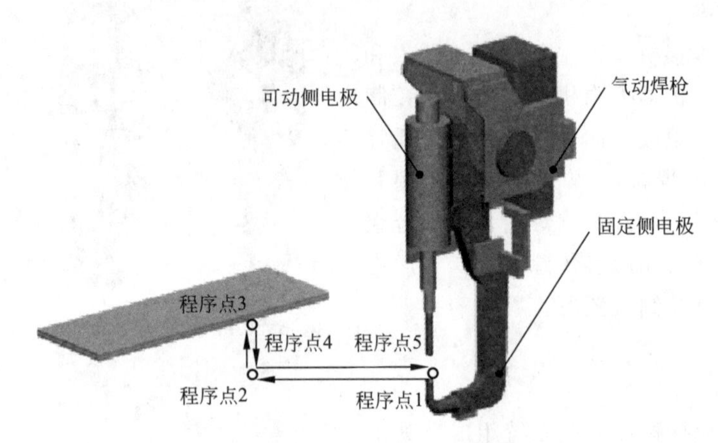

图 5-81　点焊机器人运动轨迹

表 5-5　程序点说明（点焊作业）

程 序 点	说　明	焊 钳 动 作
程序点 1	机器人原点	
程序点 2	作业临近点	大开→小开
程序点 3	点焊作业点	小开→闭合
程序点 4	作业临近点	闭合→小开
程序点 5	机器人原点	小开→大开

本例中使用的焊钳为气动焊钳，通过气缸来实现焊钳的大开、小开和闭合 3 种动作。具体作业编程可参照图 5-82 所示的流程开展。

（1）示教前的准备。开始示教前，需做如下准备：

① 工件表面清理。使用物理或化学方式将薄板表面的铁锈、油污等杂质清理干净。

② 工件装夹。利用夹具将薄板固定。

③ 安全确认。确认自己和机器人之间保持安全距离。

④ 机器人原点确认。通过机器人机械臂各关节处的标记或调用原点程序复位机器人。

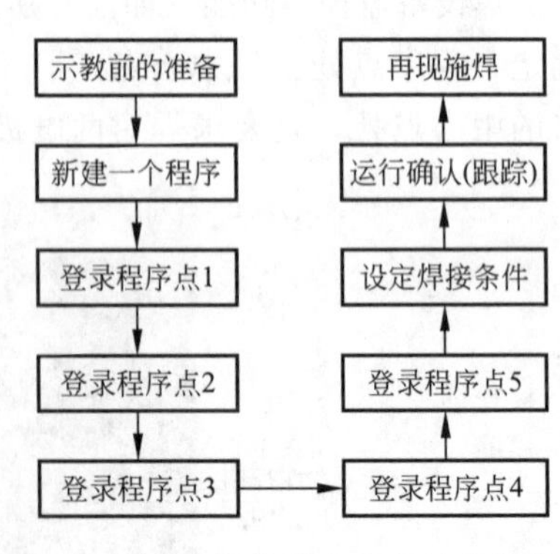

图 5-82　点焊机器人作业示教流程

（2）新建作业程序。通过示教器的相关菜单或按钮，新建一个作业程序，如 Spot_sheet。

（3）程序点的输入。手动操作机器人分别移动到程序点 1～5 的位置。处于待机位置的程序点 1 和程序点 5，要处于工件、夹具互不干涉的位置。另外，机器人末端工具在各程序点间移动时，也要处于工夹具互不干涉的位置。具体示教方法如表 5-6 所示。

表 5-6　点焊作业示教

程序点	示教方法
程序点 1 （机器人原点）	① 按前述手动操纵机器人要领移动机器人到原点； ② 将程序点属性设置为“空走点”，插补方式选择 PTP； ③ 确认并保存程序点 1 为机器人原点
程序点 2 （作业临近点）	④ 手动操纵机器人到作业临近点，并调整焊钳姿态； ⑤ 将程序点属性设置为“空走点”，插补方式选择 PTP； ⑥ 确认并保存程序点 2 为作业临近点
程序点 3 （点焊作业点）	① 保持焊钳姿态不变，手动操纵机器人移动到点焊作业点； ② 将程序点属性设置为“作业点/焊接点”，插补方式选 PTP； ③ 确认保存程序点 3 为作业开始点； ④ 如有需要，手动插入点焊作业命令
程序点 4 （作业临近点）	① 手动操纵机器人移动到作业临近点； ② 将程序点属性设置为“空走点”，插补方式选 PTP； ③ 确认保存程序点 4 为作业临近点
程序点 5 （机器人原点）	① 按前述手动操纵机器人要领移动机器人到原点； ② 将程序点属性设置为“空走点”，插补方式选择 PTP； ③ 确认并保存程序点 5 为机器人原点

提示：

对于程序点 4 和 5 的示教，利用便利的文件编辑功能（逆序粘贴），可快速完成前行路线的复制。

（4）设置作业条件。本例中焊接作业条件的输入主要涉及两方面：一是设置焊钳条件（文件）；二是在焊机上设置焊接条件，如电流、压力、时间等。

设置焊钳条件。焊钳条件的设置主要包括焊钳号、焊钳类型、焊钳状态等。本例中这些参数保持系统默认。

设置焊接条件点时的焊接电源和焊接时间，需在焊机上设置。设置方法可参照所使用的焊机说明书。随后可用作业命令（SPOT）指定设置的焊接条件的编号。

（5）检查试运行。为确认示教的轨迹，需测试运行（跟踪）一下程序。跟踪时，因不执行具体作业命令，所以能空运行。确认机器人附近安全后，按以下步骤执行作业程序的测试运转。

① 打开要测试的程序文件。

② 移动光标至期望跟踪程序点所在命令行。

③ 持续按住示教器上的有关“跟踪功能键”，实现机器人的单步或连续运转。

（6）再现施焊轨迹经测试无误后，将“模式”旋钮对准“再现/自动”位置，开始进行实际焊接。在确认机器人的运行范围内没有其他人员或障碍物后，接通保护气体，采用手动或自动方式实现自动点焊作业。

① 打开要再现的作业程序，并移动光标到程序开头。

② 切换“模式”旋钮至“再现/自动”状态。

③ 按示教器上的“伺服 ON”按钮，接通伺服电源。

④ 按“启动”按钮，机器人开始运行。

至此，焊接机器人的简单点焊作业示教与再现操作完毕。

2. 熔焊

熔焊又称熔化焊，是在不施加压力的情况下，将待焊处的母材加热熔化，外加（或不加）填充材料，以形成焊缝的一种最常见的焊接方法。上文提及的电弧焊和激光焊均属于熔焊范畴。目前，工业机器人四巨头都有相应的机器人产品（ABB 的 IRBI400、IRBI500 和 IRB1600 系列、KUKA 的 KR5 和 KR16 系列、FANUC 的 R 和 M 系列、YASKAWA 的 VA 和 MA 系列），且都有相应的商业化应用软件，例如 ABB 的 RobotWare-Arc，KUKA 的 KUKA. ArcTech、KUKA. LaserTech、KUKA. SeamTech、KUKA. TouchSense，FANUC 的 Arc Tool Software，这些专业软件提供功能强大的弧焊指令（见表 5-7），可快速地将熔焊（电弧焊和激光焊）投入运行和编制焊接程序，并具有接触传感、焊缝跟踪等功能。同点焊机器人 TCP 设置有所不同，弧焊机器人 TCP 一般设置在焊枪尖头（见图 5-83），而激光焊接机器人 TCP 设置在激光焦点上。实际作业时，需根据作业位置和板厚调整焊枪角度。以平（角）焊为例，主要采用前倾角焊（前进焊）和后倾角焊（后退焊）两种方式，如图 5-84 所示。若板厚相同，基本上为 10°～25°，焊枪立得太直或太倒，难以产生熔深。前倾角焊接时，焊枪指向待焊部位，焊枪在焊丝后面移动，因电弧具有预热效果，焊接速度较快，熔深浅、焊道宽，所以一般薄板的焊接采用此法；而后倾角焊接时，焊枪指向已完成的焊缝，焊枪在焊丝前面移动，能够获得较大的熔深和较窄的焊道，通常用于厚板的焊接。同时，在板对板的连接之中，焊枪与坡口垂直。对于对称的平角焊而言，焊枪要与拐角成 45°角，如图 5-85所示。

表 5-7　工业机器人行业四巨头的弧焊作业指令

类　别	弧焊作业命令			
	ABB	FANUC	YASKAWA	KUKA
焊接开始	ArcLStart/ArcCStart	Arc Start	ARCON	ARC_ON
焊接结束	ArcLEnd/ArcCEnd	Arc End	ARCOF	ARC_OFF

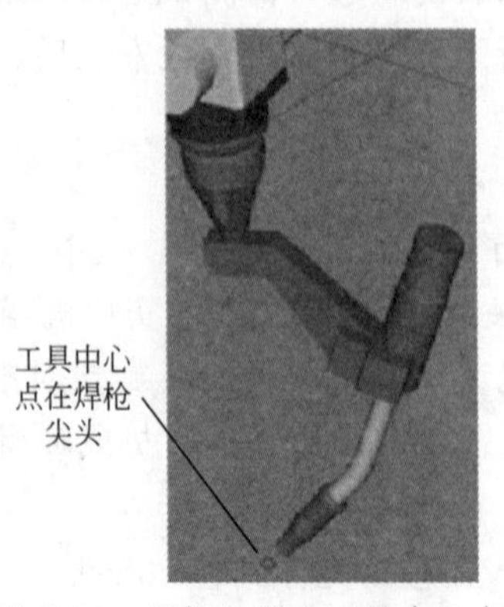

图 5-83　弧焊机器人工具中心点

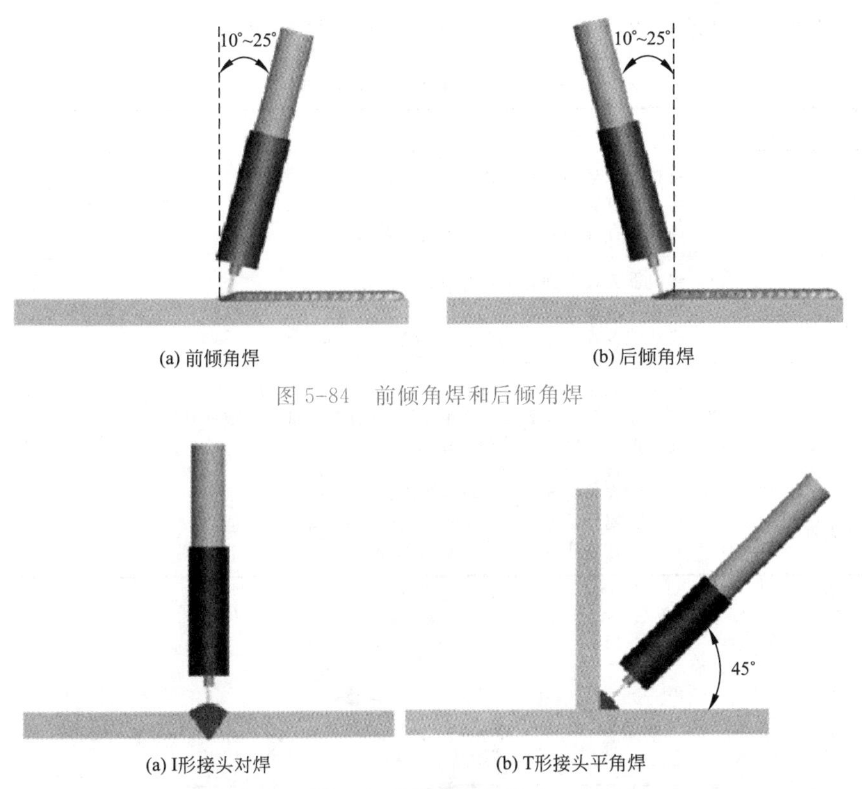

图 5-84　前倾角焊和后倾角焊

图 5-85　焊枪作业姿态

采用机器人进行熔焊作业主要涉及以下作业类型：直线、圆弧及其附加摆动功能。

（1）直线作业：机器人完成直线焊缝的焊接仅需示教 2 个程序点（直线的两端点）插补方式选“直线插补”。以图 5-86 所示的运动轨迹为例，程序点 1～4 间的运动均为直线移动，且程序点 2→程序点 3 为焊接区间。具体示教方法如表 5-8 所示。

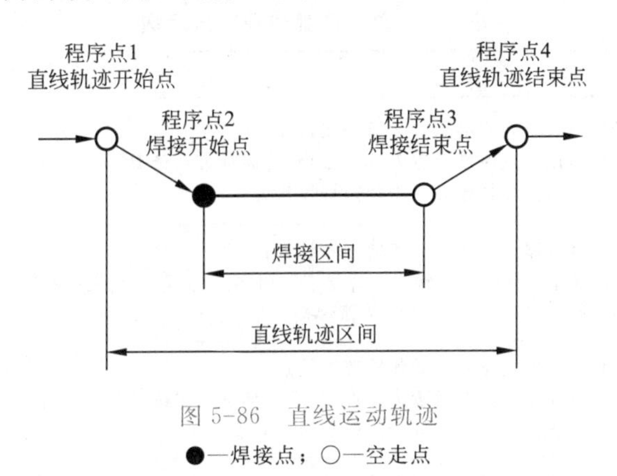

图 5-86　直线运动轨迹

●—焊接点；○—空走点

（2）圆弧作业：机器人完成弧形焊缝的焊接通常需示教 3 个以上的程序点（圆弧开始点、圆弧中间点和圆弧结束点），插补方式选“圆弧插补”。当只有一个圆弧时（见图 5-87），用“圆弧插补”示教程序点 2～4 三点即可。用 PTP 或“直线插补”示教进入圆弧插补前的程序点 1 时，程序点 2 自动按直线轨迹运动。具体示教方法如表 5-9 所示。

表 5-8　直线作业轨迹示教

程　序　点	示 教 方 法
程序点 1 （直线轨迹开始点）	（1）将机器人移动到直线轨迹开始点； （2）将程序点属性设置为“空走点”，插补方式选“PTP”或“直线插补”； （3）确认保存程序点 1 为直线轨迹开始点
程序点 2 （焊接开始点）	（1）将机器人移动到焊接开始点； （2）将程序点属性设置为“焊接点”，插补方式选“直线插补”； （3）确认保存程序点 2 为焊接开始点
程序点 3 （焊接结束点）	（1）将机器人移动到焊接结束点； （2）将程序点属性设置为“空走点”，插补方式选“直线插补”； （3）确认保存程序点 3 为焊接结束点
程序点 4 （直线轨迹结束点）	（1）将机器人移动到直线轨迹结束点； （2）程序点属性设置为“空走点”，插补方式选“直线插补”； （3）确认保存程序点 4 为直线轨迹结束点

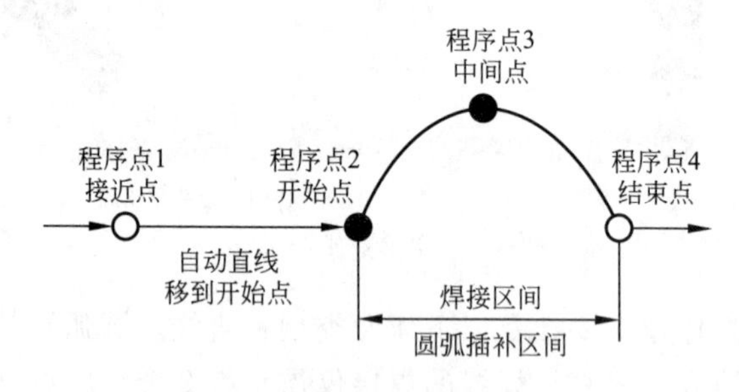

图 5-87　单一圆弧运动轨迹

●—焊接点；○—空走点

表 5-9　单一圆弧作业轨迹示教

程　序　点	示 教 方 法
程序点 1 （圆弧焊接接近点）	（1）将机器人移动到圆弧轨迹接近点； （2）将程序点属性设置为“空走点”，插补方式选 PTP 或“直线插补”； （3）确认保存程序点 1 为圆弧焊接接近点
程序点 2 （圆弧焊接开始点）	（1）将机器人移动到圆弧轨迹开始点； （2）将程序点属性设置为“焊接点”，插补方式选“圆弧插补”； （3）确认保存程序点 2 为圆弧焊接开始点
程序点 3 （圆弧焊接中间点）	（1）将机器人移动到圆弧轨迹中间点； （2）将程序点属性设置为“焊接点”，插补方式选“圆弧插补”； （3）确认保存程序点 3 为圆弧焊接中间点
程序点 4 （圆弧焊接结束点）	（1）将机器人移动到圆弧轨迹结束点； （2）将程序点属性设置为“空走点”，插补方式选“圆弧插补”； （3）确认保存程序点 4 为直线轨迹结束点

示教图 5-88 所示的整圆轨迹时，用“圆弧插补”示教程序点 2～5 四点。同单一圆弧示

教类似，用 PTP 或直线插补示教进入圆弧插补前的程序点 1 时，程序点 1 至程序点 2 自动按直线轨迹运动。当存在多个圆弧中间点时，机器人将通过当前程序点和后面 2 个临近程序点来计算和生成圆弧轨迹。只有在圆弧插补区间临结束时才使用当前程序点、上一临近程序点和下一临近程序点。如图 5-88 所示，机器人将分别按程序点 2～4 三点、程序点 3～5 三点完成圆弧插补计算。具体示教方法如表 5-10 所示。

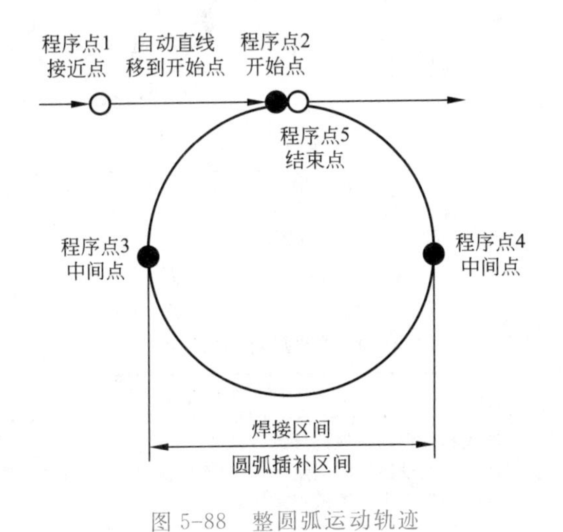

图 5-88　整圆弧运动轨迹

●—焊接点；○—空走点

表 5-10　整圆作业轨迹示教

程序点	示教方法
程序点 1 （圆弧焊接接近点）	（1）将机器人移动到圆弧轨迹接近点； （2）将程序点属性设置为“空走点”，插补方式选 PTP 或“直线插补”； （3）确认保存程序点 1 为圆弧焊接接近点
程序点 2 （圆弧焊接开始点）	（1）将机器人移动到圆弧轨迹开始点； （2）将程序点属性设置为“焊接点”，插补方式选“圆弧插补”； （3）确认保存程序点 2 为圆弧焊接开始点
程序点 3 （圆弧焊接中间点）	（1）将机器人移动到圆弧轨迹中间点； （2）将程序点属性设置为“焊接点”，插补方式选“圆弧插补”； （3）确认保存程序点 3 为圆弧焊接中间点
程序点 4 （圆弧焊接中间点）	（1）将机器人移动到圆弧轨迹中间点； （2）将程序点属性设置为“焊接点”，插补方式选“圆弧插补”； （3）确认保存程序点 4 为圆弧焊接中间点
程序点 5 （圆弧焊接结束点）	（1）将机器人移动到圆弧轨迹结束点； （2）将程序点属性设置为“空走点”，插补方式选“圆弧插补”； （3）确认保存程序点 5 为直线轨迹结束点

需要注意的是，在示教图 5-89 所示的连续圆弧轨迹时，通常需要执行圆弧分离，即在程序点 4（前圆弧与后圆弧的连接点）的相同位置处加入 PTP 或“直线插补”的程序点。机器人将分别按程序点 2～4 三点、程序点 6～8 三点完成前、后圆弧插补计算。具体示教方

法如表 5-11 所示。

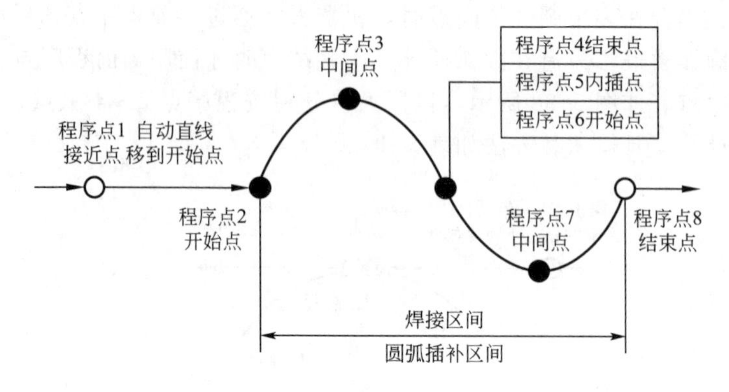

图 5-89　连续圆弧运动轨迹

●—焊接点；○—空走点

表 5-11　整圆作业轨迹示教

程　序　点	示 教 方 法
程序点 1 （圆弧焊接接近点）	（1）将机器人移动到圆弧轨迹接近点； （2）将程序点属性设置为“空走点”，插补方式选 PTP 或“直线插补”； （3）确认保存程序点 1 为圆弧焊接接近点
程序点 2 （首段圆弧开始点/ 焊接开始点）	（1）将机器人移动到圆弧轨迹开始点； （2）将程序点属性设置为“焊接点”，插补方式选“圆弧插补”； （3）确认保存程序点 2 为首段圆弧开始点/焊接开始点
程序点 3 （首段圆弧中间点/ 焊接中间点）	（1）将机器人移动到圆弧轨迹中间点； （2）将程序点属性设置为“焊接点”，插补方式选“圆弧插补”； （3）确认保存程序点 3 为首段圆弧中间点/焊接中间点
程序点 4 （首段圆弧中间点/ 焊接中间点）	（1）将机器人移动到圆弧轨迹结束点； （2）将程序点属性设置为“焊接点”，插补方式选“圆弧插补”； （3）确认保存程序点 4 为首段圆弧结束点/焊接中间点
程序点 5 （两段圆弧分割点/ 焊接中间点）	（1）将机器人移动到圆弧轨迹中间点； （2）将程序点属性设置为“焊接点”，插补方式选 PTP 或“直线插补”； （3）确认保存程序点 5 为两段圆弧分割点/焊接中间点
程序点 6 （末段圆弧开始点/ 焊接中间点）	（1）保持程序点 4 位置不动，根据需要调整作业姿态； （2）将程序点属性设置为“焊接点”，插补方式选“圆弧插补”； （3）确认保存程序点 6 为末段圆弧开始点/焊接中间点
程序点 7 （末段圆弧开始点/ 焊接中间点）	（1）将机器人移动到末段圆弧轨迹中间点； （2）将程序点属性设置为“焊接点”，插补方式选“圆弧插补”； （3）确认保存程序点 7 为末段圆弧中间点/焊接中间点
程序点 8 （末段圆弧结束点/ 焊接中间点）	（1）将机器人移动到末段圆弧轨迹结束点； （2）将程序点属性设置为“空走点”，插补方式选“圆弧插补”； （3）确认保存程序点 8 为末段圆弧结束点/焊接结束点

（3）附加摆动：机器人完成直线/圆弧焊缝的摆动焊接一搬需要增加 1～2 个振幅点的示教，如图 5-90 所示。关于直线摆动、圆弧摆动的示教方法基本和直线、圆弧轨迹的示教相同，不再赘述。摆动参数包括摆动类型、摆动频率、摆动幅度、振幅点停留时间以及主路径移动速

度等，可参考机器人操作手册及工艺要求进行设置。下面以图 5-91 所示工件焊接为例，采用在线示教方式为机器人输入 *AB*、*CD* 两段弧焊作业程序。此程序由编号 1～9 的 9 个程序点组成（为提高工作效率，通常将程序点 9 和程序点 1 设在同一位置），每个程序点的用途说明如表 5-12 所示。本例中使用前倾角焊法，具体作业编程可参照图 5-92 所示的流程开展。

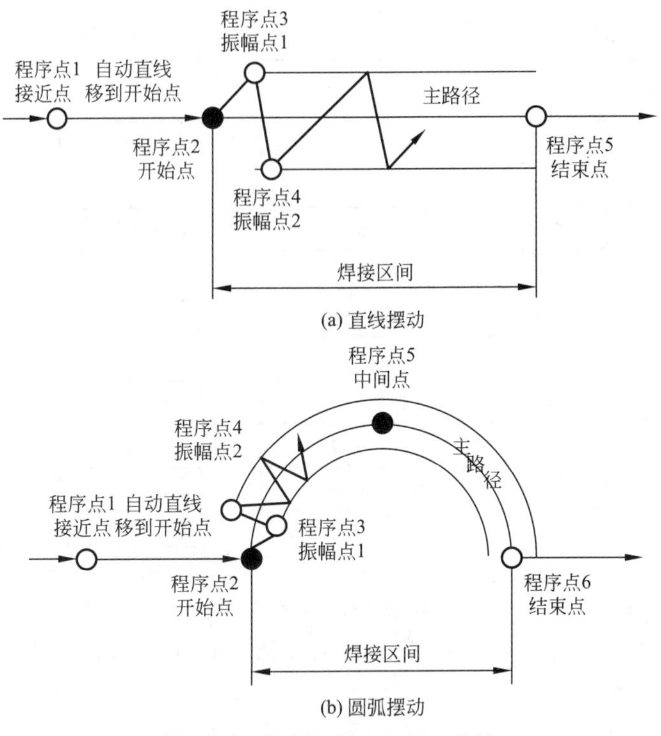

图 5-90　弧焊机器人的摆动示教

●—焊接点；○—空走点

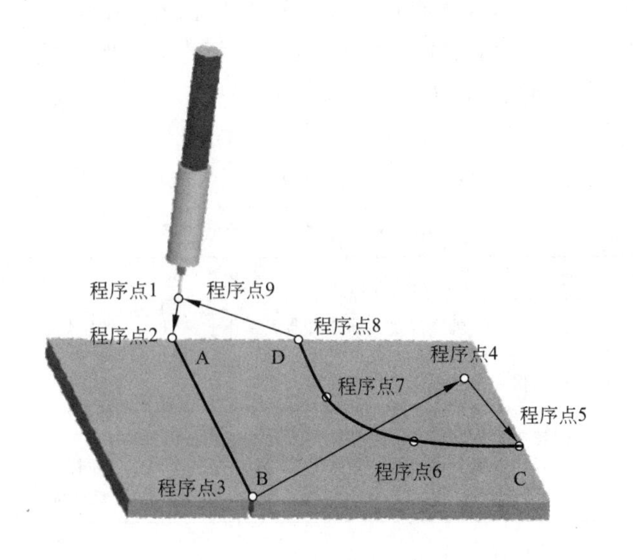

图 5-91　弧焊机器人运动轨迹

表 5-12 程序点说明（弧焊作业）

程 序 点	说 明	程 序 点	说 明	程 序 点	说 明
程序点 1	作业临近点	程序点 4	作业过渡点	程序点 7	焊接中间点
程序点 2	焊接开始点	程序点 5	焊接开始点	程序点 8	焊接结束点
程序点 3	焊接结束点	程序点 6	焊接中间点	程序点 9	作业临近点

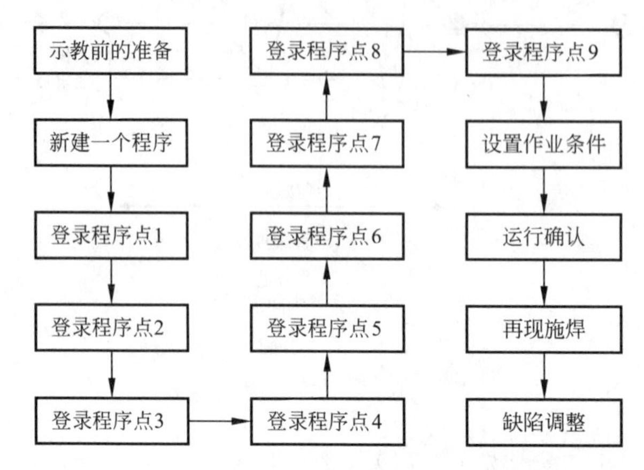

图 5-92 弧焊机器人作业示教流程

① 示教前的准备。开始示教前，请做如下准备：

- 工件表面清理。使用砂纸、抛光机等工具清理钢板焊缝区，不能有铁锈、油污等杂质。
- 工件装夹。利用夹具将试板固定在机器人工作台上。
- 安全确认。确认自己和机器人之间保持安全距离。
- 机器人原点确认。通过机器人机械臂各关节处的标记或调用原点程序复位机器人。

② 新建作业程序点按示教器的相关菜单或按钮，新建一个作业程序，如 Arc_sheet。

③ 程序点的输入手动操纵机器人分别移动到程序点 1～9 的位置。作业位置附近的程序点 1 和程序点 9，要处于与工件、夹具互不干涉的位置。同时，机器人在整个移动过程中，也要处于与工件、夹具互不干涉的位置。具体示教方法如表 5-13 所示。

表 5-13 弧焊作业示教

程 序 点	示 教 方 法
程序点 1 （作业临近点）	（1）按手动操纵机器人要领移动机器人到作业临近点，调整焊枪姿态； （2）将程序点属性设置为“空走点”，插补方式选“直线插补”； （3）确认保存程序点 1 为作业临近点
程序点 2 （焊接开始点）	（1）保持焊枪姿态不变，移动机器人到直线作业开始点； （2）将程序点属性设置为“焊接点”，插补方式选“直线插补”； （3）确认保存程序点 2 为直线焊接开始点（如有需要，手动插入弧焊作业命令）

续表

程序点	示教方法
程序点 3 （焊接结束点）	(1) 保持焊枪姿态不变，移动机器人到直线作业结束点； (2) 将程序点属性设置为“空走点”，插补方式选“直线插补”； (3) 确认保存程序点 3 为直线焊接结束点
程序点 4 （作业过渡点）	(1) 保持焊枪姿态不变，移动机器人到作业过渡点； (2) 将程序点属性设置为“空走点”，插补方式选 PTP； (3) 确认保存程序点 4 为作业临近点
程序点 5 （焊接开始点）	(1) 保持焊枪姿态不变，移动机器人到圆弧作业开始点； (2) 将程序点属性设置为“焊接点”，插补方式选“圆弧插补”； (3) 确认保存程序点 5 为圆弧焊接开始点
程序点 6 （焊接中间点）	(1) 保持焊枪姿态不变，移动机器人到圆弧作业中间点； (2) 将程序点属性设置为“焊接点”，插补方式选“圆弧插补”； (3) 确认保存程序点 6 为圆弧焊接中间点
程序点 7 （焊接中间点）	(1) 保持焊枪姿态不变，移动机器人到圆弧作业结束点； (2) 将程序点属性设置为“焊接点”，插补方式选“圆弧插补”； (3) 确认保存程序点 7 为圆弧焊接结束点
程序点 8 （焊接结束点）	(1) 保持焊枪姿态不变，移动机器人到直线作业结束点； (2) 将程序点属性设置为“空走点”，插补方式选“直线插补”； (3) 确认保存程序点 8 为直线焊接结束点
程序点 9 （作业临近点）	(1) 保持焊枪姿态不变，移动机器人到作业临近点； (2) 将程序点属性设置为“空走点”，插补方式选 PTP； (3) 确认保存程序点 9 为作业临近点

对于程序点 9 的示教，利用便利的文件编辑功能（复制），可快速完成程序点 1 的复制。关于图 5-92 中步骤①“设置作业条件”、“运行确认”和“再现施焊”，操作与点焊机器作业示教流程相似，不再赘述。

至此，焊接机器人的简单弧焊作业编程操作完毕。

综上所述，焊接机器人示教时运动轨迹上的关键点坐标位置通过示教方式获取，然后存入程序的运动指令中。这对于一些复杂形状的焊缝轨迹来说，必须花费大量的时间来示教，从而降低了机器人的使用效率，也增加了示教人员的劳动强度。目前解决的方法有两种：一是示教编程时只是粗略获取焊接机器人运动轨迹上的几个关键点，然后通过焊接传感功能（通常是电弧传感器或激光视觉传感器，可参考本章的扩展与提高部分）自动跟踪实际的焊缝轨迹；二是采取完全离线编程的办法，使焊接机器人作业程序的编制、运动轨迹坐标位置的获取以及程序的调试均在一台计算机上独立完成，不需要机器人本身参与。如今焊接机器人离线编程系统多数可在三维图形环境下运行，编程界面友好、方便，而且获取运动轨迹的坐标位置通常可以采用“虚拟示教”的办法，用鼠标轻松点击三维虚拟环境中工件的焊接部位即可获得该点的空间坐标。在有些系统中，可通过 CAD 图形文件事先定义的焊接位置直接生成作业轨迹，然后自动生成机器人程序并下载到机器人控制系统。从而大大提高了机器人的示教效率，也减轻了示教人员的劳动强度。

5.3.4　焊接机器人的周边设备

为完成一项焊接机器人工程，除需要焊接机器人（机器人和焊接设备）以外，还需要实用的周边设备。同时，为节约生产空间，合理的机器人工位布局尤为重要。

目前，常见的焊接机器人辅助装置有变位机、滑移平台、清焊装置和工具快换装置等，下面进行简单介绍。

1. 变位机

对于某些焊接场合，由于工件空间几何形状过于复杂，使焊接机器人的末端工具无法到达指定的焊接位置或姿态，此时可以通过增加 1～3 个外部轴的办法来增加机器人的自由度。其中，一种做法是采用变位机使焊接工件移动或转动，使工件上的待焊部位进入机器人的作业空间。变位机是机器人焊接生产线及焊接柔性加工单元的重要组成部分。根据实际生产的需要，焊接变位机有多种形式，如单回转式、双回转式和倾翻回转式。图 5-93 所示为倾翻回旋式变位机。在焊接作业前和焊接过程中，变位机通过夹具来装卡和定位被焊工件。具体选用何种形式的变位机，取决于工件的结构特点和工艺程序。同时，为充分发挥机器人的效能，焊接机器人系统通常采用两台以上变位机。其中一台进行焊接作业时，另一台则完成工件的卸载和装卡，从而使整个系统获得最高的效能。

图 5-93　倾翻回旋式变位机

变位机的安装必须使工件的变位均处在机器人动作范围之内，并需要合理分解机器人本体和变位机的各自职能，使两者按照统一的动作规划进行作业，如图 5-94 所示。机器人和变位机之间的运动存在两种形式：非协调运动和协调运动。

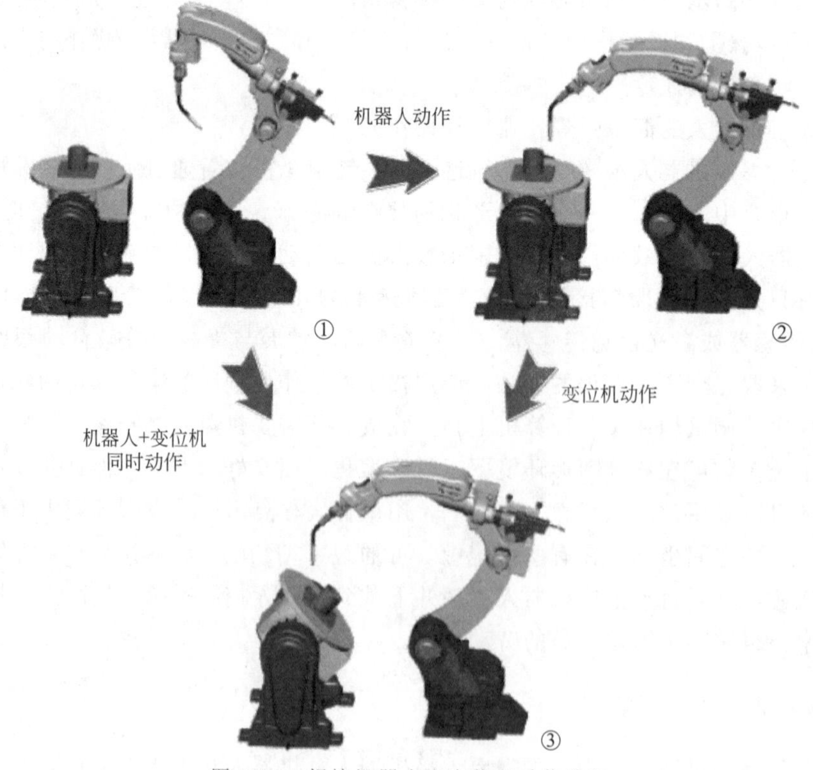

图 5-94　焊接机器人和变位机动作分解

（1）非协调运动：此方式主要用于焊接时工作需要变位，但不需要变位机与机器人作协调运动的场合，如图 5-95 所示的骑坐式管-板船型焊作业。回转工作台的运动一般不是由机器人控制柜直接控制的，而是由一个外加的可编程控制器（PLC）来控制。作业示教时，机器人控制柜只负责发送“开始旋转”和接收“旋转到位”信号。

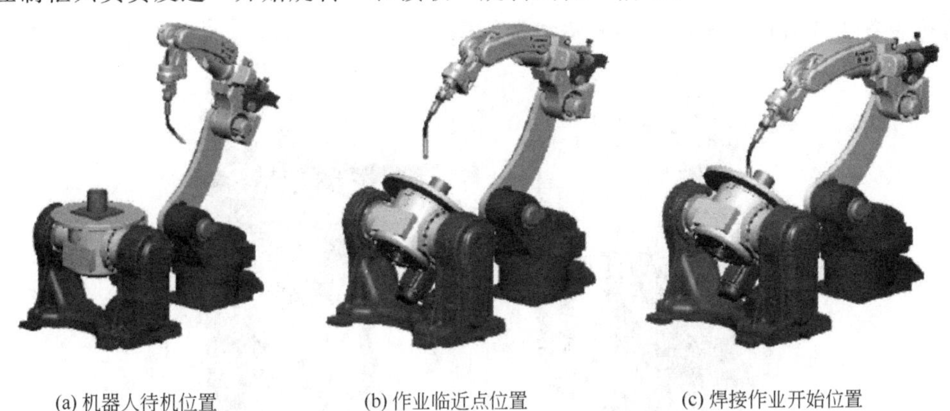

(a) 机器人待机位置　(b) 作业临近点位置　(c) 焊接作业开始位置

图 5-95　骑坐式管-板船型焊接作业

（2）协调运动：在焊接过程中，若能使待焊区域各点的熔池始终保持水平或稍微下坡状态，焊缝外观最平滑、最美观，焊接质量也最好。这就需要焊接时变位机必须不断改变工件的位置和姿态，并且变位机的运动和机器人的运动必须能共同合成焊接轨迹，保持焊接速度和工具姿态，这就需要变位机和机器人协调运动，如图 5-96 所示。

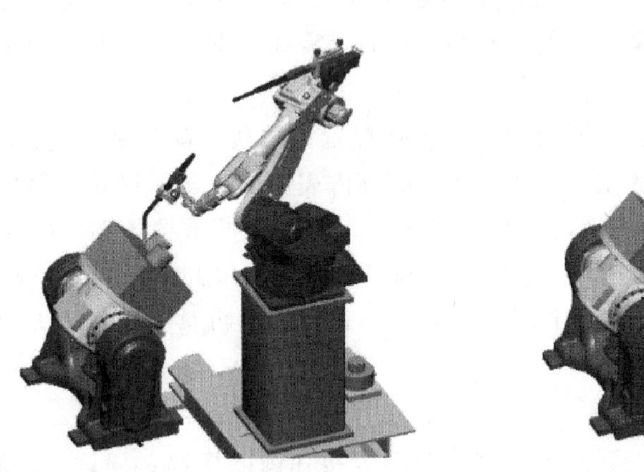

(a) 圆弧焊接起始点

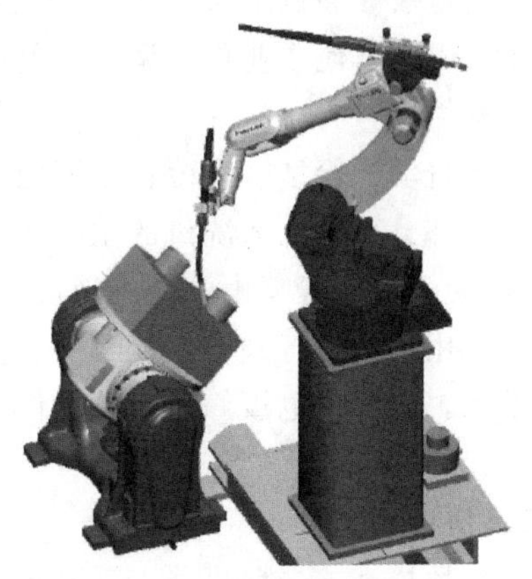

(b) 圆弧焊接中间点

图 5-96　焊接机器人和变位机器人的协调运动

2. 滑移平台

随着机器人应用领域的不断延伸，经常遇到大型结构件的焊接作业。针对这些场合，可以把机器人本体装在可移动的滑移平台或龙门架上，以扩大机器人本体的作业空间；或者采用变位机和滑移平台的组合，确保了工件的待焊部位和机器人都处于最佳焊接位置和姿态。滑移平台的动作控制可以看作是机器人关节坐标系下的一个轴。

机器人系统中运动轴的一般切换顺序为：基本轴→手腕轴→外部轴。

3. 清焊装置

机器人在施焊过程中焊钳的电极头氧化磨损、焊枪喷嘴内外残留的焊渣以及焊丝干伸长度的变化等势必影响到产品的焊接质量及其稳定性。焊钳电极修磨机（点焊）和焊枪自动清枪站（弧焊）正是在这种背景下产生的，如图 5-97 所示。目前国内焊接机器人生产配套使用的清枪装置主要有广州极动、宾采尔和泰佰亿等公司的产品。

(a) 焊钳电极修磨机

(b) 焊枪自动清枪站

图 5-97　焊接机器人清枪装置

（1）焊钳电极修磨机。为点焊机器人配备焊钳电极修磨机，可实现电极头工作面氧化磨损后的修磨过程自动化和提高生产线节拍。同时，也可避免人员频繁进入生产线所带来的安全隐患。焊钳电极修磨机由机器人控制柜通过数字 I/O 接口控制，一般通过编制专门的电极修磨程序块以供其他作业程序调用。电极修磨完成后，需要根据修磨量的多少对焊钳的工作行程进行补偿。

（2）焊枪自动清枪站。焊枪自动清枪站主要包括焊枪清洗机、喷硅油/防飞溅装置和焊丝剪断装置三部分。焊枪清洗机的主要功能是清除喷嘴内表面的飞溅，以保证保护气体的通畅；喷硅油/防飞溅装置喷出的防溅液可以减少焊渣的附着，降低维护频率；而焊丝剪断装置主要用于利用焊丝进行起始点检测的场合，以保证焊丝的干伸长度一定，提高检测的精度和起弧的性能。同焊钳电极修磨机的动作控制相似，自动清枪站也是通过机器人控制柜的数字 I/O 接口进行控制。

4. 工具快换装置

在多任务环境下，一台机器人甚至可以完成包括焊接在内的抓物、搬运、安装、焊接、卸料等多种任务，机器人可以根据程序要求和任务性质，自动更换机器人手腕上的工具，完成相应的任务。机器人工具快换装置为自动更换各种工具并连通介质提供了极大的柔性，实现了机器人功能的多样化和生产线效率的最大化，能够快速适应多品种小批量生产现场。

同样，在弧焊机器人作业过程中，焊枪是一个重要的执行工具，需要定期更换或清理焊枪配件，如导电嘴、喷嘴等，这样不仅浪费工时，且增加维护费用。采用自动换枪装置（见图 5-98），可有效解决此问题，使得机器人空闲时间大为缩短，焊接过程的稳定性、系统的可用性、产品质量和生产效率都大幅度提高，适用于不同填充材料或必须在工作过程中改变焊接方法的自动焊接作业场合。焊接机器人是成熟、标准、批量生产的高科技产品，但其周边设备是非标准的，需要专业设计和非标产品制造。周边设备设计的依据是焊接工件。由于焊接工件的差异很大，需要的周边设备差异也就很大，繁简不一。从焊接工件的焊接要求分析，周边设备的用途大致可分为 3 种类型：

图 5-98 自动换枪装置

（1）简易型。周边设备仅用于支持机器人本体和装夹焊件，如平台、夹具等。

（2）工位变换型。除具有简易型具备的功能外，还具有工位变换功能。其设备构成除简易型的装置外，还可能包括单、双回转和倾翻回转式变位机等。

（3）协调焊接型。除具有简易型具备的功能外，还具有协调焊接功能。其设备构成除简易型的装置外，还可能包括一个或多个做成外部轴的变位机、滑移平台等。

5.3.5 焊接机器人的新发展

焊接机器人技术是机器人技术、焊接技术和系统工程技术的融合，焊接机器人能否在实际生产中得到应用，发挥其优越的特性，取决于人们对上述技术的融合程度。经过几十年的努力，焊接机器人技术取得了长足的进步，下面将从机器人系统、焊接电源、传感技术三方面介绍焊接机器人技术的新进展。

1. 机器人系统

在全球经济发展进入“中速”阶段，整个制造业的发展模式正由速度效益转变为质量效益。在此大背景下，焊接机器人公司如何针对细分客户进行量身定制的产品研发和创新，成为各行各业新的研究课题。

（1）操作机：日本 FANUC 机器人公司于 2012 年推出针对狭小空间作业的 FANUCR-0iA 机器人（图 5-99）。在弧焊应用方面，FANUCR-0iA 拥有无可比拟的优越性能：首先，通过优化成功地设计了轻量和紧凑的机器人手臂，在保持原有可靠性的同时，实现了优异的性价比；其次，采用最先进的伺服技术，提高机器人的动作速度和精确度，最大限度减少操作员的干预，提高了弧焊系统的工作效率；再次，FANUCR-0iA 与林肯新型弧焊电源之间实现了数字通信，能够进行机器人和焊接电源的高速协调控制，从而实现高品质焊接；最后，提供薄板软钢低飞溅、高品质脉冲焊接等多种焊接方法，几乎可以用于所有应用，有效地提升了焊接能力。

（2）控制器：机器人单机操作很难满足复杂焊道或大型构件的焊接需求。为此，国外一些著名的机器人公司推出的机器人控制器都可实现同时对几台机器人和几个外部轴的协同控制，从而实现几台机器人共同焊接同一工件（见图 5-100）或者实现搬运机器人与焊接机器人协同工作。例如，YASKAWA 公司推出的机器人控制柜可以协调控制多达 72 个轴。

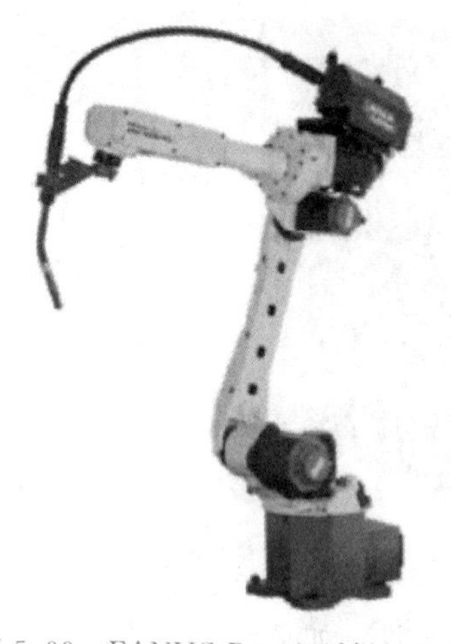

图 5-99　FANUC R-0iA 弧焊机器人

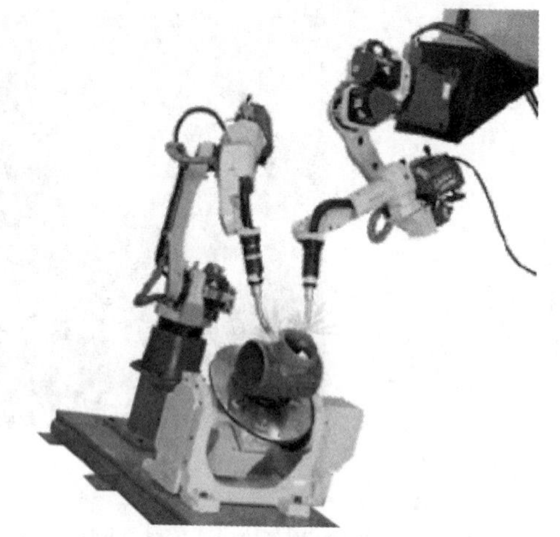

图 5-100　多机协同工作模式

2. 焊接电源

焊接作为工业生产的重要环节，效率的提高对总的生产率的提高有着举足轻重的作用。对于如何改善焊接质量和提高焊接生产率方面，学者们做了大量研究，主要包括两方面：

（1）以提高焊接材料的熔化速度为目的的高熔敷效率焊接，主要用于厚板焊接。

（2）以提高焊接速度为目的的高速焊接，主要用于薄板焊接。

① 双丝焊接技术。双丝焊是近几年发展起来的一种高速高效焊接方法，如图 5-101 所示，焊接薄板时可显著提高焊接速度（达到 3～6 m/min），焊接厚板时可提高熔敷效率。除了高速高效外，双丝焊接还能在熔敷效率增加时保持较低的热输入，热影响区小，焊接变形小，焊接气孔率低。由于焊接速度非常快，特别适合采用机器人焊接，因此机器人的应用也推动了这一先进焊接技术的发展。目前双丝焊主要有两种方法：Twin arc 法、Tandem 法，如图 5-102 所示。两种方法焊接设备的基本组成类似，都是由 2 个焊接电源、2 个送丝机和 1 个共用的送双丝的电缆。Twin arc 法的主要生产厂家有德国的 SKS、Benzel 和 Nimark 公司，美国的 Miller 公司。Tarldem 法的主要厂家有德国的 CLOOS、奥地利的 Fronius 和美国的 Lincoln 公司。

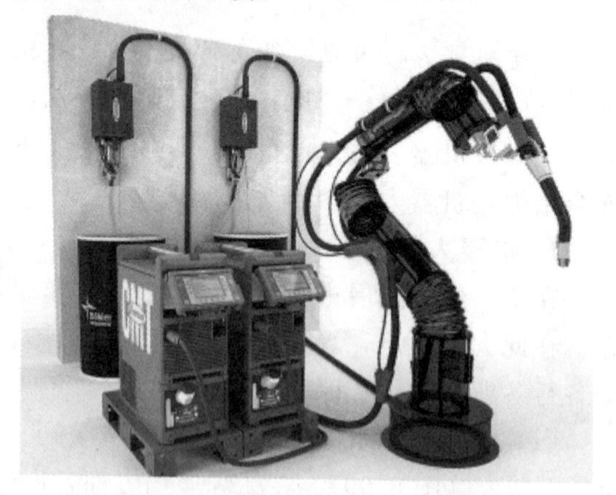

图 5-101　用双丝焊技术焊接板材

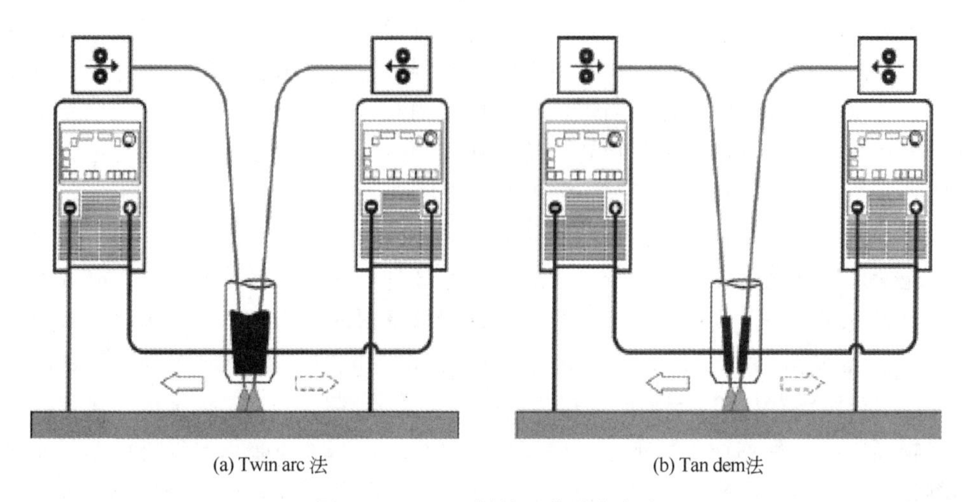

图 5-102　双丝焊的两种基本方法

② 激光/电弧复合热源技术。激光/电弧复合热源焊接技术是激光焊与气体保护焊的联合（如激光/TIG、激光/MIG、激光 MAG 等），两种焊接热源同时作用于一个焊接熔池。该技术最早出现在 20 世纪 70 年代末，但由于激光器昂贵价格，限制了其在工业中的应用。随着激光器和电弧焊设备性能的提高，以及激光器价格的不断降低，同时为了满足生产的迫切需求，激光/电弧复合热源焊接技术得到了越来越多的应用。该技术之所以受到青睐是由于其兼顾各热源之长而补各自之短，具有“1+1>2”或更多的“协同效应”。与激光焊接相比，对装配间隙的要求降低，进而降低了焊前工件制备成本；另外，由于使用填充焊丝，消除了激光焊接时存在的固有缺陷，焊缝更加致密。与电弧焊相比，提高了电弧的稳定性和功率密度，提高了焊接速度和焊缝熔深，热影响区变小，降低了工件的变形，消除了起弧时的熔化不良缺陷。

③ 电源融合技术。在标准的弧焊机器人系统中，机器人和焊接电源是两种不同类型的产品，它们之间通过模拟或数字接口进行通信，数据交换量有限。为满足用户对低综合成本、高生产率、高可维护性、高焊接品质的要求，并打破焊接电源和机器人两者间的壁垒，目前业界已推出电源融合型弧焊专用机器人，采用全软件高速波形控制技术，可控制焊接热输入，实现焊接飞溅极小化，适于高速焊接。

3. 传感技术

工程机械行业作为焊接机器人广泛应用领域之一，其产品（挖掘机、装载机、起重机、路面机械等）的结构件大量应用于中厚钢板。在中厚板的大型结构件焊接中，很难保证焊接夹具上的工件定位十分精准；而且，焊接时的热量经常会使结构件发生变形，这些都是焊接线位置发生偏移的原因。所以，焊接大型结构件时，检测并计算偏移量、进行位置纠正的功能必不可少。此外，中厚板焊接一般需要开坡口，由于前期坡口的加工精度、工件组对、焊接过程导致变形等原因，实际焊缝坡口的宽度并不一致，也会产生错边等缺陷。这些问题在焊前示教编程时不易解决。根据焊接机器人系统的使用效率，用户在实际生产中也不可能接受对同样规格的每个工件逐一焊前示教编程，以修正上述焊接线偏离及坡口宽度的变化。传感技术（接触传感、电弧传感和光学传感）的应用是解决上述问题的有效途径。

（1）接触传感。就机器人焊接作业而言，焊接机器人的运动轨迹控制主要指初始焊位导引与焊缝跟踪控制技术。其中，焊接机器人的初始焊位导引可采用接触传感功能。机器人将加载有传感电压的焊丝移向工件，当焊丝和工件接触时，焊丝和工件之间的电位差变为0 V。将电位差为0 V的位置记忆成工件位置，反映在程序点上。焊丝接触传感具有位置纠正的三方向传感、开始点传感、焊接长度传感、圆弧传感等功能，并可以纠正偏移量，在日本KOBELCO焊接机器人系统中得到广泛应用。

（2）光学传感。光学传感器可分为点、线、面3种形式。它以可见光、激光或者红外线为光源，以光电元件为接收单元，利用光电元件提取反射的结构光，得到焊枪位置信息。常见的光学传感器包括红外光传感器、光电二极管和光电晶体管、CCD（电荷耦合器件）、PSD（激光测距传感器）和SSPD（自扫描光电二极管阵列）等。随着计算机视觉技术的发展，焊缝跟踪引入了视觉传感技术。与其他传感器相比，视觉传感具有提供信息量丰富，灵敏度和测量精度高，抗电磁场干扰能力强，与工件无接触的优点，适合各种坡口形状，可以同时进行焊缝跟踪控制和焊接质量控制。而计算机技术和图像处理技术的不断发展，又容易满足实时性，因而视觉传感是一种很有前途的传感方法。SERVOROBOT及META公司都开发了各自的基于激光传感器的焊缝跟踪系统，如图5-103所示。

(a) SERVO ROBOT ROBO-TRAC 激光传感器

(b) META SLS-050 激光传感器

图5-103　激光传感器的焊缝跟踪系统

5.4　涂装机器人及应用

古老的涂装行业，施工技术从涂刷、揩涂、发展到气压涂装、浸涂、辊涂、淋涂以及最近兴起的高压空气涂装、电泳涂装、静电粉末涂装等，涂装技术高度发展的今天，企业已经进入一个新的竞争格局，即更环保、更高效、更低成本，才更有竞争力。加之涂装领域对从业工人健康的争议和顾虑，机器人涂装正成为一个在尝试中不断迈进的新领域，并且，从尝试的成果来看，前景非常广阔。

本节将对涂装机器人的分类、特点、基本系统组成和典型周边设备进行简要介绍，并结合实例说明涂装作业示教的基本要领和注意事项，旨在加深大家对涂装机器人及其作业示教的认知。

5.4.1　涂装机器人的分类及特点

涂装机器人作为一种典型的涂装自动化装备，具有工件涂层均匀，重复精度好，通用性强、工作效率高，能够将工人从有毒、易燃、易爆的工作环境中解放出来的优点，已在汽车、工程机械制造、3C 产品及家具建材等领域得到广泛应用。归纳起来，涂装机器人与传统的机械涂装相比，具有以下优点：

（1）最大限度提高涂料的利用率、降低涂装过程中的 VOC（有害挥发性有机物）排放量。

（2）显著提高喷枪的运动速度，缩短生产节拍，效率显著高于传统的机械涂装。

（3）柔性强，能够适应多品种、小批量的涂装任务。

（4）能够精确保证涂装工艺的一致性，获得较高质量的涂装产品。

（5）与高速旋杯经典涂装站相比，可以减少大约 30%～40%的喷枪数量，降低系统故障率和维护成本。

目前，国内外的涂装机器人从结构上大多数仍采取与通用工业机器人相似的 5 或 6 自由度串联关节式机器人，在其末端加装自动喷枪。按照手腕结构划分，涂装机器人应用中较为普遍的主要有两种：球型手腕涂装机器人和非球型手腕涂装机器人，如图 5-104 所示。

(a) 球型手腕涂装机器人

(b) 非球型手腕涂装机器人

图 5-104　涂装机器人分类

1. 球型手腕涂装机器人

球型手腕涂装机器人与通用工业机器人手腕结构类似，手腕 3 个关节轴线相交于一点，即目前绝大多数商用机器人所采用的 Ben-dix 手腕。该手腕结构能够保证机器人运动学逆解具有解析解，便于离线编程的控制，但是由于其腕部第二关节不能实现 360°周转，故工作空间相对较小。采用球型手腕的涂装机器人多为紧凑型结构，其工作半径多在 0.7～1.2 m，多用于小型工件的涂装。

2. 非球型手腕涂装机器人

非球型手腕涂装机器人，其手腕的 3 个轴线并非如球型手腕机器人一样相交于一点，而是相交于两点。非球型手腕机器人相对于球型手腕机器人来说更适合于涂装作业。该型涂装机器人每个腕关节转动角度都能达到360°。手腕灵活性强，机器人工作空间较大，特别适用复杂曲面及狭小空间内的涂装作业，但由于非球型手腕运动学逆解没有解析解，增大了机器人控制的难度，难于实现离线编程控制。

非球型手腕涂装机器人根据相邻轴线的位置关系又可分为正交非球型和斜交非球型手腕两种形式，如图5-105所示。图5-105（a）所示Comau SMART-3S型机器人所采用的正交非球型手腕，其相邻轴线夹角为90°；而FANUCP-250iA型机器人的手腕相邻两轴线不垂直，而是呈一定的角度，即斜交非球型手腕，如图5-105（b）所示。

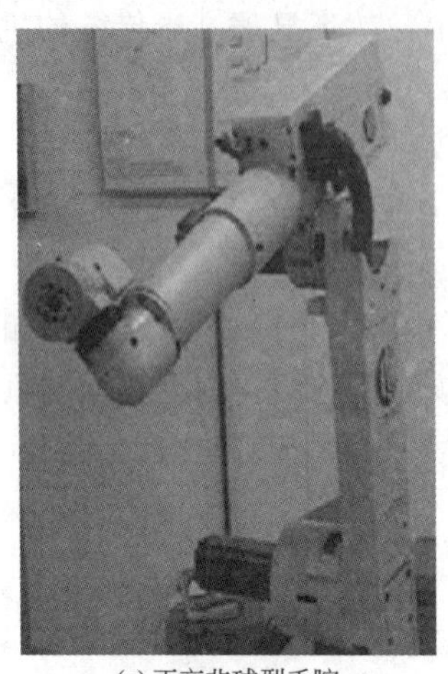

(a) 正交非球型手腕

(b) 斜交非球型手腕

图5-105　非球型手腕涂装机器人

现今应用的涂装机器人中很少采用正交非球型手腕，主要是其在结构上相邻腕关节彼此垂直，容易造成从手腕中穿过的管路出现较大的弯折、堵塞甚至折断管路。相反，斜交非球型手腕若做成中空的，各管线从中穿过，直接连接到末端高转速旋杯喷枪上，在作业过程中内部管线较为柔顺，故被各大厂商所采用。

涂装作业环境中充满了易燃、易爆的有害挥发性有机物，除了要求涂装机器人具有出色的重复定位精度和循径能力及较高的防爆性能外，仍有特殊的要求。在涂装作业过程中，高速旋杯喷枪的轴线要与工件表面法线在一条直线上，且高速旋杯喷枪的端面要与工件表面始终保持恒定的距离，并完成往复蛇形轨迹，这就要求涂装机器人要有足够大的工作空间和尽可能紧凑灵活的手腕，即手腕关节要尽可能短。其他的一些基本性能要求如下：

（1）能够通过示教器方便地设置流量、雾化气压、喷幅气压以及静电量等涂装参数。

（2）具有供漆系统，能够方便地进行换色、混色，确保高质量、高精度的工艺调节。

（3）具有多种安装方式，如落地、倒置、角度安装和壁挂。

（4）能够与转台、滑台、输送链等一系列的工艺辅助设备轻松集成。

（5）结构紧凑，减少密闭涂装室（简称喷房）尺寸，降低通风要求。

5.4.2　涂装机器人的系统组成

经典的涂装机器人工作站主要由操作机、机器人控制系统、供漆系统、自动喷枪/旋杯、喷房、防爆吹扫系统等组成。喷涂作业机器人的应用范围越来越广泛，除了在汽车、日用电器和仪表壳体的喷涂作业中大量采用机器人工作外，已在涂胶、铸型涂料、耐火饰面材料、陶瓷制品釉料、粉状涂料等作业中开展应用。图 5-106 所示为汽车机器人喷涂生产线。

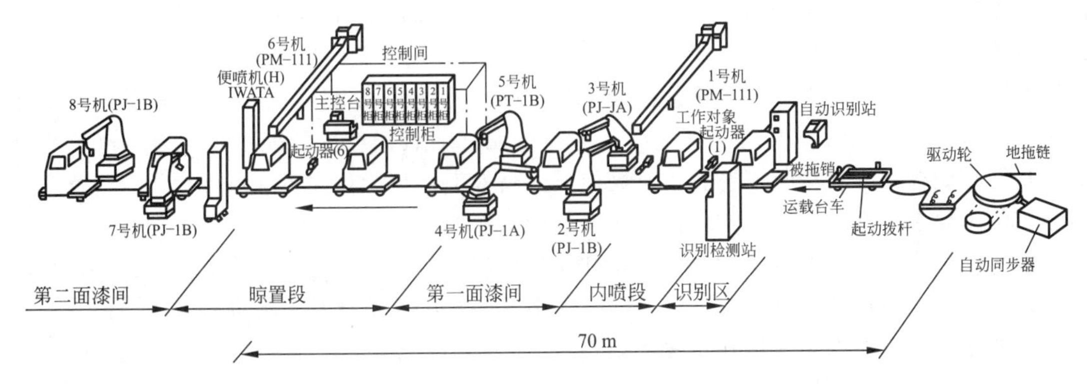

图 5-106　汽车机器人喷涂生产线

涂装机器人与普通工业机器人相比操作机在结构方面的差别除了球型手腕与非球型手腕外，主要是防爆、油漆及空气管路和喷枪的布局所导致的差异，归纳起来主要特点如下：

（1）一般手臂工作范围宽大，进行涂装作业时可以灵活避障。

（2）手腕一般有 2～3 个自由度，轻巧快速，适合内部、狭窄的空间及复杂工件的涂装。

（3）较先进的涂装机器人采用中空手臂和柔性中空手腕，如图 5-107 所示。采用中空手臂和柔性中空手腕使得软管、线缆可内置，从而避免软管与工件间发生干涉，减少管道黏附薄雾、飞沫，最大限度降低灰尘粘到工件的可能性，缩短生产节拍。

(a) 柔性中空手腕

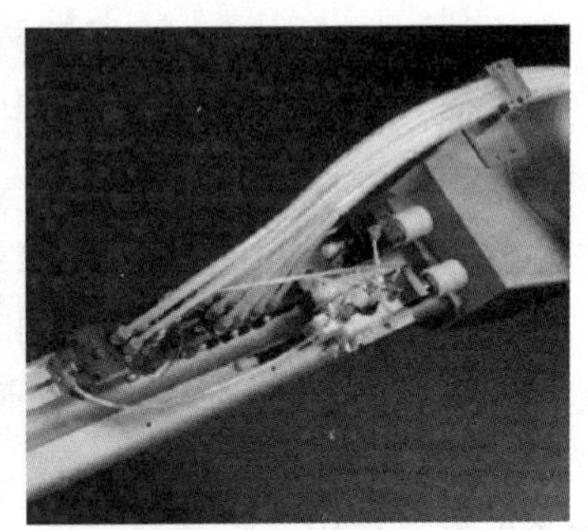

(b) 柔性中空手腕内部结构

图 5-107　柔性中空手腕及其结构

（4）一般在水平手臂搭载涂装工艺系统，从而缩短清洗、换色时间，提高生产效率，节约涂料及清洗液，涂装机器人控制系统主要完成本体和涂装工艺控制。本体控制在控制原理、功能及组成上与通用工业机器人基本相同；涂装工艺的控制则是对供漆系统的控制，即负责对涂料单元控制盘、喷枪/旋杯单元进行控制，发出喷枪/旋杯开关指令，自动控制和调整涂装的参数（如流量、雾化气压、喷幅气压以及静电电压），控制换色阀及涂料混合器完成清洗、换色、混色作业。

供漆系统主要由涂料单元控制盘、气源、流量调节器、齿轮泵、涂料混合器、换色阀、供漆供气管路及监控管线组成。涂料单元控制盘简称气动盘，它接收机器人控制系统发出的涂装工艺的控制指令，精准控制调节器、齿轮泵、喷枪/旋杯完成流量、空气雾化和空气成型的调整；同时控制涂料混合器、换色阀等以实现自动化的颜色切换和指定的自动清洗等功能，实现高质量和高效率的涂装。著名涂装机器人生产商 ABB、FANUC 等均有其自主生产的成热供漆系统模块配套。

对于涂装机器人，根据所采用的涂装工艺不同，机器人“手持”的喷枪及配备的涂装系统也存在差异。传统涂装工艺中空气涂装与高压无气涂装仍在广泛使用，但近年来静电涂装，特别是旋杯式静电涂装工艺凭借其高质量、高效率、节能环保等优点已成为现代汽车车身涂装的主要手段之一，并且被广泛应用于其他工业领域。

（1）空气涂装。所谓空气涂装，就是利用压缩空气的气流，流过喷枪喷嘴孔形成负压，在负压的作用下涂料从吸管吸入，经过喷嘴喷出，通过压缩空气对涂料进行吹散，以达到均匀雾化的效果。空气涂装一般用于家具、3C 产品外壳，汽车等产品的涂装。图 5-108 所示为较常见的自动空气喷枪。

(a) 日本明治FA 100H-P

(b) 美国DEVILBISS T-AGHV

(c) 德国PILOT WA500

图 5-108　自动空气喷枪

（2）高压无气涂装。高压无气涂装是一种较先进的涂装方法，其采用增压泵将涂料增至 6～30 MPa 的高压，通过很细的喷孔喷出，使涂料形成扇形雾状，具有较高的涂料传递效率和生产效率，表面质量明显优于空气涂装。

（3）静电涂装。静电涂装一般是以接地的被涂物为阳极，接电源负高压的雾化涂料为阴极，使得涂料雾化颗粒上带电荷，通过静电作用，吸附在工件表面。通常应用于金属表面或导电性良好且结构复杂的表面，或者球面、圆柱面等的涂装，其中高速旋杯式静电喷枪已成为应用最广的工业涂装设备，如图 5-109 所示。它在工作时利用旋杯的高速（一般为 30 000～60 000 r/min）旋转运动产生离心作用，将涂料在旋杯内表面伸展成为薄膜，并通过巨大的加速度使其向旋杯边缘运动，在离心力及强电场的双重作用下涂料、破碎为极细的且带电的雾滴，向极性相反的被涂工件运动，沉积于被涂工件表面，形成均匀、平整、光滑、丰满的涂膜。

在进行涂装作业时，为了获得高质量的涂膜，除对机器人动作的柔韧和精度、供漆系统及自动喷枪/旋杯的精准控制有所要求外，对涂装环境的最佳状态也提出了一定要求。例如，无尘、恒温、恒湿、工作环境内恒定的供风及对有害挥发性有机物含量的控制等，喷房由此应运而生。一般来说，喷房由涂装作业的工作室、收集有害挥发性有机物的废气舱、排气扇以及可将废气排放到建筑外的排气管等组成。

涂装机器人多在封闭的喷房内涂装工件的内外表面，由于涂装的薄雾是易燃易爆的，如果机器人的某个部件产生火花或温度过高，就会引起大火甚至引起爆炸，所以防爆吹扫系统对于涂装机器人是极其重要的一部分。防爆吹扫系统主要由危险区域之外的吹扫单元、操作机内部的吹扫传感器、控制柜内的吹扫控制单元三部分组成。其防爆工作原理如图 5-110 所示，吹扫单元通过柔性软管向包含有电气元件的操作机内部施加压力，阻止爆燃性气体进入操作机内；同时由吹扫控制单元监视操作机内压喷房气压，当异常状况发生时立即切断操作机伺服电源。

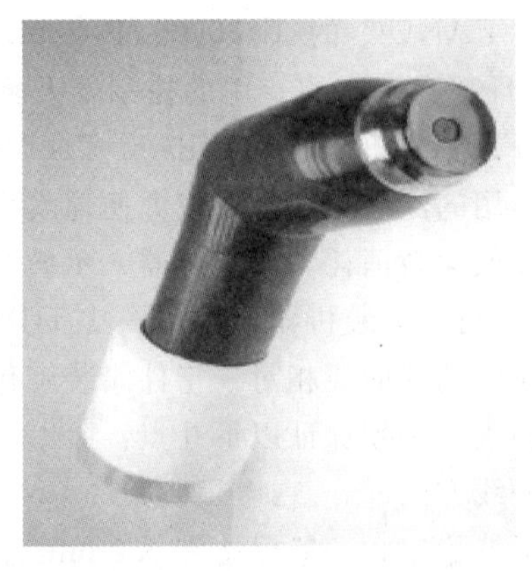

(a) ABB溶剂性涂料适用高速旋杯式静电喷枪

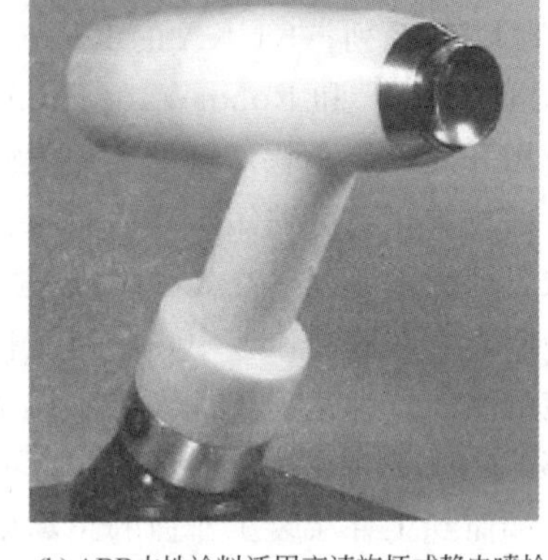

(b) ABB水性涂料适用高速旋杯式静电喷枪

图 5-109　高速旋杯式静电喷枪

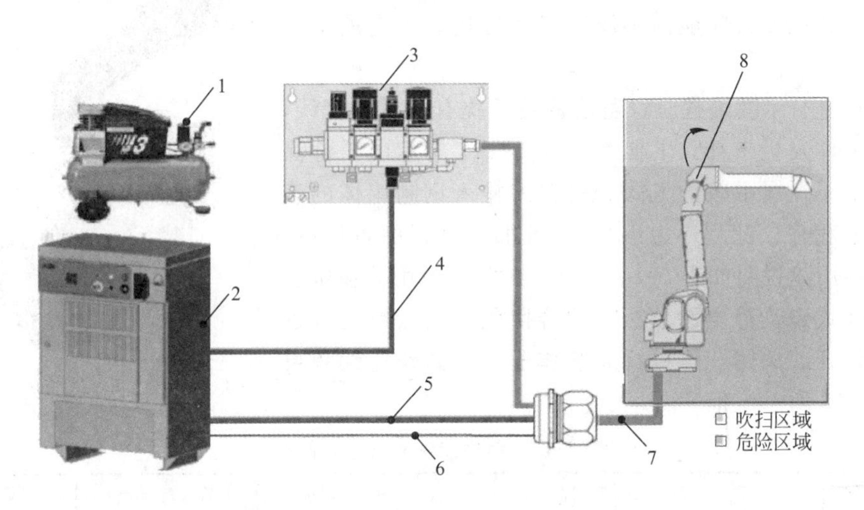

图 5-110　防爆吹扫系统工作原理

1—空气接口；2—控制柜；3—吹扫单元；4—吹扫单元控制电缆；5—操作机控制电缆；6—吹扫传感器控制电缆；7—软管；8—吹扫传感器

综上所述，涂装机器人主要包括机器人和自动涂装设备两部分。机器人由防爆机器人本体及完成涂装工艺控制的控制柜组成。而自动涂装设备主要由供漆系统及自动喷枪/旋杯组成。

5.4.3　涂装机器人的作业示教

前文就典型涂装机器人的系统组成及其工作原理进行了简单阐述，接下来对涂装机器人的示教编程进行介绍。目前对于中小型、涂装面形式较为简单的工件的编程方法还是以在线示教方式为主，由于各大机器人厂商对编程器及控制系统进行了优化，目前的编程器具有更合理友好的涂装用户界面，同时集成了涂装工艺系统，可令用户方便地进行机器人运动与编程、涂装工艺设备的试验与校准、涂装程序的测试。

涂装是一种较为常用的表面防腐、装饰、防污的表面处理方法，其规则之一需要喷枪在工件表面做往复运动。目前，工业机器人四巨头都有相应的涂装机器人产品（ABB的IRB52、IRB5400、IRB5500和IRB580系列；FANUC的P-50iA、P-250iA和P-500；YASKAWA的EPX系列；KUKA的KR16），且都有相应的专用的控制器及商业化应用软件，例如ABB的IRC5P和RobotWare Paint、FANUC的R-J3和Paint Tool Software，这些针对涂装应用开发的专业软件提供了强大而易用的涂装指令，可以方便地实现涂装参数及涂装过程的全面控制，也可缩短示教的时间、降低涂料消耗。涂装机器人示教的重点是对运动轨迹的示教，即确定各程序点处TCP的位姿。对于涂装机器人而言，其TCP一般设置在喷枪的末端中心，且在涂装作业中，高速旋杯喷枪的端面要相对于工件涂装工作面走蛇形轨迹并保持一定的距离。为达到工件涂层的质量要求，必须保证以下几点：

（1）旋杯的轴线始终在工件涂装工作面的法线方向。

（2）旋杯端而到工件涂装工作面的距离要保持稳定，一般保持在0.2 mm左右。

（3）旋杯涂装轨迹要部分相互重叠（一般搭接宽度为2/3～3/4时较为理想），并保持适当的间距。

（4）涂装机器人应能同步跟踪工件传送装置上的工件的运动。

（5）在进行示教编程时，若前臂及手腕有外露的管线，应避免与工件发生干涉。下面将以图5-111所示的工件涂装为例，采用在线示教的方式为机器人输入钢制箱体的表面涂装作业程序。此程序由编号1～8的8个程序点组成，各程序点的用途说明如表5-14所示。本例中使用的喷枪为高转速旋杯式自动静电涂装机，配合换色阀及涂料混合器完成旋杯打开、关闭，以进行涂装作业。具体作业编程可参照图5-112所示流程开展。

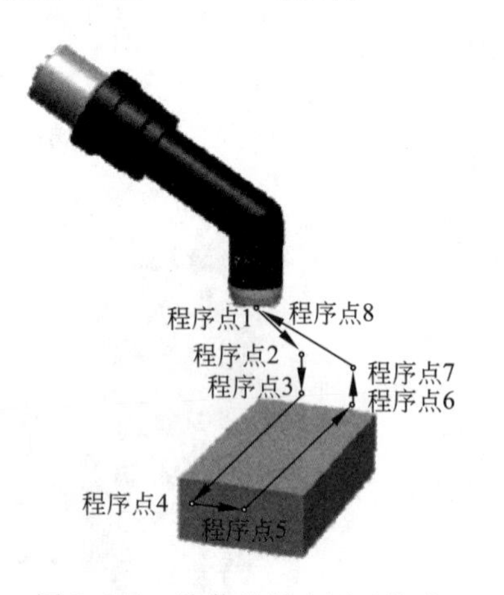

图5-111　涂装机器人运动轨迹

表5-14　程序点说明（涂装作业）

程序点	说明	程序点	说明	程序点	说明
程序点1	机器人原点	程序点4	涂装作业中间点	程序点7	作业规避点
程序点2	作业临近点	程序点5	涂装作业中间点	程序点8	机器人原点
程序点3	涂装作业开始点	程序点6	涂装作业结束点		

① 示教前的准备。开始示教前，需做如下准备：

- 工件表面清理。使用物理或化学方法将工件表面的铁锈、油污等杂质清理干净，一般可采用擦拭除尘、静电除尘及酸洗等方法。
- 工件装夹。利用胎夹具将钢制箱体固定。
- 安全确认。确认自己和机器人之间保持安全距离。
- 机器人原点确认。通过机器人机械臂各关节处的标记或调用原点程序复位机器人。

② 新建作业程序点按示教器的相关菜单或按钮，新建一个作业程序，如Paint_box。

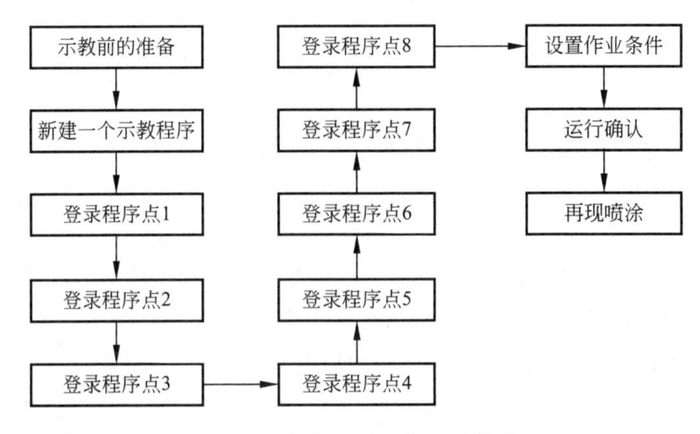

图 5-112　涂装机器人作业示教流程

③ 程序点的输入。手动操纵机器人分别移动到程序点 1～12 位置。处于待机位置的程序点 1 和程序点 8，要处于与工件、夹具互不干涉的位置；机器人末端工具轴线在程序点 3～6 位置要与涂装工作面的法线共线，且必须保证机器人手臂及其外露管线不与涂装工作面接触。另外，机器人在各程序点间移动时，不可与工件、夹具发生干涉。具体示教方法如表 5-15 所示。

表 5-15　弧焊作业示教

程　序　点	示 教 方 法
程序点 1 （机器人原点）	（1）按手动操纵机器人要领移动机器人到原点； （2）将程序点插补方式选 PTP； （3）确认保存程序点 1 为机器人原点
程序点 2 （作业临近点）	（1）手动操纵机器人移动到作业临近点，调整喷枪姿态； （2）将程序点插补方式选 PTP； （3）确认保存程序点 2 为作业临近点
程序点 3 （涂装作业开始点）	（1）保持喷枪姿态不变，手动操纵机器人移动到涂装作业开始点； （2）将程序点插补方式选“直线插补 ”； （3）确认保存程序点 3 为作业开始点。如有需要，手动插入涂装作业开始命令
程序点 4～5 （涂装作业中间点）	（1）保持喷枪姿态不变，手动操纵机器人依次移动到各涂装作业中间点； （2）将程序点插补方式选“直线插补”； （3）确认保存程序点 4～5 为作业中间点
程序点 6 （涂装作业结束点）	（1）保持喷枪姿态不变，手动操纵机器人移动到涂装作业结束点； （2）将程序点插补方式选“直线插补”； （3）确认保存程序点 6 为作业结束点。如有需要，手动插入涂装作业结束命令
程序点 7 （作业规避点）	（1）手动操纵机器人移动到作业临近点； （2）将程序点插补方式选 PTP； （3）确认保存程序点 7 为作业规避点
程序点 8 （机器人原点）	（1）手动操纵机器人移动机器人到原点； （2）将程序点插补方式选 PTP； （3）确认保存程序点 8 为机器人原点

④ 设置作业条件。这里涂装作业条件的输入，主要涉及两方面：一是设置涂装条件（文件）；二是涂装次序指令的添加。

● 设置涂装条件。涂装条件的设置主要包括涂装流量、雾化气压、喷幅（调扇幅）气压、静电电压以及颜色设置表等。

- 添加涂装次序指令。在涂装开始、结束点（或各路径的开始、结束点）手动添加涂装次序指令，控制喷枪的开关。

⑤ 检查试运行。确认机器人周边安全后，按以下步骤跟踪测试作业程序。

- 打开要测试的程序文件。
- 移动光标到程序开头。
- 持续按住示教器上的有关跟踪功能键，实现机器人的单步或连续运转。

⑥ 再现涂装跟踪测试无误后，即可进行再现涂装。

- 打开要再现的作业程序，并移动光标到程序开头。
- 切换“模式”旋钮至“再现/自动”状态。
- 按示教器上的“伺服 ON”按钮，接通伺服电源。
- 按“启动”按钮，机器人开始再现涂装。至此，涂装机器人的简单作业示教操作完毕。

综上所述，涂装机器人的示教与搬运、码珠、焊接机器人示教相似，也是通过示教的方式获取运动轨迹上的关键点，然后存入程序的运动指令中。这对于大型、复杂曲面工件来说，必须花费大量的时间示教，不但大大降低了生产效率，提高了生产成本，而且涂装质量也得不到有效的保障。因此，对于大型、复杂曲面工件的示教更多地采用离线编程，各大机器人厂商对于涂装作业的离线编程均有相应的商业化软件推出，比如 ABB 的 Robot Studio Paint 和 Shop Floor Editor，这些离线编程软件工具可以在无须中断生产的前提下，进一步简化示教操作和工艺调整。

5.4.4 涂装机器人的周边设备

完整的涂装机器人生产线及柔性涂装单元除了上文所提及的机器人和自动涂装设备两部分外，还包括一些周边辅助设备。下面将重点介绍上述几类典型周边辅助设备。同时，为了保证生产空间、源和原料的高效利用，灵活性高、结构紧凑的涂装车间布局显得非常重要。

目前，常见的涂装机器人辅助装置有机器人行走单元、工件传送（旋转）单元、空气过滤系统、输调漆系统、喷枪清理装置、涂装生产线控制盘等。

（1）机器人行走单元与工件传送（旋转）单元。如同焊接机器人变位机和滑移平台，涂装机器人也有类似的装置，主要包括完成工件的传送及旋转动作的伺服转台、伺服穿梭机及输送系统，以及完成机器人上下左右滑移的行走单元，但是涂装机器人所配备的行走单元与工件传送和旋转单元的防爆性能有着较高的要求。一般来讲，配备行走单元和工件传送与旋转单元的涂装机器人生产线及柔性涂装单元的工作方式有 3 种：动/静模式、流动模式及跟踪模式。

① 动/静模式。在动/静模式下，工件先由伺服穿梭机或输送系统传送到涂装室中，由伺服转台完成工件旋转，之后由涂装机器人单体或者配备行走单元的机器人对其完成涂装作业。在涂装过程中工件可以是静止地做独立运动，也可与机器人做协调运动，如图 5-113 所示。

② 流动模式。在流动模式下，工件由输送链承载匀速通过涂装室，由固定不动的涂装机器人对工件完成涂装作业，如图 5-114 所示。

③ 跟踪模式。在跟踪模式下，工件由输送链承载匀速通过涂装室，机器人不仅要跟踪随输送链运动的涂装物，而且要根据涂装面而改变喷枪的方向和角度，如图 5-115 所示。

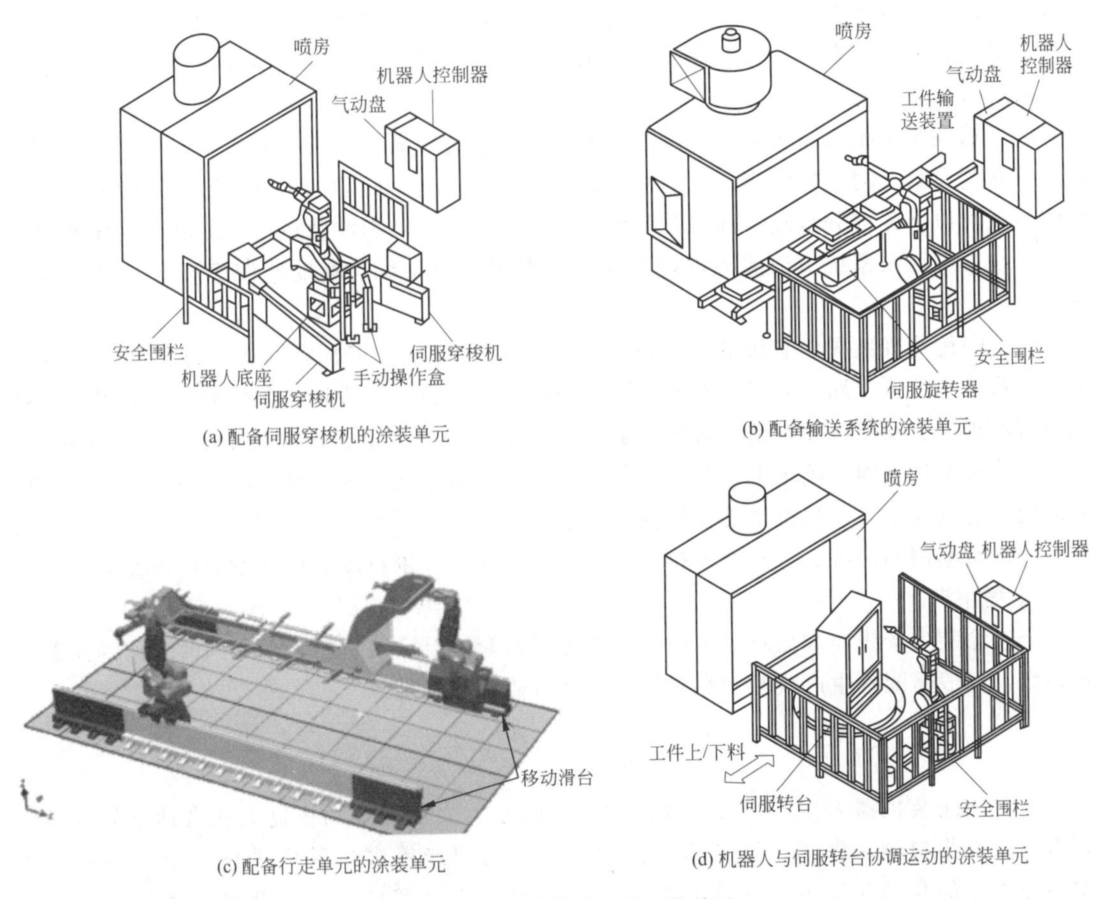

图 5-113　动/静模式下的涂装单元

图 5-114　流动模式下的涂装单元

图 5-115　跟踪模式下的涂装机器人生产线

（2）空气过滤系统在涂装作业过程中，当大于或者等于 10 μm 的粉尘混入漆层时，用肉眼就可以明显看到由粉尘造成的瑕点。为了保证涂装作业的表面质量，涂装线所处的环境及空气涂装所使用的压缩空气应尽可能保持清洁，这是由空气过滤系统使用大量空气过滤器对空气质量进行处理以及保持涂装车间正压来实现的。喷房内的空气纯净度要求最高，一般来说要求经过三道过滤。

（3）输调漆系统涂装机器人生产线一般由多个涂装机器人单元协同作业，这时需要有稳定、可靠的涂料及溶剂的供应，而输调漆系统则是保证这一问题的重要装置。一般来说，输调漆系统由以下几部分组成：油漆和溶剂混合的调漆系统、为涂装机器人提供油漆和溶剂的输送系统，液压泵系统、油漆温度控制系统、溶剂回收系统、辅助输调漆设备及输调漆管网等。

（4）喷枪清理装置涂装机器人的设备利用率高达 90%～95%，在进行涂装作业中难免发生污物堵塞喷枪气路，同时在对不同工件进行涂装时也需要进行换色作业，此时需要对喷枪进行清理。自动化的喷枪清洗装置能够快速、干净、安全地完成喷枪的清洗和颜色更换，彻底清除喷枪通道内及喷枪上飞溅的涂料残渣，同时对喷枪完成干燥，减少喷枪清理所耗用的时间、溶剂及空气。喷枪清洗装置在对喷枪清理时一般经过 4 个步骤：空气自动冲洗、自动清洗、自动溶剂冲洗、自动通风排气，其编程实现与焊枪自动清枪站喷油阶段类似，需要 5～7 个程序点。

（5）涂装生产线控制盘对于采用一两套或者两套以上涂装机器人单元同时工作的涂装作业系统，一般需配置生产线控制盘对生产线进行监控和管理。

5.4.5 涂装机器人的新发展

完整的涂装机器人生产线及柔性涂装单元除了上文所提及的机器人和自动涂装设备涂装机器人是集机械、电子、计算机、传感器、人工智能等多学科先进技术于一体的现代制造业重要的自动化装备，在涂装生产过程中已经得到了广泛的应用外，柔性化、节省投资和能耗、高度集成化成为研发新一代机器人关注的重点，以下将介绍涂装机器人技术的新进展。

涂装机器人早已不是人们简单理解的一种产品或技术工具，其已带来制造业在涂装生产模式、理念、技术多层面的深层次变革，各大机器人厂商也针对不同的工业应用推出深度定制的最新型涂装机器人。

（1）操作机。瑞士 ABB 机器人公司推出的为汽车工业量身定制的最新型涂装机器人 Flex Painter IRB5500（见图 5-116），它在涂装范围、涂装效率、集成性和综合性价比等方面具有较为突出的优势。IRBS500 型涂装机器人凭借其独特的设计和结构，依托 Quick Move 和 True Move 功能，可以实现高加速度的运动和灵活精准快速的涂装作业。其中，Quick Move 功能可以确保机器人能够快速从静止加速到设置速度，最大加速度可达 24 m/s^2，而 True Move 功能则可以确保机器人在不同速度下，运动轨迹与编程设计轨迹保持一致。

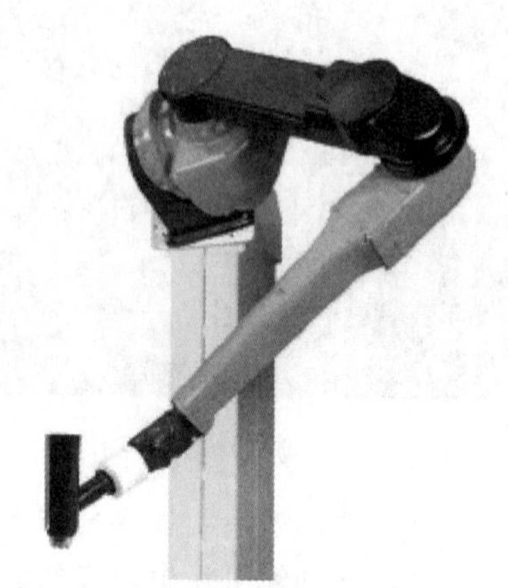

图 5-116　ABB Flex Painter IRB5500 涂装机器人

(2) 控制器。在环保意识日益增强的今天，为了营造环保效果好的“绿色工厂”，同时也为了降低运营成本，ABB 公司推出了融合集成过程系统（IPS）技术、连续涂装 StayOn 功能和无堆积 NoPatch 功能，为涂装车间应用量身定制了新一代涂装机器人控制系统——IRC5P。ABB 独有的 IPS 技术可实现高速度和高精度的闭环过程控制，最大限度消除了过喷现象，显著提高了涂装品质。连续涂装 StayOn 在涂装作业过程中采取一致的涂装条件连续完成作业，不需要通过频繁开关来减少涂料的消耗，同时能保证高的涂装质量。无堆积 NoPatch 功能配合 IRBS500 机器人可以平行于纵向和横向车身表面自如移动手臂，可以一次涂装，无须重叠拼接。这些技术的应用可显著节省循环时间和涂装材料。

(3) 示教器。示教器作为人机交互的桥梁，其新型产品不仅具有防爆功能，而且多集成了一体化的工艺控制模块，辅以超人性化设计的示教界面，使得示教越来越简单快速。加之各大厂商对离线编程软件的不断深入开发，使其可以完成与实际机器人相同的运动规划，进一步简化了示教。

5.5　装配机器人及应用

随着社会高新技术的不断发展，影响生产制造的瓶颈日益凸显，为解放生产力、提高生产率、解决“用工荒”问题，各大生产制造企业为更好地谋求发展而绞尽脑汁。装配机器人的出现，可大幅度提高生产效率，保证装配精度，减轻劳作者生产强度，目前装配机器人在工业机器人应用领域中占有量相对较少，其主要原因是装配机器人本体要比搬运、涂装、焊接机器人本体复杂，且机器人装配技术目前仍有一些亟待解决的问题，如缺乏感知和自适应控制能力，难以完成变动环境中的复杂装配等。尽管装配机器人存在一定局限，但是对装配所具有的重要意义不可磨灭，装配领域成为机器人的难点，也成为未来机器人技术发展的焦点之一。

本节着重对装配机器人的特点、基本系统组成、周边设备和作业程序进行介绍，并结合实例说明装配作业示教的基本要领和注意事项，旨在加深大家对装配机器人及其作业示教的认知。

5.5.1　装配机器人的分类及特点

装配机器人是工业生产中用于装配生产线上对零件或部件进行装配的一类工业机器人。作为柔性自动化装配的核心设备，具有精度高、工作稳定、柔顺性好、动作迅速等优点。归纳起来，装配机器人的主要优点如下：

(1) 操作速度快，加速性能好，缩短工作循环时间。

(2) 精度高，具有极高的重复定位精度，保证装配精度。

(3) 提高生产效率，解放单一繁重体力劳动。

(4) 改善工人劳作条件，摆脱有毒、有辐射装配环境。

(5) 可靠性好、适应性强，稳定性高。

装配机器人在不同装配生产线上发挥着强大的装配作用，大多由 4～6 轴组成。目前市场上常见的装配机器人，按臂部运动形式可分为直角式装配机器人和关节式装配机器人。关节式装配机器人又可分为水平串联关节式、垂直串联关节式和并联关节式机器人，如图 5-117 所示。

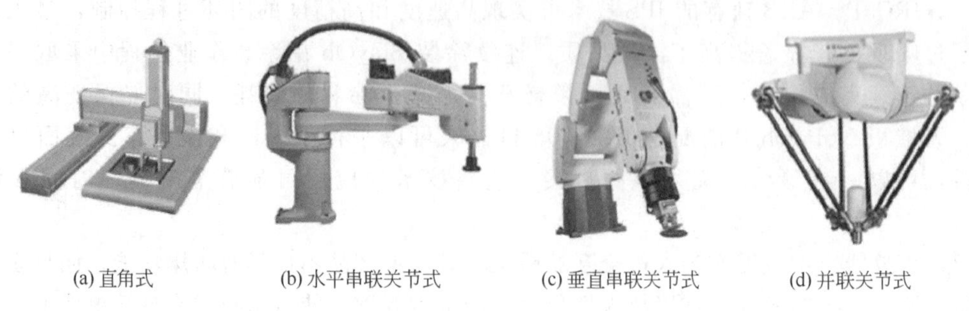

(a) 直角式　(b) 水平串联关节式　(c) 垂直串联关节式　(d) 并联关节式

图 5-117　装配机器人分类

1. 直角式装配机器人

直角式装配机器人又称单轴机械手，以 x、y、z 直角坐标系统为基本数学模型，整体结构模块化设计。直角式是目前工业机器人中最简单的一类，具有操作、编程简单等优点，可用于零部件移送、简单插入、旋拧等作业，机构上多装备球形螺钉和伺服电动机，具有速度快、精度高等特点。直角式装配机器人多为龙门式和悬臂式（可参考搬运机器人相应部分），现已广泛应用于节能灯装配、电子类产品装配和液晶屏装配等场合，如图 5-118 所示。

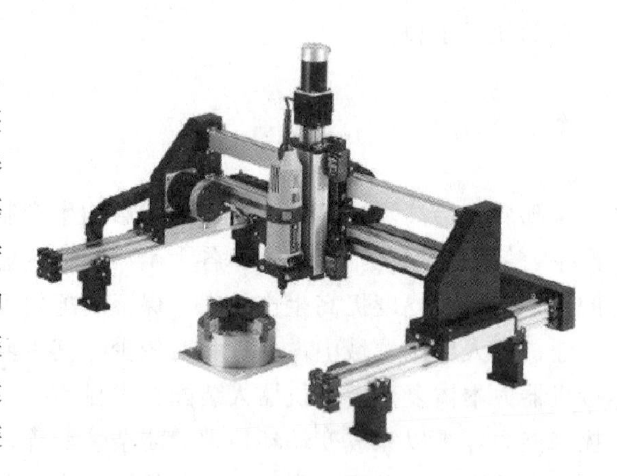

图 5-118　直角式装配机器人装配缸体

2. 关节式装配机器人

关节式装配机器人是目前装配生产线上应用最广泛的一类机器人，具有结构紧凑、占地空间小、相对工作空间大、自由度高，几乎适合任何轨迹或角度工作，编程自由，动作灵活，易实现自动化生产等特点。

（1）水平串联式装配机器人：亦称为平面关节型装配机器人或 SCARA 机器人，是目前装配生产线上应用数量最多的一类装配机器人，它属于精密型装配机器人，具有速度快、精度高、柔性好等特点，驱动多为交流伺服电动机，保证其较高的重复定位精度，可广泛应用于电子、机械和轻工业等产品的装配，适合工厂柔性化生产需求。图 5-119 所示为水平串联式装配机器人拾放超薄硅片的作业。

（2）垂直串联式装配机器人：垂直串联式装配机器人多为 6 个自由度，可在空间任意位置确定任意位姿，面向对象多为三维空间的任意位置和姿势的作业。图 5-120 所示为采用 FANUC LR Mate200iC 垂直串联式装配机器人进行读卡器的装配作业。

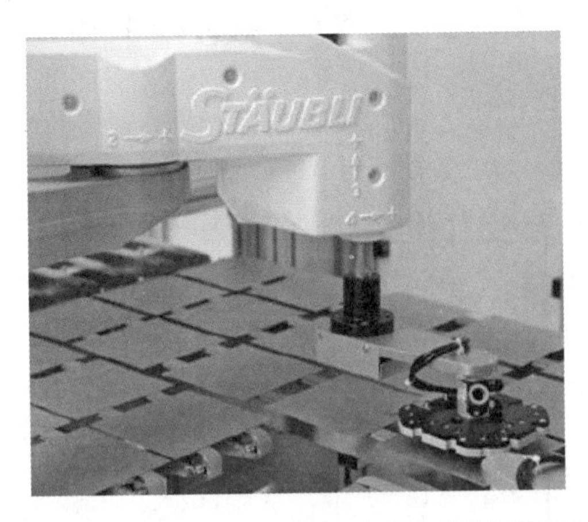

图 5-119　水平串联关节式装配机器人拾放超薄硅片

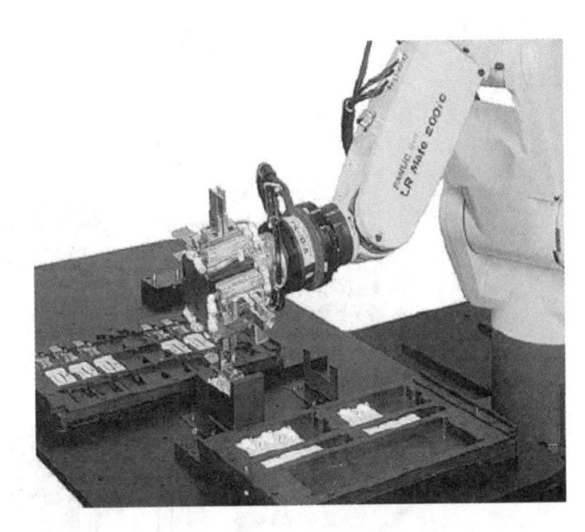

图 5-120　垂直串联关节式装配机器人组装读卡器

（3）并联式装配机器人：亦称拳头机器人、蜘蛛机器人或 Delta 机器人，是一种轻型、结构紧凑的高速装配机器人，可安装在任意倾斜角度上，独特的并联机构可实现快速、敏捷动作且减少了非累积定位误差。目前在装配领域，并联式装配机器人有两种形式可供选择，即三轴手腕（合计六轴）和一轴手腕（合计四轴），具有小巧高效、安装方便、精准灵敏等优点，广泛应用于 IT、电子装配等领域。图 5-121 所示为采用两套 FANUC M-1iA 并联式装配机器人进行键盘装配作业的场景。

图 5-121　并联式装配机器人组装键盘

通常，装配机器人本体与搬运、焊接、涂装机器人本体精度制造上有一定的差别，原因在于机器人在完成焊接、涂装作业时，没有与作业对象接触，只需示教机器人运动轨迹即可，而装配机器人需与作业对象直接接触，并进行相应动作；搬运、码垛机器人在移动物料时运动轨迹多为开放性，而装配作业是一种约束运动类操作，即装配机器人精度要高于搬运、码珠、焊接和涂装机器人。尽管装配机器人在本体上较其他类型机器人有所区别，但在实际应用中无论是直角式装配机器人还是关节式装配机器人都有如下特性：

（1）能够实时调节生产节拍和末端执行器动作状态。

（2）可更换不同末端执行器以适应装配任务的变化，方便、快捷。

（3）能够与零件供给器、输送装置等辅助设备集成，实现柔性化生产。

（4）多带有传感器，如视觉传感器、触觉传感器、力传感器等，以保证装配任务的精准性。

5.5.2　装配机器人的系统组成

装配机器人的装配系统主要由操作机、控制系统、装配系统（手爪、气体发生装置、真空发生装置或电动装置）、传感系统和安全保护装置组成，如图 5-122 所示。操作者可通过示教器和操作面板进行装配机器人运动位置和动作程序的示教，一设置运动速度、装配动作及参数等。

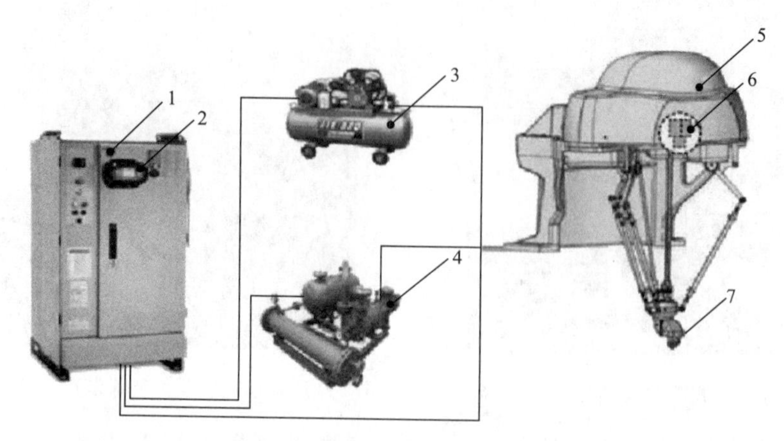

图 5-122 装配机器人系统组成

1—机器人控制柜；2—示教器；3—气体发生装置；4—真空发生装置；5—机器人本体；6—视觉传感器；7—气动手爪

目前市场上的装配生产线多以关节式装配机器人中的 SCARA 机器人和并联机器人为主，小型、精密、垂直装配上，SCARA 机器人具有很大优势。随着社会需求增大和技术的进步，装配机器人行业亦得到迅速发展，多品种、少批量生产方式和为提高产品质量及生产效率的生产工艺需求，成为推动装配机器人发展的直接动力，各个机器人生产厂家也不断推出新机型以适合装配生产线的“自动化”和“柔性化”，图 5-123 所示为 KUKA、FANUC、ABB、YASKAWA 四巨头所生产的主流装配机器人本体。

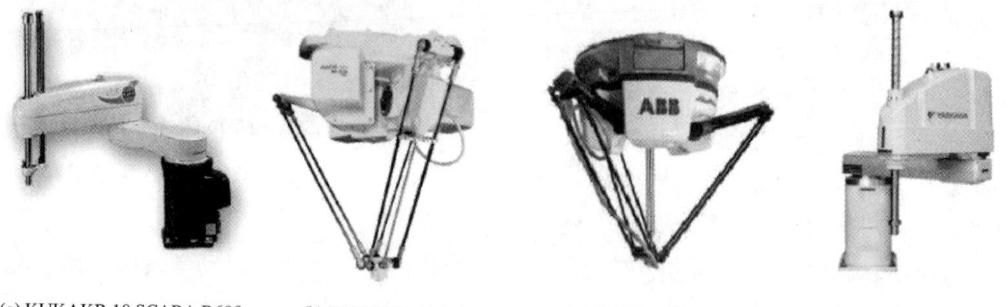

(a) KUKAKR 10 SCARA R600　(b) FANUC M-2iA　(c) ABB IRB 360　(d) YASKAWA MYS850L

图 5-123 “四巨头”装配机器人本体

装配机器人的末端执行器是夹持工件移动的一种夹具，类似于搬运、码垛机器人的末端执行器，常见的装配执行器有吸附式、夹钳式、专用式和组合式。

（1）吸附式。吸附式末端执行器在装配中仅占一小部分，广泛应用于电视、录音机、鼠标等轻小工件的装配场合。此部分原理、特点可参考搬运机器人章节相关部分，不再赘述。

（2）夹钳式。夹钳式手爪是装配过程中最常用的一类手爪，多采用气动或伺服电动机驱动，闭环挂式配备传感器可实现准确控制手爪启动、停止及其转速，并对外部信号做出准确反映。夹钳式装配手爪具有重量轻、出力大、速度高、惯性小、灵敏度高、转动平滑、力矩稳定等特点，其结构类似于搬运作业夹钳式手爪，但又比搬运作业夹钳式手爪精度高、柔顺性高，如图 5-124 所示。

（3）专用式。专用式手爪是在装配中针对某一类装配场合单独设计的末端执行器，且部分带有磁力，常见的主要是螺钉、螺栓的装配，同样亦多采用气动或伺服电动机驱动，如图 5-125 所示。

（4）组合式。组合式末端执行器在装配作业中是通过组合获得各单组手爪优势的一类手爪，灵活性较大，多用于机器人需要相互配合装配的场合，可节约时间、提高效率，如图 5-126 所示。

图 5-124　夹钳式手爪

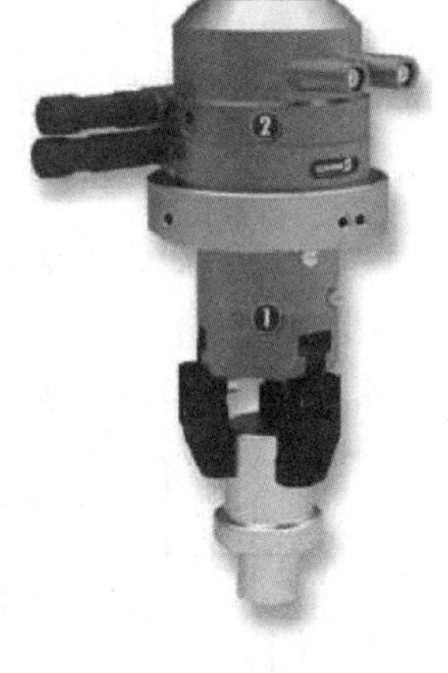

图 5-125　专用式手爪

图 5-126　组合式手爪

带有传感系统的装配机器人可更好地完成销、轴、螺钉、螺栓等柔性化装配作业，在其作业中常用到的传感系统有视觉传感系统、触觉传感系统等。

（1）视觉传感系统。配备视觉传感系统的装配机器人可依据需要选择合适的装配零件，并进行粗定位和位置补偿，完成零件平面测量、形状识别等检测，其视觉传感系统原理如图 5-127 所示。

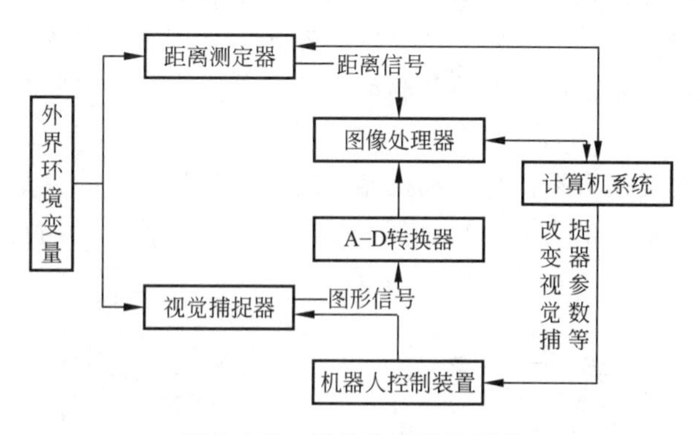

图 5-127　视觉传感系统原理

（2）触觉传感系统。装配机器人的触觉传感系统主要是实时检测机器人与被装配物件之间的配合，机器人触觉可分为接触觉、接近觉、压觉、滑觉和力觉等 5 种传感器。在装配机器人进行简单工作过程中常用到的有接触觉、接近觉和力觉等传感器，下面进行简单介绍。

① 接触觉传感器。接触觉传感器一般固定在末端执行器的顶端，顾名思义，只有末端执行器与被装配物件相互接触时才起作用。接触觉传感器由微动开关组成，如图 5-128 所示。其用途不同配置也不同，可用于探测物体位置、路径和安全保护，属于分散装置，即需要将传感器单个安装到末端执行器敏感部位。

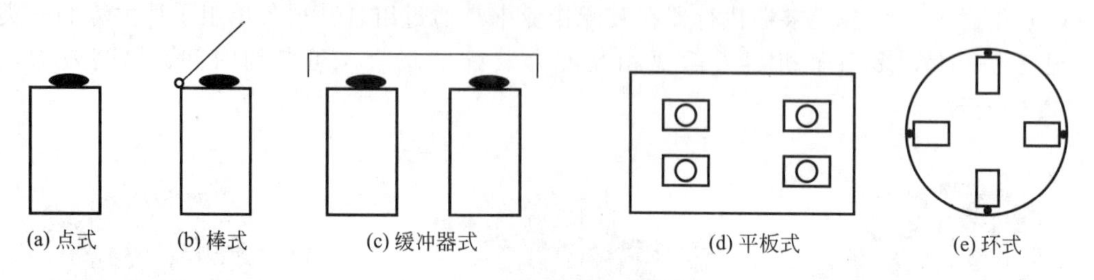

图 5-128 接触觉传感器

② 接近觉传感器。接近觉传感器同样固定在末端执行器的顶端，其在末端执行器与被装配物件接触前起作用，能测出执行器与被装配物件之间的距离、相对角度甚至表面性质等，属于非接触式传感。常见的接近觉传感器如图 5-129 所示。

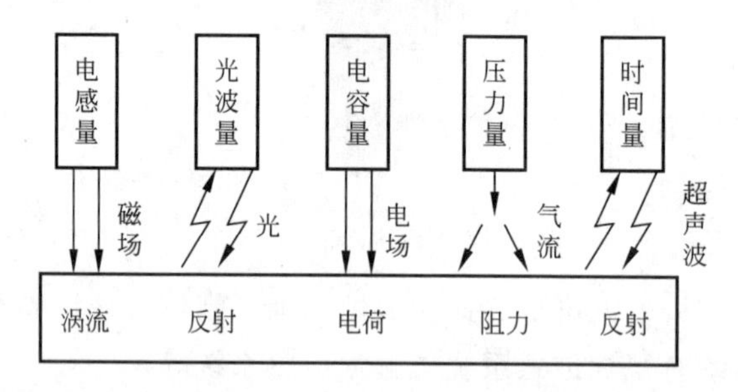

图 5-129 接近觉传感器

③ 力觉传感器。力觉传感器普遍用于各类机器人中，在装配机器人中力觉传感器不仅用于末端执行器与环境作用过程中的力测量，而且用于装配机器人自身运动控制和末端执行器夹持物体的夹持力测量等场合。常见的装配机器人力觉传感器分为如下几类：

● 关节力传感器：安装在机器人关节驱动器的力觉传感器，主要测量驱动器本身的输出力和力矩。

● 腕力传感器：安装在末端执行器和机器人最后一个关节间的力觉传感器，主要测量作用在末端执行器各个方向上的力和力矩。图 5-130 所示为几种常见的腕力传感器。

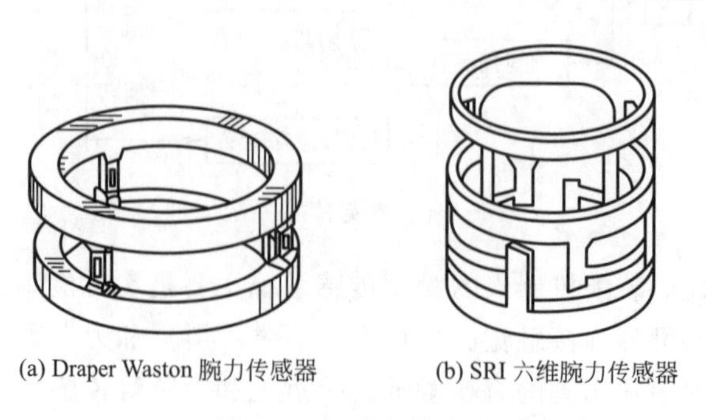

(a) Draper Waston 腕力传感器　　(b) SRI 六维腕力传感器

图 5-130 腕力传感器

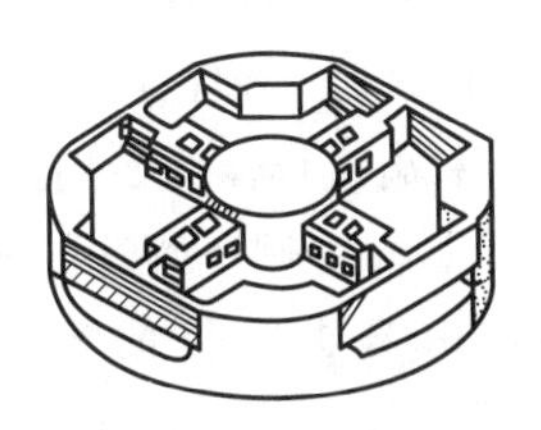

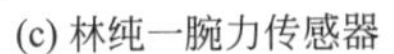

(c) 林纯一腕力传感器

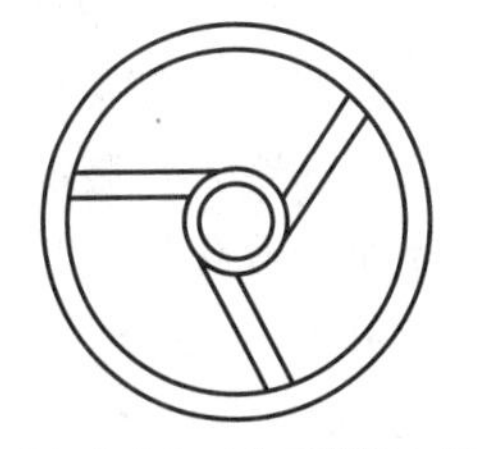

(d) 非径向中心对称三梁腕力传感器

图 5-130　腕力传感器（续）

- 指力传感器：安装在手爪指关节上的传感器，主要测量夹持物件时的受力状况。

关节力传感器测量关节受力，信息量单一，结构也相对简单；指力传感器的测量范围相对较窄，一也受到手爪尺寸和重量的限制；而腕力传感器是一种相对较复杂的传感器，能获得手爪 3 个方向的受力，信息量较多，安装部位特别，故容易产业化。

综上所述，装配机器人主要包括机器人、装配系统及传感系统。机器人由装配机器人本体及控制装配过程的控制柜组成。装配系统中末端执行器主要有吸附式、夹钳式、专用式和组合式。传感系统主要有视觉传感系统、触觉传感系统等。

5.5.3　装配机器人的作业示教

装配是生产制造业的重要环节，而随着生产制造结构复杂程度的提高，传统装配已陆续满足不了日益增长的产量要求。装配机器人代替传统人工装配成为新装配生产线上的主力军，可胜任大批量、重复性强的工作。目前，工业机器人四巨头都已经抓住机遇成功研制出相应的装配机器人产品（ABB 的 IRB360 和 IRB140 系列，KUKA 的 KR5SCA R3550、KR10 SCARA R600 KR 16-2 系列，FANUC 的 M、LR、R 系列，YASKAWA 的 MH、SIA、SDA、MPP3 系列）。装配机器人与其他工业机器人作业示教一样，需确定运动轨迹，即确定各程序点处工具中心点（TCP）的位姿。对于装配机器人，末端执行器结构不同，TCP 点设置也不同，吸附式、夹钳式可参考搬运机器人 TCP 点设置；专用式末端执行器（拧螺栓）TCP 一般设在法兰中心线与手爪前端平面交点处，如图 5-131（a）所示，生产再现如图 5-131（b）所示。组合式 TCP 设置点需依据起主要作用的单组手爪确定。

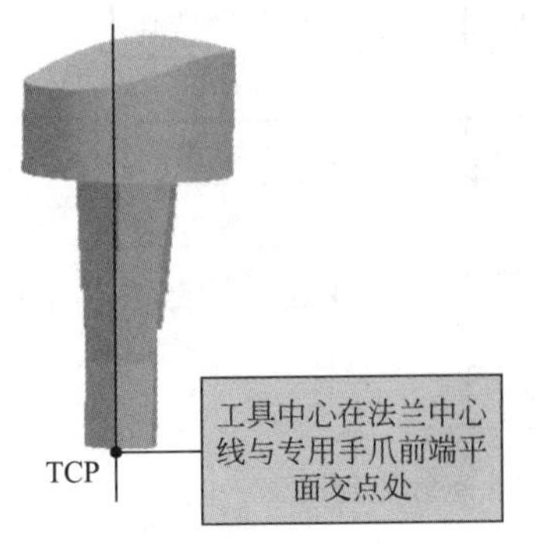

(a) 拧螺栓手爪TCP

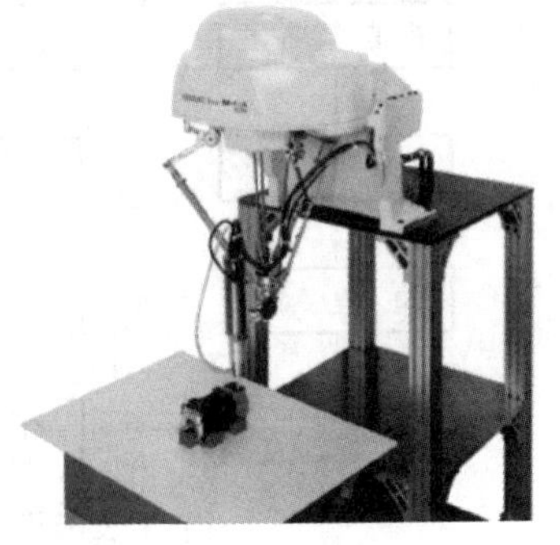

(b) 生产再现

图 5-131　专用式末端执行器 TCP 点及生产再现

装配机器人在装配生产线中可为直角式、关节式，具体的选择需依据生产需求及企业实际确定，末端执行器亦需依据产品等相关参数进行灵活选择。现以图 5-132 所示工件装配为例，选择直角式（或 SCARA 机器人）装配机器人，末端执行器为专用式螺栓手爪。采用在线示教方式为机器人输入装配作业程序，以 A 螺纹孔紧固为例，阐述装配作业编程，B、C、D 螺纹孔紧固可按照 A 螺纹孔操作进行扩展。此程序由编号 1～9 的 9 个程序点组成，每个程序点的用途说明如表 5-16 所示。具体作业流程可参照图 5-133 所示流程开展。

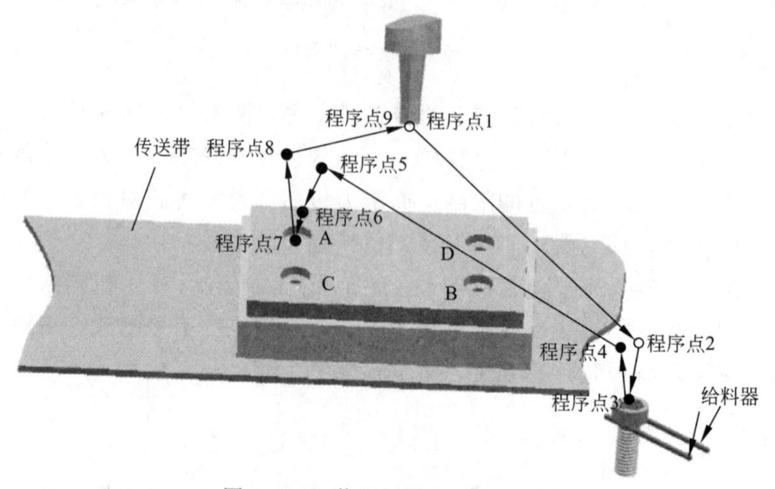

图 5-132 装配机器人运动轨迹

表 5-16 程序点说明

程序点	说明	手爪动作	程序点	说明	手爪动作
程序点 1	机器人原点	—	程序点 6	装配临近点	抓放
程序点 2	取料临近点	—	程序点 7	装配作业点	放置
程序点 3	取料作业点	抓取	程序点 8	装配规避点	—
程序点 4	取料规避点	抓取	程序点 9	机器人原点	—
程序点 5	移动中间点	抓取			

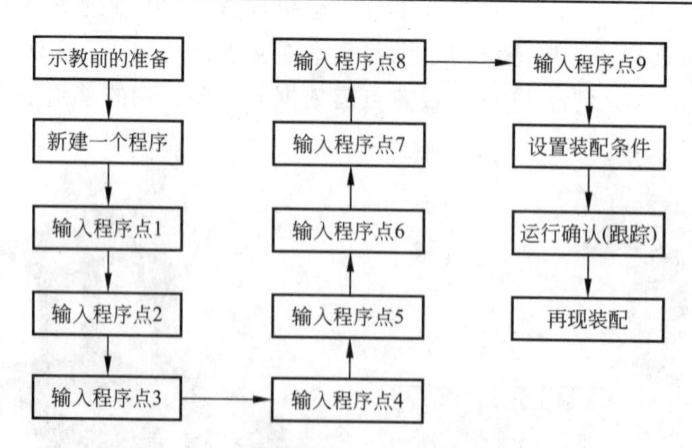

图 5-133 装配机器人作业示教流程流程

（1）示教前的准备。开始示教前，请做如下准备：

① 给料器准备就绪。

② 确认自己和机器人之间保持安全距离。

③ 机器人原点确认。

（2）新建作业程序点。按示教器的相关菜单或按钮，新建一个作业程序，如 Assem-Bly_bolt。

（3）程序点的输入在示教模式下，手动操作直角式（或 SCARA）装配机器人按图 5-133 轨迹设置程序点 1～9 移动，为提高机器人运行效率，程序点 1 和程序点 9 需设置在同一点，且程序点 1～程序点 9 需处于与工件、夹具互不干涉位置，具体示教方法可参照表 5-17。

表 5-17 弧焊作业示教

程序点	示教方法
程序点 1 （机器人原点）	（1）按手动操作机器人要领移动机器人到装配原点； （2）插补方式选择 PTP； （3）确认并保存程序点 1 为装配机器人原点
程序点 2 （取料临近点）	（1）手动操作装配机器人到取料作业临近点，并调整末端执行器姿态； （2）插补方式选择 PTP； （3）确认并保存程序点 2 为装配机器人取料临近点
程序点 3 （取料作业点）	（1）手动操作装配机器人移动到取料作业点且保持末端执行器位姿不变； （2）插补方式选择“直线插补”； （3）再次确认程序点 3，保证其为取料作业点
程序点 4 （取料规避点）	（1）手动操作装配机器人到取料规避点； （2）插补方式选择“直线插补”； （3）确认并保存程序点 4 为装配机器人取料规避点
程序点 5 （移动中间点）	（1）手动操作装配机器人到移动中心点，并适度调整末端执行器姿态； （2）插补方式选择 PTP （3）确认并保存程序点 5 为装配机器人移动中心点
程序点 6 （装配临近点）	（1）手动操作装配机器人移动到装配临近点且调整手爪位姿以适合安放螺栓； （2）插补方式选择“直线插补”； （3）再次确认程序点 6，保证其为装配临近点
程序点 7 （装配作业点）	（1）手动操作装配机器人到装配作业点； （2）插补方式选择“直线插补”； （3）确认并保存程序点 7 为装配机器人装配作业点； （4）若有需要可直接输入装配作业命令
程序点 8 （装配规避点）	（1）手动操作装配机器人到装配规避点； （2）插补方式选择“直线插补”； （3）确认并保存程序点 8 为装配机器人装配规避点
程序点 9 （机器人原点）	（1）手动操作装配机器人到机器人原点； （2）插补方式选择 PTP； （3）确认并保存程序点 9 为装配机器人原点

（4）设置作业条件。这里装配作业条件的输入，主要涉及以下几方面：

① 在作业开始命令中设置装配开始规范及装配开始动作次序。

② 在作业结束命令中设置装配结束规范及装配结束动作次序。

③ 依据实际情况，在编辑模式下合理选择配置装配工艺参数及选择合理的末端执行器。

（5）检查试运行确认装配机器人周围安全，按如下操作进行跟踪测试作业程序。

① 打开要测试的程序文件。

② 移动光标到程序开头位置。

③ 按住示教器上有关跟踪功能键实现装配机器人单步或连续运转。

（6）再现装配：

① 打开要再现的作业程序，并将光标移动到程序的开始位置，将示教器上的“模式开关”设置到“再现/自动”状态。

② 按示教器上“伺服 ON”按钮，接通伺服电源。

③ 按“启动”按钮，装配机器人开始运行。

综上所述，装配机器人作业示教编程，采用 PTP 和“直线插补”方式即可满足基本装配要求。对于复杂装配操作，可通过传感系统辅助实现精准装配，使机器人的动作随着传感器的反馈信号不断做出调整，以消除零件卡死和损坏的风险。当然，也可采用离线编程系统进行“虚拟示教”，以减少示教时间和编程者的劳动强度，提高编程效率和机器运作时间。

5.5.4 装配机器人的周边设备

装配机器人工作站是一种融合计算机技术、微电子技术、网络技术等多种技术的集成化系统，其可与生产系统相连接形成一个完整的集成化装配生产线。装配机器人完成一项装配工作，除需要装配机器人（机器人和装配一设备）以外，还需要一些辅助周边设备，而这些辅助设备比机器人主体占地面积大。因此，为了节约生产空间、提高装配效率，合理地装配机器人工位布局可实现生产效益最大化。

目前，常见的装配机器人辅助装置有零件供给器、输送装置等，下面简单进行介绍。

1. 零件供给器

零件供给器的主要作用是提供机器人装配作业所需的零部件，确保装配作业正常进行。目前应用最多的零件供给器主要是给料器和托盘，可通过控制器编程控制。

（1）给料器：用振动或回转机构将零件排齐，并逐个送到指定位置，通常给料器以输送小零件为主，如图 5-134 所示。

（2）托盘：装配结束后，大零件或易损坏划伤零件应放入托盘（见图 5-135）中进行运输。托盘能按一定精度要求将零件送到指定位置，由于托盘容纳量有限，故在实际生产装配中往往带有托盘自动更换机构，满足生产需求。

图 5-134 振动式给料器

图 5-135 托盘

2. 输送装置

在机器人装配生产线上，输送装置将工件输送到各作业点，通常以传送带为主，零件随传送带一起运动，借助传感器或限位开关实现传送带和托盘同步运行，方便装配。

5.5.5　装配机器人的新技术

装配机器人技术的新发展装配机器人同搬运、码垛、焊接、涂装等工业机器人一样融合了多种技术，在国内外高水准自动化生产装配线上，已处处可见装配机器人的身影。经过长时间的发展，装配机器人可逐步实现柔性化、无人化、一体化装配工作，现从机器人系统、传感技术、视觉伺服技术、多传感器融合技术方面介绍装配机器人技术的新进展。

1. 机器人系统

尽管某些场合的装配难以用装配机器人实现“自动化”，但是装配机器人的出现大幅度提升了装配生产线吞吐量，使得整个装配生产线逐渐向“无人化”发展，各大机器人生产厂家不断研发创新，不断推出新机型、多功能的装配机器人。

（1）操作机：日本川田工业株式会社推出的 NEXTAGE 装配机器人，打破机器人定点安装的局限，在底部配有移动导向轮，可适应装配不同结构形式的生产线，如图 5-136 所示。NEXTAGE 装配机器人具有多个轴，每个手臂 6 轴、颈部 2 轴、腰部 1 轴，且“头部”类似于人头部配有 2 个立体视觉传感器，每只手爪亦配有立体视觉传感器，极大程度地保证装配任务的顺利进行；YASKAWA 机器人公司亦推出双臂机器人 SDA10F，如图 5-137 所示。该系列机器人有两个手臂和一个旋转躯干，每个手臂负载 10 kg 并具有 7 个旋转轴，整体机器人具有多个轴，具有较大灵活性，并配备 VGACCD 摄像头，极大地促进了装配准确性。

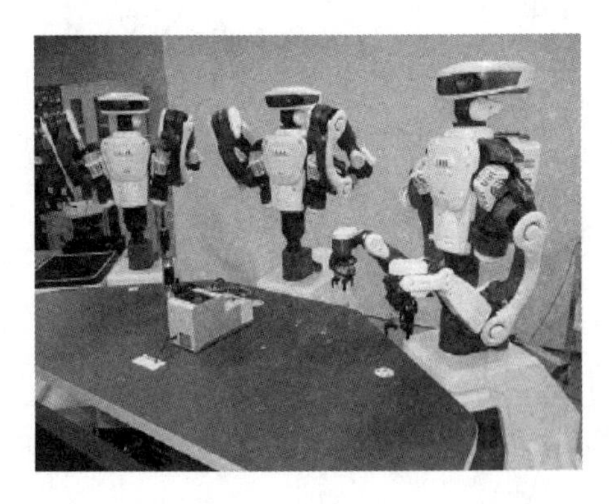

图 5-136　NEXTAGE 装配机器人

图 5-137　YASKAWA SDA10F 装配机器人

（2）控制器：装配生产线随着产品结构的不断升级，新型机器人不断涌现，处理能力不断增强。2013 年，安川机器人正式推出更加适合取放动作的控制器 FS100L。该控制器主要针对负载在 20 kg 以上的中大型取放机器人，控制器内部单元与基板均高密度实装，节省空间，与之前同容量机种相比体积减小近 22%；处理能力提高，具有 4 倍高速生产能力，缩短 I/O 应答时间。

2. 传感技术

作为装配机器人的重要组成部分，传感技术也不断改革更新，从自然信源准确获取信息，并对之进行处理（变换）和识别，成为各类装配机器人的“眼睛”和“皮肤”。

3. 视觉伺服技术

工业机器人在世界制造业中起到越来越重要的作用，为使机器人胜任更复杂的生产制造环境，视觉伺服系统以信息量大、信息完整成为机器人最重要的感知功能。机器人视觉伺服系统是机器人视觉与机器人控制的有机结合，为非线性、强耦合的复杂系统，涉及图像处理、机器人运动学、动力学等多学科知识。现仅对位置视觉伺服系统和图像视觉伺服系统进行简单介绍。

（1）位置视觉伺服系统：基于位置的视觉伺服系统，对图像进行处理后，计算出目标相对于摄像机和机器人的位姿，故要求对摄像机、目标和机器人的模型进行校准，校准精度直接影响控制精度，位姿的变化大小会实时转化为关节转动角度，进而控制机器人关节转动，如图 5-138 所示。

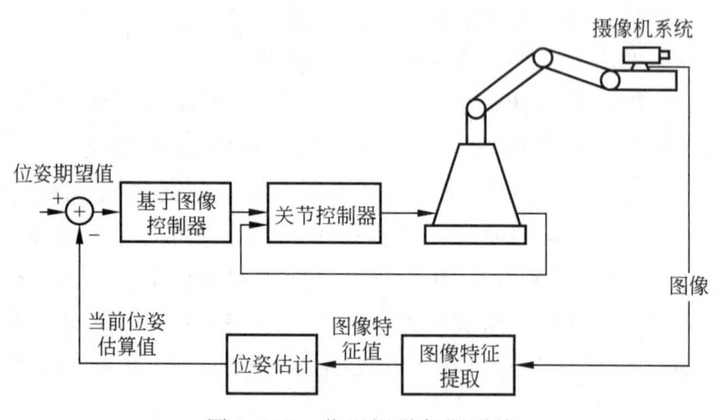

图 5-138　位置视觉伺服系统

（2）图像视觉伺服系统：基于图像视觉伺服系统，控制误差信息主要来自目标图像特征与期望图像特征之间的差异，且采集图像是二维图像，计算图像需三维信息，估算深度是计算机视觉的难点，如图 5-139 所示。

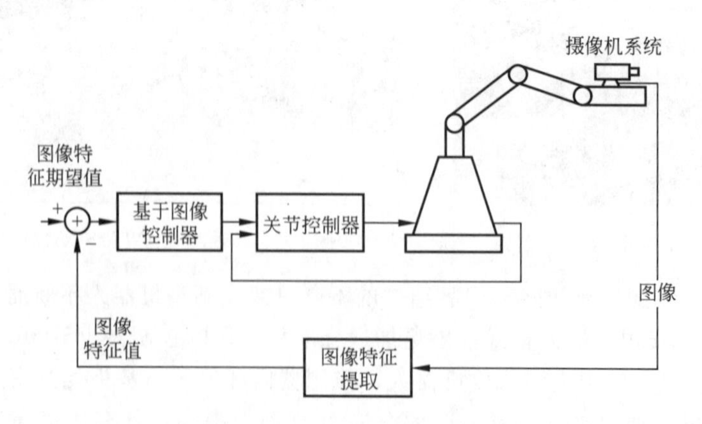

图 5-139　图像视觉伺服系统

4. 多传感器融合技术

多传感器融合技术是将分布在机器人不同位置的多个同类或不同类传感器所提供的信息

数据进行综合和分析，消除各传感器之间可能存在的冗余和矛盾，加以互补，降低其不确定性，获得被操作对象的一致性解释与描述，获得比各组成部分更充分信息的一项实践性较强的应用技术。与单传感系统相比，多传感器融合技术可使机器人独立完成跟踪、目标识别，甚至在某些场合取代人工示教。目前，多传感器融合技术有数据层融合、特征层融合和决策层融合。

（1）数据层融合：对未经太多加工的传感器观测数据进行综合和分析，此层融合是最低层次融合，如通过模糊图像进行图像处理和模式识别，但可以保存较多的现场环境信息，能提供其他融合层次不能提供的细微信息。图 5-140 所示为数据层融合过程。

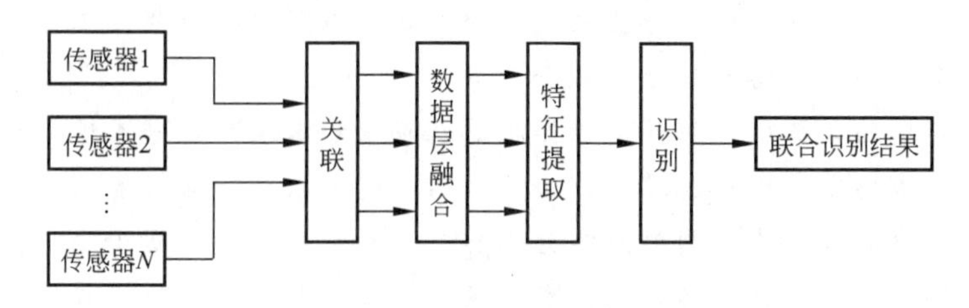

图 5-140　数据层融合过程

（2）特征层融合：将传感器获得的原始数据进行提取的表征量和统计量作为特征信息，并对它们进行分类和综合。特征层融合属于融合技术中的中间层次，主要用于多传感器目标跟踪领域。图 5-141 所示为特征层融合过程。

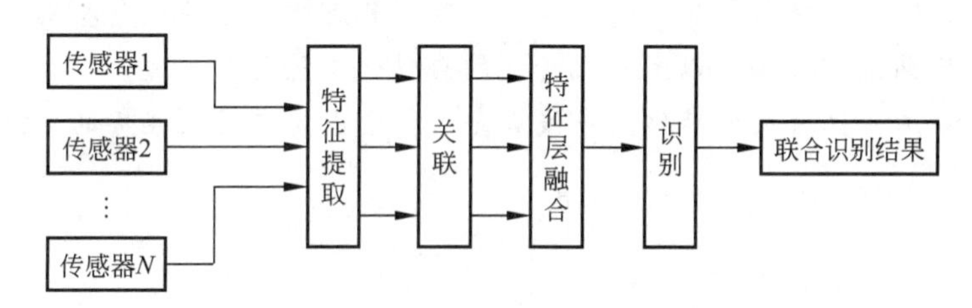

图 5-141　特征层融合过程

（3）决策层融合：利用来自各种传感器的信息对目标属性进行独立决策，并对各自得到的决策结果进行融合，以得到整体一致的决策。决策层融合属于融合技术中的最高层次，具有较高的灵活性、实时性和抗干扰能力。图 5-142 所示为决策层融合过程。

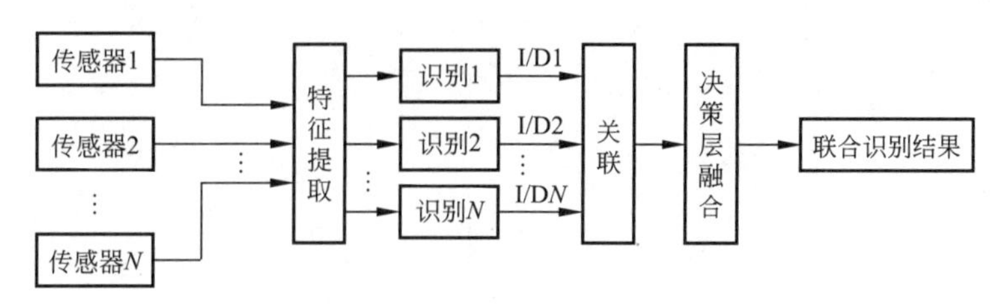

图 5-142　决策层融合过程

小　结

工业机器人的典型应用包括焊接、刷漆、组装、采集和放置（例如包装、码垛和SMT）、产品检测和测试等；所有工作的完成都具有高效性、持久性、速度和准确性。

美洲地区，工业机器人的应用非常广泛，其中汽车与汽车零部件制造业为最主要的应用领域。2012年，美洲地区这两个行业对工业机器人的需求占总份额的61%。

亚洲方面，工业机器人大规模应用的时机已经成熟。汽车行业的需求量持续快速增长，食品行业的需求也有所增加，电子行业则是工业机器人应用快的行业。工业机器人行业正成为受亚洲政府财政扶持的战略新兴产业之一。

工业机器人市场的大幕已经拉开，世界机器人市场的需求即将进入喷发期，中国潜在的巨大机械设备生产市场需求已初露端倪，工业机器人进军机床行业投资前景可期。工业机器人能替代越来越昂贵的劳动力，同时能提升工作效率和产品品质。富士康机器人可以承接生产线精密零件的组装任务，更可替代人工在喷涂、焊接、装配等不良工作环境中工作，并可与数控超精密铁床等工作母机相结合进行模具加工生产，提高生产效率，替代部分非技术工人。

使用工业机器人可以降低废品率和产品成本，提高了机床的利用率，降低了工人误操作带来的残次零件风险等，其带来的一系列效益也十分明显，例如减少人工用量、减少机床损耗、加快技术创新速度、提高企业竞争力等。机器人具有执行各种任务特别是高危任务的能力，平均故障间隔期达60 000 h以上，比传统的自动化工艺更加先进。

在发达国家中工业机器人自动化生产线成套装备已成为自动化装备的主流及未来的发展方向。

第6章

机器人与人工智能

人工智能是指智能机器所执行的通常与人类智能有关的功能，如判断、推理、证明、识别、感知、理解、设计、思考、规划、学习和问题求解等思维活动。智能机器人是人工智能研究的一个重要分支。智能机器人的研究和应用体现了广泛的学科分叉，涉及众多的课题，如机器人的体系结构、机构、控制、职能、视觉、触觉、力觉、听觉、机器人专配、恶劣环境下的机器人以及机器人语言等。严格地讲，智能机器是具有感知、思维和动作的机器。

思维（Thinking）是说它并不是简单地由人以某种方式来命令它干什么，它就会干什么，而是自身具有解决问题的能力，或者它会通过学习，为一个复杂机器找到零件的装配办法及顺序，指挥执行机构去装配完成这个机器。

感知（Sensing）是指发现、认识和描述外部环境和自身状态的能力。例如，装配作业，它要能找到和识别所要的工件，能为机器人的运动找到道路，发现并测量障碍物，发现和认识到危险等。人们很自然地把思维能力视为智力，其实，智能机器人是一个复杂的软、硬件并具有多种功能的综合体。感知能力是智能的一个很重要组成部分，以至于有人把感知外部环境的能力就视为智能。

动作（Acting）说明智能机器人不是一个单纯的软件体，它具有可以完成作业的机构和驱动装置。例如，可以把一物体由一位置运送到另一位置，可以去维修某一设备，可以拆除危险品，可以在太空或水下采集样品和人想做的其他任何作业。

提起机器人（Robot）就使人想象它应具有一些人的智力。由于在机器人的发展历史上，如弧焊、点焊、喷漆等机器人等，并不具有任何智能。所以，作为区别，又出现了智能机器人这一名词。然而，即使对智能机器人也不能期望它完全实现人的智能。

目前，人工智能的能力还很有限，所以对智能机器人的能力的要求也必然是随着技术的进步而水涨船高。对能在一定程度上感知环境，具有一定适应能力和解决问题本领的机器人就称之为具有“智能”。

工业机器人智能化至少包括以下四方面：感觉功能、控制功能、移动功能和安全可靠性（自诊断、自修复功能）。

6.1 机器人用传感器

机器人用传感器按用途分为内部传感器和外部传感器。内部传感器装在机器人本体上，包括位移、速度、加速度传感器，是为了检测机器人操作机内部状态，在伺服控制系统中作为反馈信号。外部传感器，如视觉、触觉、力觉、距离等传感器，是为了检测作业对象及环境或机器人与其关系。使用外部传感器，可以提高机器人自适能力和智能水平。

6.1.1 位移传感器

位移传感器包括直线位移传感器和角位移传感器。电位器等可用于测量直线位移，也可用于测量角位移。编码器、旋转变压器等可用于测量角位移。其分类如图 6-1 所示。

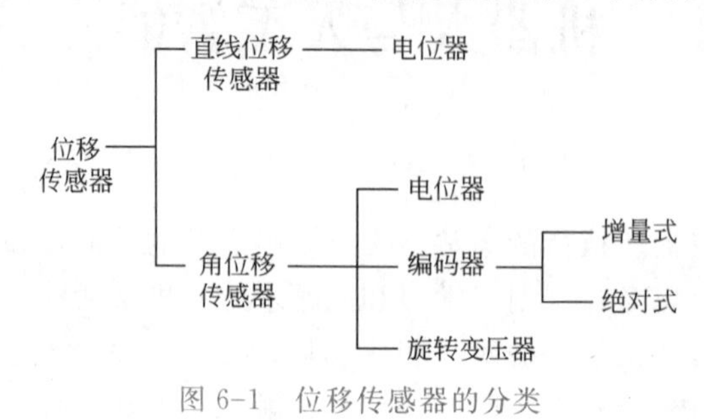

图 6-1 位移传感器的分类

1. 电位器

电位器可作为直线位移和角位移的检测元件，其结构形式如图 6-2 所示。

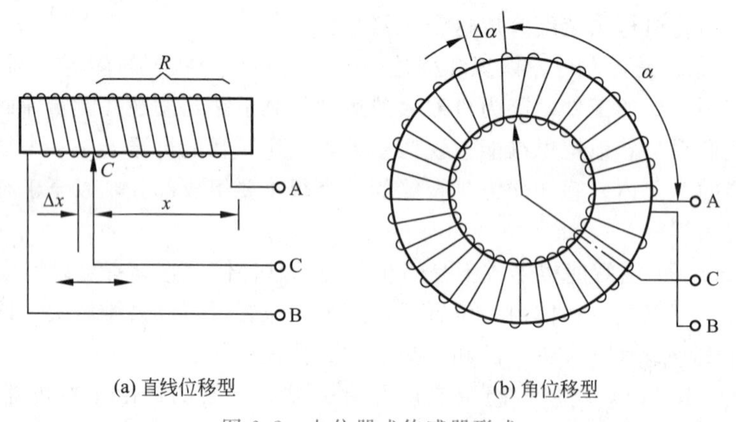

图 6-2 电位器式传感器形式

电路原理图如图 6-3 所示。

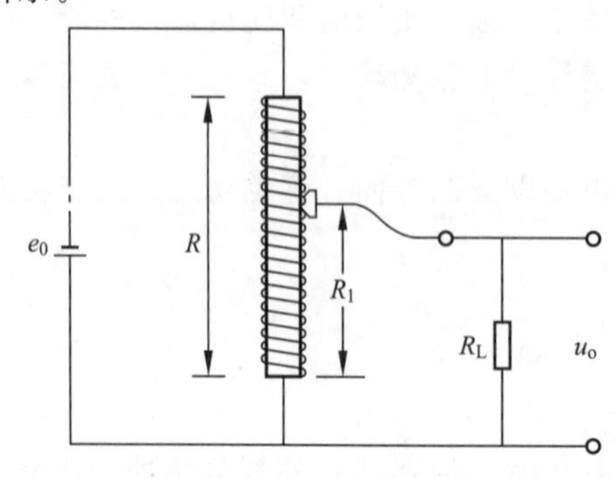

图 6-3 电位器式传感器等效电路

$$R_L \gg R \quad u_o = \frac{R_1}{R} e_0$$

式中：e_0——电源电压；

R——电位器总电阻；

R_1——触点分压电阻；

R_L——负载等效电阻；

u_o——输出电压。

所以，为了保证电位器的线性输出，应保证等负载电阻远远大于电位器总电阻。

电位器式传感器结构简单，性能稳定，使用方便，但分辨率不高，且当电刷和电阻之间接触面磨损或有尘埃附着时会产生噪声。

2. 编码器

编码器可以是机械式的、电磁式的或光电式的，按其刻度方法的不同又可分为增量式的和绝对式的。作为机器人位移传感器，增量式光电编码器应用最广泛。

光电编码器的工作原理如图 6-4 所示，在圆盘上有规则地刻有透光和不透光的线条，当圆盘旋转时，便产生一系列交变的光信号，由另一侧的光敏元件接收，转换成电脉冲。

如图 6-5 所示，增量式编码器有 $X/Y/Z$ 三路输出信号。其中 X、Y 为相位相差 $\pi/2$ 的两路脉冲信号。Z 为标志信号，码盘每转一圈，产生一个脉冲，旋转方向可由硬件电路检测。

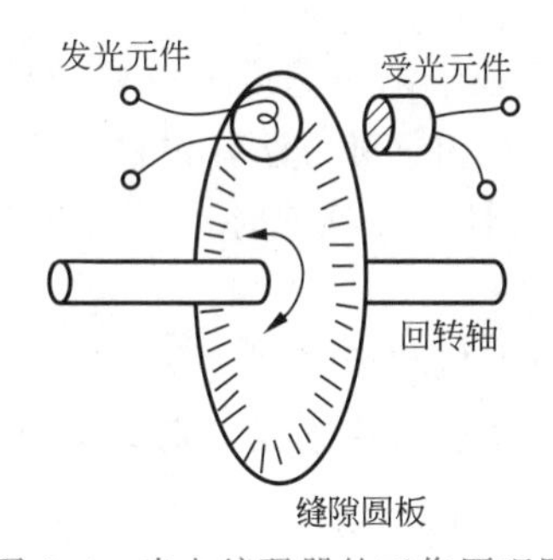

图 6-4　光电编码器的工作原理图

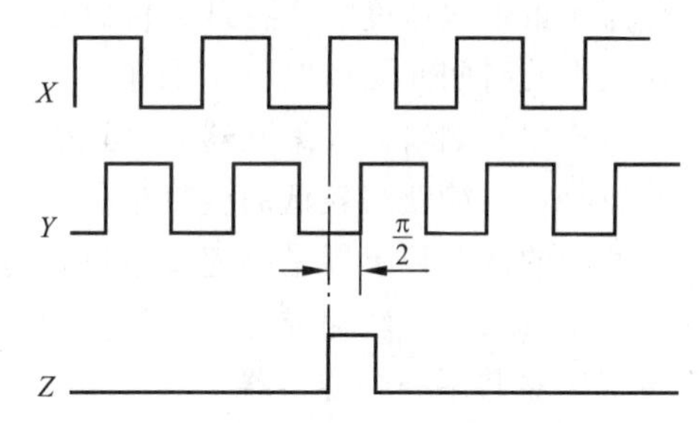

图 6-5　增量式编码器的输出波形

绝对式编码器与增量式，编码器不同之处即在圆盘上透光不透光的线条图形，有若干码道，位置可由码值直接读出。码道的设计可采用二进制码、循环码、二进制补码等，编码器的分辨力为 $2^{-n} \times 360°$，n 为盘上的码道数。图 6-6所示为循环码盘面图形。

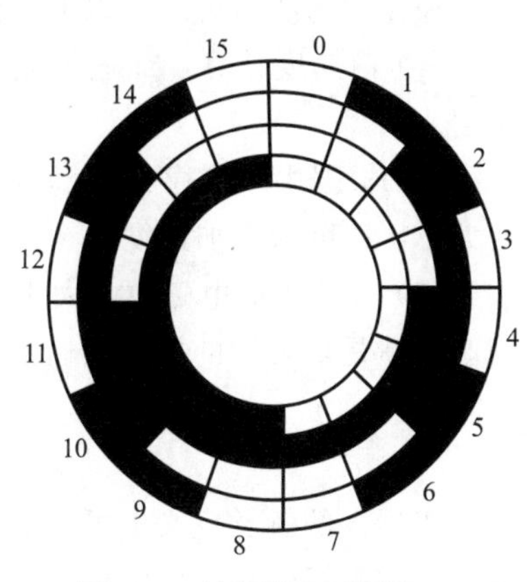

图 6-6　循环码盘面图形

光电编码器无触点，可以用在快速旋转的场合。此外，绝对式编码系统难以适应有噪声的环境，如电源干扰、机械振动，且成本高，所以不如增量式编码器应用普遍。

3. 旋转变压器

应用最广的是正余弦旋转变压器。它是一种小型的交流电动机，定子和转子都有两个相互垂直的绕组，如图 6-7 所示。定子上两个绕组的励磁电压为 $E_M \sin\omega t$、$E_M \cos\omega t$。其幅值相等，均为 E_M，角频率相等，均为 ω，相位相差 90°。转子两个绕组输出电压为 $KE_M \sin(\omega t+\theta)$，$KE_M \cos(\omega t+\theta)$，其幅值与励磁电压的幅值成正比，对励磁电压的相位移等于转子的转动角度 θ，检测出相应差为 θ，即可测出角位移。

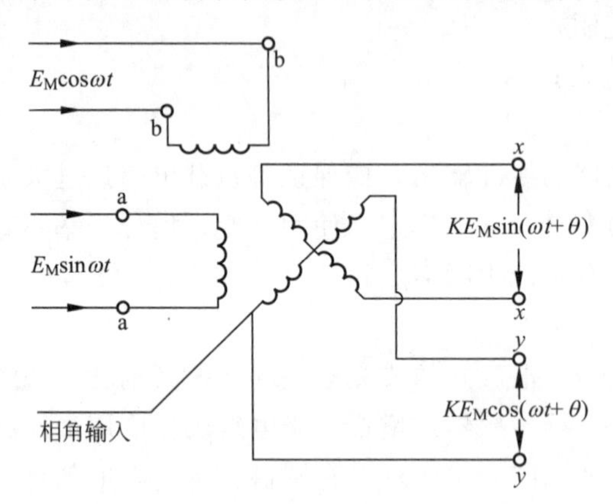

图 6-7　正余弦旋转变压器

6.1.2　速度传感器

1. 速度传感器

因为测量值线速度需要特殊的传感器，所以一般只限于测角速度。位移的导数是速度，所以在很小的时间间隔内对位移采样，可计算出速度。利用这种方法，位移和速度测量可共用一个传感器（如增量式编码器），但这种方法有其局限性：在低速时，存在不稳定的危险；而在高速时，只能获得较低的测量精度。

最通用的速度传感器是测速发电机，有直流测速发电机和交流测速发电机，其输出电动势（或电压）与转子转速成正比。若使用旋转变压器作为位移传感器，则交流测速发电机可和旋转变压器共用一个传感器。

2. 加速度传感器

加速度的测量可通过以下方法实现：

（1）由速度计算，加速度是速度的时间导数。在一定的时间内对速度采样，可计算加速度。

（2）根据牛顿定律，$a=F/m$，对于已知质量 m 的物体，使用力觉传感器，测量其所受的力 F，即可求出加速度 a。

（3）电动机的电磁力的大小与电流有关，所以加速度的测量可转化为电流的测量。电流伺服反馈是最常用的控制加速度的方法。

6.1.3　触觉传感器

机器人的触觉广义上可获取的信息是：接触信息；狭小区域上的压力信息；分布压力信息；力和力矩信息；滑觉信息。这些信息分别用于触觉识别和触觉控制。从检测信息及等级考虑，触觉识别可分为点信息识别、平面信息识别和空间信息识别 3 种。

1. 接触觉传感器

（1）单向微动开关：当规定的位移或力作用到可动部分（称为执行器）时，开关的接点断开或接通而发出相应的信号。为保证传感器的敏感度，执行机构可在 4～7 N 力的作用下产生动作，其中链接式按钮敏感度最高。

图 6-8 所示为单向微动开关的原理示意图，它由滑柱、弹簧、基板和引线构成。当接触到外界物体时，由于滑柱的位移导致电路的“通”或“断”，从而输出逻辑信号 1 或 0。这种开关的结构简单，使用方便，但必须保证其工作可靠性和接触物体后受力的合理性。过大作用力可能会损坏开关。微动开关的安装位置应防止工作空间内物体事故性碰撞。

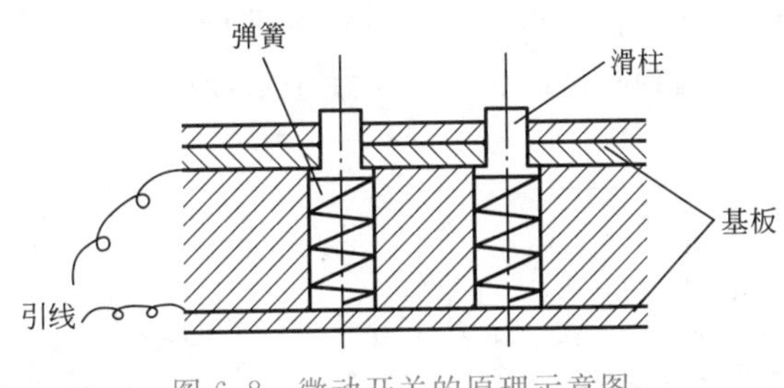

图 6-8　微动开关的原理示意图

图 6-9 所示为具有五指机械手及其安装于手上的开关系统。各开关共用一条地线，在图 6-9（a）表示未抓握的状态，5 个开关均断开，5 个放大器输入端均为高电平，即处于逻辑 1 状态；而图 6-9（b）为 3 个手指抓住一个积木块。因此，相应手指开关 F_1、f_1、f_2 接地，变为逻辑 0 信号。显而易见，如果采用更多的微动开关，可判断出物体的大致形状。

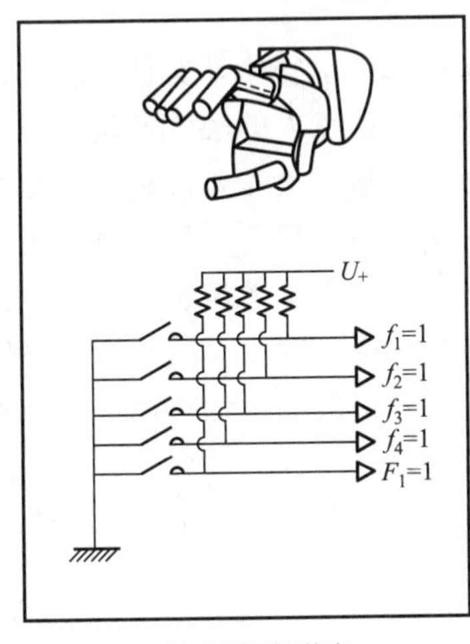

(a) 未抓握的状态

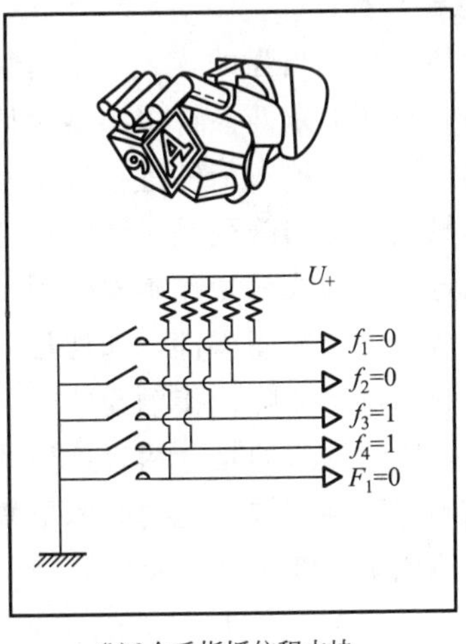

(b) 3个手指抓住积木块

图 6-9　具有微动开关的五指机械手及其等效电路

（2）接近开关：非接触式接近传感器有高频振荡式、磁感应式、电容感应式、超声波式、电动式、光电式、光纤式等多种接近开关。

光电开关是由 LED 光源和光敏二极管或光敏晶体管等光敏元件，相隔一定距离而构成的透光式开关。当充当基准为止的遮光片通过光源和光敏元件间的缝隙时，光射不到光敏元件上，而起到开关的作用。光接收部分的电路已集成为一个芯片，可以直接得到TTL出电平。光电开关的特点是非接触检测，精度可达0.5 mm左右。

触觉传感器

触觉传感器结构简图如图6-10（a）所示，由须状触点及其检测部分构成，触点由具有一定长度的柔软性软条丝构成，它与物体接触所产生的弯曲由在根部的检测单元检测。与昆虫的触角功能一样，触觉传感器的功能是识别接近的物体，用于确认所设定的动作的结束，以及根据接触发出回避动作的指令或搜索对象物的存在。

图6-10（b）所示的机器人脚下安装的多个触觉传感器，依据接通传感器的个数可以检测脚凳在台阶上的不同程度（如在手爪的前端及内外侧面），相当于手掌心的部分装设接触觉传感器，通过识别手爪上接触物体的位置，可使手爪接近物体并且准确地完成把持动作。

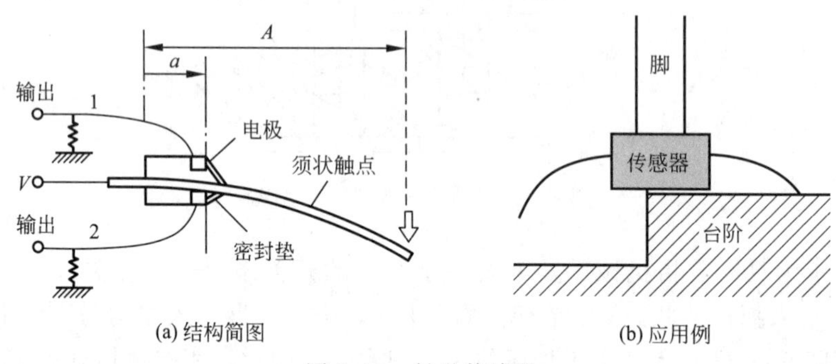

图6-10　触觉传感器

2. 触觉传感器阵列

人类的触觉能力是相当强的。人们不但能够捡起一个物体，而且不用眼睛也能识别它的外形，并辨别出它是什么东西。许多小型物体完全可以靠人的触觉辨认出来，如螺钉、开口销、圆销等。如果要求机器人能够进行复杂的装配工作，也需要具有这种能力。采用多个接触传感器组成的触觉传感器阵列是辨认物体的方法之一。目前，已经研制成功一种能够在机器人手指端部固定的单片式触觉传感器阵列，它由256个接触传感器组成。在计算机程序控制下，他能够辨认出各个紧固零件，如螺母、螺栓、平垫圈、夹紧垫圈、定位销和固定螺钉等。手指端部安装的传感器阵列接触物体时，把感觉信息输入计算机进行分析，确定物体的外形和表面特征。应当注意的是，尽管这里的处理过程与视觉系统很相似，但是他们是有区别的。触觉能够确定三维结构，它的问题更复杂一些。图6-11所示为一种触觉传感器阵列在压力作用下导体电阻的变化区域示例。

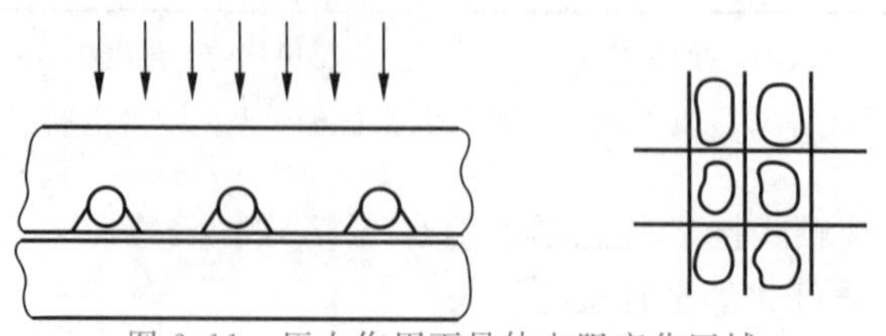

图6-11　压力作用下导体电阻变化区域

在接触阵列中，采用了两种导体元件：一件柔软的印制电路板和一片各相异性的导体硅橡胶（ACS）。ACS 具有可在导体平面内各个方向导电的性能。印制电路板上装有许多电容器（PC），它们都和 ACS 的导电方向垂直，这样就形成了由许多压力传感器组成的阵列。印制电路板和 ACS 的每个横断面上都有一个压力传感器。在压力作用下，为了把两层导体推开，还需要有一个弹性分离层。采用编织网状的尼龙套作为弹性层，具有很好的传感性能和拉伸性能。

图 6-12 所示为触觉阵列的结构图。其中，导电硅橡胶（ACS）采用夹有石墨或银的多层硅橡胶制成，PC1 和 PC2 必须和 ACS 相接处。从 PC1 和 PC2 上引出的导线，把传感器的信息送给计算机。每个坐标方向布置 16 根导线，总共有 32 根导线，可构成 256 个传感器组成的阵列。

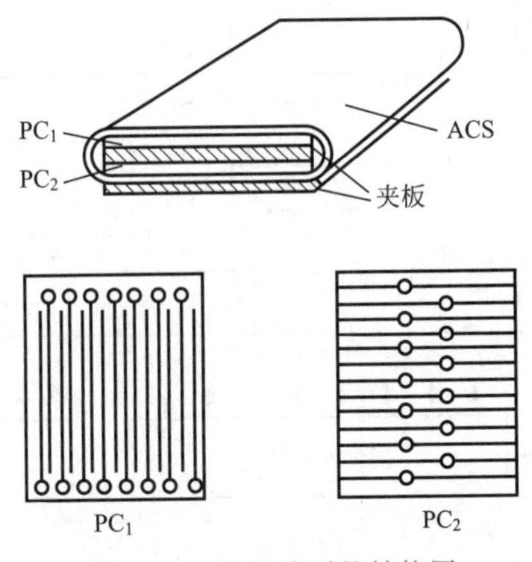

图 6-12　触觉阵列的结构图

图 6-13 所示为传感器阵列检测电路。各列输入端为高电位，各行输出端接地。当某一传感器接通时，测量输出电流。对各列各行依次进行检测，就能够测量出各交叉点的电阻。这种方法的特点是它不需要在交叉点上使用二极管，这也是防止监测结果出错的常用方法。

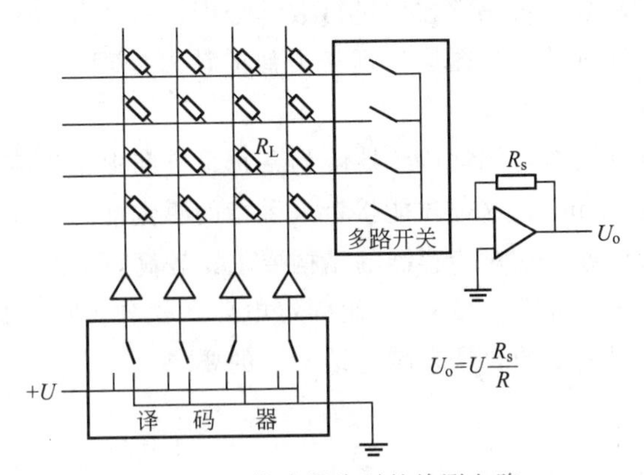

图 6-13　传感器阵列的检测电路

超大规模集成（VLSI）计算传感器阵列是一种新型的触觉传感器，它采用大规模集成技术，把若干个传感器和计算逻辑控制元件制造在同一个基体上。在传感器阵列中，感觉信号是由导电塑料压力传感器检测输入的，每个传感器都有单独的逻辑控制元件。接触信息的处理和通信等功能都由 VLSI 基体上的计算逻辑控制元件完成。

配备在每个小型传感器单元上的计算元件相当于一台简单的微型计算机，如图 6-14 所示。它包括一个模拟比较器（1bit A/D）、一个数据锁存器（1 位锁存器）、一个加法器、一个 6 位位移寄存器累加器、一个指令寄存器和一个双相时钟发生器。由一个外部控制计算机用过总线向每个传感器单元发出指令。指令用于控制所有的传感器和计算单元，包括控制相邻传感器计算元件之间的通信。

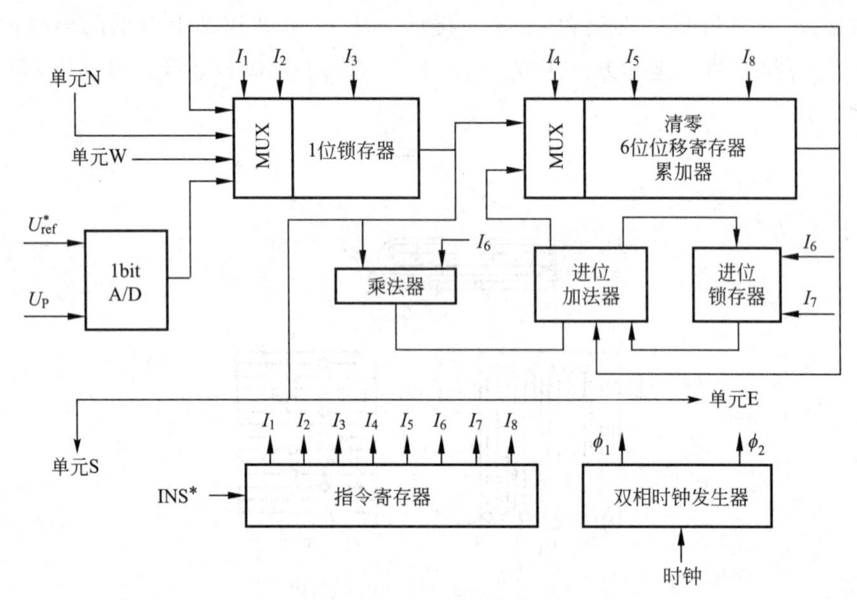

图 6-14　一个 VLSI 计算单元的框图

VLSI 计算单元具有下列功能：①用各个传感器单元对被测对象的局部压力值进行采样；②存储感觉信息；③和邻近单元进行数据交换和数据计算。

为了分析测量结果，必须对感觉数据进行数学分析。每个 VLSI 计算单元可以进行各种分析计算，例如，卷积计算及视觉图像处理相类似的计算处理。因此，VLSI 触觉传感器具有较高的感觉输出速度。

要获得较满意的触觉能力，触觉传感器阵列在每个方向上至少应该装上 25 个触觉元件，每个元件的尺寸不超过 1 mm^2，这样才能接近人手指的感觉能力，完成那些需要定位、识别及小型零件搬运等复杂任务。它对传感器的结构要求比较高，但对速度要求不太高。这是因为机械手臂的操作响应时间为 5～20 ms，而固定电路的工作速度一般为纳秒或微秒级。所以，有时可以通过放宽对速度的要求来满足结构上的要求。

6.1.4　滑觉传感器

滑觉传感器是检测垂直加压方向的力和位移的传感器。如图 6-15（a）所示，用手爪抓取处于水平位置的物体时，手爪对物体施加水平压力，如果压力较小，垂直方向作用的重力会克服这个压力使物体下滑。

把物体的运动约束在一定面上的力，即垂直作用在这个面的力称为正压力 F_N。面上有摩擦时，还有摩擦力 F_m 作用在这个面的切线方向阻止物体运动，其大小与正压力 F_N 有关。静止物体将要运动时，设 μ_0 为静摩擦因数，则 $F_m \leqslant \mu_0 F_N$（$F_m = \mu_0 F_N$ 称为最大摩擦力），设动摩擦因数为 μ，则运动时 $F_m = \mu F_N$。

假定物体的质量为 m，重力加速度为 g，把图 6-15（a）中的物体看作是处于滑落状态，则手爪的把持力 F_1 为了把物体束缚在手爪面上，垂直作用于手爪面的把持力 F 相当于正压力 F_N，当向下的重力 mg 比最大摩擦力 $\mu_0 F_m$ 大时，物体滑落。重力 $mg = \mu_0 F_f$ 时的力 $F_{fmin} = mg/\mu_0$ 称为最小把持力。

可以用压力传感器阵列作为滑觉传感器，检测感知特定点的移动，当图 6-15（a）中的物体是圆柱时，圆形的压觉分布重心移动时的情况如图 6-15（b）所示。

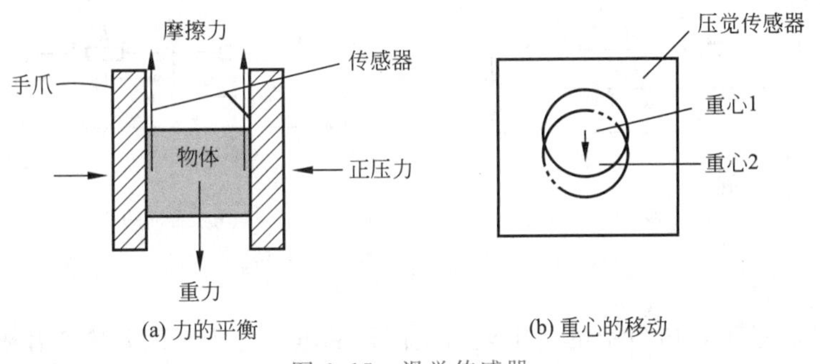

图 6-15　滑觉传感器

6.1.5　力觉传感器

力觉传感器是一类触觉传感器。由于它在机器人和机电一体化设备中具有广泛的应用，这里专门进行介绍。

力觉感器是用来检测设备内部力或外界环境相互作用力为目的的。力不是直接可测量的物理量，而是通过其他物理量间接测量出的。

图 6-16 所示为机器人手腕用力觉传感器的原理，驱动轴 B 通过装有应变片 A 的腕部与手部 C 连接。当驱动轴回转并带动手部拧紧螺钉 D 时，手部所受的力矩大小通过应变片电压的输出测得。

图 6-17 所示为无触点式力矩检测原理，传动轴的两端安装上磁分度圆盘 A，分别用磁头 B 检测两圆盘之间的转角差，用转角差和负载 M 之间的比例，可测量出负载力矩的大小。

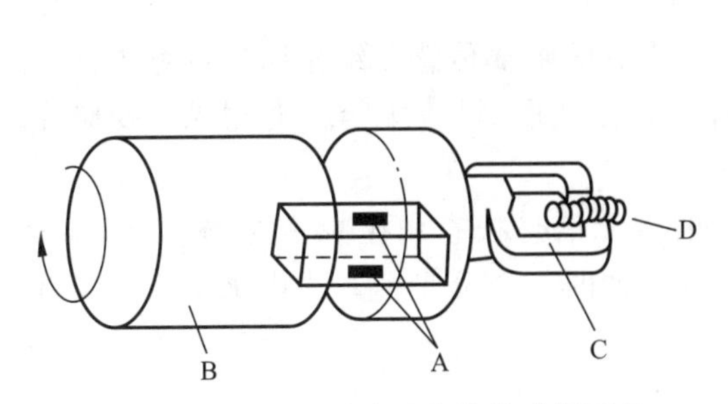

图 6-16　机器人手腕用力觉传感器原理

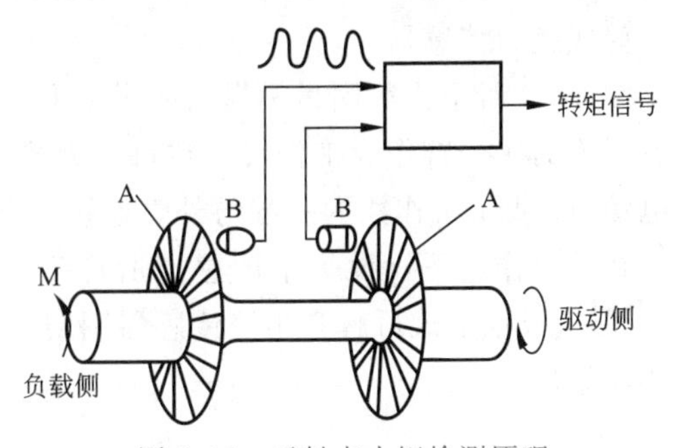

图 6-17　无触点力矩检测原理

力觉传感器主要使用的元件是电阻应变片。电阻应变片利用了金属丝拉伸时电阻变大的现象，它被粘在加力的方向。电阻应变片用导线接到外部电路上可测定输出电压，得出电阻值的变化。

如图 6-18（a）所示电阻应变片作为电桥电路一部分，把 图 6-18（a）改写成图 6-18（b）。

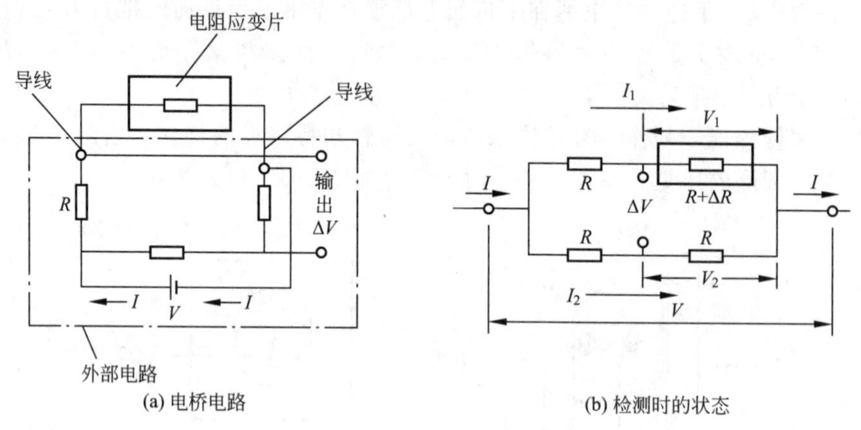

图 6-18　应变片组成的电桥

在不加力的状态下，电桥上的 4 个电阻是同样的电阻值 R。假若应变片被拉伸，电阻应变片的电阻增加 ΔR。电路上各部分的电流和电压如图 6-18（b）所示，它们之间存在下面的关系：

$$V = (2R + \Delta R)I_1 = 2RI_2,\quad V_1 = (R + \Delta R)I_1,\quad V_2 = RI_2$$

可得

$$\Delta V = V_1 - V_2 \approx \frac{\Delta RV}{4R}$$

如果已知力和电阻值的变化关系，就可以测出力。

上面的电阻应变片测定的是一个轴方向的力，要测定任意方向上的力时，应在 3 个轴方向分别贴上电阻应变片。

6.1.6　腕力传感器

作用在一点的负载，包含力的 3 个分量和力矩的 3 个分量，能够同时测出这 6 个分量的传感器是 6 轴力觉传感器。机器人的力控制主要控制机器人手爪任意方向的负载分量，因此需要 6 轴力觉传感器。6 轴传感器一般安装在机器人手腕上，因此也称为腕力传感器。

筒式腕力传感器

图 6-19 所示为美国最早提出的十字形弹性体构成的腕部传感器结构原理示意图。十字形所形成的 4 个臂作为工作梁，在每个梁的 4 个表面上选取测量敏感点，通过粘贴变应片获取电信号。4 个工作梁的一端与外壳连接。

在外力作用下，设每个敏感点所产生的力的单元信息按直角坐标定位 W_1，W_2，…，W_8，那么根据下式可解算出该传感器围绕 3 个坐标轴的 6 个分量值。式中 K_{mn} 值一般是通过实验给出。

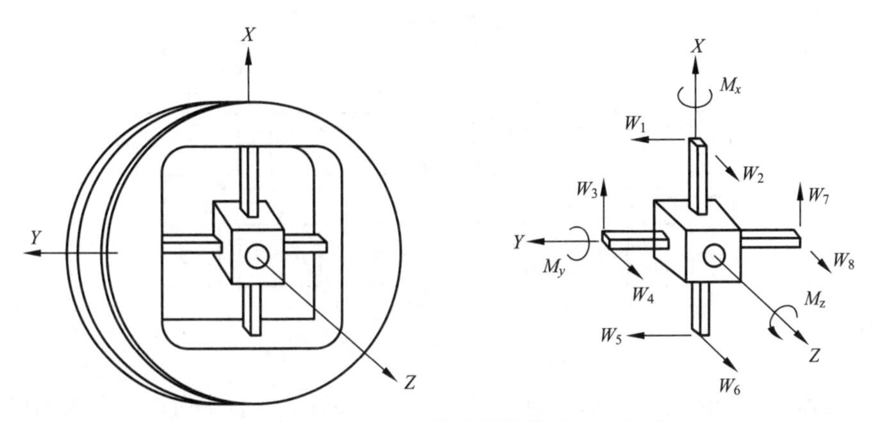

图 6-19　十字形腕力传感器结构原理示意图

$$\begin{bmatrix} F_x \\ F_y \\ F_z \\ M_x \\ M_y \\ M_z \end{bmatrix} = \begin{bmatrix} 0 & 0 & K_{13} & 0 & 0 & 0 & K_{17} & 0 \\ K_{21} & 0 & 0 & 0 & K_{25} & 0 & 0 & 0 \\ 0 & K_{32} & 0 & K_{34} & 0 & K_{36} & 0 & K_{38} \\ 0 & 0 & 0 & K_{44} & 0 & 0 & 0 & K_{48} \\ 0 & K_{52} & 0 & 0 & 0 & K_{56} & 0 & 0 \\ K_{61} & 0 & K_{63} & 0 & K_{65} & 0 & K_{67} & 0 \end{bmatrix} \begin{bmatrix} W_1 \\ W_2 \\ \vdots \\ W_8 \end{bmatrix}$$

图 6-20 所示为 SAFS-1 型十字形腕力传感器实体结构图。它是将弹性体 3 固定在外壳 1 上，而弹性体另一端与端盖 5 相连接。图中 2 为线路板，4 为过载保护用的限位器。

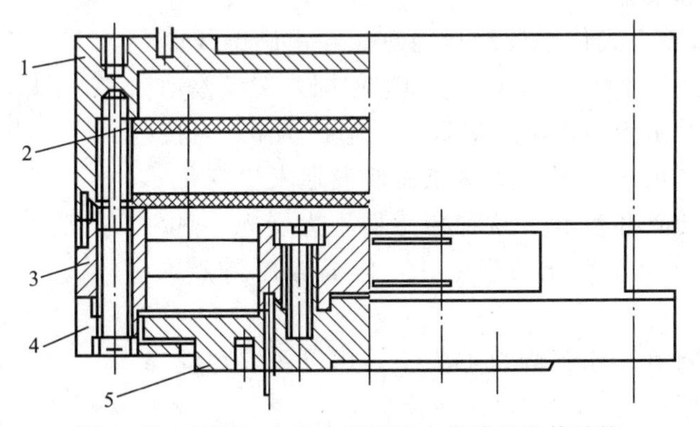

图 6-20　SAFS－1 型十字形腕力传感器实体结构
1—外壳；2—线路板；3—弹性体；4—限位器；5—端盖

十字形腕部传感器的特点是结构比较简单，坐标容易设定并基本上认为其坐标原点位于弹性几何中心，但要求加工精度较高。图 6-21 所示为该传感器系统构成框图。该系统具有六路模拟量与数字量两种输出功能。

6.1.7　接近与距离传感器

接近与距离觉传感器是机器人用以探测自身与周围物体之间相对位置和距离的传感器。它的使用对机器人工作过程中适时地进行轨迹规划与防止事故发生具有重要意义。人类没有

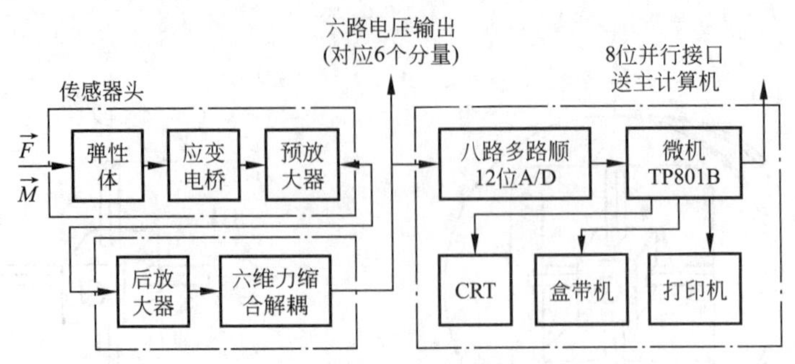

图 6-21　传感器系统构成框图

专门的接近觉器官，如果仿照人的功能是机器人具有接近觉器官，所以机器人采用了专门的接近觉传感器。它主要起以下三方面的作用：①在接触对象物前得到必要的信息，为后面动作做准备；②发现障碍物时，改变路径或停止，以免发生碰撞；③得到对象物体表面形状的信息。

由于这类传感器可用以感知对象位置，故也被称为位置觉传感器。传感器越接近物体，越能精确地确定物体位置，因此常安装于机器人手部。

根据感知范围（或距离），接近觉传感器大致可分为三类：感知近距离物体（毫米级）的有磁力式（感应式）、气压式、电容式等；感知中距离（大致 30 cm 以内）物体的有红外光电式；感知远距离（30 cm 以外）物体的有超声式和激光式。视觉传感器也可作为接近觉传感器。

1. 磁力式接近传感器

图 6-22 所示为磁力式传感器结构原理。它由励磁线圈 C_0 和检测线圈 C_1 和 C_2 组成，圈数 C_1、C_2 相同，接成差动式。当未接近物体时由于结构上的对称性，输出为 0；当接近物体（金属）时，由于金属产生涡流而使磁通发生变化，从而使检测线圈输出产生变化。这种传感器不大受光、热、物体表面特征影响，可小型化与轻量化，但只能探测金属对象。

日本日立公司将其用于弧焊机器人上，用以跟踪焊缝。在 200 ℃以下探测距离 0～8 mm，误差只有 4%。

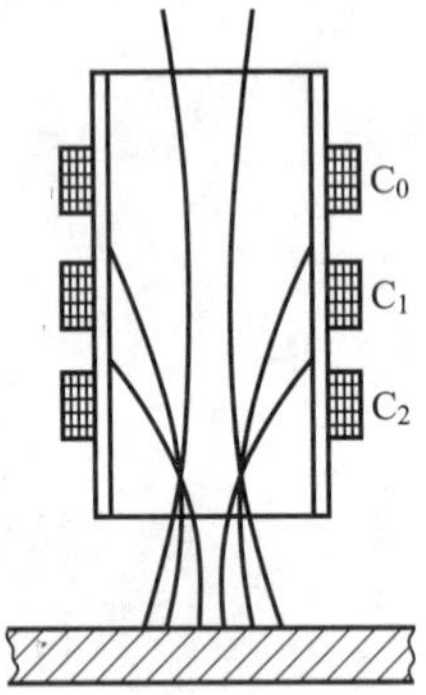

图 6-22　磁力式传感器

2. 气压式接近传感器

图 6-23 为气压式传感器的基本工作原理与特性图。它是根据喷嘴-挡板作用原理设计的。气压源 P_V 值经过节流孔进入背压腔，又经喷嘴射出，气流碰到被测物体后形成被压输出 P_A。合理地选择 P_V 值（恒压源）、喷嘴尺寸及节流孔大小，便可得出输出 P_A 与距离 x 的对应关系 。一般不是线性的，但可以做到局部近似线性的输出。这种传感器具有较强的防火、防磁、防辐射能力，但要求气源保持一定程度的净化。

3. 红外式接近传感器

图 6-24 所示为红外式接近传感器的基本工作原理。它具有发送器与接收器两部分。发送器一般为红外发光二极管，接收器一般为光敏晶体管。发送器向某物体发出一束红外光

后，该物体反射红外光，并被接收器所接收。通过发射与接收达到判断物体的存在，经过信号处理和解算又可确定其位置（距离）。

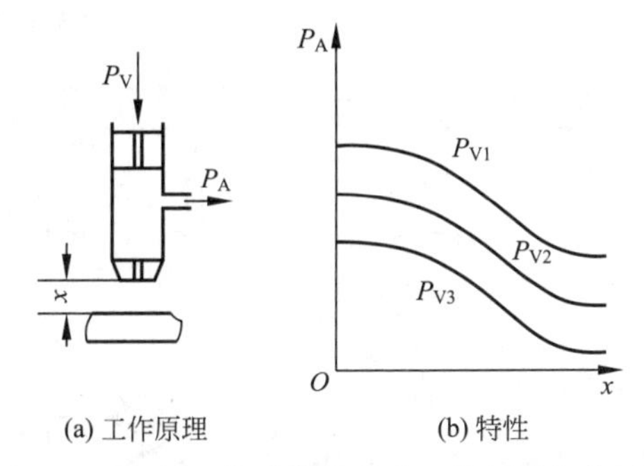

图 6-23　气压式传感器的基本工作原理与特性图

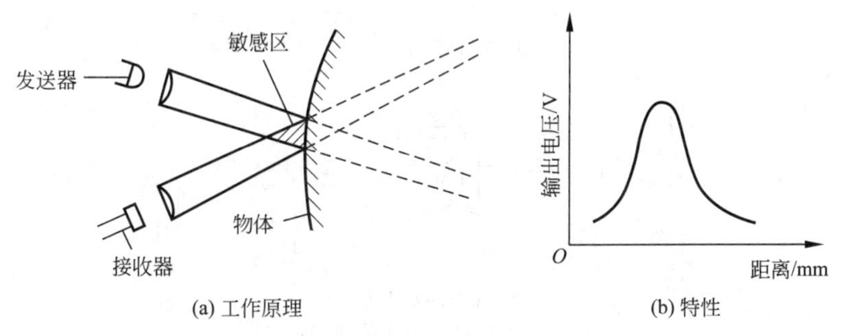

图 6-24　红外式传感器的基本工作原理及特性

红外式接近传感器的特点在于发送器与接收器尺寸都很小，因此可以方便地安装于机器人手部。

红外线传感器能很容易地检测出工作空间内某物体的存在与否，但作为距离的测量仍有其复杂的问题，因为接收器接收到的反射光线会随着物体表面特征不同和物体表面相对于传感器光轴的方向不同而出现差异。这点在设计与使用中应予以注意。

红外式接近传感器的发送器所发出的红外光是经过脉冲调制的（一般为几千赫兹），其目的是消除周围光线的干扰作用。接收器接收时又要经过滤波。

图 6-25 所示为一种类型的发射与接收线路。图 6-25（a）为发光二极管发射功率脉冲，图 6-25（b）、（c）是两种接收线路方案。

红外多传感器系统可用于多个区域的测量。图 6-26 所示为美国 JPL 实验室推出的采用 4 个发送器与 4 个接收器所组成的系统。它可由 13 个检测器检测物体的 13 个区域，测量各种可能的情况，已获得尽可能多的信息。

4. 超声波距离传感器

超声波距离传感器用于机器人对周围物体的存在距离进行探测。尤其对移动式机器人，安装这种传感器可随时探测前进道路上是否出现障碍物，以免发生碰撞。

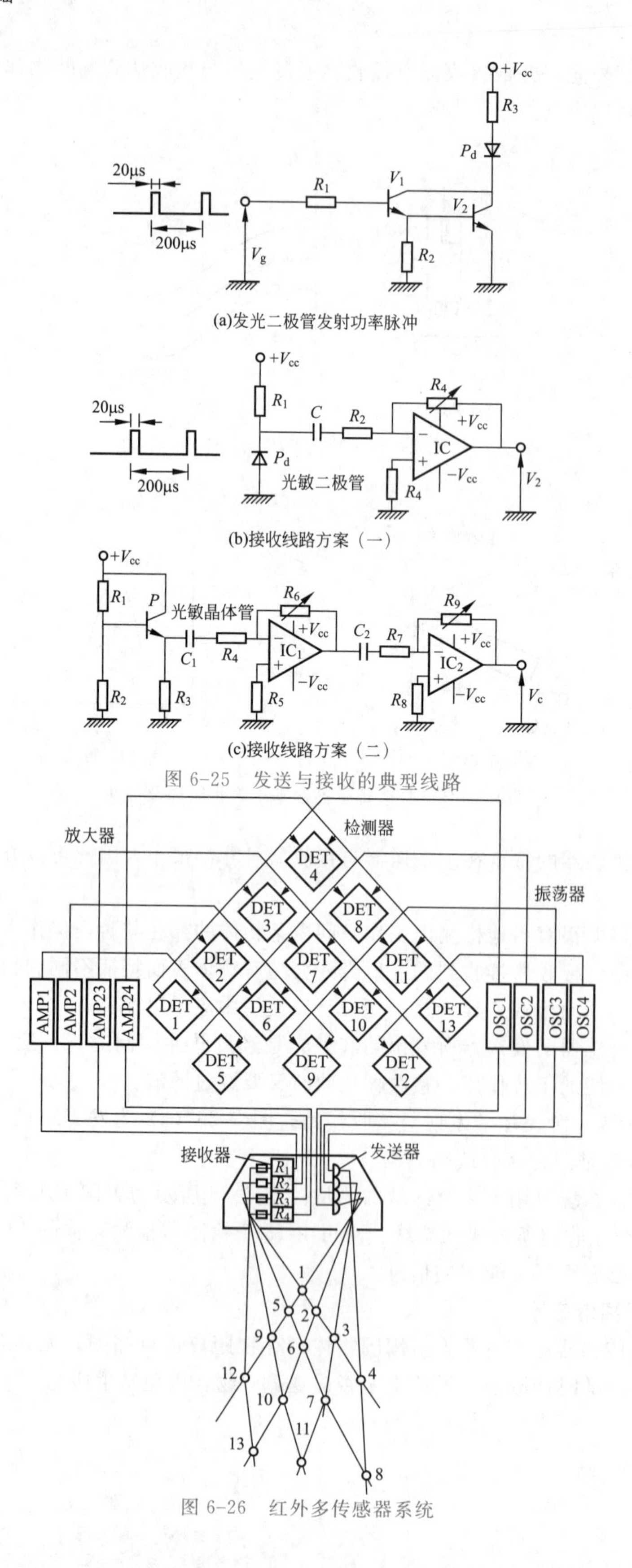

图 6-25　发送与接收的典型线路

图 6-26　红外多传感器系统

超声波是人耳听不见的一种机械波，其频率在 20 kHz 以上，波长较短，绕射小，能够作为射线而定向传播。超声波传感器由超声波发生器和接收器组成。超声波发生器有压电式、电磁式及磁致伸缩式等。在检测技术中最常用的是压电式。压电式超声波传感器，就是利用了压电材料的压电效应，如石英、电气石等。逆压电效应将高频电振动转换为高频机械振动，以产生超声波，可作为“发射”探头。利用正压电效应则将接收的超声振动转换为电信号，可作为“接收”探头。

由于用途不同，压电式超声传感器有多种结构形式。图 6-27 所示为其中一种，即双探头（一个探头发射，另一个探头接收）。带有晶片座的压电晶体片装入金属壳体内，压电晶体片两面镀有银层，作为电极板，地面接地，上面接有引出线。阻尼块或称吸收块的作用是降低压电片的机械品质因数，吸收声能量，防止电脉冲振荡停止时，压电片因惯性作用而继续震动。阻尼块的声阻抗等于压电片声阻抗时，效果最好。

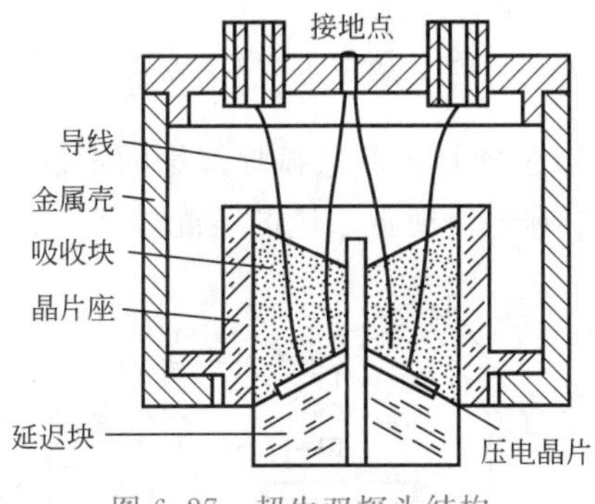

图 6-27　超生双探头结构

6.2　机器人视觉

6.2.1　概述

机器人视觉通常也称为机器视觉或计算机视觉，他是从视野环境内的图像中抽取、描述和解是信息的一个过程。视觉对于机器人的智能化来说具有非常重要的意义，它可以使机器人快速、准确、及时、大量地获得外界信息。它赋予机器人一种高级感觉机构，使机器人能对周围环境进行识别并做出相应的灵活反应。

目前机器人视觉已发展到了第三代。第一代机器人视觉系统是根据物体的剪影工作的，由物体的剪影判断物体的位置、姿态、尺寸等参数。此种视觉系统以二值图像处理为其特征，图像一般由逆光景象生成。第二代机器人视觉系统可采用灰度等级表征物体。这种系统可以根据面光景象工作，并可区分纹理模式。第三代视觉系统采用立体技术，可以从二维图像中理解和构成一个三维世界的模型，也可确定景象中可见物体的三维坐标，甚至推断出不可见表面。

目前，只能在有限的环境中设计并实现上述视觉系统，并以满足某些特定任务的要求为目标。何时才能是机器人视觉具有人类视觉同样的感觉能力，是一个有待今后来解决的问题。

工业机器人视觉系统从应用角度出发可分为三类：

（1）用于图像识别：视觉系统将图像信息传递给机器人控制系统，以达到判断操作对象和识别环境的目的。图 6-28 所示为自动喷漆系统，这种应用要求机器人控制器有较高的计算速度，因此，采用的技术要尽可能简单。

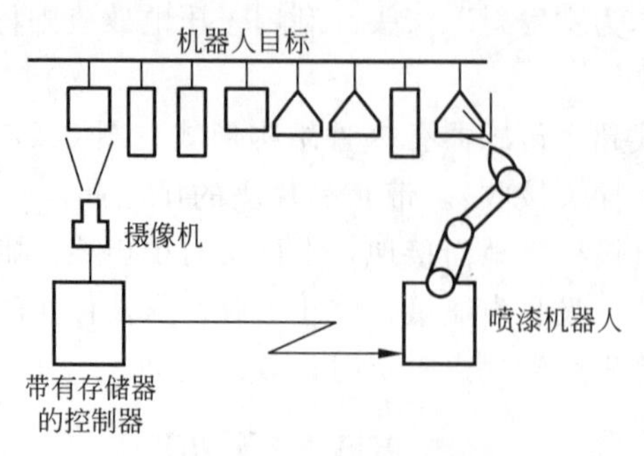

图 6-28　自动喷漆系统

（2）用于定位：如根据坡口位置等控制电弧焊焊枪的定位、检测零部件的位置和姿态进行装配等。图 6-29 所示为一个有定位视觉系统的装配机器人。

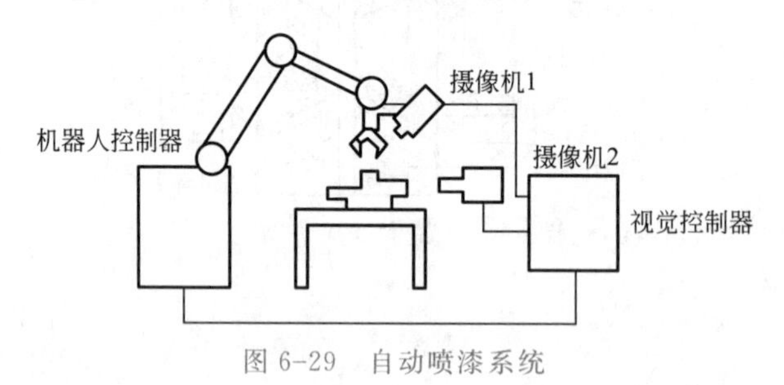

图 6-29　自动喷漆系统

（3）用于检测：如检测印制电路板和掩膜图的损伤、缺陷及检测产品的外形尺寸等。图 6-30所示为一个检测导线直径的视觉系统。

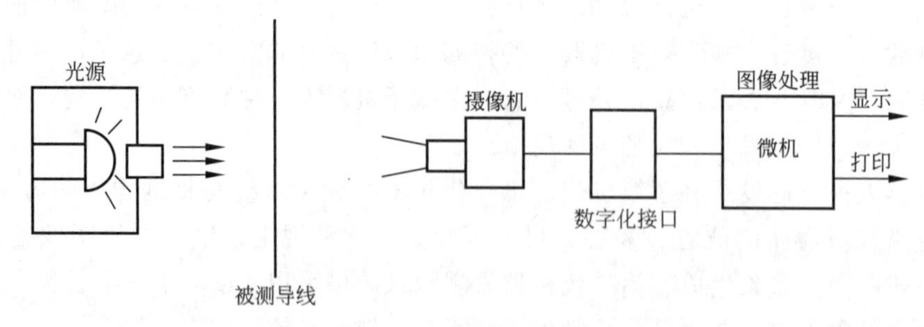

图 6-30　检测视觉系统

6.2.2　机器人视觉系统的组成

1. 视觉系统组成

如同人类视觉系统的作用一样，机器人视觉系统赋予机器人一种高级感觉机构，使得机器人能以“智能”和灵活的方式对周围环境做出反应。机器人的视觉信息系统类似人的视觉信息系统，它包括图像传感器、数据传递系统及计算机核处理器。机器人视觉（Robot Vision）可以定义为这样一个过程：利用视觉传感器（如摄像机）获取三围景象的二维图像，通过视觉处理器对一幅或多幅图像进行处理、分析和解释，得到有关景物的符号描述，并为特定任务提供有用的信息，用于指导机器人的动作。机器人视觉可以划分为 6 个主要部分：感觉、预处理、分割、描述、识别、解释。根据上述过程所涉及的方法和技术的复杂性将它们归类，可分为 3 个处理层次：低层视觉处理、中层视觉处理和高层视觉处理。机器人视觉系统的重要特点是数据量大且要求处理速度快。实用的机器人视觉系统的总体结构如图 6-31 所示。系统由硬件和软件两部分组成，如表 6-1 所示。

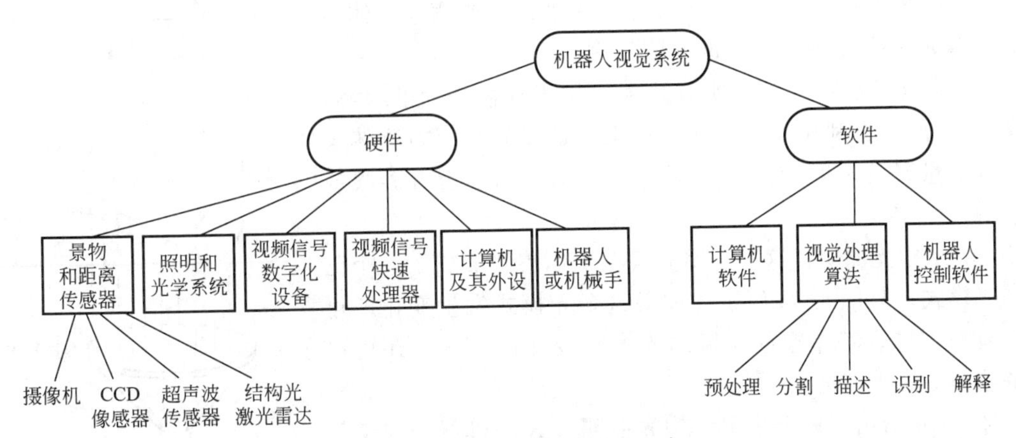

图 6-31　机器人视觉系统的组成

表 6-1　机器人视觉系统的组成

硬件	① 景物和距离传感器：常用的有摄像机、CCD 传感器、超声波传感器。 ② 照明和光学系统：对观察对象选择合适的照明方法，以便得到高质量的图像，照明光源可适用钨丝灯、碘卤灯、荧光灯、水银灯、氖灯（闪光灯）、激光灯等。 ③ 视频信号数字化设备：它的任务是把摄像机或 CCD 传感器输出的全电视信号转化成计算方便的数字信号。 ④ 视频信号快速处理器，视频信号实时、快速、并行算发的硬件实现：Systolic 结构，基于 DSP 的快速处理器及 PIPE 视觉处理机。 ⑤ 计算机及其外设：根据系统的需要可以选用不同的计算机及其外设，来满足机器人视觉信息处理及机器人控制的需要。 ⑥ 机器人或机械手及其控制器
软件	① 计算机系统软件，选用不同类型的计算机，就有不同的操作系统和它所支撑的各种语言、数据库等。 ② 机器人视觉处理算法：图像预处理、分割、描述、识别和解释等算法。 ③ 机器人控制软件。

在工业机器人视觉应用中，最重要的问题之一就是考虑照明光源的形式。一个好的照明系统应当使形成图像的复杂性最小，使所需的信息得到增强。照明光源主要有 3 种：点光源、线光源、面光源。利用这些光源可以构成不同的照明方式。机器人视觉所用的照明方式主要有下列 4 种：

(1) 漫射照明：这种方式适用于表面光滑的规则物体；如图 6-32 所示。当物体表面是主要研究对象时，一般采用这种方式照明。

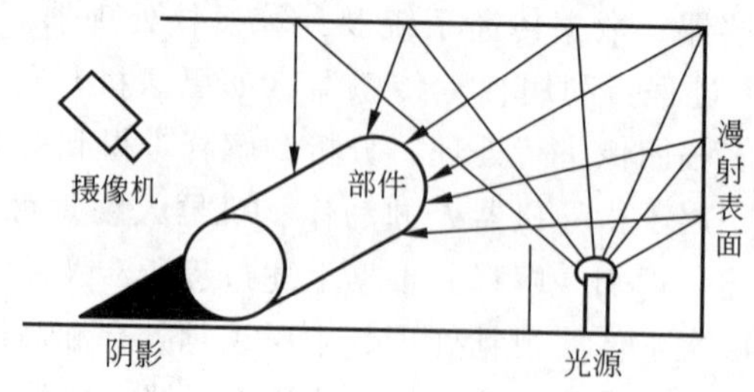

图 6-32　漫射照明

（2）背光照明：当物体的剪影足以用来识别或测量物体本身时，背光照明特别适用，如图 6-33 所示。

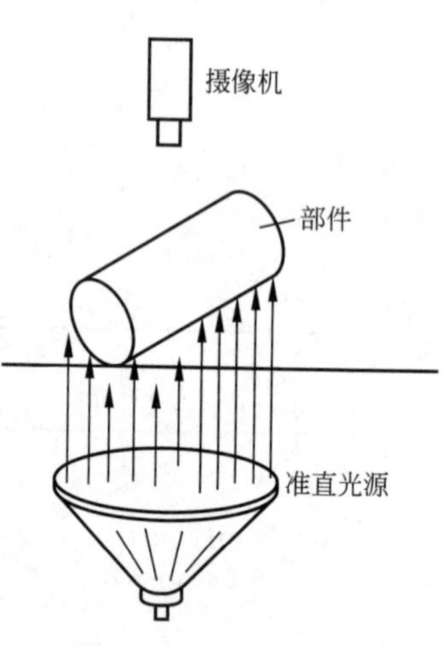

图 6-33　背光照明

（3）定向照明：这种照明方式主要用于物体表面的检测，如图 6-34 所示。利用高度定向的光束（如激光）照射物体表面，并测量光的散射量便可检测表面缺陷，如是否有砂眼或划痕等。

（4）结构光照明：这种照明方式在工作空间形成了一个已知的光模式，如图 6-35 所示。如果这个光模式发生变化即可得知有物体进入工作空间。根据光模式变化的情况，还可以了解物体的三围特征。

图 6-36 给出了一个采用结构光照明方式的机器人视觉系统的工作原理。这个照明系统采用了两个线光源，从不同方向投射于传送带上，并在该表面汇集成一条光线。线阵摄像机位于传送带上方，瞄准传送带上的目标光条，如图 6-36（a）所示。当一个零件进入摄像机正下方时，即遮断两个光面，使光条在零件通过的地方发生偏移。摄像机看到一条连续亮线时，传送带上没有零件通过，如图 6-36（b）所示。摄像机看到亮线有黑暗之处时，即有零件正在通过，如图 6-36（c）所示。

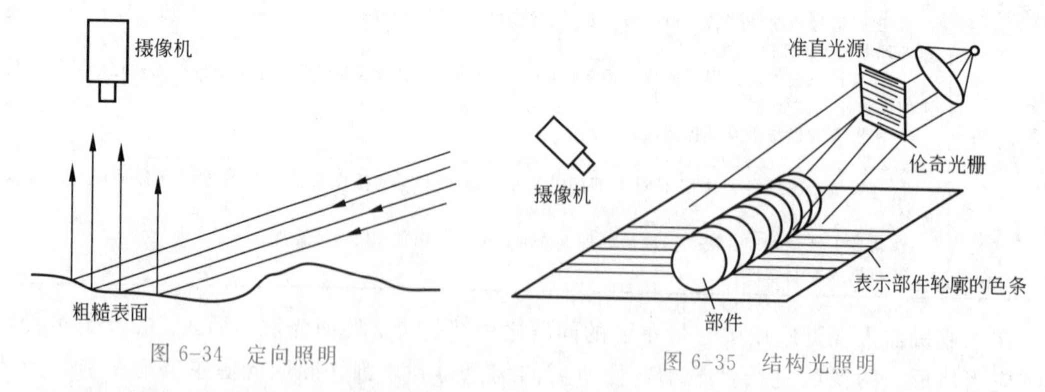

图 6-34　定向照明　　图 6-35　结构光照明

表 6-2 所示为视觉输入中有关摄像、照明、对象物的各种方式。其中，零维扫描表示固定方式，零维摄像器件是如光敏二极管的单个器件，零维光束为激光束。根据视觉识别的目的，适当地综合摄像、照明和对象物的各种条件，以采用相应的视觉输入方式。

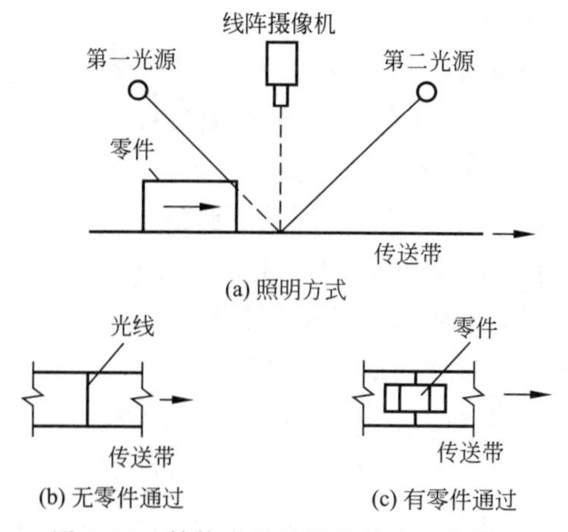

图 6-36　结构光照明视觉系统工作原理

表 6-2　视觉输入中有关摄像、照明、对象物的各种方式

摄像	器件	零维摄像器件 一维摄像器件 二维摄像器件	光敏二极管等
	扫描	零维扫描 一维扫描 二维扫描	—
	方向	平视 侧视 俯视	—
	输入信息	单色 彩色	—
	器件数量	单目 双目 多目	立体视觉三目以上
照明	扫描	零维扫描 一维扫描 二维扫描	固定
	平行光	零维光束 一维光束 二维光束	聚光束 狭缝光
		直射 斜射 逆光	影像
	非平行光	光点源 线光源 面光源	—
		顺光 斜射 逆光	—
	照明数量	单一光束 多条光束	多条狭缝光等
对象物	扫描	零维扫描 一维扫描 二维扫描	固定

2. 镜头和视觉传感器

摄像机是视觉系统的主要部件，即光学部分——机头和视觉传感器。

(1) 光学元件——镜头。镜头有两种：定焦距镜头和变焦距镜头。定焦距镜头适用于目标物位置固定不变的情况。这时摄像机采用固定安装法。定焦距镜头的优点是：成像质量好，质量小，体积小，价格便宜等。不足之处是可调整性差，不能改变视野范围。变焦距镜头适用于要求视野范围可变的摄像系统，如焊缝跟踪系统。这时要对光圈、摇摄、俯仰摄、变焦和聚焦等进行控制。因此，要增加相应的控制电路。

焦距 f、物距 a 及像距 b 等参数的成像公式为

$$\frac{1}{a}+\frac{1}{b}=\frac{1}{f}$$

定焦距镜头的放大率 m 为

$$m=\frac{b}{a}$$

视场角是由画面尺寸和焦距决定的

$$\theta=2\arctan\frac{B}{2f}$$

式中：θ——视场角（rad）；

B——画面水平宽度；

f——焦距。

镜头最大范围值 F 与成像亮度有关，是决定摄像机灵敏度的重要因素之一。F 值越小（光圈越大）成像亮度越亮，则摄像机有较高的灵敏度。但是 F 值越小，则镜头价格越高。F 值越大（光圈越小），景深越大，对提高图像质量有利。选用镜头时，要根据具体情况综合考虑上述参数。

(2) 视觉传感器。视觉传感器的种类很多，如光敏晶体管、激光传感器、光导摄像管、析像管、固态摄影器件等。但只有两种适用于工业机器人领域，即光导摄像管和固体摄像器件。

光导摄像管是最早采用的图像传感器。它具有一切电子管的缺点，即体积大，抗震性差，功耗大，寿命短等。因此，近年来在工业上有被固体器件逐渐取代的趋势。但摄像管在分辨力及灵敏度等性能指标上目前仍有优势，所以在一些要求较高的场合仍得到广泛应用。

图 6-37 所示为一个摄像管的结构原理图。摄像管外面是圆柱形玻璃外壳，一端是电子枪，用来发射电子束，另一端是内表面镀有一层透明金属膜的屏幕。一层很薄的光敏“靶”附着在金属膜上，靶的电阻与光的强度成反比。靶后面的金属网格使电子束以近于 0 的速度到达靶面。聚焦线圈使电子束聚得很细，偏转线圈使电子束上下左右偏转扫描。

工作时，金属膜加有正电压。无光照时，电子束在靶内表面形成电子层，平衡金属膜上的正电荷，这时光敏层相当于一个电容器。有光投射到光敏靶上时，其电阻降低，电子向正电荷方向流动，流动电子的数量正比于投射到靶上某区域上的光强，因此，在靶表面上的暗区电子剩余浓度较高，而在亮区较低。电子束再次扫描靶面时，使失去的电荷得到补充，于是在金属膜内形成了一个正比于该处光强的电流。从引脚将电流引入，加以放大，便得到一个正比于输入图像强度的视频信号。选用时，要考虑响应时间，标准扫描时间为 1/60 s 一

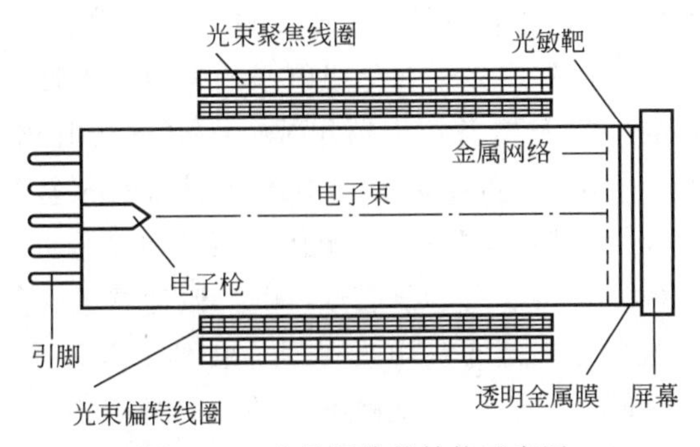

图 6-37　光导摄像管结构示意图

帧图像。

固体摄像器件的摄像原理与摄像管基本一致。不同的是图像投射屏幕由硅成像元素组成，用扫描电路代替了真空电子束扫描。它具有质量小、体积小、结构牢靠等优点。而且价格也越来越便宜，为工业应用带来了广阔的前景。

在 20 世纪末的 25 年里，CCD（Charge-Coupled Device，电荷耦合器件）技术一直统领着图像传感器件的潮流，它是能集成在一块很小的芯片上的高分辨率和高质量图像传感器。然而，近些年来随着半导体制造技术的飞速发展，集成晶体管的尺寸越来越小，性能越来越好，CMOS（Complimentary Metal Oxide Semicinductor，互补性金属氧化物半导体）图像传感器今年得到迅速发展，大有后来居上之势。CMOS 在中端、低端应用领域提供了可以与 CCD 相媲美的性能，而在价格方面却明显占有优势，随着技术的发展，CMOS 在高端应用领域也将占据一席之地。

CCD 是在 20 世纪 70 年代初发展起来的新型半导体光电成像器件。美国贝尔实验室的 W. S. Boyle 和 G. E. Smith 于 1970 年提出了 CCD 的概念。40 多年来，随着新型半导体技术的不断涌现和期间微细化技术的日趋完备，CCD 技术的带了很快的发展。目前，CCD 技术在图像传感器中的应用最为广泛，已成为现代光电子学和测试技术中最活跃、最富有成果的领域之一。图 6-38 所示为 CCD 器件摄像原理示意图。CCD 器件可分为行扫描传感器和面阵传感器。行扫描传感器只能产生一行输入图像。其适合于物体相对传感器做垂直方向运动的应用（如传送带），或一维测量应用。其分辨力一般在 256～2 048 像素之间。面阵传感器的分辨率常用的为 256×256 像素、480×480 像素、1 024×1 024 像素。正在研制的 CCD 传感器还将达到更高的水平。

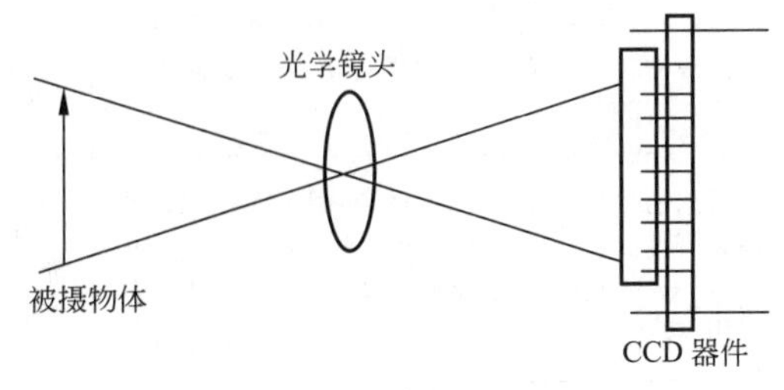

图 6-38　CCD 固体器件摄像原理示意图

CMOS和CCD传感器一样，是在Si（硅）半导体材料上制作的。新一代CMOS采用有源像素设计，每个像元由一个能够将光子转化成电子的光敏二极管、一个电荷/电压转换器、一个重置和一个选取晶体管，以及增益放大器组成。CMOS传感器结构排列上像是一个计算机内存DRAM或平面显示器，覆盖在整块CMOS传感器上的金属格子将时钟信号、读出信号与纵队排列输出信号互相连接。CMOS图像传感器的每个像元内集成的电荷/电压转换器把像元产生的光电荷转换后直接输出电压信号，以类似计算机内存DRAM的简单X-Y寻址技术的方式读出信号，这种方式允许CMOS从整个排列、部分甚至单个像素来读出信号，这一点是和CCD完全不一样的，也是CCD做不到的。另外，内置的电荷/电压转换器实时地把光敏二极管生成的光电荷转换成电压信号，原理上消除了“开花”和“Smear”效应，使强光对相邻像元的干扰降到很小。

CCD和CMOS图像传感器各有利弊，在整个图像传感器市场上它们既是一种相互竞争关系，又是一种相互补充的关系，显而易见，在选择某种芯片时有很多需要考虑的问题。CCD提供很好的图像质量、抗噪能力和照相机设计时的灵活性。尽管由于增加了外部电路使得系统的尺寸变大，负载型提高，但在电路设计时可更加灵活，可以尽可能地提升CCD照相机的某些特别关注的性能。CCD更适合于对照相机性能要求非常高而对成本控制不太严格的应用领域，如天文、高清晰度的医疗X光影响和其他需要长时间曝光、对图像噪声要求严格的科学应用。CMOS是能应用当代大规模半导体集成电路声场工艺来生产的图像传感器，具有成品率高、集成度高、功耗小、价格低等特点。CMOS技术是世界上许多图像传感器半导体研发企业试图用来替代CCD的技术。经过多年的努力，作为传感器，CMOS已经克服早期的许多缺点，发展到了在图像品质方面可以与CCD技术相媲美的水平。现在CMOS的水平使它们更适合应用于要求空间小、体积小、功耗低而对图像噪声和质量要求不是特别高的场合。例如大部分有辅助光照明的工业检测应用、安防保安应用和大多数消费型商业数码照相机应用。

在选用视觉传感器时主要应考虑分辨力、扫描时间与形式、几何精度、稳定性、带宽、频响、信噪比、自动增益、控制等因素。表6-3所示为几种类型传感器的比较。

表6-3 几种类型传感器的比较

传感器类型	特　性	价格和适用性
CCD（电荷耦合器件）	非常通用的传感器之一，必须读取图像的全部像素，帧频很难提高。固有“开花”和“Smear”的缺陷	高性能，也高价格，供货厂家多
CID　MOS（电荷注入和金属和氧化半导体）	亮点光源的“开花”更少图像各部分可随便设定地址	价格很高，供货厂少
CMOS（互补性金属氧化半导体）	非常通用的传感器之一，图像读取同DRAM，快速，帧频可很高。无“开花”和“Smear”缺陷。传感器噪声、灵敏度等指标相对稍差，难完全满足科研级应用需求	目前工业产品性能接近CCD，性价比远远高于其他传感器，在中高端应用完全可以取代CCD
真空电子管传感器	旧技术	价格高，适合某些特殊应用。目前基本处于被淘汰的过程中

6.2.3　机器人视觉图像处理

1. 机器人视觉图像的处理和实现方法

在早期图像处理一般采用小型通用计算机，近年来多使用经济、灵巧的微型计算机并将一部分软件固化，使结构进一步简化。图像处理的方法很多，但对于工业应用来说，要满足计算机速度和低成本的要求。

图像处理一般分为两个过程：图像预处理和图像识别。主要图像处理方法及其用途和实现方法如表6-4所示。

表6-4　主要图像处理方法及其用途和实现方法

名　称	作　用	实现方法
图像输入	将数据输入处理机	串行方式，依次输入储存器中
图像补偿	排除噪声干扰，增加图像反差，突出主体	均值法，百分比增益法，定值加减法
图像滤波	消除各种干扰了，增强信号，简化识别	领域平均法，中值滤波法，空间微分法
图像特征化	为识别处理做准备	跟踪棱线，寻找棱线改变方向的顶点和顶点类别。提取面积、周长、孔眼数等特征参数
图像识别	识别所摄图像	特征参数比较法，模式匹配法，窗口检测法

为了降低成本和实时处理图像，在工业机器人视觉应用中，常采用下列措施：

（1）尽量采用分辨力低的图像传感器。

（2）采用隔行或隔多行扫描采样方法。

（3）尽可能采用黑白图像轮廓分析。

（4）轮廓线性化，用直线迫近曲线轮廓。

（5）尽量减少识别特征参数的数量。

2. 机器人的二维图像处理

（1）前处理。前处理是图像处理的第一阶段，它除去输入图像中所含的噪声或畸变，并变换成易于观察的图像。图像由网络状配置的具有灰度信息的像素组成，灰度信息用明亮度或灰度表示，具有某一灰度的像素的频度分布图称为灰度直方图。如图6-39所示，横轴表示灰度，纵轴表示频度。灰度直方图是了解图像性质的最简便方法。例如，图6-39的直方图表示像素的灰度偏到部分区间，对比度差，不能有效地表示出图像的信息。另外，若直方图有两个波峰，则表示图像中存在着性质不同的两个区域。

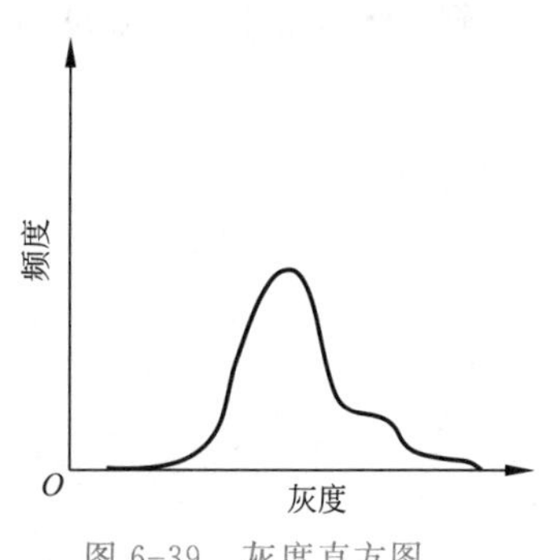

图6-39　灰度直方图

为了使图像中的对象物体从背景中分离出来，将灰度图像或彩色图像变换为黑白图像。最一般的方法是：规定某一阈值（Threshold），像素的灰度值大于阈值时变换为1（黑），小于阈值时变换为0（白），即二值化处理。确定阈值的最基本方法是使用灰度直方图中谷点的灰度值作为阈值。

对于有阴影的图像，整个画面如果用同一个阈值，往往不能很好地二值化。也就是，先在若干个代表性的像素所在的小区域上求出它们的阈值，然后通过线性插补求出这些像素之间各点的阈值，此方法称为动态阈值法。

图像中所含的噪声有：图像传感器的热噪声产生的随机噪声，图像传输途中混入通信线路的噪声，由量化产生的量化噪声等。在噪声中，有的噪声其噪声源的频率特性是已知的（如电视扫面线产生的条纹），此时可对图像进行傅里叶变换，并加上只允许信号分量通过的滤波器将噪声消除。采用空间平均可以减少与信号没有相关的叠加性随机噪声的功率。其方法是用平滑滤波器对周围 $n\times n$ 邻域内的像素取平均值以抑制噪声的影响。

图 6-40 给出了几种平滑算法，图中小格中的数字表示滤波算法的权值，例如 3×3 平均是对平滑点和其周围的 8 个点的数值取和后，平滑点的取值为总和的 1/9。但是平滑过程使图像也变模糊了。尤其是由于边缘的模糊化产生了图像品质下降的问题。用输出中间值的滤波器（中间滤波器），能够在某种程度上抑制边缘的模糊化。

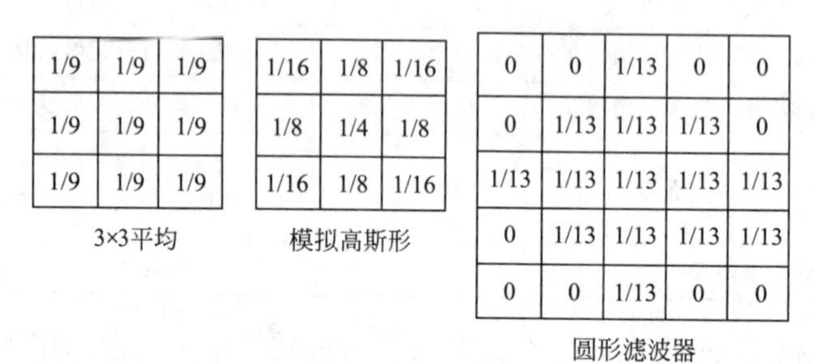

3×3平均

1/9	1/9	1/9
1/9	1/9	1/9
1/9	1/9	1/9

模拟高斯形

1/16	1/8	1/16
1/8	1/4	1/8
1/16	1/8	1/16

圆形滤波器

0	0	1/13	0	0
0	1/13	1/13	1/13	0
1/13	1/13	1/13	1/13	1/13
0	1/13	1/13	1/13	1/13
0	0	1/13	0	0

图 6-40　平滑滤波器的例子

（2）特征提取。灰度变化大的部分称为边缘，边缘是区分对象物与背景的边界，是识别物体的形状或理解三维图像的重要信息。要抽取边缘，需对图像进行空间微分运算，图 6-41 给出了各种 3×3 微分算子，其中 So-bel 是一阶微分算子，对图像分别施以 x 微分和 y 微分算子，从其输出 D_X 和 D_Y 可以求得边缘的亮度 L 为

$$L=\sqrt{D_X^2+D_Y^2}$$

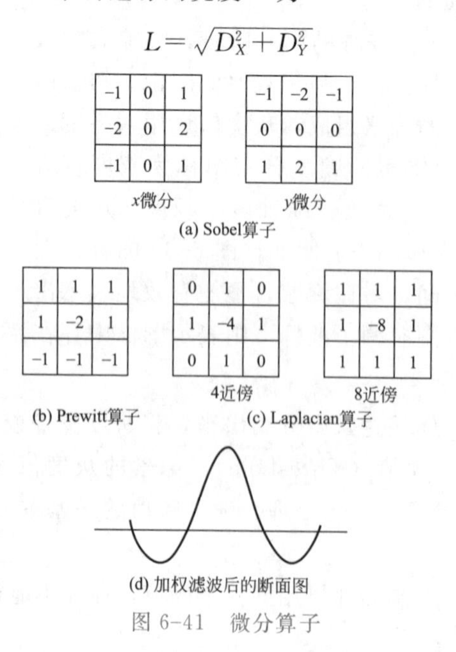

(a) Sobel算子 — x微分

−1	0	1
−2	0	2
−1	0	1

(a) Sobel算子 — y微分

−1	−2	−1
0	0	0
1	2	1

(b) Prewitt算子

1	1	1
1	−2	1
−1	−1	−1

(c) Laplacian算子 — 4近傍

0	1	0
1	−4	1
0	1	0

(c) Laplacian算子 — 8近傍

1	1	1
1	−8	1
1	1	1

(d) 加权滤波后的断面图

图 6-41　微分算子

边缘的方向 R 为

$$R=\arctan(D_Y/D_X)$$

拉普拉斯是二阶微分算子，该运算可得到边缘的量度 g（x，y），算子 h（M，N）对图像 f（x，y）进行如下计算：

$$g(x,y)=\sum_{j=-n}^{n}\sum_{i=-m}^{m}f(x-i,y-j)*h(i,j)$$

在算子中 $M=2m+1$，$N=2n+1$。

这就是数学上的卷积运算，在图像处理上称为空间滤波。

微分算子越小，则噪声的影响越大。图 6-38（d）表示对图像施以具有高斯形式权重的平滑滤波后，再进行拉普拉斯算子操作形成的断面图。通常采用不大于 32×32 的掩模版，凡是输出由负变正或由正变负的点就是边缘点。高斯二次微分滤波器可以用两个大小不同的高斯滤波的差值来近似计算，因此又称为 DOG 滤波器（高斯差分）。

除了把包含在图像中的对象物边缘抽取盒匹配的方法之外，也可将图像按其灰度、颜色、纹理等分割成均匀的区域。分个方法可分为三类：第一类是先将图像分为小区域，然后将相似的区域汇集在一起。统计性检测判据或启发式评价函数可用作为相似度的评判；第二类方法是从图像全局开始着手，凡是能分割开的就一直分割下去；第三类方法是从中等大小的分割区域开始着手，反复进行分裂和合并操作，故称为分裂-合并（Split-and-Merge）法。纹理（Texture）有的像壁纸的花纹，其基本图样是依照一定规律排列的；也有的像薄面纱纸的表面没有基本图示，但都有一定统计性质。不论何种纹理，从宏观来看，区域都是均匀的。纹理特征量通常选用共生矩阵，它是一种二阶统计量。共生矩阵表示有一定相对位置关系的两个像素。其灰度分别为 i 和 j 的概率 P（i，j）。

虽然显示世界中的物体是三维的，有时也可以通过二维轮廓来识别。其几何学特征包括：重心位置、面积、外界长方形的大小等，有时也使用“圆度 = 面积/周长平方”来表示图形域圆形的接近程度。作为拓扑特征量的欧拉数，它等于连通域的数量减去孔的数量。矩也用作特征量。$p+q$ 次矩 m_{pq} 的定义如下：

$$m_{pq}=\int_{-\infty}^{+\infty}\int_{-\infty}^{+\infty}x^p y^q f(x,y)\mathrm{d}x\mathrm{d}y$$

m_{00} 为面积，（m_{10}，m_{01}）决定重心位置。采用以重心为原点的中心矩可得出图形的倾角 θ

$$\tan 2\theta=2m_{11}/(m_{20}+m_{02})$$

上述特征量对粗略地确定图形形状特征是很简便的，但不足以进行细致的识别。需要详细描述图形的形状时可用直接描述图形区域法和描述图形轮廓法。距离变换是一种直接描述法。如图 6-42 所示，在圆圈中给出了该点到边界点的最短距离。距离图像最大值点组成的线称为骨架，骨架及其代表的距离值能够完全描述原来的图形。作为基于图形对称性描述的实例有对称轴变换及平滑过渡的区域对称。后者的图形描述方法是基于平滑地连接局部对象的轴线。图 6-43 是其处理实例。

图形轮廓能够用链码表示，即逐个像素追踪。图 6-44 所示为八方向码组成的一串链码。图形轮廓是闭环，从轮廓上的一点出发，绕行一周回到原来出发点的情况可用一条链码表示。对链码用高斯法做模糊化处理后，进行一阶微分可得到相当于曲率的量，对此再在标度空间进行解析，就能抽取出图 6-45 所示的图形特征部分。

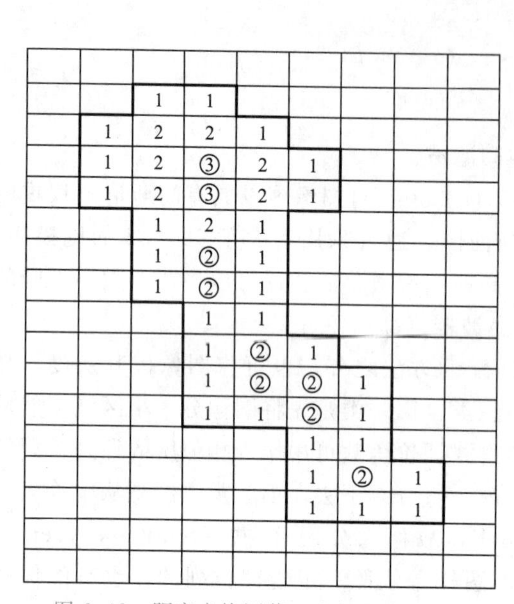

图 6-42　距离变换图像（○标记为骨架）

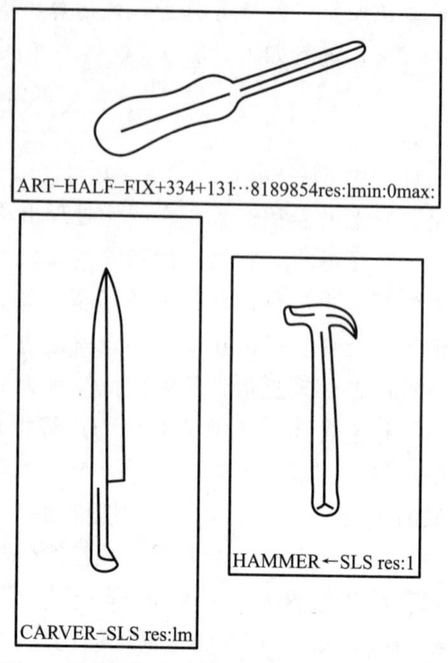

图 6-43　处理的实例（按图示的轴描述图形）

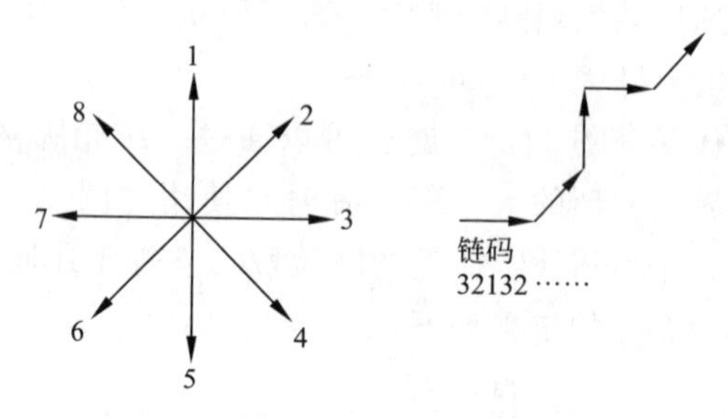

图 6-44　八方向码组成的链码

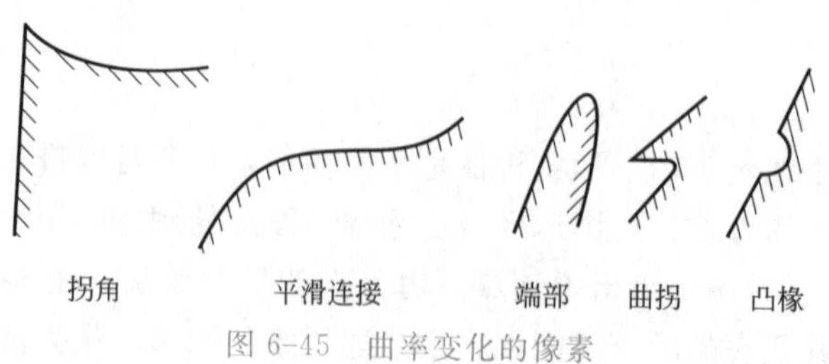

图 6-45　曲率变化的像素

3. 匹配和识别

识别图像中所含对象物有两种方法：一是将图像原封不动地进行比较；二是首先描述图像中对象物的特征，再在特征空间中进行比较。图 6-46 表示识别方法的流程。

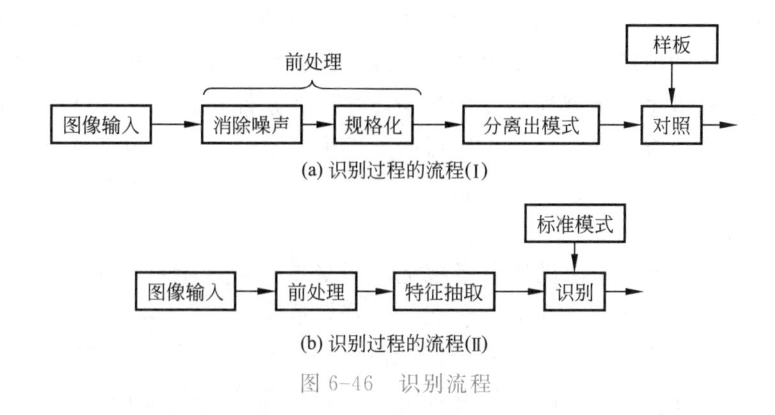

图 6-46　识别流程

预先准备好标准图形（样板），将分割出的图像的一部分与样板重叠，根据它们的一致性定义其类似度。在二值图形的情况下，重叠之后的黑色或白色相一致的总像素数和总图形面积之比可作为类似度。对于灰度图像，相关系数或者差值绝对值之和可作为类似度，相关系数 r 定义为

$$r=\frac{\sum\limits_{(x,y)\in R} f(x,y)\cdot p(x,y)}{\sqrt{\sum\limits_{(x,y)\in R} f(x,y)}\sqrt{\sum\limits_{(x,y)\in R} p(x,y)}}$$

差值绝对值之和 s 为

$$s=\sum_{(x,y)\in R}\left|f(x,y)-p(x,y)\right|$$

式中：$f(x,\ y)$——输入图像；

$p(x,\ y)$——样板图像。

基于抽取到特征的统计性质进行分类称为统计模式识别法。将特征表示成多维矢量，用于定义高维空间中的模式与输入模式之间的距离或类似度。最简单的距离度量就是某类平均模式与输入模式间的欧几里得距离，或者是用特征矢量各元素差值的绝对值之和表示的距离。假设标准模式为正态分布时，利用平均值矢量和方差、协方差矩形，能定义以下的距离 d_1

$$d_1=(x-\mu)^t\sum\nolimits^{-1}(x-\mu)$$

上式称为马哈拉罗毕斯通用距离，是用各维元素的方差和协方差的大小进行规格化后的距离度量，其中 μ 为平均值失量。上式中加上行列式的量，表示输入模式属于其模式类时的后验概率，最大似然推论法就是选择最大后验概率，是选择最大后验概率的模式类的方法。结构模式识别方法是将图像中对象二维结构记述为结构要素的组合，然后判定这种描述是否为已知的描述，从而进行识别。根据产生结构要素组合的文法，描述模式类别的方法称为句法模式识别。

4. 三维视觉的分析

为了识别景物中存在的三维物体，处理分为以下 3 个阶段：①景物中三维信息的检测；②由景物中三维信息抽取特征，并以此为基础对景物进行描述；③物体模型和场景描述之间的匹配。

获取外界三维信息的视觉传感器有主动传感器和被动传感器两类。包括人类在内的大多数动物具有使用双目的被动传感器。也有类似蝙蝠的动物，具有从自身发出的超声波测定距离的主动传感器。通常主动传感器的装置复杂，在摄像条件和对象物体材质等方面有一定限制，但能可靠地测得三维信息。被动传感器的处理虽然复杂，但结构简单，能在一般环境中进行检测。传感器的选用要根据目的、物体、环境、速度等因素来决定。有时也可考虑使用多传感器并行协调工作。

（1）单目视觉。用单台摄像机的单目视觉，即从单一图像中不可能直接得到三维信息。如果已知对象的形状和性质，或做某些假定，便能够从图像的二维特征推导出三维信息。图像的二维特征（X）包括明暗度、纹理＝轮廓线、影子等，用二维特征提取三维信息的理论称为 X 恢复形状。这些方法不能测定绝对距离，但可推定是平面的、倾斜的或曲面的形状等。

应用明暗度恢复形状的方法就是根据曲面图像上明亮程度的变化推测原曲面的形状。在光源和摄像机位置已知的情况下，曲面上的量度与曲面的斜率有关。

设曲面的方程为 $z=f(x, y)$，x 方向和 y 方向的斜率分别为 $p=\partial f(x, y)/\partial x$ 和 $q=\partial f(x, y)/\partial y$，称 (p, q) 为曲面的斜率。

曲面亮度 I 和曲面的斜率 (p, q) 之间的关系用函数 $I=R(p, q)$ 表示，它可以表示成图 6-47 所示的反射率映射图。通常，利用圆球等形状已知的定标物体凭经验做出反射率映射图。在反射率图中，具有同样亮度的曲面的斜率组成一条“等高线”。因此，如果知道曲面各点的量度，曲面上各点的斜率就要受到反射图中各条“等高线”的约束。因此，当已知曲面一部分的方向时，以此为边界条件，基于曲面平滑的假设，从图像上可见的亮度出发，反复利用迭代法能够计算出曲面上所有点的曲面斜率。作为边界条件，既可以利用反射图上最明亮部分的曲面的方向，也可以利用与曲面遮挡轮廓线的切线垂直面向。

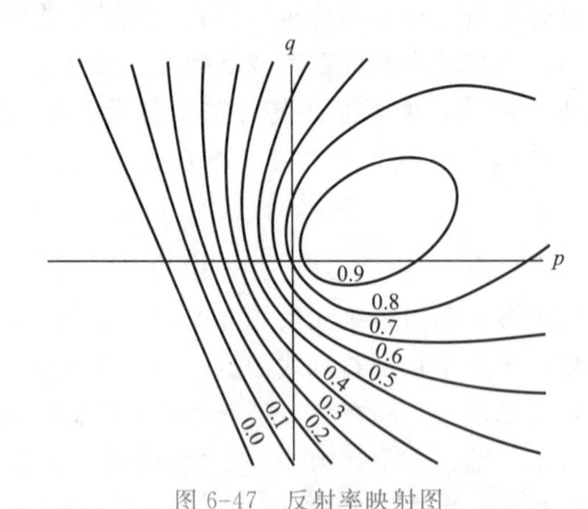

图 6-47 反射率映射图

光度体视法是由明暗度恢复形状原理的扩展，它采用多个（通常 3 个）光源使约束条件增加，从而决定曲面的斜率。首先，对不同位置的 3 个光源分别建立 3 个反射率图，分别表示曲面斜率与亮度之间的关系。然后，利用同样的 3 个光源对物体依次进行照明。得到的 3 幅图像的亮度信息与 3 个反射率图进行匹配，就能按下述方法决定对应于图像各点的曲面斜率。

设 I_1、I_2、I_3 分别表示图像上点（i，j）对于3个光源的亮度，可以在各自的反射率图上求得与各个量度对应的“等高线”。这时，三条“等高线”交与一点，该点的坐标（p，q）就表示对应于点（i，j）的三维空间中的点所在曲面的斜率。

（2）双目视觉。使用两台摄像机的双目立体视觉是根据三角测量原理得到场景距离信息的基本方法。摄像机的标准模型如图6-48所示，设连接两台平行放置的摄像机的镜头中心 O_L 和 O_R 的基线长度为 $2a$，摄像机的焦距为 f，摄像机的摄像平面与摄像机的光轴垂直，并且距镜头中心的距离为 f。虽然摄像机的实际结构与摄像机标准模型不相同，但是从摄像机标定可计算出摄像机参数，利用这些参数能够将实际的图像变换为标准摄像机模型下的图像。设三维空间中的点 P（x，y，z）在左右图像上的像点为 P_L（x_L，y_L）和 P_R（x_R，y_R），P_L 和 P_R x 坐标值的差，即视差为 $d=x_L-x_R$，由此可按下式求得点的 P 距离 z：

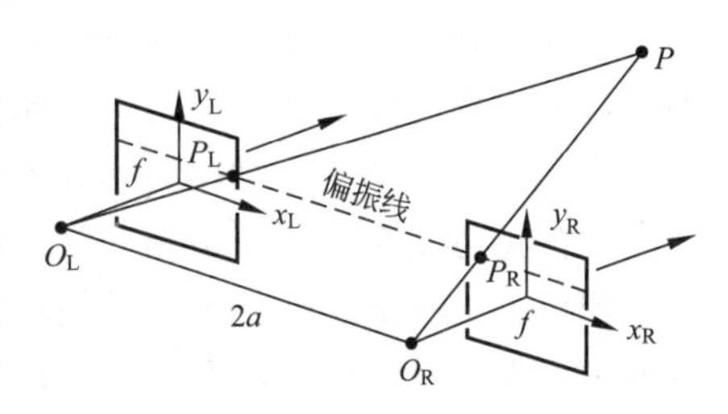

图6-48　立体摄像机的标准模型

$$z=\frac{2af}{d}$$

双目视觉的进一步扩充可用两个以上的摄像机（如三目视觉），使得错误对应点能够减少。

（3）物体的表示及匹配。从视觉传感器得到场景中的三维信息可抽取物体各个面及其边界线，用面和线表示的场景与存储的物体模型进行匹配，从而能决定场景中存在物体的种类、位置和姿态。

表示物体的形状可用基于边界线、面、广义圆柱、扩充高斯图像等方法。物体模型与场景中物体的匹配，归结为寻求使两者表示一致的坐标变换的问题，其中包括三维旋转和平移变换。变换时要考虑到因观测位置不同所看到的结果也不同，物体的一部分可能被其他物体遮挡而看不见。线框表示法是用物体表面的边界线表示物体的方法。用光投影等方法获取场景中的距离图像后，用边缘检测法抽取物体的边界线。这种方法就是分别用图像的一阶微分或二阶微分检测出深度骤变的轮廓线及面的方向骤变的棱线。结果得到的边界线一般用直线或二次曲线近似表示。采用线框表示法即使在场景中的物体的一部分被其他物体挡住看不见的情况下，只要至少得到一个顶点和两个边之间的对应关系，就可能与模型进行局部匹配。物体模型的三维边界线也可能与投影到图像上的二维边界线匹配，如果得到3个以上的顶点间的对应，则二维图像也能进行三维的解释。

面表示法是用面的组合来表达物体，描述面的种类及面之间的空间关系。区域生长法是从距离图像抽取物体各个表面的一般性方法之一。首先，在图像的各个点产生面元，它能局部满足平面方程。然后，把平面方程近似相同的相邻面元合并，于是生成若干个近视可视平面的基础区域。根据构成各个基础区域的面元方程的不同，将基础区域分为平面和曲面。最后将平滑相连的曲面当作一个大的曲面。在面的表示方法中，一般将各个面拟合成平面方程或二次曲面方程。建立物体模型的一种方法是给定物体实例的描述，另一种方法是采用实体模型存储。一个物体存储的模型可以只有一种模型或多个模型，后者显得复杂，要增加数据量。但其优点是能提高识别物体的效率。物体模型与场景表示之间的匹配有 3 个阶段：初步匹配、检查、微调。因为通常存在多个物体模型，而且难于一下求出模型与场景的对应点，所以初步匹配阶段只是局部求得少数对应点，并确定需要采用的坐标变换或者更改模型通常需要全局搜索，因此搜索空间非常大，要设法尽可能省去无用的搜索。虽无通用的方法，但如果对需识别的物体加以限制，就能够利用物体的固有特征。检查阶段判断按初步匹配得到的坐标变换是否合适。对模型的其他部分也施以同样的坐标变换，检验在场景中预测的位置上是否存在与变换后的模型相对应的部分。如果对应部分太少，则其变换有误，需要修改初步匹配，求出其他候补的坐标变换或修改模型。初步匹配即使正确，由局部匹配得到的坐标变换中仍多少存在误差，在微调阶段要测定总体误差。并按最小二乘法对应坐标变换的参数进行修正。

6.2.4 机器人视觉系统的工作原理

1. 二值系统

作为二值机器人视觉系统的案例，首先介绍一下 VS-100 系统。该系统可分为两大部分：摄像处理机与特征处理机，其原理框图 6-49 所示。摄像处理机可控制频闪照明装置，并可接受一个或几个摄像机的输入。特征处理机完成监控、特征计算及物体识别。系统将待测物体的特征与存储的样板进行比较来识别物体。扫描输入样板图像，计算灰度直方图，并选定阈值，将阈值和样板特征存储于存储器中。然后，对待测物体扫描输入图像用预测阈值进行二值化。接着找到物体棱角，以确定物体外形。最后计算特征，如周长、面积、位置等，并把计算的特征与预先存储的样板进行比较来识别物体。

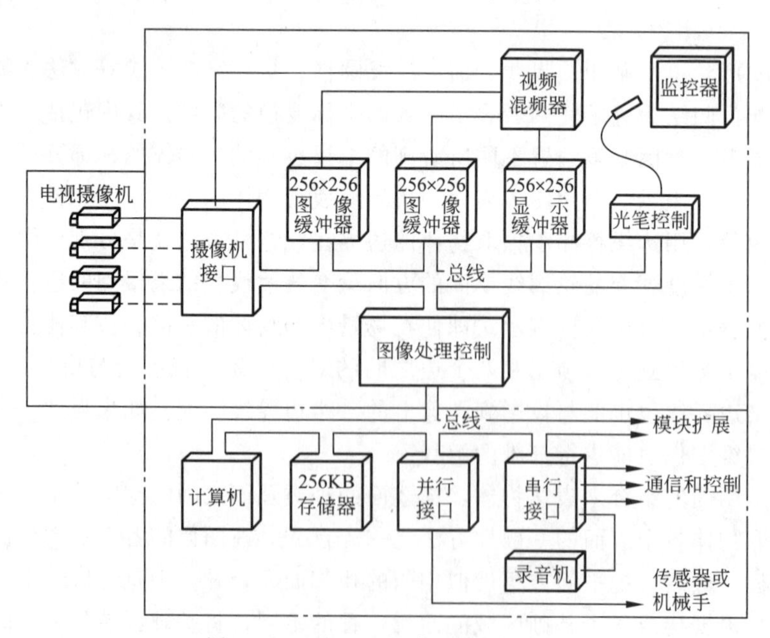

图 6-49 VS-100 视觉系统原理框图

第二个应用实例是 CCD-I 型电线电缆动态测径仪。CCD 器件作为传感器，其特点是测量时间短，被测物体可连续快速运动。其主要用于非接触动态测量电线电缆的直径等。其测量范围为 0.1～80 mm，准确度为 0.008 mm。CCD-I 型系统的主要特点是在图像二值化过程中，量化电平随着信号的强弱变化而变化。因此，可以补偿由于照明状态的波动而引起的测量误差。另外，由于采用普通小电珠照明而降低了成本。该仪器原理框图如图 6-50 所示，其主要由照明光源、光学成像系统、CCD 视图传感器、数字化接口及计算机等组成。采用背光照明将被测电线或电缆的剪影经光学系统成像于 CCD 器件上。CCD 器件将影响转变成电信号，并送入计算机进行特征计算，最后将结果显示打印。如果需要，还可以控制某种设备构成闭环系统。

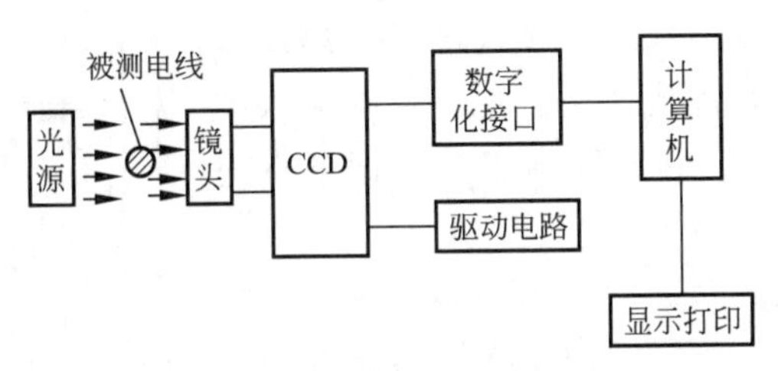

图 6-50　CCD-I 型电线电缆动态测径原理

灰度系统进行灰度处理的机器人视觉系统应用于皮革分类。在皮革生产过程中，皮革材料的检验分类直接影响到产品的质量和档次。由于分类工作的环境很差，加之高速化要求及分类质量的保证，靠人工难圆满完成这项工作。因此，可采用如图 6-51 所示的机器视觉系统。

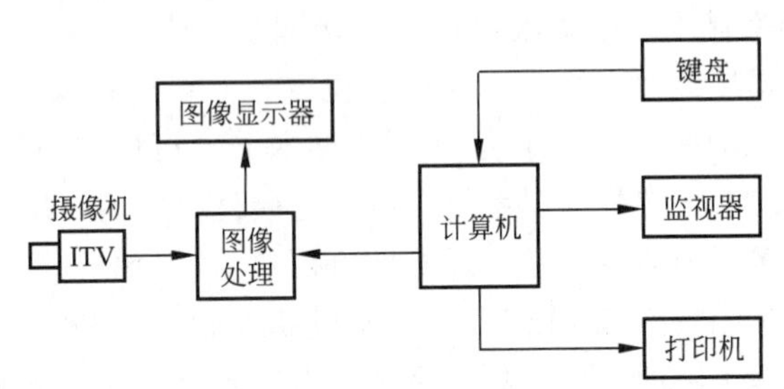

图 6-51　皮革分类视觉系统配置图

“皮革分类系统”由一台 VAX-11/780 计算机为主机，用于数据处理与管理。图像的量化及处理采用具有较高速度的 IP8500 图像处理系统。用一台工业摄像机作为图像传感器，完成图像采集。配有 HP-1 打印机、图像显示器、平面光源等辅助设备。该系统有如下功能：

（1）可利用人机交互采集图像，也可采用定时采集方式。

（2）直方图分析，产生皮革图像的直方图，并可任意选择分析区域。

（3）功率谱分析，可产生皮革纹理的功率谱，并对其进行径向和角向积分。

（4）计算特性参数，如亮度、颜色等。

（5）自动识别，根据所提取的图像特征，利用分类器把皮革分别归入相应类别，输出结果。

（6）学习功能，根据专家提出的样本，对分类器进行修正。

2. 三维系统

三维机器人视觉的一个突出应用是弧焊机器人的焊缝自动跟踪系统，电弧焊中常常要进行曲线接缝的焊接。而当焊接路线是空间曲线时，很难对全部路径示教，因而弧焊机器人需要具备三维视觉系统，以便能自动跟踪焊缝。弧焊机器人系统结构及原理如图 6-52 所示。该系统具有体积小、质量小、结构坚固的特点，几乎适用于一切焊接坡口的测量应用。此外，它的窥视孔很窄，并且使用了保护气体和压缩空气来保护窥视孔不被焊接所产生的烟气或其他尘埃所污染。

通过两个光学系统将工作表面长条形区域成像于同一个 CCD 视觉传感器的两个相邻区域上。工作表面结构可以在最终的“立体图像”中显现出来。焊接的偏移量与其到摄像机的距离成比例。控制系统输入由 CCD 转换后的图像信号，并计算出工作表面各点的空间位置。

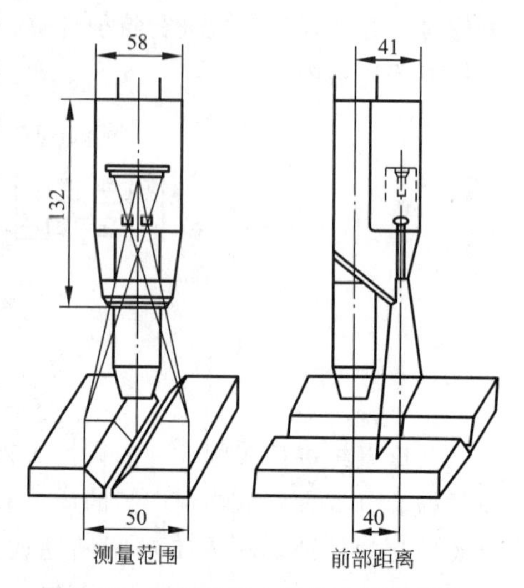

图 6-52 弧焊机器人视觉系统原理图

利用上述原理可以把高精度测量用的摄像机做得又小又坚固，但是要求高分辨力的 CCD 传感器及功能很强的计算机系统。由于该系统测量精度很高，因此，在焊接机器人领域中有着广阔的应用前景。

该视觉系统的图像处理框图如图 6-53 所示。图像处理单元包括了 12 个微处理器和 4 套计算机硬件，可以计算出相关公式，并可经过 RS-232 串行接口把修正数据传送到机器人控制器。这些数据包括焊接起始点、焊接位置、改进焊接参数、修改焊接终点位置，并可连接摄像和定位、自动校准等。该机器人视觉系统还有自动曝光控制并且带有辅助激光，可以在没有弧焊时，寻找焊接起点。该系统的摄像机控制器是多处理器系统，有附近硬件存储器，用于存储图像信号，预处理计算值及焊缝样板。多处理器可以完成焊缝坡口位置及容积的计算，该系统测量误差可达 ±0.2 mm。该系统还有一个专家系统，可以自动使摄像机和焊枪处于最佳焊接角度，并且针对不同的坡口容积选择正确的焊接参数。另外，专家系统也是离线编程的重要组件。

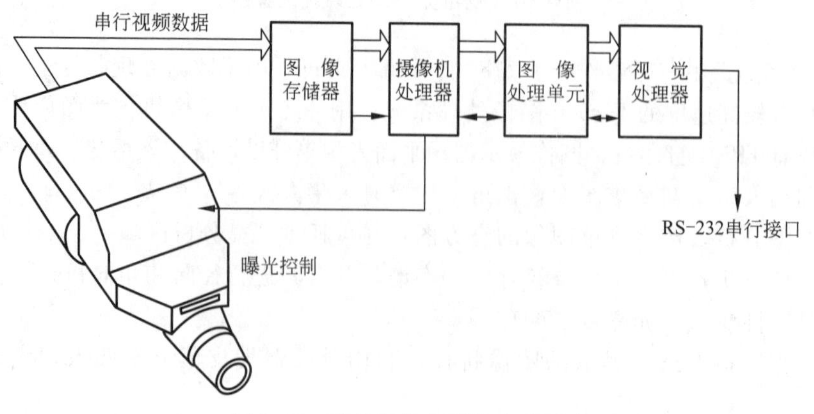

图 6-53 弧焊机器人图像处理框图

6.3　机器人人工智能

6.3.1　感觉功能智能化

1. 检测

智能化的工业机器人除具有对本身的位姿、速度等状态的内部检测外，还必须具备对外界对象物的状态和环境状况等的外部检测。其实质类似于人 5 官和身体感觉功能，即视觉、触觉、力觉、滑觉、接触觉、压觉、听觉、味觉、嗅觉、温觉等。上述前 5 种感觉在前节已有详述。此处“压觉”指机器人感知在垂直于其手部与对象接触面上的力的能力；“听觉”指机器人对于音响的分辨率能力，“嗅觉”指机器人对于气态物质等成分的分析能力；“温觉”指机器人对温度信息的感知能力。

各类感觉及其信息的融合所形成的外部检测与机器人动作控制的智能化密切相关。图 6-54所示为非智能机器人与智能机器人控制信息的产生方式。

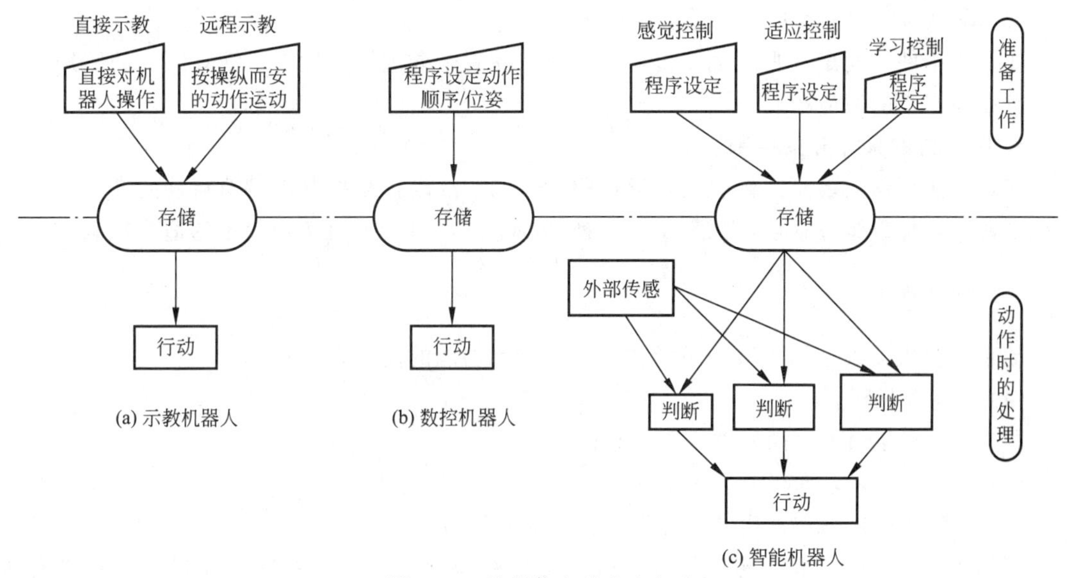

图 6-54　控制信息的产生方式

2. 控制信息交换

信息传递形态多种多样，为保证相互匹配，可采用制造自动化协议 MAP 等以实现信息传递与交换的标准化。

3. 识别

对内、外部检测结果进行分析整理，变为控制信号，决策行动，必须具有识别功能，将必要的信息以一定的基准集约或融合。

6.3.2　控制功能智能化

1. 示教的智能化

(1) 示教再现型机器人的示教。直接示教（用操作杆或操纵把）在操作人员的脑中难以定量化，位姿不可能完全收入控制系统内，且由于机械的原因、传感器的分辨力等，都不可避免地引入误差，精度难以评论。

(2) 数控机器人的示教。理论上直接指示位姿输入数据，避开误差，但实际不可避免，包括动作机构、工作空间狭窄引起的违规操作、连接处非线性摩擦变形等。检出工具中心点(TCP)进行反馈，方法较简单，但也难保证精度。

(3) 智能示教。用编程语言输入，希望与自然语言相近，但很难，有待开发。

2. 适应控制

运用现代控制论，正确把握各种参数，已设计出各类不同的适应控制系统。其中较常用的模型规范适应控制系统（MRACS）将具有所希望动态特性的系统做成模型，构成使设备输出与模型输出一致的适应算法。对机器人而言，可对惯性力矩、负载等的变化采取对应的有效控制，适应控制可望得到应用。但目前的适应控制，须满足下述前提条件；

(1) 规范模型要求定系数、线性的。

(2) 规范模型与设备维数相同。

(3) 设备的可调节参数依存适应机构本身。

如上述条件不满足，则问题变得非常复杂。随着微处理器的发展、演算时间的缩短，可能会有更高水平的适应控制。

3. 握持力的采样开关控制

在末端执行器上装压力传感器，通过驱动器的正反动作来控制末端执行器的开合，而不是控制速度，加以微分补偿，只需1次切换到稳定点，对握持力实现简单的适应控制。

6.3.3 移动功能智能化

随着工业机器人应用领域的不断扩展，对移动功能的需求日益迫切：

(1) 长距离搬运。

(2) 作业对象很大，而机器人工作空间小。

(3) 作业对象多，而机器人不能一一对应。

(4) 极限作业：高空、宇航、深海、核工业管道等。

移动机构有轮带式和行走式。轮带式有无轨和有轨两类，有些只有车轮，有些带有履带。行走式有两足、多足、无数足、滑翔足等。

移动机构的智能化包括：感觉功能，路径探索，决策行动，量程宽的、高分辨力的三维传感器，回避障碍物，图像处理等技术。首先达到感觉控制的水平，逐步扩展到适应控制和学习的领域。

机器人的安全事故来自人的责任和机器人的异常状态两方面。作为这一人机系统的智能化，为检测出事故的因素，防患于未然，确保安全，必须做到以下几点：

(1) 危险状态发生之前即已探知，并采取确切对策。

(2) 保证硬件的高可靠性，降低故障率。进行机构的可靠性研究、握持力的可靠性控制，引入自诊断功能。

(3) 实现软件的完全监督，减少误动作。在生成程序的过程中，要考虑到各方面因素的影响。

(4) 尽力排除外来干扰的影响，减少误动作。外来干扰有来自天然的雷电、宇宙射线干扰等，还有来自机器的火花放电、高频电磁干扰，以及来自机器人自身的时钟脉冲作业信号及其他噪声干扰。

(5) 控制系统除具有高可靠性外，机器人还具备自诊断、自修复功能。这包括硬件级、软件级、应用级、人机系统级的自诊断和自修复。属于硬件的必须进行硬件处理；人的错误等，要由机器人软件来纠正。

(6) 人机接口的适配与完善化。

工业机器人智能化的方向及面临的课题概括如图 6-55 所示。

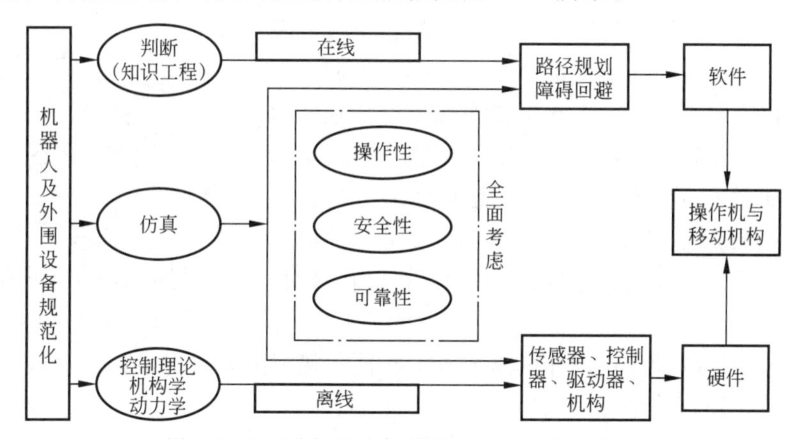

图 6-55　工业机器人智能化方向及面临的课题

6.3.4　机器人系统的描述

机器人系统的描述是指与机器人进行作业的环境和对象、作业的方法等相关联知识的描述。描述的内容依存于作业的种类与环境、机器人的结构和功能。这里以一般的机器人装备作业为对象进行说明，考察的中心是基础的、应用性高的机械手和视觉装置结合的作业系统（手眼系统）。

1. 作业程序知识

广义上是指机器人为了完成给定的工作必须执行的各种工序，一般称为程序。此程序可通过使用计算机语言的语言手段和再现执行的非语言手段两种方式来表达。

机器人程序的语言表示手段就是机器人语言。可以从不同层次上来描述，分为原始动作级描述、动作语言级描述和对象物状态级描述。图 6-56 所示为不同语言层次的图示。各个层次中仅明确描述了实线所示的事件。

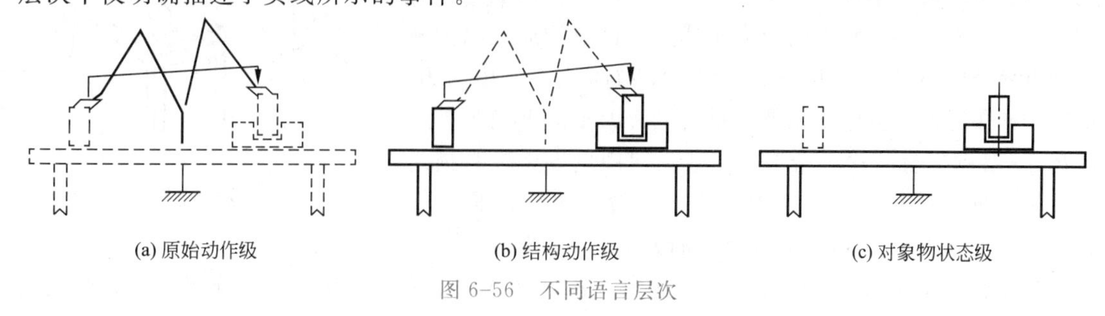

图 6-56　不同语言层次

动作级描述是与机械手或物体的运动控制直线相连的。为了将状态的表示与实际的对象物或机器人的动作联系起来，必须将状态的变化细化为物体的动作或机器人的动作。为此，首先必须具备怎样的动作才能使某一状态变化为另一状态的知识。为了使机器人可靠地进行作业，不仅需要直接的作业知识，而且还需要有关的辅助程序知识。所谓辅助，实质上是在程序描述的多个部分中嵌入与程序有关的知识。

2. 对象的知识

对象的知识是提供实际作业程序时的具体知识。在规划作业过程中，也作为可能动作的选择和仿真来使用。

（1）拾放模型。组装作业的基本动作是抓起组装的零件，将其安装于指定位置。前半部分的操作称为拾起，后半部分的操作称为放下。因此，在组装作业中，描述的对象属性是基本的对象物模型，称之为拾放模型。构成拾操作的运动模型如图 6-57 所示。接近点是物体上方的自由空间中的点，抓持点是机械手指能稳定地抓住零件的位置。退避点是使物体与周围的零件充分分离的自由空间内的点。

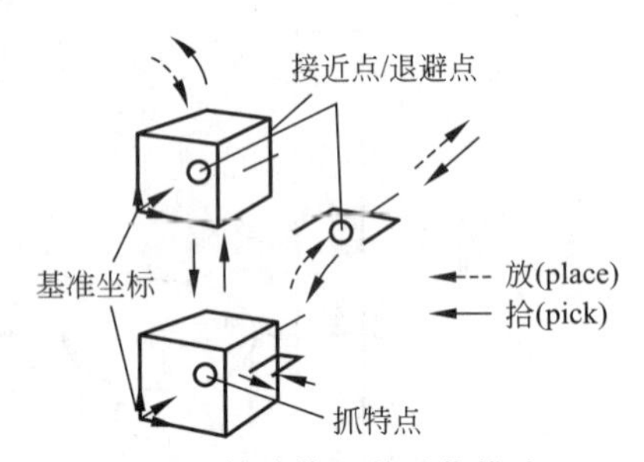

图 6-57　拾放作业的动作模式

放操作则按相反的顺序，动作的组成基本相同。接近点是接近目标设置点的自由空间内的点。这些结构点用物体坐标给出。

这些结构点不一定是常数。例如，若为了灵活地适应环境，规划高级的作业动作，则需要根据回避与其他物体碰撞等条件动态决定结构点。

（2）视觉模型。所谓对象物的视觉模型就是视觉装置的观测方法和机器人作业需要的信息的抽出规则。机器人作业必需的视觉信息是物体的发现和位置、姿态的测定，因此，在物体模型中首先需要的是描述用于识别的信息。有用摄像机拍摄物体所得的图像数据的直接量方法，和用图像处理的物体形状等特征进行描述的方法。前者多用于实用的机器人的二维视觉装置。但是，物体模型是面向后者的，被识别的物体在空间内的位姿是可以计算的。这些计算方法也是物体模型知识的一部分。

（3）世界模型。所谓世界模型就是机器人作业环境的描述，也称为环境模型。详细的描述内容因机器人的用途而异，基本上是位于作业空间内的物体和它在作业空间内的位姿的描述。指示物体自身的方法是物体的名称，或者指向描述物体数据结构的指针。物体的位姿通常用从物体固定的物体坐标的世界模型观察到的位姿来描述。这就构成从物体坐标到世界坐标系的坐标变换。例如，将物体的位姿记为 B，而向物体接近的位置用物体坐标系给定为 P 时，其合成的 $B \cdot P$（·表示坐标变换的合成）就成为向用世界坐标系描述的物体接近点的位姿。机器人手指的位置也可以同样地描述。它们整体可以构成图 6-58 所示的关系。

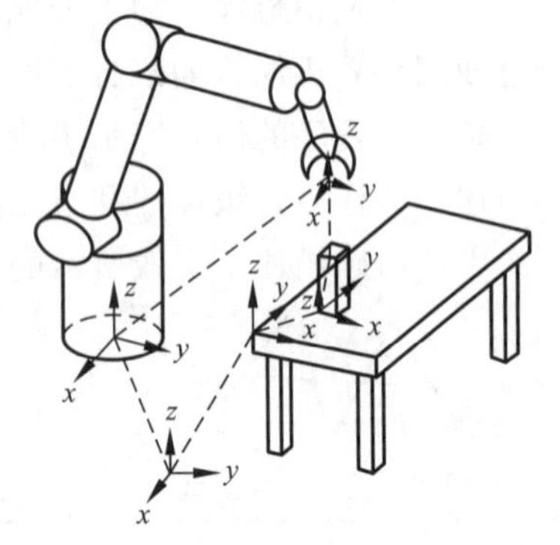

图 6-58　使用坐标交换的世界模型

（4）连接关系的表示。在组装作业中，各个物体（零件）相互组合和分解，有必要描述这种结合关系（AFFIXMENT）的量的关系和逻辑关系。量的关系是各个零件的相互位姿，它们与物体的位姿相同，可以用坐标变换表示。逻辑关系表示两者之间的约束关系，在物体 A 的上面仅简单地放置物体 B 时，在具有中立环境的前提下，若使 A 运动，则 B 也会运动，然而在使物体 B 运动时，物体 A 可能不运动。若把物体 A 与物体 B 刚性地结合，则使任一方运动也会使另一方一起运动，而两者相对位姿的关系是不变的。用手爪抓住物体也产生刚性结合。这两种约束关系作为组装物体的表示是基本的，也可以考虑链结构一类的部分约束关系。

（5）世界模型的一致性管理。在作业过程中，物体的位置是移动的，如果进行组装作业，则物体的依附关系是变化的。对应于这些变化，必须要更新物体的位姿和依附关系的描述，以保持与实际环境的一致性。这就是世界模型的一致性管理。

当仅有一个物体移动时，其位姿的更新可以由机器人手抓住并进行移动来完成，在具有结合关系的物体（组装物体）的场合，若其中任一物体移动，则其他物体也移动，即其位姿是变化的。模型系统必须能够管理这种变化。这时，逐一地更新含于组装物的全部物体的位姿，其效率可能是不高的。

在由几个物体组合的物体中，其全部结合关系为一般结构网络，可以将这种结合关系转换为树结构。在记录结合关系的技术中记录着结合点、到结合点的坐标变换和结合类型等。某一物体在世界坐标中的位姿就是将从结合数的根位姿到这个物体的一个物体，并使其移动时，从这个物体开始向上查找结合树，仅仅更新用刚性结合的最上位物体的位姿。这种方式可以简化伴随物体移动的坐标变更管理，其缺点是由于维持树结构的约束，不能保持物体间的相位信息。

3. 知识表达

知识表达框架与以上作业相关的知识（过程和物体的属性，环境信息）表达的具体方法基本上是某种计算机语言。以面向机器人的作业和运动的命令为中心组合而成的语言称为机器人语言。另一方面，在信息处理领域，正在研究将人类的各种知识在计算机上表示的方法，这种领域称为知识领域。这里仅涉及适用于机器人的知识表达的框架。

（1）框架的必要性。机器人世界描述的是对象物的属性、环境模型、对象物可以进行的操作、伴随着操作实行的状况（实体是变数的值）变更的管理等。用以前的机器人语言描述它们时，对象物的属性就是变数的汇集及其值，各种操作和其他过程就是程序，例如，用典型的对象级语言 AL 描述的程序如图 6-59 所示，在这个程序中，描述了对于 BRACKET 的拾操作所必需的信息和处理的一部分。其中对象物操作必需的知识可以作为表示物体属性的变数，利用这些变数的赋值，结合关系的设定、动作的执行，伴随着动作执行的各个变数和结合关系变化的过程等描述。然而，这些知识在整个过程中是非结构化分布的，这种程序本身不能构成对象物模型，每当用户操作不同的物体时，就必须重新编制这种程序，这是很麻烦的。关联的信息可利用过程、作为对象模型统一进行处理。对具有共性的某些知识，也能在不同的模型中简单地使用。因此，可以认为具有这种功能的知识表达框架对于描述机器人的对象物模型来说是很适宜的。

（2）利用框架的实例。用面向对象的系统说明进行对象物模型化，对于一个拾放操作系统，根据对象物操作知识的共同性进行分类，特别是拾放操作对于所有物体都是共同的，把必要属性和相关程序集成起来，便形成泛化物体的类，这种泛化的物体描述了拾放模型的属性与世界模型一致性管理过程。

```
BEGIN "example"
FRAME bracket, bracket-grasp, beam, ⋯;
bracket < -FRAME(⋯⋯);
bracket-grasp < - ...;
AFFIX bracket-grasp TO bracket RIGIDLY;
MOVE yarm TO ypartk;
OPEN yhand TO 3.5* inches;
MOVE yarm TO bracket-grasp;
CENTER yarm;
bracket-grasp < - yarm;
AFFIX bracket TO yarm;
⋮
{steps to attach bracket to beam}
⋮
OPEN yhand TO 3.5* inches;
UNFIX bracket FROM yhand;
AFFIX bracket TO beam RIGIDLY;
END;
```

图 6-59　用 AL 语言编程的实例

例如，对于酒精灯这样特定的物体，每一个都定义为类，作为泛化物体的子类来定义，构造了图 6-60 所示的层次。这样一来，用泛化物体定义的属性和过程借助于继承功能，可以自动地转交给下位的类（在这里是酒精灯的类），并可以使用。也就是说，用户无须进行特别的描述就能使用有关 pick-place 操作。

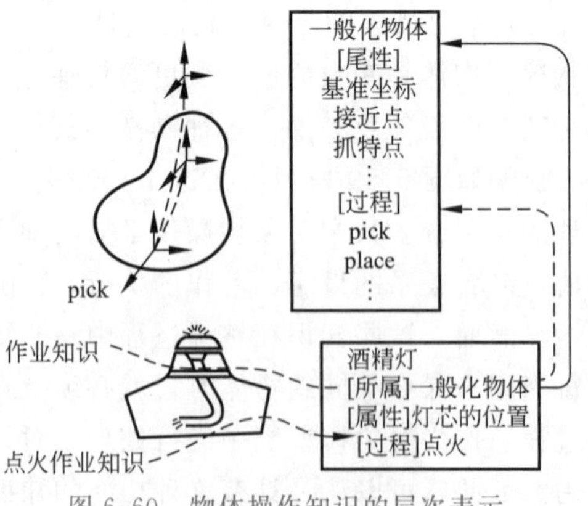

图 6-60　物体操作知识的层次表示

另外，也存在利用对象的模块性和层次知识的共有功能，将拾放模块和视觉模型等所谓不同质的知识结合的系统。这个系统以基本操作观点的对象模型和基于利用狭缝光进行视觉识别、测量的对象模型为基础，建造了利用各个功能时能自动地调用互补程序的协调作业模型。协调作业的具体内容如下所述：在操作作业中，各动作的视觉确认是自动进行的，这时，所谓动作执行的确认是指能够用移动前的位姿来辨识对象物体。也就是说，不是在完全未知的空间内搜索那个物体，而是可以在预定的位置、姿态上发现物体的视觉特征（在这种场合时轮廓像）；其次，这种确认法对于构成上述拾放的全部动作都具有共同适用的一般性，辅助视觉功能的操作是给出在测量被抓住的物体时，为了使物体不被遮挡，用手指使物体的测量面朝着摄像机方向，这些知识与物体操作和视觉功能的基本用法等知识有关，这类知识一般称为元（META）知识。为了实现这种元知识的描述，这个系统将协调作业模型对应于拾放模型与视觉模型，图 6-61 所示为利用多重继承关系的协调作业模型。

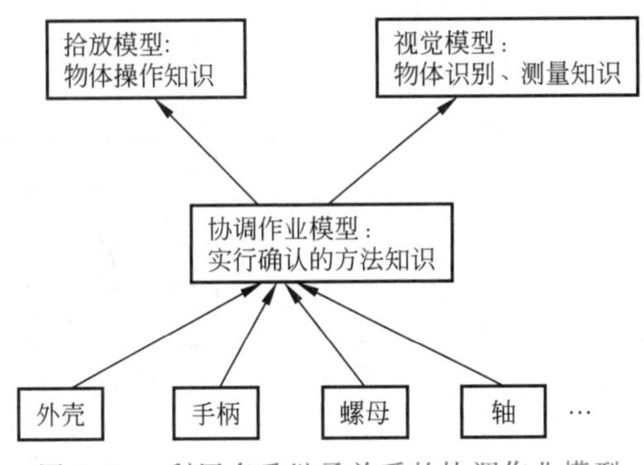

图 6-61　利用多重继承关系的协调作业模型

4. 行为规划

规划是机器人系统最基本的功能。这是因为希望机器人做出某种行为时，必须进行某种规划。

在机器人进行各种作业的场合，必须用程序的形式给出动作的具体指令，为此，必须确定作业的程序。例如，进行机械的组装和分解作业时，进行作业之前，必须预先决定机械零件的装配顺序和拆卸顺序，放置零件的地方等。通常，程序员全部考虑这些顺序，或者一边使用机器人仿真器或机器人用的专家系统等的会话功能，一边书写机器人动作的程序。然而，这种工作对于程序员是很重的负担，如果机器人系统自身具有考虑大致作业程序的功能，则可以使程序员减少很多麻烦和负担。显然，为了产生这些作业程序，必须预先熟悉周围的状况和机器零件的放置样子等环境条件和机器人可能的动作。在这些前提下，将生成完成目标作业必需的全部作业程序的功能称为机器人的作业规划（也称为机器人规划生成或问题求解）。

机器人作业规划问题从机器人研究的最初期就开始进行，例如在 MIT（美国麻省理工学院）开发出在图 6-62 所示的房子中存在几个物体（障碍物）的环境下，用符号 A 表示细长形对象物移动作业规划器（PIANNER），在这种场合，为了移动 A，机器人能够执行的动作是将 A 向 z 方向或者 y 方向仅仅移动±1 个单位，或者在该场合仅仅使其旋转 90°。在这样的约束条件下，机器人自动地考虑应进行怎样的动作才能使 A 从所在位置移动到图中虚线所示的目标位置所决定的姿态，其中，用表示机器人环境状态和作为机器人动作元所描述的作业状况的状态空间法。图 6-63 所示为表示这种作业的状态空间图，这种作业的规划是在该图上寻找从当前点开始到达目标点的路径（尽量短）。图 6-64 和图 6-65 分别给出了路径解及路径解的图示。

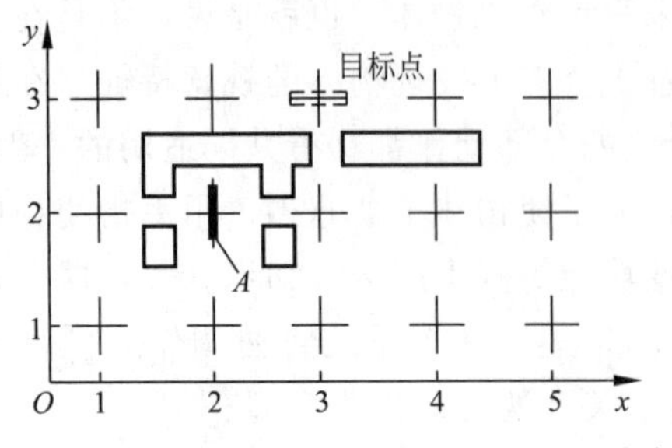

图 6-62 处理细长物体的作业规划环境实例

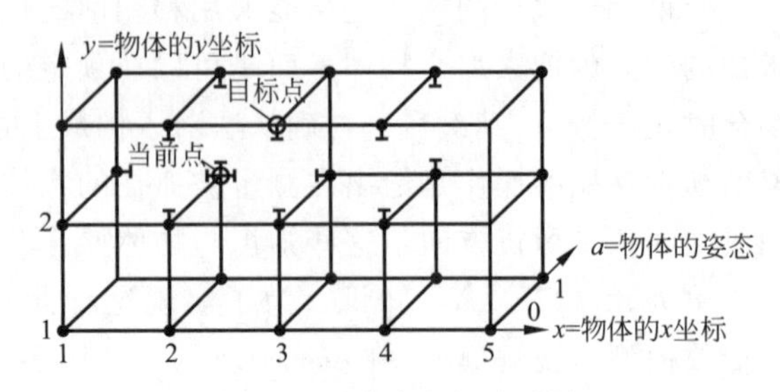

图 6-63 状态空间表示图

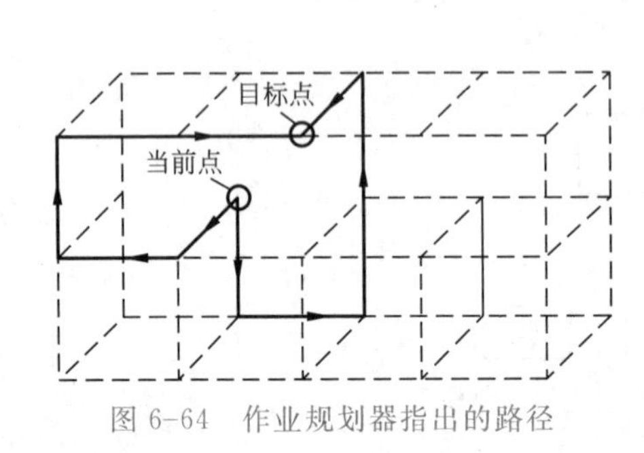

图 6-64 作业规划器指出的路径

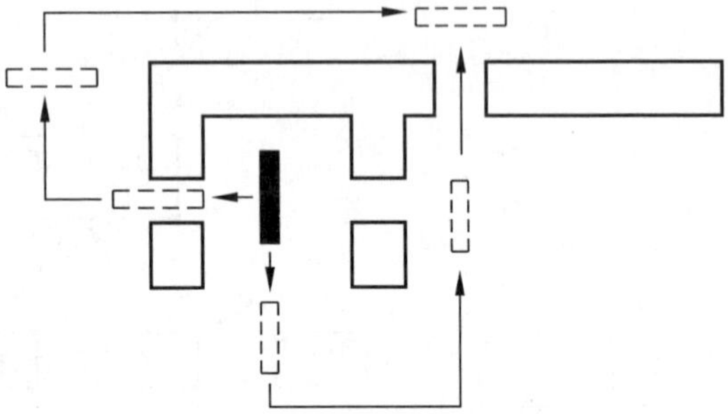

图 6-65 路径解的图标

5. 行动规划

与其他机械比较，机器人的重大特征之一是有多个自由度。这意味着它在三维空间中可以自由地动作。反之，在希望机器人实际做某一动作时，必须从空间中可以实现的多种动作中选出某些动作。而且对于所做的这种选择，当然应是能够达到目标的动作，又是使其自身不知其他物体、其他机器人、其他移动物体发生碰撞的动作。

为了控制机械手使其实行作业，必须借助机器人语言程序和动作示教，详细地指定作业动作。使用具有图形显示功能或干涉检查功能的模拟器，通过对话来规划机器人动作的方法尚在研究开发，但仍然需要大量的时间和劳动力。为了减轻人类的这种负担和进一步扩大机器人的适用范围，目前正在深入进行机器人自主动作规划的研究。

障碍物回避动作规划可以看作是在具有与机械手的自由度数相同的空间中的路径搜索问题。在这个过程中，具有复杂形状的三维立体间的碰撞检查计算已成为必要。至于这个问题的一般解法，在计算几何学的范围内计算的复杂性已有理论评价。作为路径搜索的最坏情况的计算量的上限，不可能实现的阶数已经能明确地指出来，然而，在现实的机械手的动作中，这种最坏的情况很少发生，但从实际的动作规划是可能的立场出发，已进行了种种研究。

机械手动作的开始位置和目标位置已经给定时，一般可能存在多条路径。至于路径的最优性，存在最小能量、最短时间、最短距离等各种各样的评价标准，然而，取什么样的评价标准是依赖于各自作业内容的，对于 6 个自由度的机器手的路径探索，回避障碍物而达到目标是困难的问题。因此，还没有出现同时处理障碍物回避和最优化的研究。

障碍物回避动作规划方法可分为基于作业空间的局部信息法和基于局部信息的方法两种。因为任一种方法单独地求解具有实现复杂性的问题都是困难的，所以正在研究将它们组合起来，并引入启发式方法。

(1) 利用近旁局部信息的避碰。这是为探索障碍物回避的路径，考察基于机械手近旁的空间结构，沿着没有碰撞的方向进行动作的方法。它适用于环境的域结构预先不知道的场合；环境时刻发生变化时，基于分布于机械手各部分的自由度很高使空间描述困难的场合。

典型的基于局部信息的避碰方法，有假象势场路径探索法，即定义从环境内的物体到机器人的距离的相应斥力和至目标位置的引力的假设势场。这种方法若在三维作业空间中求出市场，即使机械手的自由度增加，这个市场也能照样适用；另一方面，具有实现复杂度的三维空间中的势场函数的定义和计算困难，并且有时会在斥力和引力平衡的点上停留下来，不能达到目标。对于前者，不再求取分布于机械手全体的悬挂力，而是对于构成机械手的各个连杆，仅仅求取各障碍物对其最近点的作用力并使其动作的解决方法；对于后者现在还没有解决方法。另一途径是设法从全程观点给出所求的中间目标。

基于局部信息的方法是根据机械手与周围避碰物体两者间距离的评价函数，与机械手接近作业目标的评价函数的加权之和来决定动作方向，因此，仅能规划一条路径。当这条路径不合适而实际发生碰撞时，为了规划其他路径，只有修正权重参数，还没有发现最优地决定这个参数的方法，当前人们是凭经验决定权重的值。

若能进行工作环境内物体的几何学描述，并显示地描述机械手与它们不发生碰撞而能够动作的空间（自由空间），则可以使用在该空间中的图像搜素法等探索到达目标的路径。但是，一般的机械手具有多自由度的连杆结构，而且由于各连杆具有复杂的三维形状，所以描述自由空间是不容易的。

作为开创性研究，实现两个连杆组合的 STANFORD ARM 的障碍物回避的自由空间描述是由 UDUPA 完成的，该研究给出了如下做法，即在近似于机械手形状的基础上借助于扩大周围障碍物和缩小机械手，将机械手姑且看作没有体积的线段，进一步相对于机械手的前端连杆的长度扩大周围物体，从而可将机械手看作一点。图 6-66 所示为作为二维运动的机械手避碰动作的情况。就是说，这是一个分别用圆柱表示的臂和腕结构的机械手从出发点 S 向着目标点移动的问题；将作业域内的所有障碍物扩大相当于圆柱半径的倍数，将机械手作为相连接两条线段来处理。路径规划则利用两个连杆这一特点探索的进行。当连杆数增加时，这个方法便难于使用，其次只能发现局部的障碍物回避路径，这是该方法的一个缺点。

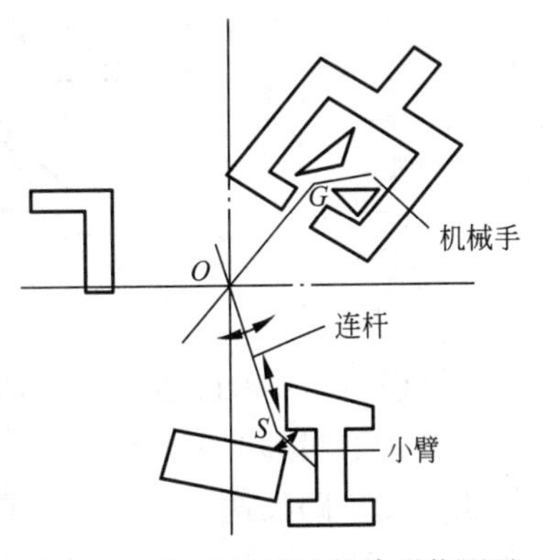

图 6-66　连杆机械手的障碍物回避

对于多边形物体回避多边形障碍物，且不带旋转的平移场合，lozano-perez 给出了求取其移动的最短路径的方法。图 6-67 指出了对象物体 A 从出发点 S 移动到目标点 G 时的最短路径，这条路径按照下述方法求得，首先将对象物 A 的任意位置看作参照点 S，让 A 不旋转，一边保持与障碍物接触，一边围绕着各个障碍物平移，求取点 S 描出的图形（见图 6-67 的斜线部分）。这些图形（命名为 GOS（A））可以看出禁止参照点 S 进入的区域。在考察移动路径的场合，利用这一结果可使对象物 A 缩小至 S 点，于是便可以从连接出发点 $SGOS$（A）的顶点和目标点 G 的路径中选出不进入 GOS（A）且到达点 G 的 A 的最短路径。以下考察 A 旋转的场合，这时，因为对应于 A 的旋转 GOS（A）也发生变化，所以求取 A 的移动路径的问题已构成三维问题。

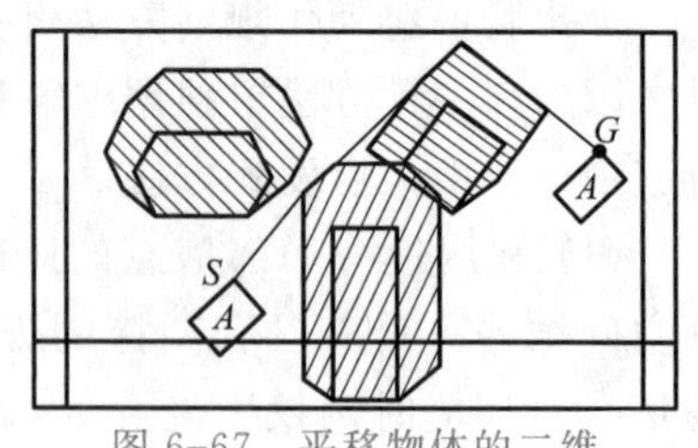

图 6-67　平移物体的二维障碍物的回避

这里为了易于问题的处理，提出下述的方法。将 A 的旋转分为 m 个区间，求取各区间旋转可能形成的图形，并各用一个包含它的多边形（第 i 个近似多边形记为 Ai）来近似。用各个 Ai 得到的 m 个 GOS（Ai），求取近似的最短路径。图 6-68 是表示这个方法的一个例子。允许对象物从 A1 旋转到 A3，从点 S 移动到点 G。A2 是由 0°到 90°旋转可能形成的多边形，以上是在二维平面内移动。在对象物和障碍物是三维的场合，GOS（A）是立体的，所以最短路径不一定通过 GOS（A）的定点，较多的情况是通过棱线，因此，应致力于在棱线上追加顶点而求取路径。其次，对象物的旋转自由度越是增加，就越成为更高维度问题，于是需要在更大范围内的近似，这种方法适用于各连杆多面体表示的机械手的障碍物回避问题。

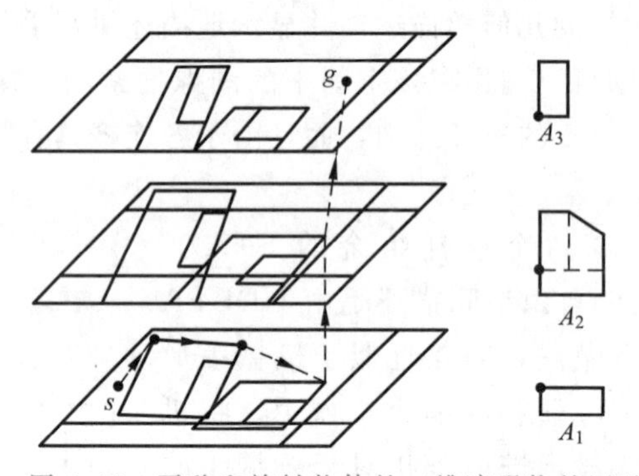

图 6-68　平移和旋转物体的二维障碍物的回避

（2）移动机器人的避碰。所谓路径搜索就是在给定的环境下，找出从初始点出发，避开障碍物而到达目标的路径。根据不同的场合，有时也要求该路径满足某种性质（最优性）。

很早以来路径搜索问题就与移动机器人毫不相关地进行研究，开发了对应于问题状况的各种算法。将它们按照移动机器人的观点进行分类时，可以分为以下几类：

①直观搜索法或爬山法。这种方法几乎没有关于环境信息的场合使用，其路径搜索的情形与人类没有地图要到的未知的地域的搜索情况相似。即搜索路径的机器人在其出发点只具有目标点在哪一个方向的信息，最初不管怎样，试朝着接近目标的方向移动，而且基于由移动结果得到的新信息，借助于朝着认为比较接近目标的方向移动，而继续进行路径搜索。机器人反复执行这一过程直至达到目标点。

因此，用这种方法得到路径不一定是最短路径（最优路径），属于这个方法的最佳的情况是利用触觉信息，向目标点前进。若接触到障碍物，就分析这些信息，决定下一步应该前进的方向。作为稍微进一步的成果是用人工视觉检出障碍物，基于其大小和斜面的倾斜度的信息生成避碰路径和检出障碍物间的间隙决定走向目标方向。

②图搜索法或规划搜索法。在环境知识完全的场合，即存在于环境中的障碍物配置是预先知道的场合，或者是在机器人实地移动时借助于视觉装置等可以决定障碍物的整体配置，则可以运用比①的方法更为有效的搜索法。在图 6-69 所示的用多边形表示障碍物的环境中，从出发点 S 开始，回避障碍物而到达目标点 G 的最短路径存在于连接障碍物的顶点的直线群的组合之中。这种问题可以作为计算几何学中可视图进行一般处理，最短路径对应于在可视图上求取从出发点到目标点的最短路径，借助于标号法，设可视图形的顶点数为 n 时，其计算复杂度的阶数为 $O(n^2)$。

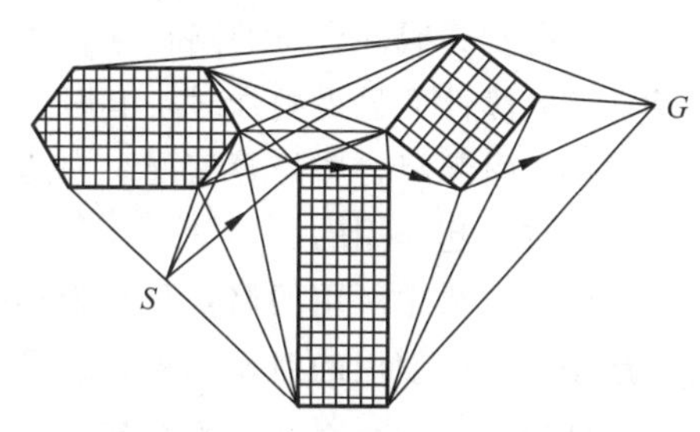

图 6-69　可视图问题路径搜索实例

为了高速地求解这种问题，有的文献提出用超图层次地描述机器人能够动作空间结构，实现路径搜索算法的高速化。其次为了尽量避免接触障碍物，也可以将由障碍物的大小决定的领域边界（计算机几何学称 voronoi 图）作为路径的一部分来使用，有人提出了利用由障碍物的势场分布来决定路径的方法和利用距离变换的方法等。

另一方面，借助于将机器人的移动环境像棋盘格子一样分块而进行模型化，通过考察机器人在这些栅格中的移动而进行路径搜索所需的成本，与障碍物碰撞所造成的损失，在移动环境中观测存在的障碍物所花费等为参数的评价函数，可以用动态规划法等数学规划法使其最小化，从而可以搜索到最优路径。图 6-70 给出了一边将观察到的障碍物的存在信息和关于机器人存在环境的信息并用，一边进行路径搜索的例子。为了提高这种栅格化环境中路径搜索的精度和效率，也提出使用树结构的层次化空间描述的方法。图 6-71 所示为使用四叉树的空间描述进行路径搜索的例子。从左下方的出发点 S 到右上方的目标点 G 的路径用画有斜线的方格表示。在障碍物少的范围内，使用了空间描述层次上边的栅格，即使用了粗大的栅格，在障碍物的近旁使用了层次下边的细小栅格。

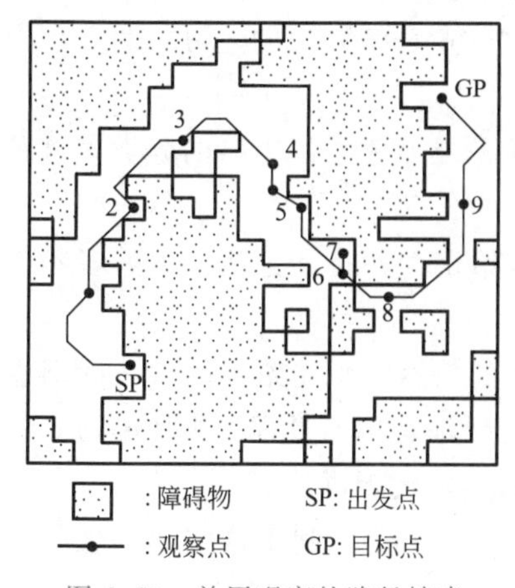

图 6-70　并用观察的路径搜索

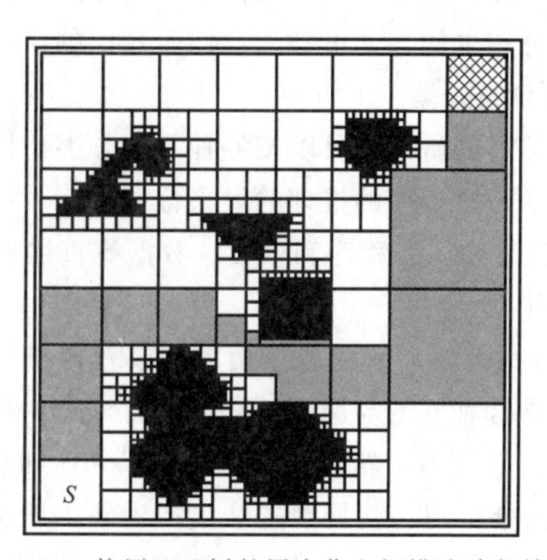

图 6-71　使用 4 叉树的层次化空间描述路径搜索

这种基于图论或者数学规划法的路径搜索，不管环境怎样复杂，若只是追求计量上的最优性，则理论上不一定可以求得最优解，但是实际上会出现组合爆炸等问题，必须经常进行必要改善。

③启发式或混合式的路径搜索法。若环境信息不完全，或者环境太复杂，进一步要求路径具有最优性而显得勉强时，有时就会出现用①的方法不能发现路径，用②的方法过于花时间，并会引起组合爆炸等情况。在这种场合使用某种启发方法或将几种方法组合起来使用混合法有时是起作用的。

启发方法中所用的启发只是依赖于各个问题的，难于进行一般讨论。作为在移动机器人的路径搜索中使用的启发知识，最简单而且经常使用的是：从当前点向着目标点，直至遇到障碍点一直前进；若遇到障碍物，走向在当前地点可以看见的障碍物的边缘点中最近的一个；沿着障碍物移动等。图 6-72 给出使用这种启发知识搜索路径的例子。

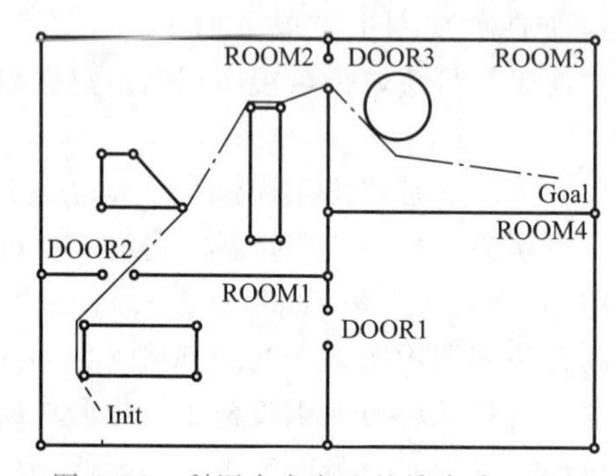

图 6-72　利用启发方法的搜索路径实例

6.3.5　机器人知识的获取

在人类的学习能力中存在技能改善与知识获取两个侧面。技能改善就是通过反复练习无意识的水平调整。相对地，伴随新符号指数及其结构和心里模型的建立，知识获取是有意识的过程，在机器人领域也展开了同样的两类学习，即技能改善和知识获取的研究。

另一方面，机器人为了进行作业实施及与实施作业有关的信息、作业对象和作业环境的信息是不可缺少的。这里分为“作业知识的学习”和“作业环境知识的学习”两方面内容。

1. 学习的分类

关于学习的研究，可以按各种基准分类。以下介绍的是基于学习策略的分类，这种分类也是基于学习过程中的推理的量来分类。

(1) 记忆学习：程序和事实、数据等直接地由树部给定，并将其记住，学习者不需要具备推理的能力。

(2) 示教学习：就是基于由教师或教科书一类系统的信息源预先给定的“一般概念”获取知识，将这种新的与原有的知识进行综合，使其能有效地运用的过程。为使学习者的知识逐渐增加而必须给予新的知识，而大部分新知识是由教师负责提供的。

(3) 类推学习：就是预先给出产生新的概念的“概念种子”，利用这些“概念种子”将类似于要求新知识和技能的现有知识和技能变换为在新的状况下能够利用的形式，从而获得新的知识和技能的过程的学习。例如，会开小汽车的人，在驾驶小型货车的新情况下，为了能适用其技术，需修正自己掌握的技术。获取新技能的学习，就是学习功能被用于将最初为此而设计的程序变换为使其能够实现与此密切相关的功能的程序。

当前机器人学习研究的大部分属于上述三类的范畴。

(4) 示例学习：给定某一应考虑的效果和与此相关的正反实例，学习者归纳推出描述所有正例，而不描述任一反例的一般概念的过程。学习者必须推导出一般概念和“生成新概念的种子”。在逐渐地试行实例学习的场合，系统作业关于与能够利用的数据不矛盾的概念的假设，进一步考虑新的实例而改良这个假设。

基于观察学习与发现（没有教师的学习）：这是归纳学习最一般的形式。对于学习者来说没有给出“关于特定概念的实例”，也不知道某一概念的反正实例，必须靠本身决定“将焦点放在什么概念上”，这是一种基于被动观察和主动观察的实验系统。

学习系统也可以根据其获取知识的形式进行分类。

(1) 代数式的参数：例如，调节表示控制策略的代数式的数值参数，而使其得到要求性能的系统。

(2) 决策树：获得区别对象的决策树。

(3) 形式玩法：学习人类的语言，从其语言中的一串句子归纳出形式文法。

(4) 产生式规则：获得和改良用 IF... a... THEN... b（若称为 a 的条件成立，则实行称为 b 的动作）形式表示的知识表示（规则）。用于改良的基本方法有下述 4 种：①创作：从外部获得或做成新的规则；②一般化：丢掉和放宽一些条件，使规则在更多的状况下能够适用；③特殊化：用附加新条件的方式加以限制，缩小适应状况的范围；④组合化：将两个以上的规则综合为一大的规则，这可用删除条件和动作来实现。

基于形式逻辑的记法与相关形式、逻辑的学习：

(1) 图与网络：改变和获取用图和网络表示的描述的知识。

(2) 计算机程序：获得有效地执行特定过程的程序，多数自动编程系统属于这个范畴。

(3) 分类：用基于观察的学习，设定系统分类的基准，学习将对象描述分类。

也可以根据实现学习功能的方法进行整理，具有代表性的有以下两种：

(1) 演绎推理：从公理和法则发现为基础的方法。

(2) 归纳推理：与演绎推理相反，是由现实发现原则的方法，即对于还没有完全理解的事物，可以仅通过观察事例来进行学习。

2. 作业知识的获取

这里以层次性的观点，将关于机器人实施作业的知识分为控制机器人动作级（机器人级）和处理作业的目标和效果级（作业级）两部分知识来讨论。

(1) 机器人级信息的学习。学习控制机器人动作时必需信息，将控制参数、机械手动力学、目标轨迹和控制策略等作为学习内容进行研究。

为了用机器人操作物体，必须由伺服机构控制机械手使其动作，即使伺服控制器的结构是适当的，控制常数是固定的场合，控制对象的特性在作业中发生变化时也会使系统整体的性能变差。根据控制特性的变化调节控制常数，保持系统性能一致性的适应控制是大家熟悉的。

另外，通过练习提高其伺服性能的有学习伺服参数和机械手动力学系统，例如借助于试运行而提高机械手动力学参数的推定精度方法。

(2) 作业级信息的学习。学习与作业子目标、实施作业的程序和包含于这些程序的作业动作等有关的信息，研究机器人工作对所造成的外界的影响效果而进行学习的算法。

作为20世纪70年代人工智能研究的题目，经常提出机器人规划问题。几乎都是以类似于要求新知识和技能的现有知识和技能变换为在新的状况下能够利用的形式，从而获得新的知识和技能的过程。

当前机器人学习研究的大部分属于上述范畴。

基于形式逻辑的记法与相关形式、积木世界为对象自动地生成将积木堆叠成给定的形状的程序。STRIPS和HACKER等是孰知的系统。

HACKER是将焦点对准学习问题的系统，是Gerakl sussman于1975年开发的。利用他生成实现给定目标（谓词表达式的集合）的程序，并进行了规拟。生成的程序是action goal-state time-span，表示应该实行action，其结果good-state应变为真的，它意味着用time-span所示的程序完结时必须是真的。模拟装置将禁止的操作或违反这些条件等作为故障而检出。故障的种类和排除故障过程预先作为知识来描述，与模拟结果进行匹配而识别故障。对于引起故障的状况和相应的排除故障的过程，采用将常数变数的一般方法并存储于程序库内。其次，成功的规划也同样做一般化处理，并存储于子程序库内。在生成和改写规划师访问这些程序库，HACKER是一个将作业规划制订阶段逻辑故障的检查和学习进行模型化的系统。

Dufay和Latomb提出了由经验归纳学习机械组装作业程序系统，作为系统输入而给定的作业用对象物的初期状态和目标状态，以及零件的几何信息来描述。将它作为输入信息，学习则按以下两个阶段来实施：①在训练阶段，利用传感器多次实行相同的作业，收集两个以上不确定性和误差起因不同的多个例子；②接着是归纳阶段，基于得到的实施例子，利用归纳学习做出在任意场合都能执行的一般策略程序。

以将棒插入孔内的作业为例，作业为“使棒的轴与孔的轴一致，将棒的一头直插入孔的底部”。在进行测量零件的形状、损伤检查及其位置姿态的视觉处理，示教给机器人的编程语言已经被商品化。将在传送带上的机器零件的映像作为对象，由输入映像基于Stanford算法进行模式识别。自动识别就是已登录的几个物体的模型训练阶段，首先规划员基于作业描述的规划生成机器人动作命令的序列，以后生成的动作命令序列借助于监视器逐个执行，利用传感器信息判断这些动作是否能实现目标。若实现目标，则转移到下一个动作，否则，为使其达到希望的目标状态而修改最初的规划，并重新执行。这样做可以收集到包含棒在孔边缘的场合的多个试行例子。这些试行例可以用图6-73来描述，其中节点表示机器人的动作，弧则表示作业状态。在归纳阶段，利用图6-73（b）所示的综合与一般化规则，实施这些试行例的综合与一般化。做出图6-73（c）所示的已被一般化的作业图。最后将这些变换为动作级的机器人语言LM，从而得到一般的作业程序。

3. 图像理解与环境知识的获取

在学习对象作业环境信息的场合，视觉起着重要作用，这里介绍有关视觉处理的学习，以及利用视觉处理获取环境知识的方法。

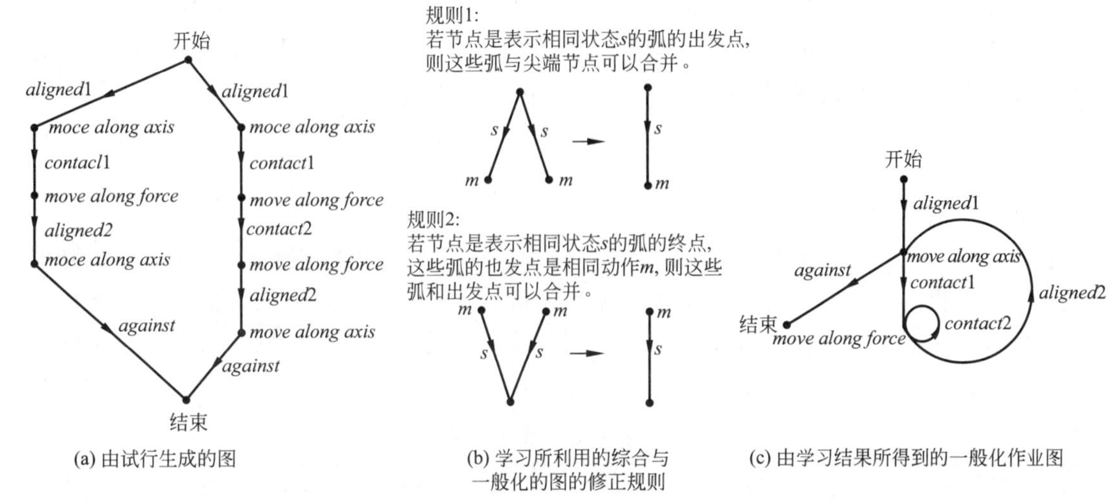

(a) 由试行生成的图　　(b) 学习所利用的综合与一般化的图的修正规则　　(c) 由学习结果所得到的一般化作业图

图 6-73　使棒通过垫圈并将其插入有孔方块的组装作业

（1）视觉处理的学习。机器人为了对用传送带送过来的零件实施作业，必须识别零件及其位置。RAIL 就是将基于对象的特征群实施模式识别，同时进行测量零件的形状、损伤检查及其位置姿态的视觉处理，示教给机器人的编程语言已经被商品化。将在传送带上的机器零件的映像作为对象，由输入映像基于 Stanford 算法进行模式识别。对于输入图像的一个物体，或者是计算孔的特征值，其特点就是具有利用其特征的学习功能，对象物体的学习就是反复输入其图像，求取特征值的平均值与标准差，将这些值与登录名一起进行存储。自动识别就是将已登录的几个物体模型与摄像机摄取的物体进行比较，判断它是哪一个。

（2）环境知识的获取。广濑等人提出了将测距仪得到的三维信息构成适用于步行机械的地形图的系统 MARS。但在利用视觉信息制作凹凸地形的地图场合，在地形的一部分生成死角，不能得到该范围内的三维信息。因此，仅利用单纯的三维测量制作的地图是不完全的，为此在 MARS 中，将地形图分为可视区和死角区，分别指出各个区地图的制作方法，对于可视区，给出了使以前测量值的权重变小，逐次存储信息的方法。借助于它，在一边移动一边更新前方地图的场合，由于越是过去的测量值，就在距处理物体越远的地方被测量，所以可以使其权重变小。另外，关于制作死角区的地图所需的死角域推定法，给出了有效地利用过去得到环境信息的方法。这就是记忆已测量过的物体的特征，也就是借助于学习，逐次地做成正确地图的方法。利用四足步行机械进行实验，已表明对于可视域，可以实时地生成地形图。

铃木等人给出有视觉信息学习环境地图的例子，提出了使联想数据库自组织化的简单有效的方法，并将其应用于自主移动机器人。学习系统由预先规定的处理部分和在初期状态是空白的记忆部分构成。对于现实的输入信号，处理部分从记忆部分检索出与其相似的以前的输入信号，调出它的相关信息。若现时输入信号的附带信息与这个相关信息不一致，就将新的信息附加于记忆部分的数据库，其影响由下一次处理加以反映。像这样依赖于记忆状态和输入信号双方，数据库就自组织化地建立起来。当给出充分长的输入序列时，输入信号与相关信息的对应关系与标本序列的对应关系相等。在这种数据库的自组织化算法中，将摄像机

图像看作输入信号 X，将机器人位置 Y 看作由此得出的联想信息，若使其学习 X 和 Y 的对应关系，则其后就由风景识别机器人的位置，将在走廊第几条支柱的地方是否有机器人记为人，将由摄像机在水平面内旋转所得的映像做成的二值化全景映像记为调，并进行实验，反复进行 400 次示教后，得到了正确率为 84%的收敛结果。另外，也将同样的算法应用于障碍物回避。

4. 智能机器人应用前景

在制造业领域，工业机器人应用正向广深方向发展。在非制造业领域，工业机器人随着智能化程度的提高，不断开辟新的用途，除操作机器人外，还有移动式机器人、水下机器人、空间作业机器人及飞行机器人等。21 世纪将要实现的先进的智能机器人技术应用前景如表 6-5 所示。

表 6-5　智能机器人技术应用前景

应用行业	智能技术应用前景
食品	脱骨加工系统
纤维	自动缝制系统
木制品	木制家具表面磨光及装配自动化
造纸	产品在线制动检测
化工	工厂设备监控、安全自动化
石油	油罐清理、检查、涂装自动化
陶瓷	烧成作业自动化
橡胶	黏结剂涂抹自动化
钢铁	压延自动化，炉体修补自动化
通用机械	透平机翼、金属研磨自动化，水切割自动化，切边打毛刺自动化
电子、电气机械	真空半导体及真空材料制造机器人，自治行走式清扫房间及搬运机器人，半导体等加工微型机器人，一级清洁度用机器人，总装自动化
汽车	堆垛、拆垛，具有三维识别的插装机器人
机械信息产业	自动仓库用自动命令上下架机构、车间内声控作业自动化、超高速 DD（直接驱动）装配机器人、对移动物体进行三维识别的机器人、智能制造系统（intelligent Manufacturmg System，IMS）、激光加工机器人
以上为制造业，以下为非制造业	
畜牧	剪羊毛机器人、挤乳机器人、畜舍清扫机器人
农林水产	摘果机器人，种植、施肥作业机器人，植物车间育苗机器人，喷洒农药行走机器人，整枝、间伐采伐作业机器人，剔鱼肉，挑选鱼、包装自动化
建设/建筑	钢筋组装自动化机器人，配钢筋机器人，耐火材料喷涂机器人，混凝土预制机器人，耐火材料喷涂机器人，混凝土地基铺设机器人，外壁抹灰机器人，装卸天花板、照明灯具及内装修机器人，装卸窗户机器人，混凝土外壁面清理、涂装，墙壁切断机器人，大楼外壁诊断机器人，粘瓷砖机器人，房间清扫、洁净度检查机器人，钢-混凝土建筑物老化诊断机器人，桥梁涂装机器人
土木工程	土质、地质调查自动化系统，小口径管道、地下电缆敷设作业、混凝土隧道喷涂机器人，隧道工事弓梁自动安装机器人，地下建筑拆卸机器人

续表

应用行业	智能技术应用前景
海洋	海底调查（地基、地貌）机器人，海底勘探、采矿机器人，海底建设，保全作业机器人，水下碘石清理机器人
应用行业	智能技术应用前景
矿业	采矿、采煤自动化
电力	配线作业、绝缘子清洗作业机器人，变电所巡查机器人，水压铁管检查机器人，火电厂排水管路的点检、清扫机器人，输电铁塔升降机器人，核堆放射材料容器安全检查机器人，核堆拆卸机器人，核垃圾处理机器人
气、水管道	配管作业机器人，地下管道检查检修、容器检修、涂装机器人，下水管道清洗机器人
楼群物业管理	警卫、保安、消防机器人，清扫机器人，洁净度检查，楼内引导服务
医疗	脑外科手术、卧病老人服务机器人，乳腺癌自动诊断机器人，内脏、血管检查手术机器人，角膜移植手术微型机器人，细胞操作微型机器人，病人引导、病历、病人运送机器人
福利及服务机器人	卧病老人服务机器人（入浴、饮食等）老龄人轻度劳动辅助移动机器人，残疾人助手系统（导盲犬卧病老人服务机器人、操作机器人）康复支援系统，动力假肢
家务机器人	清扫、洗餐具、警卫、护理病人
防灾	灭火（建筑、森林）、警卫（大楼）、救援（火灾、人埋入地下等）、火灾避难导引作业、海面飘油防灾
宇宙空间	宇宙构造物的组装、检查、修补机器人，卫星、自由飞行器的自动器的自动回收作业机器人，宇宙工厂作业机器人，宇宙空间检查、资源采集等

小　　结

随着智能化的程度提高，机器人传感器应用越来越多。智能机器人主要有交互机器人、传感机器人和自主机器人 3 种。从拟人功能出发，视觉、力觉、触觉最为重要，早已进入实用阶段，听觉也有较大进展，其他还有嗅觉、味觉、滑觉等，对应有多种传感器，所以机器人传感产业也形成了生产和科研力量。

第7章

机器人的技术变革

机器人领域是一个融合了各领域智慧与技术、不断拓展的研究范畴。通过本章的学习，能够理解机器人科技的核心、机器人科技的最新研究成果。

机器人领域是一个融合了计算机科学、人工智能、工学、神经科学、心理学、仿生学的智慧与技术，不断扩展的研究领域，革新中的机器人技术，将是人类技术与文明的重要拐点，对未来工业4.0、智慧城市相关的各领域、各行业甚至新的经济秩序格局都会产生深远影响。

机器人与其他科学领域互相融合（机器人工学的精髓）是机器人自身领域研究的新方向。例如，极受瞩目的机器人与神经科学、心理学的融合，以及以往未曾引起重视的机器人应用探究。此项研究是前所未有的综合性研究，研究主题蕴藏了突破目前机器人技术极限的可能性。

7.1 虚拟机器人

随着科技的不断发展，机器人正在变得越来越聪明。谷歌围棋计算机程序阿尔法狗（AlphaGo）在与韩国棋手李世石的人机大战中胜出，成为人工智能发展的又一个里程碑。在有限的领域，机器人的智商高于人的智商，这一点已经毋庸置疑，而且机器人智商的进化速度比人们想象得要快很多，包括深度学习在内的人工智能正在突飞猛进地发展。

人工智能由三大环节构成：技术算法、支持数据和产业应用。当前，人工智能最好的落地是虚拟机器人的发展，虚拟机器人正在唤醒未来。

虚拟机器人（Bots）是一种通过自然语言来模拟人类对话的程序，是基于自然语言处理的智能会话系统，它是融合了多元人工技术的智能机器人。对于模拟效果的评判，“人工智能之父”图灵曾经提出过一个测试方法，后来成为经典的图灵测试——交谈能检验智能，如果一台计算机能像人一样对话，它就能像人一样思考。

有了虚拟机器人，用户可以在一个会话式的界面上发送和接收信息，虚拟机器人可以理解并回答人类的问题。为了更好地处理问题，Bots还可以通过多轮对话求助咨询人类。2016年4月以来，微软、苹果、谷歌等全球顶级科技企业纷纷发布了各自的Bots平台计划并推出虚拟机器人产品，如苹果的Siri、微软的“小冰”、百度的“度秘”、阿里的云客服……Bots经济如朝阳之势喷薄而出。

Bots有哪些功能？它的身影无处不在，在政府网站上，它可以解答各种政策法规问题；打开银行的微信公众号，它可以帮助办理业务；了解快件进度可以直接咨询Bots，甚至在路上开车时可以用Bots打电话和发短信。

Bots有哪些优势？有分析报告认为，智能人机交互方式将在2020年开启一个新的后APP时代。现在大家通过使用APP实现许多功能，未来很多应用通过简单的界面就可以实现，不用再开发专门的APP。Bots相对APP来说有很多好处，比如易使用、易传播、接口统一等。由于Bots都是用自然语言方式完成交互，故各种不同的Bots可以很容易地连接在一起。

7.2 可穿戴式机器人（外骨骼机器人）

外骨骼机器人是一种结合了人的智能、机械动力装置和机械能量协助人体完成动作的人机结合的可穿戴设备。按结构可将外骨骼机器人分为上肢、下肢、全身及各类关节机器人。它结合了外骨骼（是指动物的外部骨骼，用于支撑或保护内骨骼）仿生技术和信息控制技术，涉及生物运动学、机器人学、信息科学、人工智能等跨科学知识。受制于高度符合人体动作准确度的实现难度、运动意图判断、能源供给、结构材料（轻型、坚固、有弹药性）、控制策略等影响因素，人体外骨骼助力机器人目前仍处于早期阶段。

外骨骼机器人将人的智力和机器人的体力完美地结合在一起，在军事领域、民用领域、医用领域均有广阔的应用前景。

（1）军事领域：使士兵携带更多的武器装备，其本身的动力装置和运动系统能够增强士兵的行军能力，增强士兵的作战能力。

（2）民用领域：外骨骼机器人可以广泛地应用于登山、旅游、消防、救灾等需要背负沉重的物资、装备而车辆又无法使用的情况。

（3）医用领域：外骨骼机器人可以用于辅助残疾人、老年人及上肢、下肢无力的患者，可以帮助他们进行强迫性康复运动。下面详细介绍几种外骨骼机器人：

日本科技公司“赛百达因”（Cyberdyne）研制的HAL-5是一款半机器人，拥有自我拓展和改进功能。它装有主动控制系统，肌肉通过运动神经元获取来自大脑的神经信号，进而移动肌与骨骼系统。HAL（混合辅助肢体的英文缩写）可以探测到皮肤表面非常微弱的信号。动力装置根据接收的信号控制肌肉运动。

HAL-5是一款可以穿在身上的机器人，高1 600 mm，重23 kg，利用充电电池（交流电100 V）驱动，工作时间可达到近2小时40分钟。HAL-5可以帮助佩戴者完成站立、步行、攀爬、抓握、举重物等动作，日常生活中的一切活动几乎都可以借助HAL-5完成。HAL-5装有混合控制系统，无论是室内还是户外均有不错表现，如图7-1所示。

T52Enryu是机器人家族的一个大块头，重量近5 t，身高达到3 m。它非常强劲，可以帮助救援人员清理路面上的碎片。T52Enryu可以在任何灾害的救援工作中派上用场，例如地震。它靠液压驱动，也被称之为“超级救援机器人”，能够举起重量近1 t的重物，机械臂则可以完成所有类型的动作。T52Enryu由日本公司Tmsuk于1994年3月设计，而后在长冈技术科学大学接受测试。测试中，它成功从雪堆上举起一辆汽车，如图 7-2 所示。

图 7-1　HAL-5　　　图 7-2　救援机器人 T52Enryu

松下充气式外骨骼（见图 7-3）在设计上用于帮助瘫痪患者。它的肘部和腕部装有传感器，允许手臂控制 8 块人造肌肉。人造肌肉内装有压缩空气，用于挤压瘫痪部位。

伯克利·布里克外骨骼（见图 7-4）由美国国防高级研究计划局（DARPA）设计，致力于帮助士兵、营救人员、野火消防员以及其他所有应急人员的 Bleex 计划，为设计提供资金支持。设计伯克利·布里克外骨骼的目的就是帮助这些人员轻松携带各种装备。

图 7-3　松下充气式外骨骼

图 7-4　伯克利·布里克外骨骼

机甲外骨骼是科幻小说中经常出现的机甲的一种复制品，高度达到 18 英尺（约合 5.48 m），由美国阿拉斯加州的工程师卡洛斯·欧文斯发明。机甲外骨骼实际上是一种步行机，由里面的驾驶员操控。它的外形与人类似，正如科幻小说中所描述的那样，它也拥有一身好拳脚和剑术，如图 7-5 所示。

Stelarc 外骨骼是一款肌肉机器人，外形与蜘蛛人类似，长有 6 条腿，直径达到 5 m。它是一种混合人机，充气和放气之后便可膨胀和收缩，与其他外骨骼相比具有更高的灵活性。

使用时，操作人员需站在中间，控制机器朝着面部方向移动。Stelarc 外骨骼由流体肌肉传动装置驱动，装有大量传感器，如图 7-6 所示。

图 7-5　机甲外骨骼

图 7-6　Stelarc 外骨骼

脑控外骨骼系统能够实现骨骼、肌肉与神经系统之间的交互作用。所有骨骼和肌肉都由大脑直接控制。脑控外骨骼系统由美国密歇根州大学的神经力学试验室设计，如图 7-7 所示。

Springwalker 外骨骼能够像所有动物一样奔跑跳跃。借助于这种外骨骼，佩戴者的奔跑速度最快可达到每小时 35 英里（约合 56 km），跳跃高度可达到 5 英尺（约合 1.52 m），如图 7-8 所示。

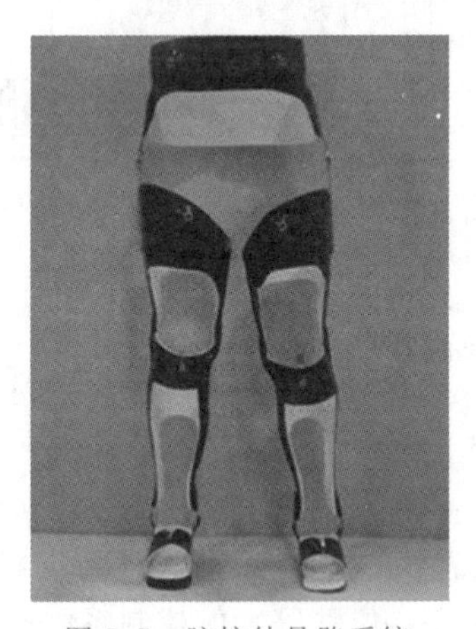

图 7-7　脑控外骨骼系统

7-8　Springwalker 外骨骼

步行辅助设备（见图 7-9）用于帮助少肌症患者恢复身体机能。少肌症可导致患者骨骼肌流失。这款步行辅助设备由美国弗吉尼亚理工大学的凯文・格拉纳塔教授研制。但他研制的步行辅助外骨骼正在帮助着很多患者。

“尖叫”机器人（见图 7-10）是由中国创客团队研发。该机器人由环境传感器、人体传感器和动力结构构成的硬件，加上人机交互指令与算法和云端引擎构成的软件，合并形成了类似人类“植物神经”的独立运行平台，具有身随意动的自动反应能力和承载能力。

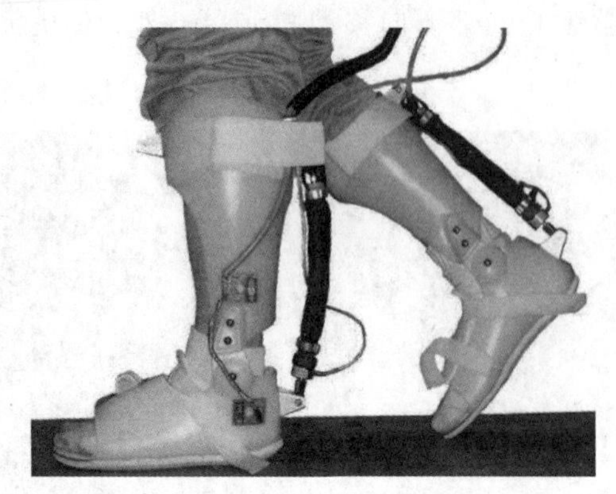
图 7-9 步行辅助设备

图 7-10 “尖叫”机器人

外骨骼机器人的关键技术有哪些？

外骨骼机器人的控制模型可以分为：感知层、执行层、决策层。控制系统需要确保外骨骼能快速准确地响应人体的各种动作，还要考虑外骨骼与不同操作者之间的默契，即需要有一定的学习能力，以适应不同操作者运动特点。外骨骼机器人控制框图如图 7-11 所示。

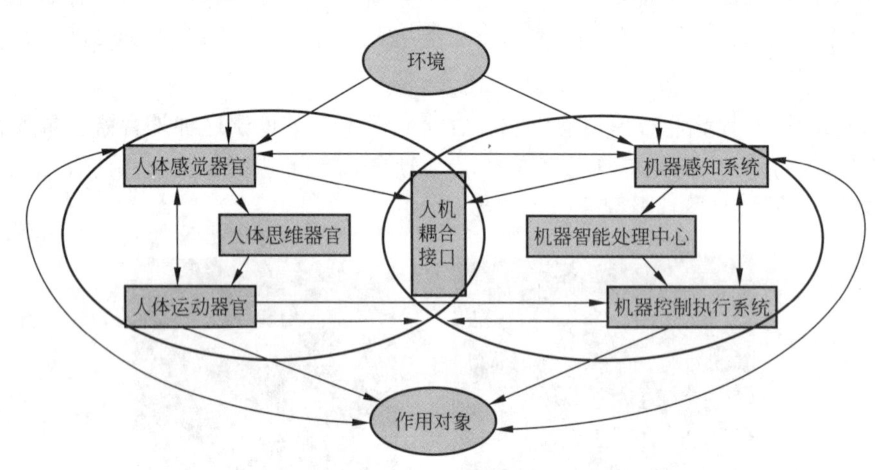

图 7-11 外骨骼机器人控制框图

(1) 感知层：包括人的感知和外骨骼系统上的多个传感器平台，用于收集人机外骨骼系统的多个信息，通过信息融合技术将其融合后，送人决策层。控制系统从感知层获取的信息类型主要包括：基于人体生理信号的控制系统（如 HAL 系列外骨骼机器人）；基于人体接触信息以及外骨骼运动状态信号（角度、角速度、位移等）的控制系统（如 BLEEX 系列和 XOC 系列）。

(2) 决策层：分析处理感知层传来的信息，确定控制策略，并控制协调人机系统。

(3) 执行层：决策结果通过人机耦合接口传入执行层，由执行层的执行机构完成外骨骼机器人系统的运转。

外骨骼机器人机械结构要全面分析人体各关节的运动范围和运动特点，设计时应考虑：

(1) 尽量遵循拟人原则，外骨骼各肢体关节等机械形状和尺寸参照人体。

(2) 外骨骼各关节，如膝、髋、踝关节，自由度要考虑到人体相应关节，确保其运动形式与人的运动形式相同，且各关节要有一定的运动范围，使其既不限制人体运动又确保动作安全。

(3) 能在不同的环境使用，如楼梯、草地等。

目前，外骨骼机器人主要以蓄电池供电，移动范围受到蓄电池的容量和效率的限制，如何提高蓄电池单位体积的容量和外骨骼的使用效率是关键问题。未来可以寻求新能源技术，包括：太阳能、生物能，解决能源发展的技术瓶颈。

外骨骼机器人的驱动要求：体积小、质量轻、并且能够提供足够大的力矩或扭矩，同时要具有良好的散热性。目前常用的设备驱动主要有：液压驱动、气压驱动、电动机驱动。

7.3　机器人听觉

机器人听觉技术（Robot Audition）是指机器人本体的麦克风（机器人的耳朵），在有背景噪声的普通环境中“分辨”声音的功能。通常是对多个音源合成的混合音进行“分辨”，并进行数据化处理。

与机器人视觉相比，机器人听觉的研究起步较晚。过去的人声识别研究一直都是将情境设定成单一声音输入以及固定不变的背景噪声。然而在真实环境中，除去目标人声外，还存在其他说话声、音乐、空调相往来声响等环境音。此外，也有在系统发声时突然有从旁插话的或者产生回响的问题存在。

一般分辨声音的处理方式称为计算听觉场景分析。该方式的主要处理内容是音源定位、音源分离、辨识分离音（声）。在分辨人声上，除了辨识语音外，了解说话的时间点、声调、点头等非语言信息，也就是韵律，同样是达成高质量沟通所不可或缺的。分辨对象不仅限于人的说话声，也包括音乐、环境音。由于音乐通常都是多重演奏的，因此如何从中分辨出乐器声、人声部分，以及捕捉节奏、旋律、和声等，这些功能在建构与人共同演出的音乐机器人来说，绝对是必需的。分辨环境音时，将声音信号转换成音素排列的拟声词认知功能，对于机器人的语言获取是极为重要的功能。例如，分辨敲门声，然后将其转换成“叩叩叩”的拟声词。机器人能够凭借此功能，将这个拟声词和敲门声连接在一起，获取意义。

一般而言，声场是以距离和声压是否符合平方反比定律（距离加倍，声压便减少 6 dB）来判定是近场还是远场的。机器人听觉研究大多是以位于两者界线 1～2 m 处的音源为对象。这是因为距离如果太远，就无法忽视回响带来的影响；距离较近，则可顺利取得直接音，有助于进行研究。

计算机听觉场景分析的组成技术包括：音源定位、利用麦克风阵列进行音源分离、语音识别 、抑制自我生成音。为了实时运用上述机器人听觉的组件技术，必须对所有技术进行整合。尤其必须使用中间件，以达成采取拉式结构的低延迟处理。若使用信息传递型的中间件，则对同一数据的存取较为不便，很难达到高速化的成效。

机器人听觉软件具有的机能：提供从输入到音源定位、音源分离、语　音识别的综合机能；对应机器人的各种形态；对应多信道 A/D 装置；提供最适当的声音处理模块；实时处理。

机器人听觉软件 HARK 便是一套能够提供上述机能的开源软件。HARK 所使用的 Flow Designer 是一种具备数据流 GUI 编写环境的轻量型中间件。关于音源定位、音源分离，目前 Flow Designer 上所提供的 ManyEars 仅支持这两部分。

机器人听觉的应用主要包括：音源定位应用、音源分离的应用、辨别分离语音的应用 3 种应用。

7.4 仿生机器人

自古以来，人们始终参考生物的一些功能来解决工程学上的问题。另一方面，即使是在高度科技化的现代社会，只要人类的周围环境在持续变化，就永远都有很多需要向大自然学习的地方，而将那些大自然的智慧纳为对人类有益的系统，并以工程学的方式加以实现，是非常重要的一项理念。

在各种环境中移动的生物仿生机器人中有许多都属于移动机器人，且其中很多都是被设计用来代替人类进入极限环境的。以下将介绍几种能够在各种地形移动的机器人。

（1）陆上移动四足移动机器人：四足步行是常见于脊椎动物的步行方式。四足机器人液压驱动单元主要包括执行元件（伺服液压缸）、控制元件（伺服阀）和检测元件（位移传感器和力传感器）三部分。美国波士顿动力公司（2016 年被丰田收购）的 SpotMini 如图 7-12 所示，它是体型小巧、行走自如的类动物型机器人。如果不算上机械臂，其体重仅 55 磅（约 25 kg）。加上机械臂之后，重量上升到了 65 磅（约 29.5 kg）。由于其体型小巧，它能够在不方便涉足的地方轻松行走。BigDog 是美国波士顿动力公司承担研制的仿生四足机器人的体型与大型犬相当，如图 7-13 所示，能够在战场上发挥非常重要的作用。BigDog 机器人采用液压驱动方式，液压系统分布于 BigDog 的躯干和四肢各关节，电液伺服阀是 BigDog 系统中技术含量最高的器件之一。

图 7-12 SpotMini 机器人

图 7-13 BigDog 机器人

（2）陆上移动六足移动机器人：六足步行是常见于昆虫的步行方式。因为有六条腿，所以不但行走起来比四条腿更稳定，形成步态的过程方式也变得更加冗长。此外，还可以附加各式各样的机能，作为移动的手段。图 7-14 所示为由英国设计师马特 · 丹顿设计出的全世界最大的六足机器人—“巨型螳螂”。

图 7-14 巨型螳螂机器人

（3）陆上移动波形蠕动机器人：机器人能够制造成

各种形态，但是如果想要机器人进入人类无法进入的狭小空间，波形蠕动方式是才是最佳方案。蛇形机器人不仅能够进行搜索和救援工作，而且能够进行外科手术、发射激光和清理水中毒素等工作。

卡耐基梅隆大学的一个团队发明了用于搜索和救援的遥控蛇形机器人 Murphy，如图 7-15 所示。它配有照明灯、摄像机和通话器，不仅能够使操控者看到被困在碎石中的人，而且也能够与之进行交流。英国 OC 机器人公司的研究人员开发出了激光蛇，如图 7-16 所示，这种 2.1 m 长、10 cm 宽的机器人能够发射出切割金属的激光束。

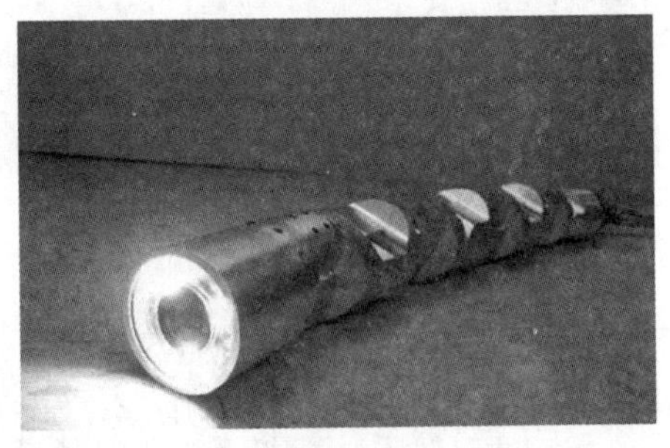

图 7-15　Murphy 机器人

图 7-16　激光蛇机器人

图 7-17 所示为 1.2 cm 宽的机器人 Heartlander，它能够像毛毛虫一样移动，能够通过胸骨下的一个小切口进入胸腔。当它到达位置时，它就能够注射药物或者通过嵌入式摄像机告诉外科医生问题出在哪里。台湾和春技术学院的一个团队研制出了 BioCleaner2 号机器人（见图 7-18），它能够在水中游动并且使用细菌消除有毒金属。它所使用的西瓦氏菌能够分解毒素，而且吸收金属的化学过程能够为机器人提供电能。

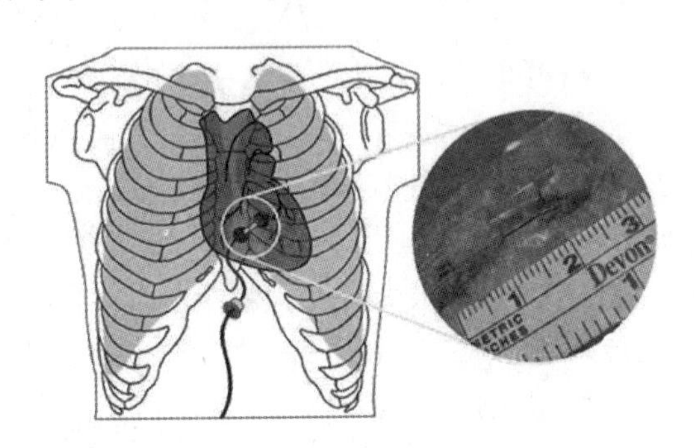

图 7-17　Heartlander 机器人

图 7-18　BioCleaner2 号机器人

模块蛇是卡内基梅隆大学仿生机器人实验室的另一项发明，如图 7-19 所示。它能够被扔到空中并且抓住杆子，就像丛林中的一些大蟒蛇一样栖息在上面。当它靠近那些无法直接爬过去的区域时，这种能力是非常有用的。挪威科技工业研究院已经打造了一种名为 Anna-Konda 的蛇形机器人（见图 7-20），它所配备的液压泵和喷嘴使它能够从前端喷出水。这种机器人被设计用于在那些对于人类来说太危险的狭小空间中救火。

麻省理工学院机器人实验室的一位机械工程学助理教授 SangbaeKim，打造了一种能像蚯蚓一样爬行的机器人。它的“肌肉”是由形状记忆合金制成的，这种合金受热就会从弯曲恢复原状，如图 7-21 所示。伍斯特理工学院的一位助理教授 CagdasOnal 设计出一种软机器人，它能够像真正的蛇一样借助波浪运动向前移动，这种运动使它能够进入传统机器人无法到达的狭窄空间，如图 7-22 所示。

图 7-19　模块蛇机器人

图 7-20　AnnaKonda 机器人

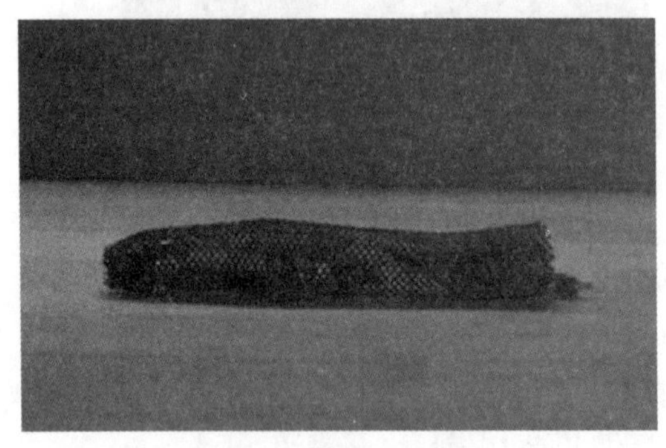

图 7-21　蚯蚓爬行机器人

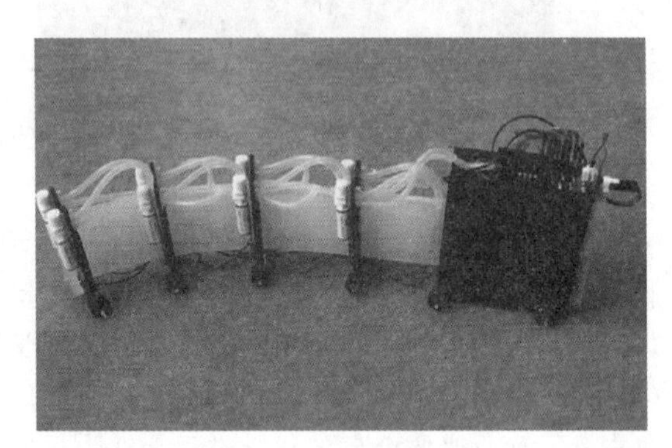

图 7-22　软款机器人

（4）攀登墙面机器人：大多数的节肢动物都可以贴附在墙壁上并稳定地移动。如果将它们机器人化，即有望运用在探查墙面损伤及清洁等方面，甚至可维修清洁宇宙飞船。图 7-23 所示为阿比盖尔爬墙机器人。阿比盖尔的六条腿每条都有 4 个自由度，使得这个壁虎机器人能够从水平环境转化成垂直环境。真的壁虎的脚底前端覆盖有形状宛如刮刀、只有人类头发千分之一细的刚毛。这些刚毛在范德瓦尔斯力的作用下，对表面产生了黏着力。目前科学家已透过 MEMS（微机电系统是集多个微机构、微传感器、微执行器、信号处理、控制电路、通信接口及电源于一体的微型电子机械系统）技术重现这些刚毛，成功地在平滑墙面上完成了攀登。此外，也有模仿昆虫脚爪的机能，能够挂在凹凸不平墙面上移动的机器人。

图 7-23　阿比盖尔爬墙机器人

（5）水中移动机器人：水中移动机器人的用途除了探查海底和救援外，也被当成流体力学中研究海蛇、鲤鱼、鲔鱼、乌贼等各种水中生物的前进方式的一项手段，不断发展进步。图 7-24 所示为我国第一台自行设计、自主集成研制的深海载人潜水器“蛟龙号”。从方案设计、初步设计到详细设计，全部由我国工程技术人员自主完成。

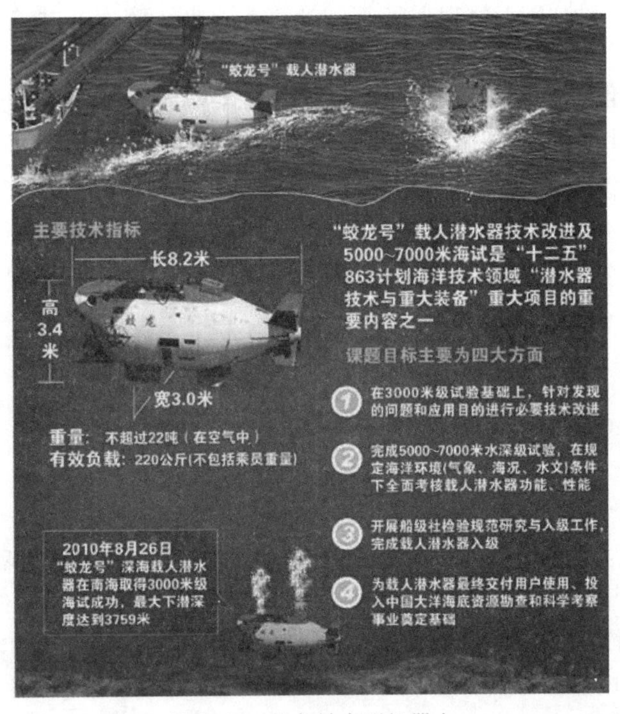

图 7-24　蛟龙号水下机器人

（6）水上机器人：水上行走一直都是人类的梦想，但是这只是水生昆虫的生活方式。例如，水黾、蚊子、水蜘蛛等。这些小昆虫的腿部具有特殊的微纳米结构，这个特殊结构保证它们在水中行走时，腿部被一层空气垫环绕，因此可以在水面自由行走而不沉没。图 7-25 所示为一种水黾型微机器人（哈尔滨工业大学科学家潘钦敏和他的同事研发），该机器人有 10 条防水支撑腿和 2 条像划桨一样的驱动腿。支撑腿伸向机器人两侧保证漂浮，中央的驱动腿则与电动机输出轴相连，一旦旋转，便会划动水面产生动力，实现机器人在水上行走的功能。为了使机器人在水面上站立和行走更加稳定，机器人总体结构呈对称分布，通过合理安排器件的位置，可将机器人重心调整至控制板的几何中心。在未来，它将具备军事侦察或监测水体污染等用途。

图 7-25　一种水黾型微机器人

（7）飞行机器人：昆虫与鸟类的翅膀给了它们在宽广的高处空间移动的重要功能。尤其是昆虫的飞行运动可以前进、盘旋、急转，若能将这些机能实现在机器人上，就可以制作广域地图和进行高处作业等。另外，和水中机器人一样，也有许多机器人被用来了解生物的飞行机制。

德国费斯托公司（Festo）日前推出一款新型仿真机器人 BionicOpter，如图 7-26 所示。这款外形酷似蜻蜓的机器人拥有蜻蜓的各项特征，能够在空中随意飞行或盘旋。这只身长 44 cm 翼展 63 cm，体重 175 g 的 BionicOpter 扑翼机器人是模仿蜻蜓的构造制造出的仿生产物。它通过内置的一颗 ARM 处理器计算加速度、惯性、姿态，并控制四只翅膀以 15～20 Hz 的频率上下扑翼，做出各种空中机动动作，包括前进、后退、甚至是侧飞。BionicOpter 的 4 个翅膀由 9 个伺服电动机操控，且分别由 4 个发动机单独控制，每个翅膀都能做 90°的旋转，这使其能够完成加减速飞行、突然转向、甚至倒退飞行等复杂的飞行任务。伺服电动机是一种补助马达间接变速装置，可控制速度，位置精度非常准确。

图 7-26　BionicOpter 蜻蜓型机器人

（8）跳跃机器人：能够像蝗虫一样跳跃移动的机器人。这种跳跃机器人的最大特征，在于能够将弹簧的弹性能量转换成跳跃所需的位能。因此，虽然移动的动作是间歇性的，却能释放出跳跃所需的瞬间能量。目前，最重要的问题是研究如何控制在空中的姿势与落地位置。特拉维夫大学就模仿蝗虫创造了一个 5 英寸（1 英寸＝2.54 cm）长的机器人，如图 7-27 所示，该装置能够一次跳到 11 英尺（1 英尺＝30.48 cm）高和 4.5 英尺远。研究人员们认为，这种体积小巧的机器人，可以用在崎岖地形的搜索、救援和侦察任务中。

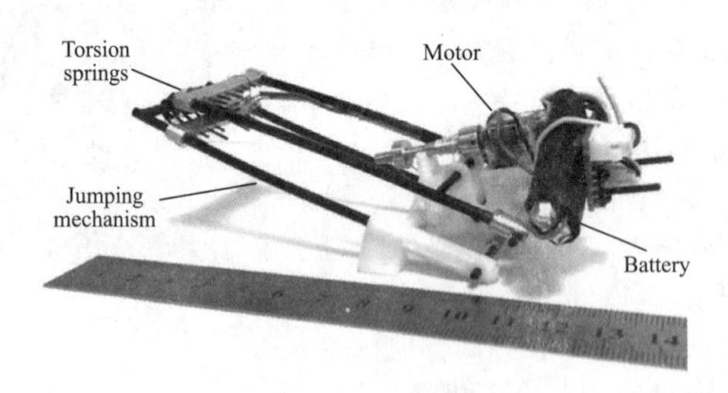

图 7-27　小型跳跃机器人

7.5　纳米机器人

早在 1959 年率先提出纳米技术的设想是诺贝尔奖得主、理论物理学家理查德·费曼，他提出利用微型机器人进行治病的想法。理查德·费曼在一次题目为《在物质底层有大量的空间》的演讲中提出：人类将来有可能建造一种分子大小的微型机器，以分子甚至单个的原子作为部件在非常细小的空间构建物质，这意味着人类可以在最底层空间制造任何东西。

随着技术的发展，理查德·费曼的想法正在逐渐被实现。1981年，格尔德·宾宁（G. Binnig）及海因里希·罗雷尔（H. Rohrer）在IBM位于苏黎世的实验室发明了扫描隧道显微镜（Scanning Tunneling Microscope，STM），随后，G. Binning等人又在STM的基础上发明了原子力显微镜（Atomic force microscope，AFM）。从此，人类能够观察单个原子在物质表面的排列状态和与表面电子行为有关的物化性质，还可以在低温下（4K）利用探针精确操纵原子，它们既是纳米科技的重要测量工具又是加工工具。自此，人类开始进入纳米时代，纳米机器人的概念也就应运而生。

纳米机器人是根据分子水平的生物学原理为设计原型，设计制造可对纳米空间进行操作的"功能分子器件"。从技术层面讲，纳米机器人分为两类：一类是体积为纳米级别的纳米机器人；一类是用于纳米级操作的装置。限于技术水平，目前并没有真正意义上的纳米级体积、可控的纳米机器人，而用于纳米级操作的装置，只要求装置的末端操作尺寸微小精确即可，并不要求装置本身的尺寸是纳米级的，与常规机器人类似，因此发展比较快，例如，STM（扫描隧道显微镜）和AFM（原子力显微镜）。

（1）纳米磁性粒子："WSJD在线"全球技术大会上，谷歌X实验室生命科学小组负责人安德鲁·康拉德透露，谷歌正在设计一种纳米磁性粒子，这种粒子可以进入人体循环系统，进行癌症和其他疾病的早期诊断。纳米磁性粒子，其实就是纳米机器人。当人们感冒发烧时，医生在人的血液里植入纳米机器人，这种机器人在体内探测感冒病毒的源头，并达到病毒所在处，直接释放药物杀灭病毒。不仅是感冒发烧，在同样机理下，精确找到并杀死癌细胞、疏通血栓、清除动脉内的脂肪沉积、清洁伤口、粉碎结石等，都会是纳米机器人的拿手好戏。图7-28所示为美国研制的用于输送致癌药物的纳米机器人结构示意图。

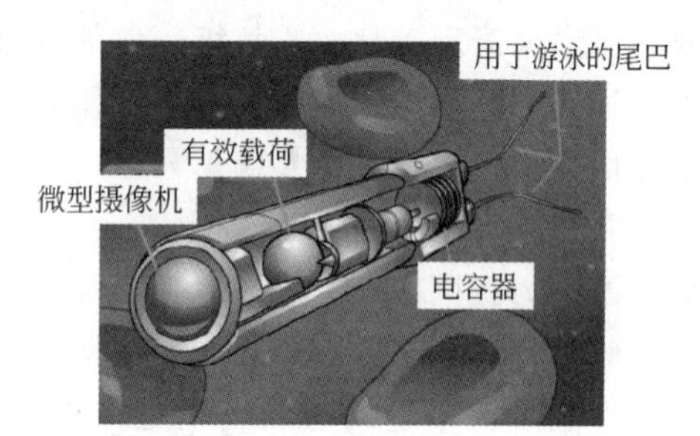

图7-28 输送药物的纳米机器人结构示意图

更为不可思议的应用，是将纳米机器人当作媒介，连接人脑神经系统和外界网络系统，为开发人脑智力和潜力带来无法想象的革命，彻底改变人们生活和工作方式，甚至是人类本身。虽然想象无比美好，美国、日本等一些研究机构也都成功研发出了应用于各种疾病检测治疗的纳米机器人，但迄今为止，纳米机器人技术依然停留在研发试验阶段，还没有哪个项目的成果真正进入临床。

（2）基因修复纳米机器人：美国佛罗里达大学化学副教授查尔斯·曹和医学院胃肠道及肝脏研究主席、病理学教授刘晨领导开发出一种瞄准肝脏中C型肝炎病毒的纳米机器人，称为"纳米酶"，它是由黄金纳米粒子做主支架，表面主要是两种生物成分：一种能破坏有"基因传令官"之称的mRNA（信使核糖核酸）的酶，而mRNA可制造导致疾病的蛋白质；另一种是DNA（脱氧核糖核酸）低核苷酸大分子，能识别目标遗传物质，并通知它的酶伙伴来执行任务。"纳米酶"还可通过剪裁来匹配攻击目标的遗传物质，并利用身体固有的防御机制潜入细胞内而不被觉察。实验中，这种新式纳米粒子几乎能根除C型肝炎病毒感染，可编程性还让它们有可能抵抗多种疾病，如癌症及其他病毒感染。研究人员指出，这种纳米机器人还需要进一步实验以确定其安全性。

（3）纳米蜘蛛机器人：2010 年 5 月，美国哥伦比亚大学的科学家成功研制出一种由脱氧核糖核酸（DNA）分子构成的纳米蜘蛛机器人，如图 7-29 所示。这种机器人能够跟随 DNA 的运行轨迹自由地行走、移动、转向以及停止，并且他们能够自由地在二维物体的表面行走。这种纳米蜘蛛机器人只有 4 nm 长，比人类头发直径的十万分之一还小。

图 7-29　美国研制的“纳米蜘蛛”

科学家通过编程，能够让纳米蜘蛛机器人沿着特定的轨道运动。这一研究成果表明：一旦被编程，纳米蜘蛛机器人就能自动完成任务，而不需要人为介入。因此，纳米蜘蛛机器人被认为是用于医疗事业、帮助人类识别并杀死癌细胞以达到治疗癌症的目的、帮助人们完成外科手术、清理动脉血管垃圾等领域的最理想工具。当然，科学家还在不断地对纳米蜘蛛机器人进行改进，他们的目标是：在未来创造大量这种纳米机器人，让他们自动且不间断地在身体内巡逻，寻找各种疾病信号，为医生做出更精确的诊断提供依据。

我国在纳米机器人研究上，也有较为快速的发展。例如，被列为我国国家“863 计划”的重庆某研究院研制的名为“OMOM 胶囊内镜系统”的纳米机器人医生，如图 7-30 所示。它可以钻进人的肚子里把人体内的图像传输到计算机屏幕上，该项技术在全球处于领先地位。据介绍，该纳米机器人医生以纳米技术的微机电系统为核心，内置有摄像与信号传输等智能装置，外包无毒耐酸碱塑料，为一次性使用品，其供电能力可达 15 h。机器人医生不但具有检查方便、无创伤、无痛苦、无交叉感染、不影响患者的正常工作等特点，还能够完整地检查小肠，而这在此前是无法办到的。根据升级计划，机器人医生在未来几年内，要学会以下医疗技术：当机器人医生发现可疑病变组织后，立即能伸出“手”来取样进行活检，同时，发现胃出血等病症后，可以长出“脚”来，像医生一样对病变部位进行修复和治疗。这一切都是在不知不觉中完成的，患者在接受“手术”期间可以照常上班和进行户外运动。适用的疾病不仅包括常见的消化道疾病，还包括食道癌、胃癌、肠癌的活检。

图 7-30　OMOM 胶囊内镜系统

中国科学院沈阳自动化所研制成功一台能够在纳米尺度上操作的机器人系统样机，并通过了国家“863”自动化领域智能机器人专家组的验收。这台“纳米微操作机器人”能在一块硅基片上 2 μm² 的范围内清晰刻出 SIA 三个英文字母（沈阳自动化所的缩写）。另一个演示显示，机器人成功将一个 4 μm 长、100 nm 粗的碳纳米管，准确地移动到了一个刻好的沟槽里，也就是说，该机器人误差不超过千万分之一米。在纳米尺度上的操作，被称为“纳米微操作”，是纳米技术的重要内容，其目的是在纳米尺度上按人的意愿对纳米材料实现移动、整形、刻画以及装配等工作。这台机器人系统在纳米尺度下的系统建模方法、三维纳观力获取与感知及误差分析与补偿方面有很多突破与创新。

尽管如此，但我国纳米技术研发力量比较分散，难以形成规模优势。研发力量主要集中在津京地区的高等院校和科研院所。企业介入纳米技术的研发领域占 5%，力量薄弱且层次不高。80%的研发力量集中于金属和无机物非金属纳米材料、高分子和化学合成材料等方面。但在较低层次的纳米材料领域，就集中了一半以上的研发力量，在纳米核心技术——纳米电子、纳米机械、纳米生物、医药、纳米检测等重要领域，力量薄弱。

在新的世纪里，纳米科学技术将和信息科学技术、生命科学技术等领域一起成为科学技术发展的主流。虽然，迄今为止尚无纳米机器人真正进入人们的生活，但它们对人类生活的影响是显而易见的，尤其是在医疗领域，许多目前尚无有效疗法的绝症在纳米机器人面前，将会被彻底治愈，人类将会减少疾病所带来的痛苦，人的寿命也将得到延长。但是纳米机器人的微型驱动、可靠性、安全性、精密加工的技术以及精准控制等方面都存在大量难题，这是一项复杂的系统工程，要想取得更大的成就，使其真正应用到生物医学上还需要不断地创新和勇敢地解决各种问题，因此，纳米机器人真正投入使用还需要比较长的时间。

7.6　工业机器人新时代

随着工业 4.0 时代的来临，全世界的制造企业也即将面对各种新的挑战。有些挑战已经通过日益成熟的自动化及自动化解决方案中工业机器人的使用得到了应对。在过去的生产线和组装线等工作流程中，人和工业机器人是隔离的，这一格局将有所改变。

协作型机器人作为一种新型的工业机器人，扫除了人机协作的障碍，让机器人彻底摆脱护栏或围笼的束缚，其开创性的产品性能和广泛的应用领域，为工业机器人的发展开启了新时代。

7.6.1　工业机器人发展新趋势

目前，在工业机器人实际应用过程中，呈现的新趋势主要表现在两方面：人机协作和双臂。

1. 人机协作

未来的智能工厂是人与机器和谐共处所缔造的，这就要求机器人能够与人一同协作，并与人类共同完成不同的任务。这既包括完成传统的“人干不了的、人不想干的、人干不好的”任务，又包括能够减轻人类劳动强度、提高人类生存质量的复杂任务。正因如此，人机协作可被看作是新型工业机器人的必有属性。

人机协作给未来工厂的工业生产和制造带来了根本性的变革，具有决定性的重要优势：

（1）生产过程中的灵活性最大。

（2）承接以前无法实现自动化且不符合人体工学的手动工序，减轻员工负担。

（3）降低受伤和感染危险，例如使用专用的人机协作型夹持器。

（4）高质量完成可重复的流程，而无须根据类型或工件进行投资。

（5）采用内置的传感系统，提高生产率和设备复杂程度。

基于人机协作的优点，顺应市场需求，更加灵活的协作型机器人成为一种承担组装和提取工作的可行性方案。它可以把人和机器人各自的优势发挥到极致，让机器人更好地和工人配合，能够适应更广泛的工作挑战。图 7-31 所示为协作机器人包装食品。

图 7-31　协作机器人包装食品

协作机器人的主要特点如下：

（1）轻量化：使机器人更易于控制，提高安全性。

（2）友好性：保证机器人的表面和关节是光滑且平整的，无尖锐的转角或者易夹伤操作人员的缝隙。

（3）感知能力：感知周围的环境，并根据环境的变化改变自身的动作行为。

（4）人机协作：具有敏感的力反馈特性，当达到已设定的力时会立即停止，在风险评估后可不需要安装保护栏，使人和机器人能协同工作。

（5）编程方便：对于一些普通操作者和非技术背景的人员来说，都非常容易进行编程与调试。

人机协作机器人与传统工业机器人的特点对比如表 7-1 所示。

表 7-1　人机协作机器人与传统工业机器人的特点对比

人机协作机器人	传统工业机器人
可手动调整位置或可移动	固定安装
频繁的任务转换	周期性、重复性任务
通过离线方式在线指导	由操作者在线或离线编程
始终与操作者交互	只在编程时与操作者交互
与人类共处	工人与机器人由安全围栏隔离

2. 双臂

当前工业机器人的应用基本上是为单臂机器人独自工作准备的，这样的机器人只适用于特定的产品和工作环境，并且依赖于所提供的末端执行器。一般来说，单臂机器人只适合于刚性工件的操作，并受制于环境。随着现代工业的发展和科学技术的进步，对于许多任务而言，单臂操作是不够的。因此，为了适应任务复杂性和系统柔顺性等要求，双臂工业机器人成为一种可行性方案，如图 7-32 所示。

图 7-32　双臂机器人

在某种程度上，双臂机器人可以看作是两个单臂机器人在一起工作，当把其他机器人的影响看作是一个未知源的干扰时，其中的一个机器人就独立于另一个机器人；但双臂机器人作为一个完整的机器人系统，双臂之间存在着依赖关系。它们分享使用传感数据，双臂之间通过一个共同的连接形成物理耦合，最重要的是两臂的控制器之间的通信，使得一个臂对于另一个臂的反应能够做出对应的动作、轨迹规划和决策，也就是双臂之间具有协调关系。双臂机器人的作用特点主要表现在以下四方面：

在末端执行器与臂之间无相对运动的情况下，如双臂搬运钢棒等类似的刚性物体，比对两个单臂机器人相应动作的控制要简单得多。

在末端执行器与臂之间有相对运动的情况下，通过两臂间的较好配合能对柔性物体如薄板等进行控制操作，而两个单臂机器人要做到这一点是比较困难的。

工作时，双臂能够避免两个单臂机器人在一起工作时产生的碰撞情况。

双臂能够通过各自独立工作完成对多目标的操作与控制，如将螺帽放到螺钉上的配合操作。

7.6.2　新型工业机器人

1. ABB-YuMi

YuMi 是 ABB 首款协作机器人（见图 7-33），它是专为基于机器人灵活自动化的制造行业（例如 3C 行业）而设计的。该机器人为开放结构，应用灵活，且可以与广泛的外部系统进行通信。

YuMi 机器人的特点如下：

面向小零件组装的解决方案 YuMi 是一个双 7 轴臂机器人（见图 7-34），工作范围大，灵活敏捷，精确自主，主要用于小组件及元器件的组装，如机械手表的精密部件和手机、平板计算机以及台式计算机的零部件等，如图 7-35 所示。整个装配解决方案包括自适应的手、灵活的零部件上料机、控制力传感、视觉指导和 ABB 的监控及软件技术。

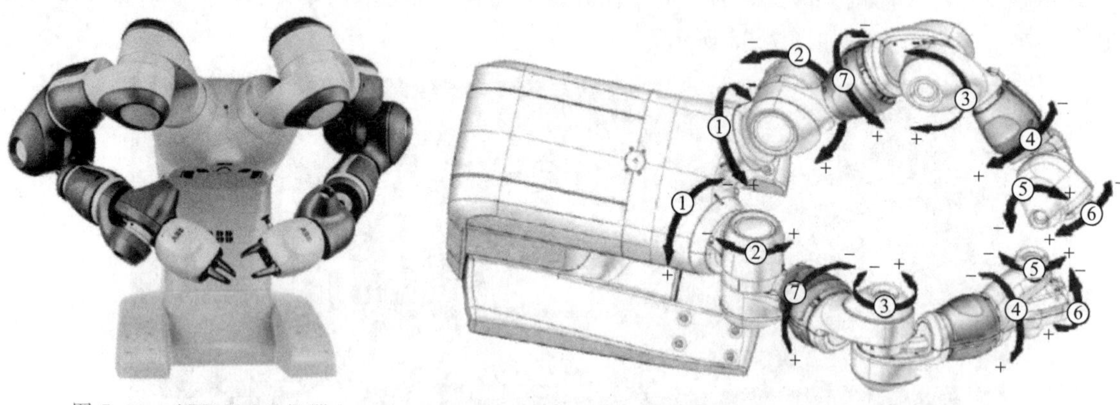

图 7-33　ABB YuMi 机器人　　　　图 7-34　YuMi 的双 7 轴臂

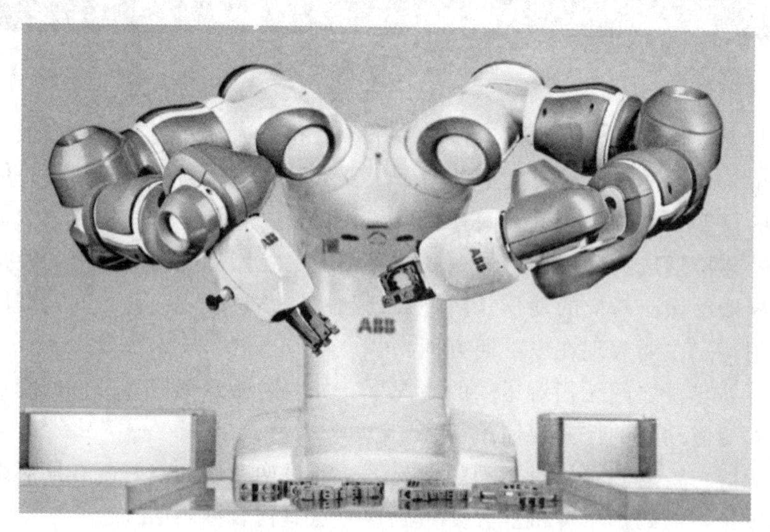

图 7-35　YuMi 用于小零件装配作业

专为人机协作设计 YuMi 的名字来源于英文 you（你）和 me（我）的组合。该机器人采用了“固有安全级”设计，拥有软垫包裹的机械臂、力传感器和嵌入式安全系统，因此可以与人类并肩工作，没有任何障碍。它能在极狭小的空间内像人一样灵巧地执行小件装配所要求的动作，可最大限度节省厂房占用面积，还能直接装入原本为人设计的操作工位。

适用于消费电子行业 YuMi 最初是针对消费电子行业零部件组装过程中的柔性、灵活性和高精度而设计的。它也很容易渗入到其他市场。

新时代的新色彩 YuMi 的石墨白色是 ABB 机器人的新颜色。

YuMi 机器人的主要技术参数如表 7-2 所示。

表 7-2 YuMi 机器人的主要技术参数

<table>
<tr><th colspan="4">规 格</th></tr>
<tr><td>型 号</td><td>工作范围</td><td>有效负荷</td><td>手臂负荷</td></tr>
<tr><td>IRB 14000</td><td>500 mm</td><td>500 g</td><td>—</td></tr>
<tr><td colspan="4">特 性</td></tr>
<tr><td colspan="2">集成信号接口</td><td colspan="2">24 V 以太网或 4 路信号</td></tr>
<tr><td colspan="2">集成气路接口</td><td colspan="2">手臂工具法兰（4 bar）</td></tr>
<tr><td colspan="2">重复定位精度</td><td colspan="2">±0.02 mm</td></tr>
<tr><td colspan="2">机器人安装</td><td colspan="2">台面</td></tr>
<tr><td colspan="2">防护等级</td><td colspan="2">IP30</td></tr>
<tr><td colspan="2">控制器</td><td colspan="2">集成</td></tr>
<tr><td colspan="4">运 动</td></tr>
<tr><td>轴运动</td><td>运动范围</td><td colspan="2">最大速度</td></tr>
<tr><td>轴 1 旋转</td><td>−168.5°～168.5°</td><td colspan="2">180（°）/s</td></tr>
<tr><td>轴 2 手臂</td><td>−143.5°～43.5°</td><td colspan="2">180（°）/s</td></tr>
<tr><td>轴 3 手臂</td><td>−123.5°～80.0°</td><td colspan="2">180（°）/s</td></tr>
<tr><td>轴 4 手腕</td><td>−290.0°～290.0°</td><td colspan="2"></td></tr>
<tr><td>轴 5 弯曲</td><td>−88.0°～138.0°</td><td colspan="2">400（°）/s</td></tr>
<tr><td>轴 6 翻转</td><td>−229.0°～229.0°</td><td colspan="2">400（°）/s</td></tr>
<tr><td>轴 7 旋转</td><td>−168.5°～168.5°</td><td colspan="2">180（°）/s</td></tr>
<tr><td colspan="4">性 能</td></tr>
<tr><td colspan="4">0.5 kg 拾料节拍</td></tr>
<tr><td colspan="2">25 mm×300 mm×25 mm</td><td colspan="2">0.86 s</td></tr>
<tr><td colspan="2">TCP 最大速度</td><td colspan="2">1.5 m/s</td></tr>
<tr><td colspan="2">TCP 最大加速度</td><td colspan="2">11 m/s^2</td></tr>
<tr><td colspan="2">加速时间 0～1 m/s</td><td colspan="2">0.12 s</td></tr>
<tr><td colspan="4">物 理 特 性</td></tr>
<tr><td colspan="2">基座尺寸</td><td colspan="2">39 mm×496 mm</td></tr>
<tr><td colspan="2">重量</td><td colspan="2">38 kg</td></tr>
</table>

为了让 YuMi 能够更好地完成人机协作作业，ABB 为其设计了专用模块化伺服夹具，如图 7-36 所示。该夹具是一款多功能夹具，可以用于部件处理和组装，配有一个基本伺服模块和两个选件功能模块（气动和视觉）。3 种模块可以有 5 种不同组合（以用于不同应用），如表 7-3 所示。该夹具拥有专利浮动外壳结构，有助于在碰撞时吸收冲击力，其集成视觉系统是将照相机嵌入装置内，以实现视觉引导作业。

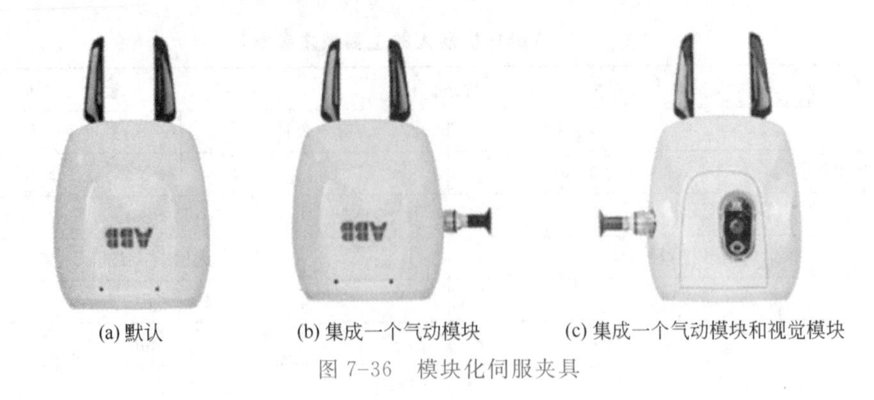

(a) 默认 (b) 集成一个气动模块 (c) 集成一个气动模块和视觉模块

图 7-36 模块化伺服夹具

表 7-3 模块化伺服夹具的 5 种组合

序号	组　合	包　括
1	伺服	1 个伺服模块
2	伺服＋气动	1 个伺服模块＋1 个气动模块
3	伺服＋气动 1＋气动 2	1 个伺服模块＋2 个气动模块
4	伺服＋视觉	1 个伺服模块＋1 个视觉模块
5	伺服＋视觉＋气动	1 个伺服模块＋1 个视觉模块＋1 个气动模块

2. KUKA-LBR iiwa

LBR iiwa 是 KUKA 开发的第一款最灵敏型机器人，也是具有人机协作能力的机器人，如图 7-37 所示。LBR 表示“轻型机器人”，iiwa 则表示 intelligent industrial work assistant，即智能型工业作业助手。该款机器人使用智能控制技术、高性能传感器和最先进的软件技术，可实现全新的协作型生产技术解决方案。

LBR iiwa 是一款具有突破性构造的 7 轴机器人手臂，如图 7-38 所示。其极高的灵敏度、灵活度、精确度和安全性的产品特征，使它更接近人类的手臂，并能够与不同的机械系统组装到一起，特别适用于柔性、灵活度和精准度要求较高的行业，如电子、医药、精密仪器等工业，可满足更多工业生产中的操作需要。图 7-39 所示为 LBR iiwa 在福特汽车公司生产线作业。

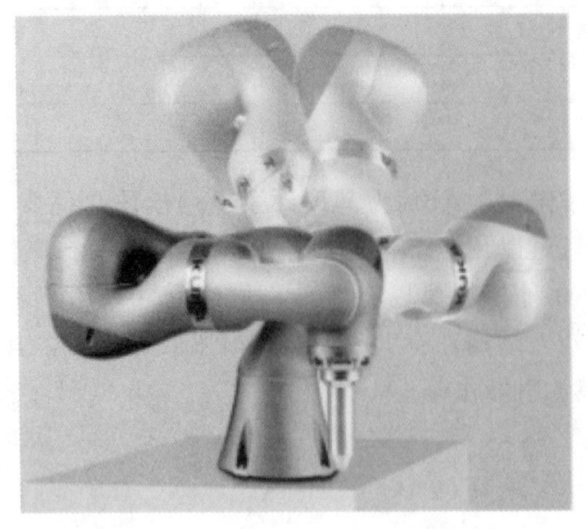

图 7-37 KUKA-LBR iiwa 机器人

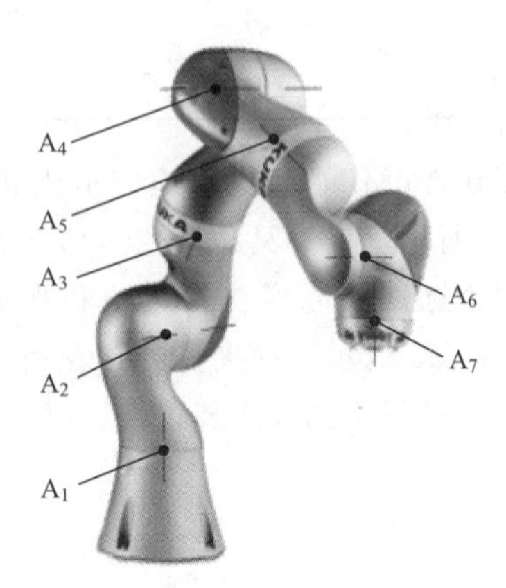

图 7-38 LBR iiwa 的 7 轴机械臂

图 7-39　LBR iiwa 在福特汽车公司生产线作业

LBR iiwa 的主要特点如下：

(1) 反应快速：LBR iiwa 所有的轴都具有高性能碰撞检测功能和集成的关节力矩传感器，使其可以立即识别接触，并立即降低力和速度。它通过位置和缓冲控制来搬运敏感的工件，且没有任何会导致夹伤或剪伤的部位。

(2) 灵敏：LBR iiwa 机器人的结构采用铝制材料设计，超薄轻铝机身令其运转迅速，灵活性强。作为轻量级高性能控制装置，LBR iiwa 可以以动力控制方式快速识别轮廓。它感测正确的安装位置，以最高精度快速地安装工件，并且与轴相关的力矩精度达到最大力矩的±2%。即使没有操作者的帮助，LBR iiwa 也能立即找到微型的工件。

(3) 自适应：可从 3 个运行模式中选择并对 LBR iiwa 进行模拟编程，指出预期的位置，它会自动记录轨迹点的坐标，也可以很方便地通过触摸使其暂停和对其进行控制。

(4) 独立：即使是复杂的调试任务，LBR iiwa 的 KUKA Sunrise Cabinet 控制系统也能够方便快速调试。同时它还可以通过学习来完善自己的功能，操作者可以让它可靠、独立地完成不符合人体工学设计的单一作业。

人机协作的灵敏型机器人 LBR iiwa 有两种机型可供选择，负载能力分别为 7 kg 和 14 kg。表 7-4 所示为 7 kg 的 LBR iiwa 机器人的主要技术参数。

表 7-4　LBRiiwa 7 R800 的主要技术参数

型　号	LBRiiwa 7 R800
工作范围	800 mm
有效负荷	7 kg
控制轴数	7
重复定位精度	±0.1 mm
重量	22.3 kg
安装位置	任意
控制器	KUKA Sunrise Cabinet

LBR iiwa 7 R800 机器人的各轴运动参数如表 7-5 所示。

表 7-5　LBR iiwa 7 R800 机器人的各轴运动参数

轴	运动范围	最大转矩	最大速度
A_1	±170°	176 N·m	98 (°) /s
A_2	±120°	176 N·m	98 (°) /s
A_3	±170°	110 N·m	100 (°) /s
A_4	±120°	110 N·m	130 (°) /s
A_5	±170°	110 N·m	140 (°) /s
A_6	±120°	40 N·m	180 (°) /s
A_7	±175°	40 N·m	180 (°) /s

LBR iiwa 机器人采用介质法兰结构（见图 7-40），外部组件的拖链系统隐蔽在运动系统结构中。拖链系统有气动和电动两款。

(1) Sawyer：Rethink Robotics 推出的一款革命性的高性能协作机器人（见图 7-41），旨在打破传统工业机器人的局限性，实现机器操控、电路板测试以及其他高精度任务的自动化。它在保持灵活性、安全性和标志性的交互式用户体验的同时，能够满足精密制造行业对更多任务高性能自动化的需求。

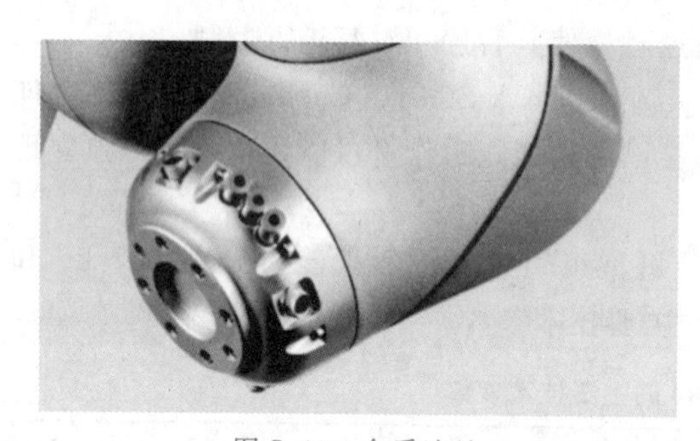
图 7-40　介质法兰

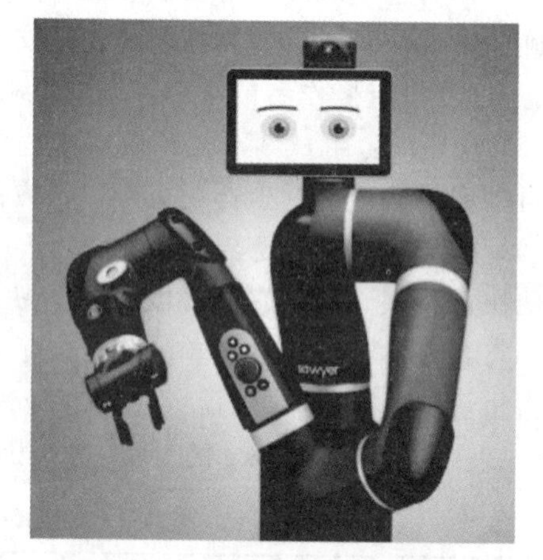

图 7-41　Rethink Robotics-Sawyer 机器人

Sawyer 具有 7 个自由度（见图 7-42），伸展范围达 1 260 mm，可在狭小的空间以及各种针对人类设计的工作区间内工作。Sawyer 支持顺应动作控制，即使位置略有不正，也可通过“摸索”将物体置于夹具或机器中的正确位置。这使得 Sawyer 拥有整个机器人行业中独一无二的主动适应型可重复性，能够在半结构化环境中非常精准地与人类协作者一起安全工作。Sawyer 能够适应工厂环境中存在的真实变数，可灵活快速地改变用途，并像人类一样执行任务，适用于装配、包装、卸载、机器操控、电路板测试、物料处理和 ECM 自动化等领域，如图 7-43 所示。除此之外，它还能完成人类无法完成的任务，非常适合传统自动化无法实现的高精度作业任务。

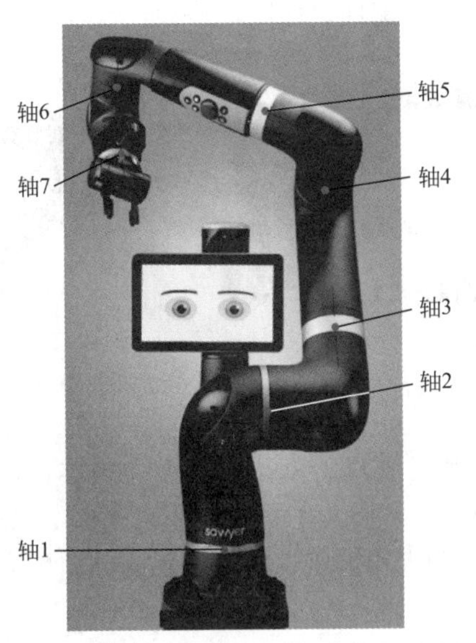

图 7-42　Sawyer 机器人的 7 轴机械臂

图 7-43　工作中的 Sawyer

Sawyer 的主要特点如下：

①高性能能够完成多种高速、高精度，同时又要求灵活性、安全性和顺应性的任务，例如扫 L 器操控和电路板测试。

②嵌入式 Cogne 视觉 Sawyer 采用嵌入式视觉系统，包括一个用于广角视场应用的头部摄像头，以及一个可启用机器人定位系统进而完成许多其他复杂视觉任务的腕部 Cognex 摄像头。配合机器人位置定位系统可以实现机器人的实时动态定位。

Intera 3 软件平台 Sawyer 采用业界最好、最直观的软件平台 Intera，且能通过定期升级不断进化和改进。它具有标志性的“脸”屏幕，表情丰富，有助于共同工作者沟通，此外还有彻底改变机器人在工厂中部署方式的演示训练用户界面。

固有安全设计采用功率和力度受限的柔性机械臂，带有串联弹性驱动器和内置传感器。每一个关节都有高分辨率的力度传感器。

Sawyer 机器人的产品参数如表 7-6 所示。

表 7-6　Sawyer 机器人的产品参数

重量	19 kg
自由度	7
工作范围	1 260 mm
有效负荷	4 kg
重复定位精度	±0.1 mm
防护等级	IP54
电源要求	标准 220 V 电源
使用寿命	35 000 h
操作系统	自主研发的 Intera 软件平台

为了使 Sawyer 能够更好地完成作业，可配置专用配件，如图 7-44 所示。

(a) 真空吸盘夹具

(b) 电动平行爪手

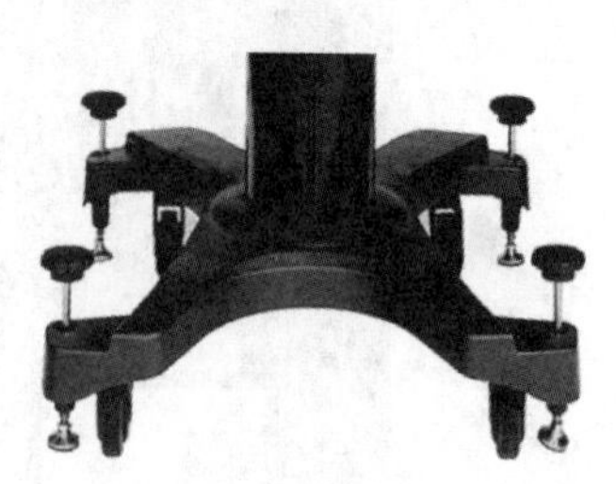
(c) 移动基座

图 7-44　Sawyer 机器人的配件

① 真空吸盘夹具：可用于拾取多种物体，尤其是光滑、无孔或平坦的物体。可以直接连接到外部供气线路。

② 电动平行爪手：使 Sawyer 可拾取多种形状和大小的刚性及半刚性物体。配有可互换的手指和指尖以最大限度地提高灵活性。

③ 移动基座：采用工业级脚轮的转动式移动基座选件，以便在工作站之间快速安全地移动 Sawyer。

（2）duAro：Kawasaki 推出的双腕 SCARA 机器人（见图 7-45），这个名字是由英语单词 dual 和 robot 组合而成。它是一项专为寿命较短、自动化尚不发达领域打造的能与人共同作业的革新性产品，实现了真正的人机协作。

duAro 的特点如下：

（1）节省空间：设置在同一轴上的两个手臂（见图 7-46），可由一台控制器控制，且其安装空间仅为一个人所需的空间。同轴双手臂的构造不仅实现了双手臂作业，也实现了两台定位机器人无法做到的两个手臂相互协调、共同完成作业的可能。

图 7-45　Kawasaki duAro 机器人

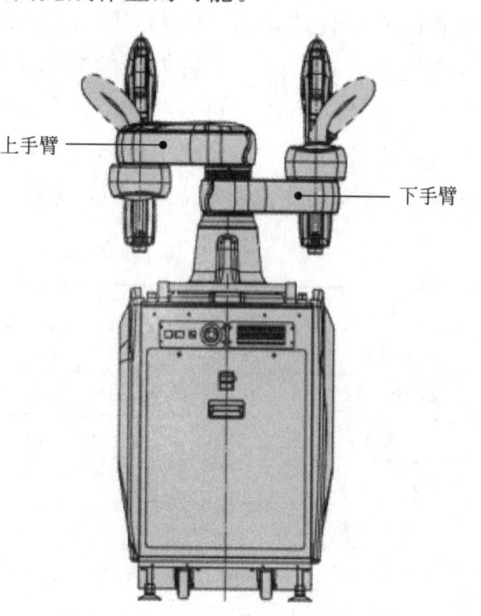

图 7-46　duAro 机器人的双手臂

（2）设置简便：控制器放置于设置手臂的台车内，通过移动台车即可简单地完成机器人的设置工作。

（3）与人员的协同作业：选用低输出伺服电动机，并且通过区域监视实现减速，使其与人员间的协同作业得以实现。除此之外，一旦机器人与作业人员发生碰撞的可能，也会通过其配置的冲突检测功能瞬间停止机器人运行。

（4）简易示教：可通过操作人员手持机械臂进行直接动作示教作业，简易快捷，也可通过示教器或者平板计算机进行示教作业。

（5）选件丰富：示教器和平板计算机都可与多台机器人进行连接。另外，还有视觉系统及标准抓手选件可供选择。

基于以上的特点，duAro 机器人广泛应用于装配、包装、物料搬运、配药、电子芯片检查、机器管护、材料去除和食品加工（见图 7-47）等领域。

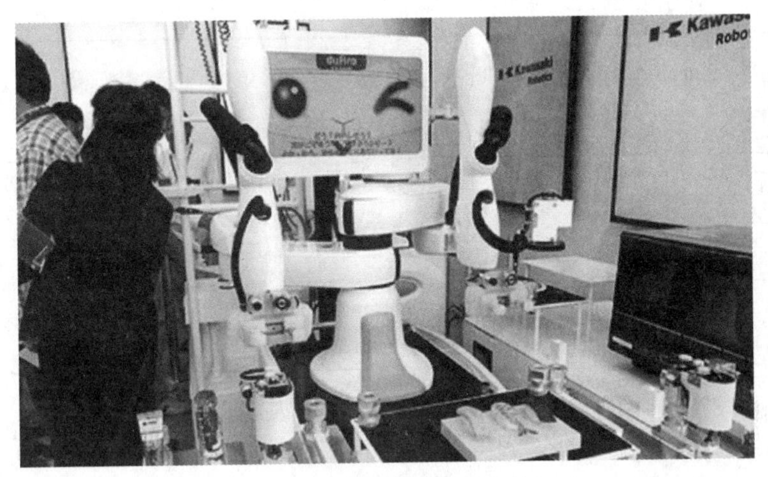

图 7-47　duAro 机器人用于食品加工

duAro 机器人的主要技术参数如表 7-7 所示。

表 7-7　duAro 机器人的技术参数

项目		参数
自由度		4×2 手臂
有效负荷		2 kg（1 个手臂）
重复定位精度		±0.05 mm
控制轴数		最大 12 轴
驱动方式		全数字伺服系统
运动模式	示教模式	双手臂协调运动、各手臂单独运动 关节坐标系、基础坐标系、工具坐标系
	再现模式	双手臂协调插补、各手臂单独插补 关节插补、直线插补
示教方式		直接示教、平板计算机简单示教
存储容量		4 MB

续表

I/O 信号	通用输入（点）	NPN 规格：12（最大 28） PNP 规格：6（最大 16） Cubi-S 规格：6（最大 16）
	通用输出（点）	NPN 规格：4（最大 1（2） PNP 规格：10（最大 2（4） Cubi-S 规格：0（最大 1（4）
电源规格		AC（200～240）×（1±10%）V、（50～60）×（1±2%）Hz、单相、最大 2.0 kV·A
		D 种接地（机器人专用接地）、最大漏电电流 10 mA 以下
本体重量		约 200 kg
安装方式		地面式
安装环境	环境温度	5～40 ℃
	相对湿度	35%～85%（无结露）

duAro 机器人的动作范围见表 7-8 所示。

表 7-8　duAro 机器人的动作范围

动　作	下 手 臂	上 手 臂
手臂旋转	−170°～+170°（JT（1）	−140°～+500°（JT（5）
乎臂旋转	−140°～+140°（JT（2）	−140°～+140°（JT6）
手臂上下	0～150 mm（JT（3）	0～150 mm（JT7）
手腕回转	−360°～+360°（JT（4）	−360°～+360°（JT8）

对于视觉系统选件，其所有视觉设备都可以被嵌入在或被附加到 duAro 机器人上，不需要移动本体进行任何重新布线。视觉处理软件嵌入在控制器内，而照相机可以很容易安装在手臂末端，如图 7-48 所示。配置了视觉系统，duAro 机器人的校正装置就能够快速校正机器人的位置信息。

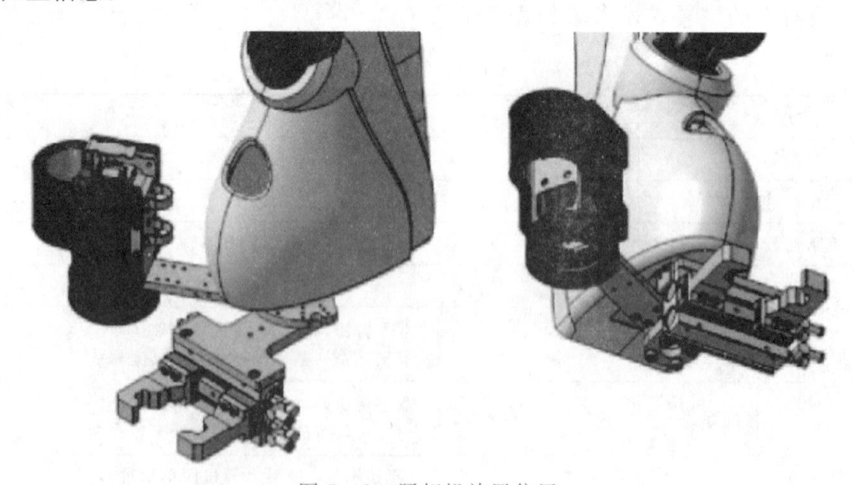

图 7-48　照相机放置位置

小 结

人机协作型机器人作为一种新型的工业机器人，它让机器人彻底摆脱了护栏或围笼的束缚，可以完美地与作业人员共同协作，完成更多复杂多变的任务。人机协作与双臂机器人的出现，将会使工业机器人在制造业中的使用达到无限的可能，为工业机器人的发展开启了新时代。

20年后，家中扫除、清洁的工作或老人的护理保健工作可能全由机器人取代。美国旧金山的医院已开始使用机器人为病人送药、配药的服务。美国的阿伊机器人公司的总裁接受媒体采访时表示，该公司已生产家用大扫除机器人产品。

以趣味性、生物性来制造机器狗、猫、鱼等动物。例如，日本三菱重工附属公司 RyomeiEngineering 研制成功的金色机械鱼“金鱼虎”长1 m，重25 kg，是一只不小的巨鱼，能自动畅游于水中，可协助监察桥梁的保安和搜集鱼汛的情况，监视河水污染等。索尼公司研制的 Aibo 机器狗会对主人声音有情绪反应，已能够模仿喜怒哀乐和恐惧等情绪，将来可出现代替真正导盲犬的机器狗。另外，电影《侏罗纪公园》的恐龙机器人等也是例子。这类仿生性机器人还被广泛用于军事上的侦察救险、情报传送。美国夏威夷大学设有水下机器人研究中心，已具相当规模。2011年8月初俄罗斯迷你潜艇在海底被渔网所缠，困于190m下的深海，就得助于英国的“天蝎”号救援艇之助而脱险的，“天蝎”号就是海底机器人。

2015年3月至9月于日本爱知举行的万国博览会，被称为机器人的大集合之展览会，有人甚至将其称作“机器人万国博览会”，从中亦可看出日本的这一产业优势及成果。在展场中，接待处、大会清扫工作、警备工作等，多以机器人的形式出现与取替。博览会期间还举办多项人与机器人有关的活动，其中最引人注目的还是人工智能及人性化的机器人的表演，譬如接待处的一位女性机器人能听、说六国语言，而且说话时眼、嘴皆会动，面部肌肉也有活动。大阪大学工学院在人工智能机器人的开发方面有不俗的成绩，石黑浩教授制作 ActroidRepliee，以“电视台新闻播音员”的外貌现世，其手、头和上身皆可自如活动，外形逼真，惟妙惟肖。还有造型奇特有趣的高尔夫球机器人“坎迪—5”，它内置整个高尔夫球场的3D地形和球会会员的资料，并设置有全球卫星定位系统，能作360°自如旋转，它的系统非常精密，并更具人性化。科学家预计在2020年完成其全部制作时，它可充当球童并可从旁给予击球建议。此外，尚有具“视觉”“味蕾”的机器人，它的红外线测定功能可以对食物及饮品的成分、含量马上做出判定，譬如将一个苹果摆在其手臂前，可以打印出该苹果的糖分、维生素含量等。最引人注目的是机器人管乐队的演奏，以机器人演奏真正的乐器，而且队形不断变换，演奏技术臻于上乘。东京大学于2015年8月公布已开发出人的仿真性皮肤，可如人一样感受冷热、痛楚、温度反应，甚至一些人的皮肤未具有的功能都可以设定，这对仿造机器人的生命性又是一大进步。

参 考 文 献

[1] 刘宏．中国智能机器人白皮书［M］．北京：中国人工智能学会，2015.

[2] 闻邦椿．机械设计手册（单行本）工业机器人与数控技术［M］．北京：机械工业出版社，2015.

[3] 兰虎．工业机器人技术及应用［M］．北京：机械工业出版社，2014.

[4] 张明文．工业机器人技术基础及应用［M］．哈尔滨：哈尔滨工业大学出版社，2017.

[5] 汤晓华．工业机器人应用技术［M］．北京：高等教育出版社，2014.